Anthropomorphe Multi-Agentensysteme

Christian Schlette

Anthropomorphe Multi-Agentensysteme

Simulation, Analyse und Steuerung

Mit einem Geleitwort von Univ.-Prof. Dr.-Ing. Jürgen Roßmann

Christian Schlette
Aachen, Deutschland

D82 (Diss. RWTH Aachen, 2012)

ISBN 978-3-658-02518-2   ISBN 978-3-658-02519-9 (eBook)
DOI 10.1007/978-3-658-02519-9

Die Deutsche Nationalbibliothek verzeichnet diese Publikation in der Deutschen Nationalbibliografie;
detaillierte bibliografische Daten sind im Internet über http://dnb.d-nb.de abrufbar.

Springer Vieweg
© Springer Fachmedien Wiesbaden 2013
Das Werk einschließlich aller seiner Teile ist urheberrechtlich geschützt. Jede Verwertung, die nicht ausdrücklich vom Urheberrechtsgesetz zugelassen ist, bedarf der vorherigen Zustimmung des Verlags. Das gilt insbesondere für Vervielfältigungen, Bearbeitungen, Übersetzungen, Mikroverfilmungen und die Einspeicherung und Verarbeitung in elektronischen Systemen.

Die Wiedergabe von Gebrauchsnamen, Handelsnamen, Warenbezeichnungen usw. in diesem Werk berechtigt auch ohne besondere Kennzeichnung nicht zu der Annahme, dass solche Namen im Sinne der Warenzeichen- und Markenschutz-Gesetzgebung als frei zu betrachten wären und daher von jedermann benutzt werden dürften.

Gedruckt auf säurefreiem und chlorfrei gebleichtem Papier

Springer Vieweg ist eine Marke von Springer DE. Springer DE ist Teil der Fachverlagsgruppe Springer Science+Business Media.
www.springer-vieweg.de

Geleitwort

Das zentrale Thema der Arbeit, die „Multi-Agentensysteme", erlaubt die systematische und vereinheitlichte Simulation, Steuerung und Analyse vielfältiger komplexer Kinematiken in aktuellen Anwendungen der Robotertechnik.

Die hier entwickelte Generalisierung der Kinematiken auf der Basis sogenannter Multi-Agentensysteme bildet dazu die hierarchischen und heterarchischen Aspekte komplexer Roboterkinematiken in neuartiger Weise auf effiziente Softwarestrukturen ab. Um Multi-Agentensysteme gemäß der hierarchischen Aspekte dieser Kinematiken zu strukturieren, werden in den kinematischen Bäumen zumeist Pfade identifiziert, die den Extremitäten entsprechen und jeweils durch Agenten gesteuert werden. Diese Basisagenten, die de-facto das aktuelle Know-how moderner Industrierobotik in sich konzentrieren, werden dann in der entwickelten neuen Struktur applikationsspezifisch zu neuen hierarchisch und heterarchisch organisierten Gelenkstrukturen zusammengefasst.

Im Rahmen dieser Studie erfolgt eine Fokussierung auf anthropomorphe Kinematiken; für diese auf anthropomorphe Kinematiken konzentrierte Rekombination der Multi-Agentensysteme wird der Begriff „Anthropomorphe Multi-Agentensysteme" geprägt.

In der Studie wird der Simulation der menschlichen Kinematik in Form des „Virtuellen Menschen" ein Schwerpunkt eingeräumt, anhand derer zwei wesentliche Entwicklungsrichtungen verfolgt werden, die beide die Leistungsfähigkeit des zugrunde liegenden Konzepts der Multi-Agentensysteme unterstreichen: Die erste Entwicklungsrichtung demonstriert am Beispiel des „Virtuellen Menschen", wie die Strukturen der Multi-Agentensysteme etablierte Basistechniken der Robotik geeignet erweitern und zur Bildung anthropomorpher Multi-Agentensysteme rekombinieren. Simulationen des „Virtuellen Menschen" erlauben es dann, menschliche Tätigkeiten nachzubilden und dabei insbesondere nach ergonomischen Kriterien zu analysieren. Darauf aufbauend demonstriert die zweite Entwicklungsrichtung am Beispiel „Ergonomie", wie aufgrund der Generalisierung durch die Multi-Agentensysteme ein Methodentransfer ermöglicht wird – auf Basis der Multi-Agentensysteme werden die Methoden zur Simulation, Analyse und Steuerung des „Virtuellen Menschen" auch für humanoide Roboter und anthropomorphe Mehrrobotersysteme bereitgestellt.

Dieser modernen, interessanten und sehr gut strukturierten Arbeit wünsche ich die ihr gebührende Aufmerksamkeit der Fachwelt – aber auch die Aufmerksamkeit der Studierenden, die z.B. in den didaktisch sehr gut aufbereiteten Kapiteln zum Thema Roboter-Kinematik einen effizienten Einstieg in die Thematik finden.

Univ.-Prof. Dr.-Ing. Jürgen Roßmann

Vorwort

Die Ergebnisse der vorliegenden Dissertation erlauben die systematische und vereinheitlichte Simulation, Steuerung und Analyse vielfältiger komplexer Kinematiken in aktuellen Anwendungen der Forschung und Industrie. Die notwendige Generalisierung der Kinematiken wird auf Basis von Multi-Agentensystemen hergestellt, die dazu in ihren Strukturen die hierarchischen und heterarchischen Aspekte komplexer Kinematiken nachbilden.

Als wesentliches Merkmal weisen zahlreiche aktuelle Roboter in Forschung und Industrie die Struktur kinematischer Bäume auf, d.h. ihre Bewegungsapparate verzweigen ausgehend von einem Rumpf in Extremitäten bzw. serielle Teilkinematiken. Um die Multi-Agentensysteme gemäß der hierarchischen Aspekte dieser Kinematiken zu strukturieren, werden in den kinematischen Bäumen Pfade identifiziert, die den Extremitäten entsprechen. Diese kinematischen Pfade werden jeweils durch einen Agenten repräsentiert und gesteuert. Da die einzelnen Pfade des Baumes in erster Annäherung wohlbekannten, seriellen kinematischen Ketten entsprechen, weisen die Agenten zunächst die Funktionalitäten und Eigenschaften von Bewegungssteuerungen für Industrieroboter auf, wodurch ihr Aufbau und ihre Analyse auf bekannten Methoden der Robotik fußt. Die in diesem strukturell grundlegenden kinematischen Baum beteiligten Agenten sind in einem ersten, grundlegenden Agentenset organisiert. Heterarchisch betrachtet sind die seriellen kinematischen Ketten teilweise in zusätzliche organisatorische Zusammenhänge eingebunden, die unabhängig von der kinematischen Hierarchie stattfinden. Um die Multi-Agentensysteme gemäß dieser heterarchischen Aspekte einer Kinematik zu strukturieren, können Agenten in zusätzlichen, anwendungsspezifischen Agentensets gruppiert werden. In diesen Agentensets werden dann Duplikate oder Auszüge des kinematischen Baumes eingesetzt, für die übergeordnete Steuerungen ausgewählte weiterführende Anforderungen, Koordinationen und Kopplungen umsetzen, wie z.B. die Koordination von Gehbewegungen, übergeordnete Reglerverfahren, kinematische Schleifen oder Algorithmen zur Kollisionsvermeidung.

Die Kinematiken, die prinzipiell mit den Multi-Agentensystemen adressiert werden können, reichen dann von seriellen redundanten Kinematiken, über mehrarmige Mehrrobotersysteme und humanoide Roboter, bis zu vielbeinigen, insektenartigen Kinematiken.

Im Rahmen der Dissertation findet eine Konzentration auf anthropomorphe Kinematiken statt, die ganz oder in Teilen dem Bewegungsapparat des Menschen nachempfunden sind. Dazu werden die Basiselemente der Multi-Agentensysteme geeignet rekombiniert, so dass sich so genannte *anthropomorphe Multi-Agentensysteme* ergeben. Auf Basis der anthropomorphen Multi-Agentensysteme werden hier dann neue Methoden zur Simulation, Analyse und Steuerung anthropomorpher Kinematiken entwickelt. Dabei erlaubt es die Generalisierung, diese neuen Methoden gleichermaßen für ein Simulationsmodell des menschlichen Bewegungsapparates, humanoide Roboter und industrielle Mehrrobotersysteme bereitzustellen und darüber hinausgehend Erfahrungen und Lösungen zwischen diesen Arten anthropomorpher Kinematiken zu übertragen.

Die vorliegende Dissertation entstand während meiner Tätigkeit als wissenschaftlicher Mitarbeiter am Institut für Mensch-Maschine-Interaktion (MMI) der Rheinisch-Westfälischen Technischen Hochschule (RWTH) Aachen. Dem Institutsleiter Herrn Prof. Dr.-Ing. Jürgen Roßmann gilt mein besonderer Dank für seine stete Förderung und dem Angebot ausgezeichneter Rahmenbedingungen, die zum Gelingen dieser Arbeit beigetragen haben.

Herrn Prof. Dr. Florentin Wörgötter danke ich sehr für die freundliche Übernahme des Korreferats und für sein Interesse an der Arbeit.

Bei allen Kollegen am MMI – und insbesondere bei Herrn Dr.-Ing. Michael Schluse – bedanke ich mich für die freundschaftliche Unterstützung in Form zahlreicher Diskussionen, Anregungen, Hilfestellungen und Tipps und für die immer gute Zusammenarbeit.

Ich gedenke an dieser Stelle auch Herrn Prof. Dr.-Ing. Eckhard Freund († 2005), dem ehemaligen Leiter des Instituts für Roboterforschung (IRF) der Technischen Universität Dortmund, der die ersten Schritte dieser Arbeit betreute.

Schließlich und innig danke ich meiner Frau Eleni Cotti für ihr Verständnis, ihren Zuspruch und ihre große Geduld.

Christian Schlette

Inhaltsverzeichnis

1	**Einleitung**	1
2	**Stand der Technik**	5
	2.1 Definition der Begriffe	5
	2.2 Anthropomorphe Kinematiken als Schlüsselentwicklung der Robotik	6
	2.2.1 Anthropomorphe Roboter in der Forschung	6
	2.2.2 Anthropomorphe Mehrrobotersysteme in der Industrie	16
	2.3 Simulation manueller Arbeitsplätze in der „Virtuellen Produktion"	21
	2.3.1 Der Begriff der „Virtuellen Produktion"	21
	2.3.2 Simulation manueller Arbeitsplätze	23
	2.4 Multi-Agentensysteme als Steuerungsansatz in der Robotik	25
	2.4.1 Koordination von Multi-Agentensystemen	26
	2.4.2 Kommunikation in Multi-Agentensystemen	27
	2.4.3 Kooperation und Konkurrenz in Multi-Agentensystemen	28
	2.5 Auswahl des Simulations- und Visualisierungssystems	29
	2.5.1 Überblick über Simulations- und Visualisierungssysteme	30
	2.5.2 Überblick über VEROSIM	31
	2.5.3 Struktur der Datenhaltung	33
	2.5.4 Programmierung in C/C++ und SOML++	35
3	**Konzept**	37
	3.1 Grundidee der anthropomorphen Multi-Agentensysteme	37
	3.2 Matrixarchitektur der übergreifenden Steuerung	39
	3.2.1 Steuerung der anthropomorphen Multi-Agentensysteme	39
	3.2.2 Simulation der anthropomorphen Multi-Agentensysteme	43
	3.2.3 Programmierung der anthropomorphen Multi-Agentensysteme	45
	3.3 Weitere Aspekte des Konzeptes der anthropomorphen Multi-Agentensysteme	49
	3.3.1 Eingliederung der Matrixarchitektur in das IRCS	49
	3.3.2 Erweiterte Analyse anthropomorpher Kinematiken	51
	3.3.3 Trennung von Steuerung und Visualisierung	53
	3.3.4 Interaktion der Multi-Agentensysteme mit der Umwelt	55
4	**Bewegungssteuerung**	57
	4.1 Bewegungssteuerung des einzelnen Agenten	57
	4.1.1 Definition von Trajektorien zur Bahninterpolation	58
	4.1.2 Parametrisierung und Aufbau des einzelnen Agenten	79

        4.1.3   Bahninterpolation für anthropomorphe Kinematiken 95
    4.2   Konzept der „Multiplen Redundanz" 106
        4.2.1   Kinematische Kopplungen in anthropomorphen Kinematiken 107
        4.2.2   Bewegungskoordination mittels mehrfach-redundanter Kinematiken . 108
        4.2.3   Praktische Realisierung der „Multiplen Redundanz" 109
    4.3   Kinematische Koordination von Gehbewegungen 115
        4.3.1   Berechnung von Bein- und Körperbewegungen 116
        4.3.2   Praktische Realisierung der Gehbewegungen 121

5   Simulation und Programmierung 125
    5.1   Integration in das umgebende Simulationssystem 125
        5.1.1   Analyse der Multi-Agentensysteme als ereignisdiskrete Systeme 126
        5.1.2   Zustandsorientierte Modellierung im Sinne der „Supervisory Control" 128
        5.1.3   Modellierung von Umwelt und Ressourcen 131
    5.2   Programmierung der anthropomorphen Multi-Agentensysteme 135
        5.2.1   Konzept der Aktionen und Aktionsnetze 136
        5.2.2   Ebenen der Programmierung mit Aktionsnetzen 142

6   Steuerung realer Mehrrobotersysteme 149
    6.1   Rekombination des Steuerungskonzeptes für reale Mehrrobotersysteme 149
        6.1.1   Anforderungen an Mehrrobotersteuerungen 149
        6.1.2   Konzept zur Herstellung der Echtzeitfähigkeit 151
        6.1.3   Konzept zur Integration von Simulation und Steuerung 153
    6.2   Anwendung des Steuerungskonzeptes auf reale Mehrrobotersysteme 155
        6.2.1   Beschreibung des Versuchsstandes CIROS 155
        6.2.2   Beschreibung der Architektur IRCS 156
        6.2.3   Einsatz des Steuerungskonzeptes im Versuchsstand CIROS 157

7   Analyse und Anwendungen 161
    7.1   Ergonomische Analysen des „Virtuellen Menschen" 161
        7.1.1   Statische ergonomische Untersuchungen 161
        7.1.2   Dynamische ergonomische Untersuchungen 170
    7.2   Ergonomische Anwendungen für anthropomorphe Roboter 175
        7.2.1   Zusammenhang von Ergonomie und anthropomorpher Robotik 176
        7.2.2   Ergonomisch motivierte Bewegungssteuerung von JUSTIN 178
    7.3   Weitere Anwendungen der erzielten Ergebnisse 188
        7.3.1   PRODEMO – Roboterprogrammierung „by Demonstration" 188
        7.3.2   INVENTOR – „Addin" zur Roboterprogrammierung 189
        7.3.3   FASTMAP – Vorbereitungen zur Planetenexploration 189
        7.3.4   DASA – Exponat der „Arbeitswelt Ausstellung" 190
        7.3.5   SCALAB – Skalierbare Automation durch MAS 192

8   Zusammenfassung 195

Literaturverzeichnis 201

Abkürzungen

ABA	Articulated Body Algorithm
AI	Artificial Intelligence
BREP	Boundary Representation
CAD	Computer-Aided Design
CAED	Computer-Aided Ergonomic Design
CIR	Circular
CIROS	Control of Intelligent Robots in Space
COM	Center of Mass
COORD	Coordination
CP	Continuous Path
CRBA	Composite Rigid Body Algorithm
CTRL	Control
CWM	Central World Model
DES	Discrete Event System
DFG	Deutsche Forschungsgemeinschaft
DH	Denavit-Hartenberg
DLR	Deutsches Zentrum für Luft- und Raumfahrt e.V.
DOF	Degree of Freedom
E/A	Eingang/Ausgang
EAS	Einzel-Agentensystem
FIFO	First In, First Out
GUI	Graphical User Interface
GWS	Greiferwechselsystem
HMI	Human Machine Interface
IPO	Interpolation
IRF	Institut für Roboterforschung, TU Dortmund
ISS	International Space Station
IRCS	Intelligent Robot Control System
KIR	Kooperierende Industrieroboter
KMU	Klein- und mittelständische Unternehmen
LERP	Linear Interpolation
LIN	Linear
MAS	Multi-Agentensystem
MMI	Institut für Mensch-Maschine-Interaktion, RWTH Aachen
MR	Multiple Redundanz

NIOSH	National Institute for Occupational Safety and Health
NURBS	Non-Uniform Rational B-Spline
ODE	Open Dynamics Engine
OOP	Objektorientierte Programmierung
OP	Operation
OWAS	Ovako Working Posture Analysing System
PLM	Product Lifecycle Management
PRM	Probabilistic Road Map
PTP	Point-To-Point
PVR	Projective Virtual Reality
REAL	Reales System
RIF	RIF e.V. Institut für Forschung und Transfer
RNEA	Recursive Newton-Euler Algorithm
RPP	Randomized Path Planner
RRT	Rapidly-Exloring Random Tree
RT	Real-Time
RULA	Rapid Upper Limb Assessment
S-PTP	Synchro-Point-To-Point
SCARA	Selective Compliance Assembly Robot Arm
SIM	Simuliertes System
SLERP	Spherical Linear Interpolation
SOML++	State-Oriented Modeling Language ++
SVD	Singular Value Decomposition
TCP	Tool Center Point
TCP/IP	Transmisson Control Protocol/ Internet Protocol
VEROSIM	Virtual Environments and Robotics Simulation System
VISU	Visualization
VR	Virtual Reality
ZMP	Zero Moment Point

Formelzeichen

$\underline{F}, \underline{M} \in \mathbb{R}^3$	Kraft-/Momentenvektor
$F_{x,y,z}, M_{x,y,z} \in \mathbb{R}$	Kraft-/Momentenkomponenten
$\underline{r} \in \mathbb{R}^n$	Allg. Vektor der Dimension $n \in \mathbb{N}$
$\lvert \underline{r} \rvert \in \mathbb{R}^n$	Länge eines allg. Vektor
$\lVert \underline{r} \rVert \in \mathbb{R}^n$	(Euklidische) Norm eines allg. Vektors
$\underline{r}(t) \in \mathbb{R}^n$	Allg. Vektor als Funktion der Zeit $t \in \mathbb{R}$
$\underline{\dot{r}} = \frac{d}{dt}\underline{r}(t) \in \mathbb{R}^n$	1. Ableitung eines allg. Vektors nach Zeit t
$\underline{\ddot{r}} = \frac{d^2}{dt^2}\underline{r}(t) \in \mathbb{R}^n$	2. Ableitung eines allg. Vektors nach Zeit t
$\underline{r}(u) \in \mathbb{R}^n$	Allg. Vektor als Funktion einer Größe $u \in \mathbb{R}$
$\underline{r}' = \frac{d}{du}\underline{r}(u) \in \mathbb{R}^n$	1. Ableitung eines allg. Vektors nach Größe u
$\underline{r}'' = \frac{d^2}{du^2}\underline{r}(u) \in \mathbb{R}^n$	2. Ableitung eines allg. Vektors nach Größe u
$K(\zeta) \in \mathbb{R}^n$	Kurve im $\mathbb{R}^n$ mit beliebigem Kurvenparameter $\zeta \in \mathbb{R}$
$K(\lambda) \in \mathbb{R}^n$	Kurve im $\mathbb{R}^n$ mit natürlichem Kurvenparameter $\lambda \in \mathbb{R}$
$\underline{q} \in \mathbb{R}^n$	Gelenkwertvektor über $n \in \mathbb{N}$ Gelenke
$\underline{\dot{q}} \in \mathbb{R}^n$	Vektor der Gelenkgeschwindigkeiten über n Gelenke
$\underline{\ddot{q}} \in \mathbb{R}^n$	Vektor der Gelenkbeschleunigungen über n Gelenke
$\underline{q}(t) \in \mathbb{R}^n$	Trajektorie in Gelenkkoordinaten
$\underline{p} \in \mathbb{R}^3$	Kartesischer Positionsvektor
$\underline{v} \in \mathbb{R}^3$	Vektor der translatorischen kartesischen Geschwindigkeiten
$\underline{a} \in \mathbb{R}^3$	Vektor der translatorischen kartesischen Beschleunigungen
$\underline{R} \in \mathbb{R}^{3\times 3}$	Kartesische Orientierungsmatrix
$\underline{\omega} \in \mathbb{R}^3$	Vektor der rotatorischen kartesischen Geschwindigkeiten
$\underline{\alpha} \in \mathbb{R}^3$	Vektor der rotatorischen kartesischen Beschleunigungen
$\underline{T}(t) \in \mathbb{R}^{4\times 4}$	Trajektorie in homogenen Koordinaten
$^A\underline{T}_B \in \mathbb{R}^{4\times 4}$	Homogene Transformationsmatrix des KS B relativ zu KS A
$q \in \mathbb{H}$	Quaternion
$\underline{l} \in \mathbb{R}^6$	Lagevektor in Plücker-Koordinaten
$\underline{\dot{l}} \in \mathbb{R}^6$	Vektor der Geschwindigkeiten in Plücker-Koordinaten
$\underline{\ddot{l}} \in \mathbb{R}^6$	Vektor der Beschleunigungen in Plücker-Koordinaten
$^A\underline{X}_B \in \mathbb{R}^{6\times 6}$	Plücker-Transformationsmatrix des KS B relativ zu KS A
$\underline{J} = \underline{J}_{[m\times n]} \in \mathbb{R}^{m\times n}$	(Jacobi-)Matrix mit $m \in \mathbb{N}$ Zeilen und $n \in \mathbb{N}$ Spalten
$\underline{J}^{-1} \in \mathbb{R}^{m\times m}$	Inverse einer quadratischen Matrix $\underline{J}_{[m\times m]}$, $m \in \mathbb{N}$
$\underline{J}^+ \in \mathbb{R}^{n\times n}$	Pseudoinverse einer beliebigen Matrix $\underline{J}_{[m\times n]}$, $m,n \in \mathbb{N}$
$\underline{J}_i \in \mathbb{R}^m$	i-te Spalte der Matrix $\underline{J}_{[m\times n]}$, $m,n \in \mathbb{N}$

$\mathscr{R}(\underline{J})$ Abbild der Matrix $\underline{J}$
$\mathscr{N}(\underline{J})$ Nullraum der Matrix $\underline{J}$

Kapitel 1
Einleitung

Das Ziel dieser Dissertation ist es, vielfältige aktuelle Kinematiken in Forschung und Industrie systematisch und vereinheitlicht zu simulieren, zu analysieren und zu steuern. Die notwendige Generalisierung wird auf Basis von Multi-Agentensystemen realisiert, die dazu in ihren Strukturen die hierarchischen und heterarchischen Aspekte komplexer Kinematiken nachbilden.

Als wesentliches Merkmal weisen zahlreiche aktuelle Roboter in Forschung und Industrie die Struktur kinematischer Bäume auf, d.h. ihre Bewegungsapparate verzweigen ausgehend von einem Rumpf in Extremitäten bzw. serielle Teilkinematiken (siehe Bild 1.1). *Hierarchisch* betrachtet werden diese Extremitäten anhand ihrer Tiefe im kinematischen Baum klassifiziert. So werden z.B. im Fall humanoider Roboter die Rollen des Rumpfes, der Arme, der Hände und der Finger unterschieden, die jeweils durch zunehmende Tiefen im kinematischen Baum gekennzeichnet sind. Für die Teilkinematiken resultieren aus der Hierarchie kinematische und dynamische Kopplungen, die entsprechend berücksichtigt werden müssen. *Heterarchisch* betrachtet sind die seriellen kinematischen Ketten teilweise in zusätzliche organisatorische Zusammenhänge eingebunden, die unabhängig von der kinematischen Hierarchie stattfinden. Diese kontextabhängigen Zusammenhänge sind durch weitere Anforderungen, Kooperationen und Kopplungen gegeben; so sind z.B. in der Koordination von Gehbewegungen, in übergeordneten Reglerverfahren, in kinematischen Schleifen oder in der Kollisionsvermeidung unter Umständen jeweils andere Teilkinematiken involviert.

Um die Multi-Agentensysteme gemäß der hierarchischen Aspekte der Gesamtkinematik zu strukturieren, werden in den kinematischen Bäumen Pfade identifiziert, die den Extremitäten entsprechen. Diese kinematischen Pfade werden jeweils durch einen Agenten repräsentiert und gesteuert. Da die einzelnen Pfade des Baumes in erster Annäherung wohlbekannten, seriellen kinematischen Ketten entsprechen, weisen die Agenten zunächst die Funktionalitäten und Eigenschaften von Bewegungssteuerungen für Industrieroboter auf, wodurch ihr Aufbau und ihre Analyse auf bekannten Methoden der Robotik fußt. Die in diesem strukturell grundlegenden kinematischen Baum beteiligten Agenten sind in einem ersten, grundlegenden Agentenset organisiert, dem *Steuerungsset*. Um die Multi-Agentensysteme außerdem gemäß den heterarchischen Aspekten der Gesamtkinematik zu strukturieren, können Agenten in zusätzlichen, anwendungsspezifischen Agentensets gruppiert werden, den *Koordinationssets*. In diesen Agentensets werden dann Duplikate oder Auszüge des kinematischen Baumes eingesetzt, für die übergeordnete Steuerungen ausgewählte weiterführende Anforderungen, Koordinationen und Kopplungen umsetzen.

Zum einen werden durch diese Strukturierung der Multi-Agentensysteme unsinnige Kopplungen eliminiert, während sinnvolle Kopplungen bewusst eingeführt und mit übergeordneten

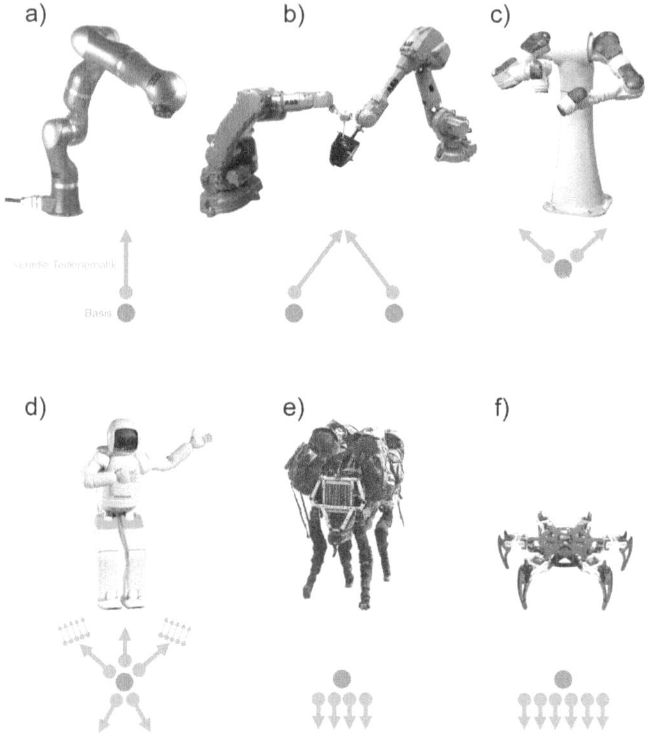

Abb. 1.1 Beispiele für Kinematiken, die mit den Multi-Agentensystemen adressierbar sind: a) redundante Manipulatorarme (LBR 4+ der Firma KUKA Roboter GmbH [178]) b) industrielle Mehrrobotersysteme (MULTIMOVE der Firma ABB Ltd. [11]) c) mehrarmige Manipulatorsysteme (SDA10D der Firma Yasakawa Electric Corp. [348]) d) humanoide Roboter (ASIMO der Firma Honda Motor Co., Ltd. [148]) e) vierbeinige Plattformen (BIGDOG der Firma Boston Dynamics [39]) f) vielbeinige Plattformen (CH3-R der Firma Lynxmotion Inc. [196])

Steuerungen für Agentensets adressiert werden können. Zum anderen ist die Grundidee der Multi-Agentensysteme damit ein „divide & conquer"-Ansatz – abstrakte Aufgaben der Simulation, Analyse und Steuerung werden in den Strukturen der Multi-Agentensysteme schrittweise konkretisiert und delegiert, so dass schließlich die Agenten wohlbekannte Teilprobleme lösen können, darunter insbesondere die Bewegungssteuerung serieller kinematischer Ketten.

Im Rahmen dieser Arbeit wird das Konzept der Multi-Agentensysteme insbesondere im Hinblick auf anthropomorphe Kinematiken untersucht, d.h. Bewegungsapparate, die ganz oder in Teilen dem Menschen nachempfunden sind. Diese auf anthropomorphe Kinematiken konzentrierte Rekombination der Multi-Agentensysteme wird hier *anthropomorphe Multi-Agentensysteme* genannt.

Die Klasse der anthropomorphen Kinematiken stellt eine Schlüsselentwicklung der Robotik und Automatisierung dar, da sie in einer Vielzahl aktueller Problemstellungen in Forschung und Industrie eine zentrale Rolle spielen. In der Forschung treten anthropomorphe Kinematiken bei der Simulation und Steuerung humanoider Roboter auf [148][130][20][228][38] (siehe Bild 1.1 b)). In ihren Proportionen und Bewegungsmöglichkeiten sind humanoide Roboter wie der Bewegungsapparat des Menschen strukturiert, um Plattformen zu entwickeln, die zukünftig im Bereich der Servicerobotik im direkten Umfeld des Menschen eingesetzt werden können. Doch auch in neueren Entwicklungen der industriellen Robotik sind anthropomorphe Kinematiken zu erkennen [11][348][177] (siehe Bild 1.1 d)). Um zunehmend komplexere Tätigkeiten in der Produktion zu automatisieren, werden Industrieroboter zu Mehrrobotersystemen verkoppelt, die dann z.B. wie menschliche Arme die koordinierte Handhabung sperriger Lasten erlauben (siehe Bild 1.1 c)).

1 Einleitung

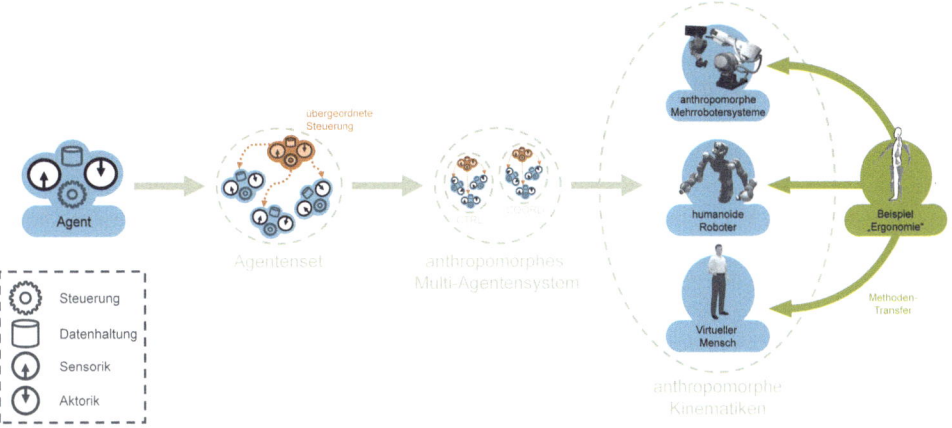

Abb. 1.2 Vereinheitlichter Umgang mit der Klasse der anthropomorphen Kinematiken durch das Konzept der anthropomorphen Multi-Agentensysteme am Beispiel „Ergonomie"

Die Realisierung humanoider Roboter und anthropomorpher Mehrrobotersysteme ist eng mit der Analyse und dem Verständnis des menschlichen Bewegungsapparates verknüpft. In diesem Sinne ist das kinematische Modell des Menschen selbst ebenfalls als anthropomorphe Kinematik zu klassifizieren. In dieser Arbeit wird daher neben Robotern einer Simulation der menschlichen Kinematik in Form des „Virtuellen Menschen" eine besondere Wichtigkeit eingeräumt. Anhand des „Virtuellen Menschen" werden zwei wesentliche Entwicklungsrichtungen dieser Arbeit verfolgt, die beide die Reichweite des zugrunde liegenden Konzeptes der Multi-Agentensysteme unterstreichen:

Die erste Entwicklungsrichtung demonstriert am Beispiel des „Virtuellen Menschen", wie die Strukturen der Multi-Agentensysteme etablierte Basistechniken der Robotik geeignet erweitern und zur Bildung anthropomorpher Multi-Agentensysteme rekombinieren. Wie geschildert, wird der „Virtuelle Mensch" zur hierarchischen Strukturierung als kinematischer Baum modelliert, in dem den Extremitäten entsprechende kinematische Pfade jeweils durch einen Agenten im Steuerungsset gesteuert werden. Als Beispiele der heterarchischen Strukturierung in Koordinationssets werden u.a. übergeordnete Steuerungen eingeführt, die die menschenähnliche Koordination von Rumpf- und Armbewegungen und die kinematischen Abläufe beim Gehen herausarbeiten (siehe Bild 1.2). Simulationen des „Virtuellen Menschen" erlauben es dann, menschliche Tätigkeiten nachzubilden und dabei insbesondere nach ergonomischen Kriterien zu analysieren.

Darauf aufbauend demonstriert die zweite Entwicklungsrichtung am Beispiel „Ergonomie", wie aufgrund der Generalisierung durch die Multi-Agentensysteme ein Methodentransfer zwischen Arten von Kinematiken ermöglicht wird (siehe Bild 1.2). Auf Basis der Multi-Agentensysteme stehen die Methoden zur Simulation, Analyse und Steuerung des „Virtuellen Menschen" auch für humanoide Roboter und anthropomorphe Mehrrobotersysteme zur Verfügung. Als Beispiel des Methodentransfers wird in der Arbeit eine ergonomisch motivierte Bewegungssteuerung (und -planung) entworfen, die für humanoide Roboter zu verbesserten menschenähnlichen Bewegungen führt. Dieses Ergebnis ist insbesondere im Bereich der Servicerobotik von Interesse, wo Menschen im direkten Umgang mit Robotern hohe Ansprüche an vorhersagbare bzw. nachvollziehbare Bewegungsmuster stellen.

Die systematische Anwendung der Multi-Agentensysteme wird mittels eines modularen Frameworks zur Verfügung gestellt, das in einer Matrixarchitektur organisiert ist und sich dabei an den Anforderungen des erfolgreich eingesetzten Steuerungskonzeptes „Intelligent Robot Control System" [IRCS] [116] für Mehrrobotersysteme orientiert. Ein Überblick über das IRCS und eine Beschreibung der Matrixarchitektur des Frameworks wird in Kapitel 3 gegeben. In Kapitel 4 werden die Bewegungssteuerung der Agenten, ihre Verschaltung zu Multi-Agentensystemen, sowie die übergeordneten Steuerungen von Agentensets vorgestellt. Darauf aufbauend erörtert Kapitel 5 die Details der Simulation und Programmierung anthropomorpher Multi-Agentensysteme. Das Konzept dieser wissenschaftlichen Untersuchung wurde zudem an einem Versuchsstand mit zwei menschenähnlich strukturierten Industrierobotern auf seine Fähigkeit zur Steuerung realer Mehrrobotersysteme erprobt, wie in Kapitel 6 dargestellt wird. Beispiele des genannten Methodentransfers von der Robotik in die Ergonomie und von der Ergonomie in die Robotik werden im Kapitel 7 gegeben. Zusätzlich zeigt das Kapitel auch auf, wie Multi-Agentensysteme über das Kernthema der Arbeit hinaus in verschiedenen Industrie- und Forschungsprojekten der allgemeinen Robotik und Automatisierung eingesetzt werden.

Kapitel 2
Stand der Technik

Dieses Kapitel gibt einen Überblick über den Stand der Technik und die aktuellen Forschungsziele und -inhalte der Bereiche, die in dieser Arbeit adressiert werden. Zunächst werden die verwendeten Begriffe definiert (Abschnitt 2.1). Dann wird die Bedeutung anthropomorpher Kinematiken in der Robotik (Abschnitt 2.2) und in Simulationen zur „Virtuellen Produktion" (Abschnitt 2.3 auf Seite 21) herausgestellt und der Einsatz von Multi-Agentensystemen zur Steuerung beschrieben (Abschnitt 2.4 auf Seite 25). Abschließend werden die Kriterien der Auswahl des Simulations- und Visualisierungssystems erläutert, das als Entwicklungsumgebung die Basis der Implementierung dieser Arbeit bildet (Abschnitt 2.5 auf Seite 29).

2.1 Definition der Begriffe

Die Lehre der *Kinematik* befasst sich mit der Beschreibung von Bewegungsapparaten und Bewegungen anhand ihrer geometrischen und zeitabhängigen Eigenschaften, jedoch ohne die dynamischen Aspekte der Bewegungserzeugung zu betrachten [74].

Ein Bewegungsapparat heißt *anthropomorphe Kinematik*, falls er allgemein „dem Menschen nachempfunden" ist [254][117]. Während serielle Kinematiken als offene kinematische Ketten modelliert sind, ist es ein charakteristisches Merkmal anthropomorpher Kinematiken, dass sie den menschlichen Bewegungsapparat ganz oder in Teilen auf eine kinematische Baumstruktur abbilden [163].

Ein Roboter heißt *humanoider Roboter* oder *anthropomorpher Roboter*, falls er eine anthropomorphe Kinematik realisiert. In einigen Zusammenhängen werden allerdings auch Roboter als anthropomorph beschrieben, bei denen andere ausgewählte Aspekte menschenähnlich sind, wie z.B. die Proportionen, die Mimik oder das Verhalten in der Interaktion [194][197][302].

Auf Grundlage der strengen Definition des Industrieroboters [324] ist ein *Mehrrobotersystem* ein aus mehreren Industrierobotern bestehendes System. Allerdings werden insbesondere im Bereich der mobilen Robotik [19] auch aus Robotern anderer Arten bestehende Systeme als Mehrrobotersysteme bezeichnet.

Ein Mehrrobotersystem heißt hier *anthropomorphes Mehrrobotersystem*, falls ein aus mehreren Industrierobotern bestehendes System Handhabungs- und Fertigungsaufgaben löst, indem es wie der menschliche Bewegungsapparat strukturiert ist.

2.2 Anthropomorphe Kinematiken als Schlüsselentwicklung der Robotik

Aktuelle Entwicklungen in der Robotik zielen darauf ab, die Effizienz von Robotern im industriellen Einsatz zu erhöhen und neue Einsatzgebiete von Robotern im Servicebereich vorzubereiten. Als Schlüssel zur Realisierung dieser Effizienzsteigerung und dieser Erschließung neuer Anwendungsfelder für Roboter wird das Verständnis von anthropomorphen Kinematiken angesehen. Im industriellen Sektor steht dabei die menschenähnliche Koordination der etablierten und leistungsstarken Industrieroboter im Vordergrund, um auf Basis der existierenden Technik zunehmend komplexere Aufgaben realisieren zu können. In der Forschung dagegen werden auch gänzlich neue kinematische Konfigurationen erprobt – humanoide Roboter sind wie der Bewegungsapparat des Menschen strukturiert und werden geeignet gesteuert, um mit menschenähnlichen Bewegungsmöglichkeiten den Einsatz von Robotern im Servicebereich auszuweiten.

2.2.1 Anthropomorphe Roboter in der Forschung

Die Steuerung anthropomorpher Roboter stellt ein wesentliches Ziel der Forschung in der Robotik dar [289][327]. Im idealen Fall weisen anthropomorphe Roboter ähnliche Bewegungsmöglichkeiten und Proportionen wie der Mensch auf und sind daher besonders für die freie Bewegung in der direkten Umgebung des Menschen geeignet. Werden auch die Bewegungsabläufe dieser Roboter menschenähnlich gestaltet, kann zudem von einer richtiggehenden „Körpersprache" anthropomorpher Robotern gesprochen werden [220][253], aus der menschliche Interaktionspartner Rückschlüsse auf die Beweggründe und Pläne des Roboters ziehen können. Das Ziel der Forschung ist es, in schrittweisen Annäherungen an das beschriebene Ideal die notwendigen technischen und konzeptionellen Voraussetzungen zu schaffen, um zukünftig humanoide Roboter als vielseitige Plattform einsetzen zu können. Aufgrund ihrer Eigenschaften sind humanoide Roboter dann besonders für Anwendungen der Servicerobotik geeignet.

2.2.1.1 Bewegungssteuerung von anthropomorphen Robotern

Die Aufgabe der Bewegungsteuerung von Robotern besteht in der Generierung von Steuerbefehlen für ihre Aktoren, um vorgegebene Bewegungsfolgen umzusetzen. Die Ursprünge von Bewegungssteuerungen anthropomorpher Roboter liegen in der Betrachtung kinematischer Baumstrukturen [163]. Darauf basierende, so genannte „Open Loop"-Steuerungen führen Bewegungen ohne Rückführung der Ergebnisse und folglich ohne Regelung aus. Erst in weiterführenden, so genannten „Closed Loop"-Steuerungen wurden diese Steuerungen systematisch um die Rückführung kinematischer und dynamischer Bewegungsgrößen und deren Regelung ergänzt [195][103][165][256]. Aufbauend auf diesen grundsätzlichen Ansatz der Bewegungssteuerung findet in der aktuellen Forschung häufig eine Konzentration auf spezielle, abgegrenzte Aspekte der Bewegungssteuerung statt, wie z.B. das Gehen. Innerhalb dieser Aspekte ist jeweils eine Weiterentwicklung von Lösungsansätzen einzelner Details festzustellen, wohingegen nur vergleichsweise wenige allgemeine Ansätze zur Bewegungssteuerung anthropomorpher Roboter existieren, die eine geschlossene Behandlung vollständiger humanoider Roboter vorsehen [285][224][166].

2.2 Anthropomorphe Kinematiken als Schlüsselentwicklung der Robotik

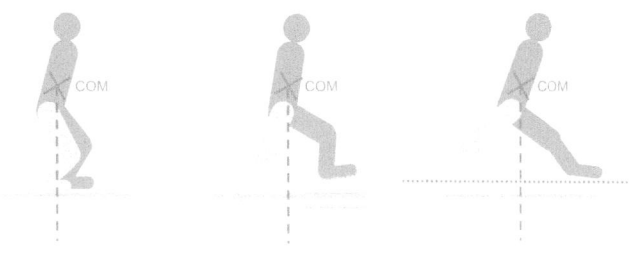

Abb. 2.1 Charakteristische Momente beim statischen Gehen (l.), dynamischen Gehen (m.) und beim dynamischen Laufen (r.); jeweils mit Massenzentrum COM („Center of Mass")

Im Folgenden werden aktuelle Verfahren und Forschungsrichtungen der Bewegungssteuerung anthropomorpher Roboter am Beispiel zweibeinig gehender (bipedaler) Plattformen erörtert. Eine grundsätzliche Klassifizierung der Verfahren zur bipedalen Fortbewegung wird anhand der Stabilität der Gangart vorgenommen. Verfahren zum *statischen Gehen* führen einen Roboter derart, dass zu jedem Zeitpunkt der Bewegung seine statische Stabilität gesichert ist (siehe Bild 2.1 (l.)). Dabei wird die Lage eines bipedalen Roboters als statisch stabil bezeichnet, wenn er sich zu jedem Zeitpunkt und ohne Steuerungsmaßnahmen in einem statischen Gleichgewicht befindet und nicht umkippt oder fällt. Die zweite Klasse von Verfahren beschreibt das *dynamische Gehen*, bei dem zyklisch abwechselnd ein Fuß für eine Schrittbewegung vom Boden gelöst wird, während der jeweils andere Fuß den Bodenkontakt hält. Jeder Schrittzyklus beginnt und endet mit einer Phase statischer Stabilität, in der zwischenzeitig beide Füße Bodenkontakt haben. Während der Schrittbewegung durchläuft der Roboter eine Phase dynamischer Stabilität (siehe Bild 2.1 (m.)). Die Lage eines bipedalen Roboters wird als dynamisch stabil bezeichnet, wenn er durch Steuerungsmaßnahmen in einem labilen Gleichgewicht gehalten wird und sonst umkippen oder fallen würde. Im Vergleich dazu entfallen bei der dritten Form der bipedalen Fortbewegung, dem *dynamischen Laufen*, die Phasen statischer Stabilität, da ein Schrittzyklus jeweils mit nur einem einseitigen Bodenkontakt beginnt bzw. endet und die eigentliche Schrittbewegung durch eine schnelle Gangart gänzlich ohne Bodenkontakt erfolgt (siehe Bild 2.1 (r.)). Entsprechend ist es im Fall des Laufens notwendig, den bipedalen Roboter durch eine Regelung durchgängig dynamisch zu stabilisieren [289].

Die Aufgabe der Bewegungssteuerung bipedaler Roboter besteht darin, die gewünschte Gangart umzusetzen und dabei die Stabilität des Roboters zu gewährleisten. Als wichtigster Indikator der Stabilität gilt dabei die Berechnung der Lage des „Zero Moment Point" [ZMP]. Die Beschreibung des ZMP erfolgt für die so genannte „Single Support Phase", in der ein einzelner Fuß mit seiner „Support Polygon" genannten Kontaktfläche auf den Boden aufgesetzt ist (siehe Bild 2.2 a)). In Bild 2.2 b) ist die dynamische Situation des aufgesetzten Fußes dargestellt. Alle am Roboter wirkenden Kräfte und Momente werden überhalb des Fußgelenkes als eine dort im Punkt A eingeprägte Kraft $\underline{F}_A$ und ein eingeprägtes Moment $\underline{M}_A$ modelliert. Die Zusammensetzung von $\underline{F}_A$ und $\underline{M}_A$ umfasst zum einen die Gewichtskräfte aller Gelenkkörper und die dadurch induzierten Versatzmomente; zum anderen müssen alle in den Gelenken des Roboters eingeprägten Antriebsmomente betrachtet werden, da jede Bewegung, insbesondere auch die der Arme, Einfluss auf das Gleichgewicht hat [237]. Am Kontaktpunkt P des aufgesetzten Fußes greifen die Reaktionskraft $\underline{R}_P$ und das Reaktionsmoment $\underline{M}_P$ des Bodens an. Zusätzlich wird der Fuß wird als Masse m_C in seinem Schwerpunkt C modelliert; g bezeichnet die Gravitationskraft.

Aus dem Impulserhaltungssatz [128] folgt für die Stabilisierung des Roboters in der „Single Support Phase", dass durch die Reaktionskräfte und -momente des Bodenkontakts alle anderen am Roboter wirkenden Kräfte und Momente kompensiert werden, so dass sich bezüglich des Schwerpunktes C folgende Kräfte- und Momentensummen ergeben:

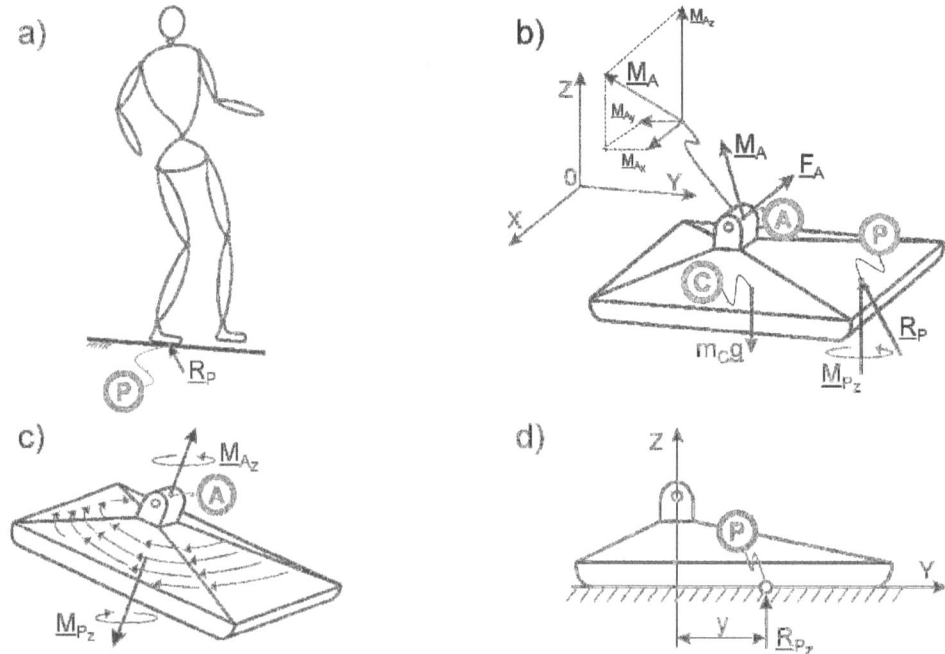

Abb. 2.2 a) Reaktionskraft am Kontaktpunkt, b) Kräfte und Momente am Fuß, c) Kompensation der Momente in Z-Richtung und d) Kompensation der Kräfte in Z-Richtung; nach [328]

$$\sum \underline{F}_C = 0 = \underline{R}_P + \underline{F}_A + (m_C \underline{g}) \tag{2.1}$$

$$\sum \underline{M}_C = 0 = (\underline{p} \times \underline{R}_P) + (\underline{c} \times (m_C \underline{g})) + \underline{M}_A + \underline{M}_P + (\underline{a} \times \underline{F}_A), \tag{2.2}$$

mit $\underline{p}$, $\underline{a}$ und $\underline{c}$ als Ortsvektoren zum Kontaktpunkt P, bzw. zum Ansatz des Fußgelenkes A und zum Schwerpunkt C.

Gemäß dem Ansatz des ZMP wird dann der Fall des dynamisch stabil ruhenden Fußes analysiert [328]. Da der Fuß ruht und keine horizontalen translatorischen Bewegungen ausführt, kann geschlossen werden, dass die Haftreibung die eingeprägten horizontalen Kraftkomponenten F_{A_x} und F_{A_y} kompensiert und damit R_{P_x} und R_{P_y} gerade diesen horizontalen Reibungskräften entsprechen. Da der Fuß keine rotatorische Bewegung um die Z-Richtung ausführt, kann außerdem geschlossen werden, dass aufgrund der Haftreibung zudem M_{P_z} die eingeprägte vertikale Momentkomponente M_{A_z} (sowie ferner die Z-Komponenten der durch $\underline{F}_A$ induzierten Versatzmomente) kompensiert (siehe Bild 2.2 c)). Weiter folgt aus der Kräftesumme (2.1), dass die vertikale Komponente der Reaktionskraft R_{P_z} den vertikal aufsetzenden Kräften F_{A_z} und $m_C g$ entgegenwirkt.

Damit konzentriert sich die Analyse auf die Kompensation der eingeprägten horizontalen Momentkomponenten M_{A_x} und M_{A_y} (sowie ferner der X- und Y-Komponenten der durch $\underline{F}_A$ induzierten Versatzmomente). Die Reaktion des dynamischen Systems des Fußes zur Kompensation dieser eingeprägten horizontalen Momentkomponenten besteht in der Verschiebung des Kontaktpunktes P im „Support Polygon" und einem Anstieg von R_{P_z}. In Bild 2.2 d) ist eine derartige Verschiebung des Kontaktpunktes P um eine Distanz y dargestellt, die aus der Kompensation eines Anteils M_{A_x} resultiert. Sind die eingeprägten horizontalen Momentenkomponenten zu groß, wird der Kontaktpunkt P schließlich an den Rand des „Support Polygon" verschoben, so dass die kompensierende Wirkung der Haftreibung wegfällt und der

Fuß rutscht. Außerdem greift die Z-Komponente R_{P_z} der Reaktionskraft am Rand der Fußfläche an und resultiert in einem Kippen des Fußes über seine Kante – was in der Regel den Sturz des bipedalen Roboters zur Folge hat. Eine wesentliche Bedingung für das dynamische Gleichgewicht des bipedalen Roboters ist es daher, dass alle eingeprägten horizontalen Momentkomponenten kompensiert sind und sich die horizontalen Komponenten des Reaktionsmomentes gerade zu Null ergeben,

$$M_{P_x} = 0 \wedge M_{P_y} = 0 \qquad (2.3)$$

Derjenige Punkt im „Support Polygon", für den die Bedingung (2.3) gilt, stellt folglich einen dynamisch stabilen Kontaktpunkt dar und wird als „Zero Moment Point" bezeichnet [329][328][327].

Beim Gehen bipedaler Roboter ist es dann das Ziel, die eingeprägte Kraft $\underline{F}_A$ und das eingeprägte Moment $\underline{M}_A$ durch die Vorgabe entsprechender Gelenkbewegungen der Gesamtkinematik derart zu regeln, dass der resultierende Kontaktpunkt den Gleichgewichtsbedingungen (2.3) des ZMP genügt. Eine Gruppe von Ansätzen orientiert sich dazu an geeigneten Referenztrajektorien des ZMP, in deren Nähe der tatsächliche Kontaktpunkt geführt werden muss, um den Roboter dynamisch zu stabilisieren. Dazu werden „Walking Patterns", Schrittbewegungen der Beine und der Füße vorgegeben, so dass die Trajektorien der Kontaktflächen bekannt sind, und damit wiederum Trajektorien in den Kontaktflächen liegender, sicherer ZMPs berechnet werden können. Alle anderen Bewegungen des Körpers werden dann dazu eingesetzt, den tatsächlichen Kontaktpunkt entlang dieser Referenztrajektorien des ZMP zu führen [346][156][232][210].

In der Regel erschwert die Komplexität der dynamischen Modelle die Herleitung einer gewünschten Dynamik des gesamten Roboters aus Referenztrajektorien des ZMP, so dass verschiedene Modellvereinfachungen vorgeschlagen werden. Häufige Vereinfachungen bestehen darin, den Oberkörper des Roboters insgesamt als dreidimensionales inverses Pendel zu betrachten [233][307][98] oder das Gesamtproblem mittels „Dynamischer Filter" in besser und schneller zu berechnende Einzelprobleme zu zerlegen [222][223]. Weitere Verfeinerungen und Abwandlungen der ZMP-basierten Verfahren adressieren Themen, wie das Laufen [157][316], die Fortbewegung in rauhem Gelände [144][311] oder die Objektmanipulation während des Gehens [200].

Neben den ZMP-basierten Verfahren existieren alternative Ansätze zum dynamischen Gehen und Laufen, in denen die geometrischen und die dynamischen Anforderungen an eine Schrittfolge zugleich und eng gekoppelt ermittelt werden. Diese so genannten „Position/Force"- oder kinodynamischen Verfahren wurden zur allgemeinen Bewegungssteuerung von Robotern entwickelt (siehe Abschnitt 2.2.1.3 auf Seite 11) und werden zunehmend auch für die Fortbewegung bipedaler Roboter zur Anwendung gebracht [173][136][57].

2.2.1.2 Bewegungsplanung für anthropomorphe Roboter

Die Bewegungsplanung dient der Ermittlung einer geeigneten Bewegungsfolge, die einen Roboter ausgehend von der aktuellen Konfiguration kollisionsfrei in eine gegebene Zielkonfiguration überführt. Es stehen dabei unterschiedliche Verfahren zur Auswahl, um Hindernisse, bzw. kollisionsfreie Gebiete der Arbeitsumgebung eines Roboters zum Zweck der Bewegungsplanung zu kartieren. Im Fall der *kartesischen Modellierung* wird die Umgebung des Roboters mittels „Boundary Representations" [BREPs] [5][305] geometrisch modelliert. Ansätze zur Bewegungsplanung, die kartesische Modellierungen der Umgebung als Planungsgrundlage nutzen [172][227][64], sind nachweislich bereits für einfache Situationen mit wenigen BREPs durch die resultierende Komplexität des Planungsproblems in ihrer Leistungsfähigkeit begrenzt [283]. Eine für Roboter angepasste Transformation des geometrischen Planungsproblems stellt der Übergang auf den *Konfigurationsraum* dar [191]. Bei dieser Abbildung der Umgebung eines Roboter mit n Gelenken entspricht eine n-dimensionale Koordinate des Konfigurationsraumes einer Gelenkstellung $\underline{q}_n$ des Roboters. Karten des Konfigurationsraumes werden gebildet, indem die möglichen Gelenkstellungen des Roboters in gegebenen Diskretisierungsschritten abgetastet werden. Treten dabei Gelenkstellungen auf, die eine Kollision des Roboters mit der Umgebung bedeuten, werden die entsprechenden Wertebereiche des Konfigurationsraumes zur Durchfahrt gesperrt.

Auf Karten des Konfigurationsraumes basierend wurde eine Vielzahl von Bewegungsplanern für Roboter entwickelt, die – insofern eine hinreichende Abdeckung und Genauigkeit der Diskretisierung des Konfigurationsraumes gegeben ist – als *globale Verfahren* klassifiziert werden und exakte Lösungen des Planungsproblems ermitteln, indem stets die gesamte Karte auf einen kollisionsfreien Pfad untersucht wird. Wie im Fall der kartesischen Modellierung ist es eine wesentliche Eigenschaft globaler Planungsverfahren im Konfigurationsraum, dass die Komplexität des Planungsproblems mit dem Detailgrad der Modellierung der Umgebung zunimmt, die hier durch die Genauigkeit der Diskretisierung bestimmt wird. Zusätzlich steigt die Komplexität des Planungsproblems exponentiell mit der Anzahl n der Dimensionen des Konfigurationsraumes, d.h. der Anzahl der Gelenke des Roboters [59]. Vornehmliches Ziel globaler Planungsverfahren im Konfigurationsraum ist es daher, die Komplexität des Planungsproblems durch geeignete Maßnahmen zu reduzieren und den Zeitbedarf für die Planung einer Bewegung auch für reale Arbeitsumgebungen von Robotern online-fähig zu machen oder zumindest in annehmbaren Grenzen zu halten [52][101][192].

In Abgrenzung zu den globalen Verfahren existiert daneben die Klasse der *lokalen Verfahren*, die der Komplexität des Planungsproblems begegnen, indem jeweils nur eine enge, lokale Umgebung des Roboters auf Kollisionsfreiheit untersucht wird. Lokale Bewegungsplaner ermitteln eine Gesamtlösung des Planungsproblems dann durch die inkrementelle Aneinanderreihung der örtlich begrenzten Teillösungen. Die grundlegende Idee der lokalen Bewegungsplanung wird z.B. durch den Ansatz der Potenzialfelder wiedergegeben [164]. Dazu wird die Umgebung als „goal attractive" modelliert, indem das einzunehmende Ziel den Roboter aus seiner Ausgangsstellung heraus im Sinne eines Potenzials anzieht, während Hindernisse in der Umgebung den Roboter abstoßen. In einem derart definierten Potenzialfeld kann mittels eines Gradientenabstiegsverfahrens ein kollisionsfreier Pfad in die Zielkonfiguration sukzessive entwickelt werden, wobei jeweils nur ein örtlich begrenzter Ausschnitt des Feldes untersucht werden muss. Die primäre Herausforderung bei der Umsetzung einer Bewegungsplanung gemäß dem Ansatz der Potenzialfelder besteht in lokalen Minima, aus denen ein einfaches Abstiegsverfahren mangels der globalen Sicht auf die Situation nicht entkommen kann, so dass der entwickelte Pfad die Zielkonfiguration nicht erreicht. Im Gegensatz zu globalen Planungsverfahren, die vollständig genannt werden, da sie die Findung eines Pfades erlauben, sofern er existiert, ist der lokale Ansatz der Potenzialfelder und darauf aufbauende Verfahren nicht vollständig [102].

Das Problem der lokalen Minima kann umgangen werden, indem die lokale Suche des Bewegungsplaners Minima erkennt und ihnen entkommen kann. Eine Strategie, lokalen Minima zu entkommen, besteht in einer begrenzten Randomisierung der Suche – im einfachsten Fall wird dem Gradientenabstiegsverfahren dabei eine Art „Brownsche Bewegung" überlagert, um tendenziell dem globalen Ziel näher zu kommen, aber andererseits durch sporadische Sprünge im Suchraum einem Verharren in lokalen Minima zu begegnen [27][28][182]. Anlässlich derartiger „Randomized Path Planners" [RPPs] wird zusätzlich der Begriff der Vollständigkeit detaillierter gefasst. Es liegt dann die so genannte probabilistische Vollständigkeit vor, falls die Wahrscheinlichkeit des Findens eines kollisionsfreien Pfades bei zunehmender Laufzeit der Suche gegen 1 konvertiert, sofern eine Lösung existiert [180]. Eine ähnliche Entwicklung stellen „Probabilistic Road Maps" [PRMs] dar, die ebenfalls als lokale Verfahren auch bei komplexen Problemstellungen in der Praxis annehmbare Laufzeiten aufweisen können und dabei die probabilistische Vollständigkeit zum Ziel haben. In diesen Verfahren wird der Suchraum mittels adaptiver Abtaststrategien geprüft, um einen Graphen kollisionsfreier Pfade, eine Roadmap, zu erzeugen [231][162]. Jüngere kinodynamische Verfahren erweitern die Ansätze RPP und PRM zusätzlich, indem sie den Konfigurationsraum über Gelenkstellungen hinaus um weitere kinematische zund dynamische Freiräume bzw. Beschränkungen von Robotern ergänzen. Durch Berechnung entsprechender dynamischer Modelle des Roboters erfassen kinodynamische Suchräume insbesondere die verfügbaren Gelenkbeschleunigungen und -momente, sowie wie Bereiche dynamischer Stabilität, z.B. im Sinne des ZMP [173][350]. Die resultierenden, hochdimensionalen Suchräume werden u.a. mittels „Rapidly-Exploring Random Trees" [RRTs] effizient zur Bewegungsplanung vorbereitet, indem zufällige Koordinaten im Suchraum zu einem baumförmigen Graphen kinematisch und dynamisch frei einnehmbarer und auch stabil ansteuerbarer Konfigurationen verbunden werden [183][184].

2.2.1.3 Steuerungskonzepte für anthropomorphe Roboter

Die bisher beschriebenen Ansätze zur Bewegungsplanung und -steuerung sind in der Regel Teile eines übergeordneten Steuerungskonzeptes, das den Roboter anhand eines Umweltmodells befähigt, gegebene Aufgaben durch geeignete Abfolgen von Bewegungs-, Greif- und anderen Aktionen zu lösen. Mit zunehmender Komplexität der angestrebten Aufgaben wächst auch die Zahl der zu berücksichtigenden Aspekte der Umwelt und es wird der Einsatz umfassender maschineller Planungsstrategien notwendig [125]. Insbesondere die frühen und grundlegenden Steuerungskonzepte für Roboter sind daher zumeist in der direkten Koentwicklung mit dem reifenden Gebiet der „Artificial Intelligence" [AI] entstanden. Kennzeichen dieser Steuerungskonzepte ist zum einen ihre Organisation in einer strikten „Top Down"-Struktur, in der eine gegebene Aufgabe zunächst anhand einer abstrakten, symbolischen Beschreibung der Ist- und Soll-Zustände der Umwelt gelöst wird und die Ausführung durch den Roboter erst auf Basis eines vollständigen Plans erfolgt (siehe Bild 2.3 a)). Zum anderen ist für sie charakteristisch, dass die Aspekte Wahrnehmung, Interpretation, Planung und Aktion des Planungsproblems zentralisiert behandelt werden, um der „Top Down"-Struktur gerecht zu werden [221][339].

Derartigen planungsorientierten Verfahren stehen so genannte verhaltensbasierte Ansätze gegenüber, in denen komplexe Verhaltenweisen aus dem Zusammenspiel einfacher Sensor- und Aktormodule erzeugt werden, z.B. Ausweichreaktionen mobiler Roboter im Fall von Kollisionen [41]. Um auf Basis grundlegender Reaktionen zunehmend anspruchsvollere Verhaltensweisen, „Skills", zu ermöglichen, werden die Module in Schichten angeordnet, die zu zunehmend abstrakteren Interpretationen der gegebenen Situation fähig sind [48][49]. Da sie in dieser Anordnung „Top Down"-Strukturen gleichermaßen umkehren, werden die verhaltensbasierten Ansätze als „Bottom Up"-Strukturen klassifiziert (siehe Gegenüberstellung a) und b) in Bild 2.3). Eine bekannte „Bottom Up"-Struktur für mobile Roboter ist die „Subsumption Architecture" (engl. „Unterordnungsarchitektur") [47]. Das Grundprinzip der „Subsumption Architectureïst in Bild 2.3 c) gezeigt. Sensorikmodule ermitteln interne und externe Sensordaten. Diese Sensordaten werden Schichten aufgeschaltet, die aufsteigend von unten nach oben jeweils komplexere „Skills" ermöglichen. Die Ausgänge der Schichten sind

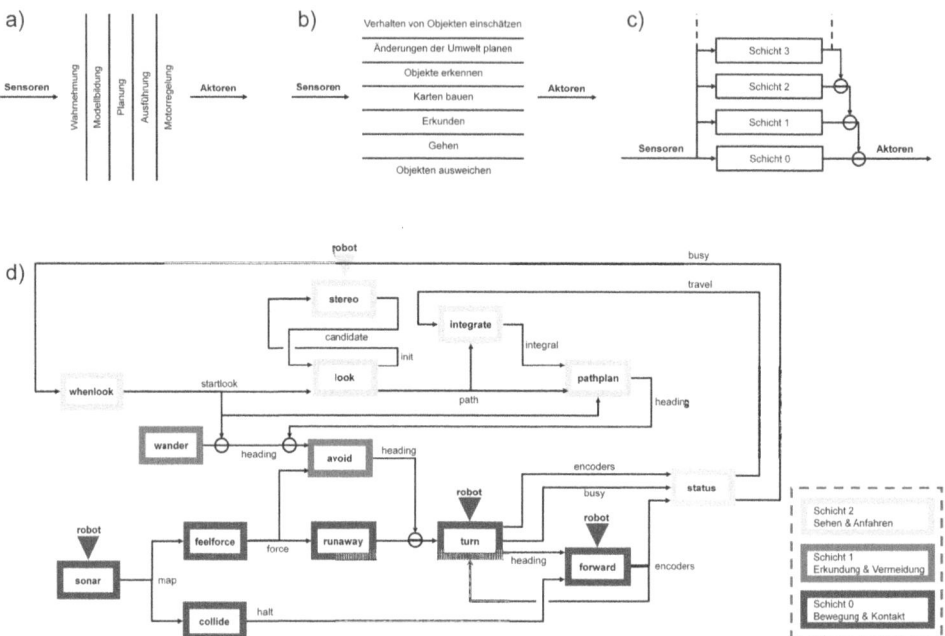

Abb. 2.3 Gegenüberstellung von a) „Top Down"-Struktur und b) „Bottom-Up"-Struktur, c) Grundprinzip der „Subsumption Architecture" und d) Realisierung der „Subsumption Architecture" für einen mobilen Roboter; nach [47]

wiederum mit den Aktormodulen des Roboters verbunden, wobei die höheren Schichten die Ausgänge der niedrigeren Schichten gegebenenfalls unterdrücken bzw. unterordnen können. Ein praktische Realisierung der „Subsumption Architecture" für einen mobilen Roboter zeigt in Bild 2.3 d); ähnliche Netzwerke wurden eingesetzt, um „Walking Patterns" für mehrbeinige, insektenartige Roboter zu erzeugen [50].

Ein weiterer Ansatz „Bottom Up" strukturierter Steuerungskonzepte basiert auf neuronalen Netzen. In Anlehnung an den Aufbau des Gehirns aus vernetzen Neuronen werden hier kleinste Rechenknoten verschaltet. Diese künstlichen Neuronen werden von gewichteten Eingangssignalen angeregt. Übersteigt die Anregung gewisse Schwellwerte, lösen die Neuronen Ausgangssignale aus, sie „feuern". Bereits mit diesen simplen Eigenschaften sind neuronale Netze prinzipiell z.B. zur Klassifizierung fähig und können für unterschiedliche Sensordaten unterschiedliche Reaktionen auf die Aktoren aufschalten. Solche Verhaltensmuster werden in neuronalen Netzen mittels der Gewichte, Schwellwerte und Verknüpfungen zwischen den Neuronen codiert. Die große Zahl der Parameter, die für ein gewünschtes Verhalten dann einzustellen ist, wird üblicherweise mit Methoden maschinellen Lernens ermittelt. Auch in Ansätzen mit neuronalen Netzen wurden zunächst „Walking Patterns" für insektenartige Roboter generiert [187][121]. Doch auch Grundlagen des bipedalen Gehens konnten mit dieser Art von „Bottom Up" strukturiertem Steuerungskonzept nachvollzogen werden [250].

Neben neuronalen Netzen existieren weitere Ansätze im Gebiet der „Computational Intelligence", die die Betrachtung übergeordneter Steuerungskonzepte schrittweise in die Domäne der Steuerungs- und Regelungstechnik verlagern, indem der Roboter als dynamisches System im regelungstechnischen Sinne behandelt wird. Ausgehend von neuronalen Netzen werden z.B. so genannte „neuronale Felder" eingesetzt, um aus den technischen Zustandsgrößen des Roboters neue Zustandsvariablen zu generieren, die als Verhaltensmuster interpretierbar sind

[281][31]. Ebenfalls im Gebiet der „Computational Intelligence" angesiedelt sind übergeordnete Steuerungskonzepte für Roboter auf Basis der „Fuzzy Control" [267][118][308].

2.2.1.4 „Hybrid Control" und „Supervisory Control"

Ein weiteres Steuerungskonzept mit einer regelungstechnischen Herangehensweise liegt mit dem Ansatz der „Hybrid Control" vor. Darin wird der Roboter durch eine Zusammensetzung dynamischer Systeme im regelungstechnischen Sinne beschrieben, die zusammenfassend als *Regelstrecke* („Plant") bezeichnet werden. Die Steuerung erfolgt durch ein weiteres dynamisches System, dem *Regler* („Controller"). Die Besonderheit der hier beschriebenen Form der „Hybrid Control" besteht dann darin, dass die Regelstrecke in einem kontinuierlichen Zustandsraum arbeitet, während der Regler in einem diskreten Zustandsraum operiert. Die Kommunikation der kontinuierlichen Regelstrecke mit dem diskreten Regler wird daher über ein Schnittstellenmodul hergestellt, das Änderungen der Zustandsvariablen der Regelstrecke in Eingangssymbole des Reglers wandelt und umgekehrt Ausgangssymbole des Reglers in Eingangsgrößen der Regelstrecke übersetzt (siehe Bild 2.4).

Für die Regelstrecke können die bekannten Systemgleichungen für den Zustandsvektor $\underline{x} \in \mathbb{R}^n$, $n \in \mathbb{N}$, die Eingangsgrößen $\underline{u} \in \mathbb{R}^m$, $m \in \mathbb{N}$ und die Ausgangsgrößen $\underline{y} \in \mathbb{R}^p$, $p \in \mathbb{N}$ aufgestellt werden [303].

$$\underline{\dot{x}} = f(\underline{x}, \underline{u}) \tag{2.4}$$

$$\underline{\dot{y}} = g(\underline{x}) \tag{2.5}$$

Der Regler dagegen kann beschrieben werden als ein deterministischer Automat, der mittels zweier Transitionsfunktionen Zustände des Reglers $\widetilde{x} \in \widetilde{X}$, Eingangssymbole $\widetilde{u} \in \widetilde{U}$ und Ausgangssymbole $\widetilde{y} \in \widetilde{Y}$ ineinander überführt; der Index i bezeichnet dabei eine zeitliche Abfolge der Zustände.

$$\widetilde{x}_i = \delta(\widetilde{x}_{i-1}, \widetilde{u}_i) \tag{2.6}$$

$$\widetilde{y}_i = \phi(\widetilde{x}_i) \tag{2.7}$$

Das Schnittstellenmodul besteht aus zwei Abbildungsvorschriften; der so bezeichnete *Generator* $\alpha : \mathbb{R}^n \to \widetilde{U}$ erzeugt für ausgewählte Änderungen der Zustandsvariablen der Regelstrecke entsprechende Eingangssymbole für den Regler, der so genannte *Aktuator* $\gamma : \widetilde{Y} \to \mathbb{R}^m$ schaltet für Ausgangssymbole des Reglers stückweise konstante Eingangsgrößen auf die Regelstrecke auf.

$$\widetilde{u} = \alpha(\underline{x}) \tag{2.8}$$

$$\underline{u} = \gamma(\widetilde{y}) \tag{2.9}$$

Indem Veränderungen der Zustandsvariablen der Regelstrecke auf äußere (physikalische) Ereignisse zurückgeführt werden und diese ereignisbedingten Zustandsänderungen über das Schnittstellenmodul auf den diskreten Zustandsraum des Reglers einwirken, kann der Regler als „Discrete Event System" [DES] klassifiziert werden. Ein DES ist ein dynamisches System, das sich anhand sporadischer, abrupter, äußerer Ereignisse entwickelt. Für die Klasse der als DES beschreibbaren dynamischen Systeme existiert in der Regelungstechnik ein umfangreicher Methodenapparat, auf den für die Analyse und den zielgerichteten Entwurf des Reglers zurückgegriffen werden kann [248][35].

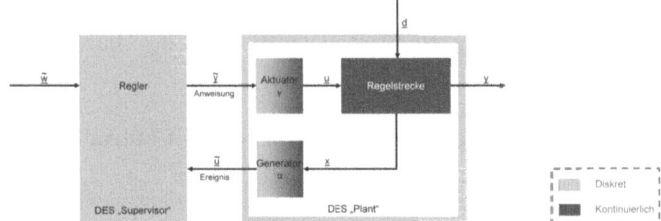

Abb. 2.4 Übergang von der „Hybrid Control" zur „Supervisory Control"

Über die bisher betrachtete, einfache „Hybrid Control" hinaus ist es möglich, die Regelstrecke und das Schnittstellenmodul als eine Einheit zu betrachten, die sich aus der Sicht des Reglers ebenfalls wie ein DES verhält (siehe Bild 2.4). Aufgrund des verbleibenden Unterschieds, dass im Inneren dieser Einheit weiterhin der kontinuierliche Zustandsraumes der Regelstrecke besteht, wird diese Einheit in Abgrenzung zu dem Begriff des DES auch als „DES Plant Model" bezeichnet [303]. Ein verbreiteter Ansatz zur Steuerung dieser geschlossenen Verschaltung von als DES beschreibbaren Regelstrecke und Reglern ist die „Supervisory Control". Die Ausgänge des zu steuernden, ereignisdiskreten Systems der Regelstrecke bewirken Zustandsübergänge in dem dann als *Supervisor* bezeichneten ereignisdiskreten System des Reglers, der anhand der Übergänge angemessene Steuerungskommandos bestimmt und diese in der Rückführung zur Regulierung der Regelstrecke aufschaltet [247][342]. Der Ansatz eines diskreten Zustandsraumes im Supervisor erlaubt die Einführung bzw. Herleitung neuer Zustände, die zunächst noch eng an die abgebildeten Zustandsvariablen der Regelstrecke gekoppelt sind, darauf aufbauend aber auch Zustände sein können, die ein hohes Abstraktionsniveau aufweisen und damit die Transparenz des Reglerentwurfes steigern. Das Ziel des Steuerungsentwurfes ist dann die Interaktion des Supervisors mit der Regelstrecke in einer Weise, die die Regelstrecke unter Vermeidung ungültiger oder unerwünschter Zustände in angestrebte Zielzustände überführt [189][147][280].

Die „Hybrid Control" stellt einen sehr direkt auf die Problemstellung der Robotik anwendbaren Ansatz dar, die kontinuierlichen dynamischen Systeme des Roboters zur Erfüllung komplexer Aufgaben im Sinne einer übergeordneten Steuerung anzusteuern. Im Umfeld humanoider Roboter werden sie beispielsweise eingesetzt, um mehrfingrige Robotergreifer zu kontrollieren [272] und ähnlich vielschichtige Herausforderungen, wie das bipedale Gehen [249] oder die aufgabenorientierte Bewegungssteuerung von Robotern [255], auf einer umfassenderen, abstrakten Ebene zu analysieren und umzusetzen. Über die Steuerung eines einzelnen Roboters hinausgehend werden weitere auf hybride Systeme basierende Ansätze vorgestellt, die die flexible, aufgabenbezogene Aktivierung mehrerer Einzelroboter sowie weiterer Automatisierungseinheiten in der Fertigung ermöglichen [298][190].

Insbesondere ist jedoch der Ansatz der „Supervisory Control" dazu geeignet, in aufeinander aufbauenden Ebenen des Supervisors eine zunehmend abstraktere Sicht auf das Steuerungsproblem einzunehmen, da hier im Vergleich mit der einfachen „Hybrid Control" eine rasche Loslösung von der konkreten Ausgangsymbolmenge der Regelstrecke bewerkstelligt werden kann. Entsprechend werden anhand der Idee der „Supervisory Control" Steuerungen entwickelt, die aufbauend auf Steuerungsebenen für einzelne Beine die Bewegungssteuerung mehrbeiniger Roboter übernehmen [229] oder aufbauend auf Steuerungsebenen für einzelne Industrieroboter die Führung von Mehrrobotersystemen erlauben [185][273]. Desweiteren sind auf der „Supervisory Control" basierende Ansätze bekannt, um Interaktionsfertigkeiten für humanoide Roboter bereitzustellen. Unter Einbezug der kombinierten Sensordaten einer aus mehreren Systemen bestehenden Sensorik werden komplexere Interaktionsfertigkeiten dabei aus grundlegenden Verhaltensmustern, so genannten Aktionsprimitiven, aufgebaut [126][209].

2.2.1.5 Praktische Realisierungen anthropomorpher Roboter

In Implementierungen anthropomorpher Roboter werden die beschriebenen Aspekte der humanoiden Robotik auf konkreten Plattformen erprobt. Den verschiedenen Forschungsschwerpunkten entsprechend werden diese Plattformen dabei zumeist auf die jeweils interessierenden Teilsysteme reduziert, so dass tatsächlich nur eine vergleichsweise geringe Zahl an Robotern existiert, die dem eingangs angeführten Ideal einer menschenähnlichen Gesamterscheinung nahe kommen. In diesem Zusammenhang ist allerdings auch zu berücksichtigen, dass die Entwicklung der notwendigen Hardware kostenintensiv ist und die dauerhafte Verfügbarkeit eines weiten Spektrums an mechatronischen Fertigkeiten voraussetzt, so dass die Mittel zur Durchführung einer derartigen anspruchsvollen Unternehmung nur von wenigen Forschungsgruppen aufgebracht werden können.

Der wohl – auch über die Fachwelt hinaus – bekannteste anthropomorphe Roboter ist sicherlich ASIMO („Advanced Step in Innovative Mobility"), eine Entwicklung der Firma Honda Motor Co., Ltd. Von 1986 an wurde in dieser ursprünglich japanischen Unternehmung eine Serie zunehmend ausgereifterer humanoider Plattformen geschaffen, die heute weltweit von Forschungsgruppen eingesetzt werden können [149][317]. Das Modell des Roboters ASIMO aus dem Jahr 2005 ist sowohl in seinen Bewegungsmöglichkeiten als auch in seinen Proportionen dem Menschen nachempfunden, weist 34 Gelenke auf und ist ca. 130 cm groß. Bei ASIMO steht die Entwicklung eines Gesamtkonzeptes für autonome anthropomorphe Roboter im Vordergrund, speziell die Bewältigung der Anforderungen bipedal gehender Plattformen [142][143][268][148].

Einen weiteren bipedalen Roboter der im Rahmen japanischer Firmen-Forschung entstanden ist, stellt QRIO („Quest for Curiosity") dar, ehemals SDR („Sony Dream Robot"), der Sony Corp. Schwerpunkt dieser Entwicklung war die Bereitstellung einer humanoiden Plattform für den Entertainment- bzw. Edutainment-Bereich. Im Vergleich mit ASIMO ist Sonys Roboter kleiner (ca. 60 cm), besitzt jedoch 38 Gelenke und beherrscht neben dem Gehen auch das Laufen und Springen, also dynamische Bewegungsarten ohne Phasen statischer Stabilität [155][179][223]. Ursprünglich als eine Erweiterung des vierbeinigen Roboters AIBO angesetzt, wurde der Roboter in den Jahren 2000 bis 2006 entwickelt, dann allerdings wurde QRIOs Entwicklung zeitgleich mit dem Projekt AIBO gestoppt. QRIO und AIBO etablierten sich als Standardplattformen in den „RoboCup"-Wettbewerben [299]. Einen ähnlichen Status hat heute NAO der französischen Firma Aldebaran Robotics [129][130]. Mit einer Programmierschnittstelle, die den Zugriff auf 25 Gelenke und zahlreiche Sensoren (Neigungs- und Drucksensoren, Kameras, Mikrophone, optional Laserscanner) erlaubt, adressiert NAO verstärkt die universitäre Forschung.

In Reaktion auf den Trend der anthropomorphen Robotik wurde in Deutschland 2001 an der Universität Karlsruhe der „Sonderforschungsbereich 588 – Humanoide Roboter" mit Förderung der Deutschen Forschungsgemeinschaft [DFG] eingerichtet [161]. Die gemeinsame Plattform der aus 13 Forschungsinstituten bestehenden Gruppe ist ARMAR, ein humanoider Roboter, dessen Entwicklung auf die zur Interaktion mit Menschen notwendigen Systeme fokussiert ist [20][209]. ARMAR verfügt dazu über zwei Manipulatorarme und der menschlichen Hand ähnliche Greifer, sowie diverse Sensoren zur Wahrnehmung der mit ihm arbeitenden Menschen, ist aber auf einer mobilen Plattform untergebracht. Insgesamt weist ARMAR

43 Gelenke auf und ist ca. 170 cm groß, was ihn befähigt, in Arbeitshöhen und -räumen des Alltags eingesetzt werden zu können.

ARMAR ist in seiner Konstruktion dem anthropomorphen Roboter WENDY („Waseda Engineering Designed Symbiont") ähnlich, einer Unternehmung des japanischen „Waseda University Humanoid Projects" im Zeitraum 1997 bis 2000. Wie ARMAR ist auch WENDY mit zwei Manipulatorarmen und menschenähnlichen Roboterhänden ausgestattet und auf einer mobilen Plattform montiert (insgesamt 52 Gelenke). Aufgrund seiner Größe (ca. 140 cm) ist der Roboter WENDY allerdings für die Umwelt-Maschine-Interaktion in der typischen Arbeitshöhe eines sitzenden Menschen ausgelegt [212]. Auch darüber hinaus ist die Waseda University bereits lange Zeit mit der Erforschung anthropomorpher Kinematiken befasst. So wurden dort seit den 1970er Jahren auf WABOT und den Plattformen der Serie WL Pionierarbeiten im Bereich des bipedalen Gehens geleistet [347][345], die aktuell auf dem humanoiden Roboter WABIAN („Waseda Bipedal Humanoid") fortgeführt werden. WABIAN ist ca. 150 cm groß und weist in den Bein- und Armkinematiken 41 Gelenke auf [228].

Der anthropomorphe Roboter JUSTIN („Just in time for Automatica 2006") des Deutschen Zentrums für Luft- und Raumfahrt e.V. [DLR] stellt eine weitere vergleichbare Konstruktion dar. Seit 2008 ist der Roboter JUSTIN ebenfalls auf einer mobilen Plattform montiert. Im Vergleich mit den Chassis von z.B. ARMAR und WENDY ermöglicht die Plattform allerdings die Steuerung von Radabstand und -stellung. Diese Steuerung ermöglicht dann sowohl das Einnehmen stabiler Arbeitslagen (breiter Radstand), als auch Fahrmanöver auf kleinen Flächen und engen Passagen (schmaler Radstand). Aktuell wird der Austausch der radbasierten Plattform durch zwei Beine vorbereitet, die ebenfalls dem Konzept der Leichtbauroboter folgen, die die Arme von JUSTIN bilden [98]. Auch der Oberkörper des Roboters kann über Gelenke gebeugt und gedreht werden, so dass der Arbeitsraum zur Handhabung von Objekten in der Nähe der Plattform vergrößert wird [38][14]. Insgesamt steht bei dieser Unternehmung stets die Erprobung neuer Steuerungsansätze im Vordergrund, die neben der kraftbasierten Bewegungssteuerung der insgesamt 43 Gelenke die Integration weiterer Entwicklungen des DLR zum Ziel hat, wie die DLR-Hände [58][352] und die im kompakten Kopf konzentrierte Sensorik zum maschinellen Sehen [309].

Über die hier detailliert beschriebenen humanoiden Roboter hinaus existieren andere Plattformen, die ähnliche oder weitere Aspekte der anthropomorphen Robotik zum Schwerpunkt haben. Darunter sind ein humanoider Roboter der Toyota Motor Corp., Japan [310], HRP (National Institute of Advanced Industrial Research and Technology, Japan) [159] und KHR (Korea Advanced Institute of Science and Technology, Südkorea) [168] weitere Beispiele bipedaler Roboter. Bei dem Projekt COG (Massachusetts Institute of Technology, USA) [51][270] wird auf die Nachbildung der menschlichen kognitiven Fähigkeiten des Lernens und Erkennens fokussiert, sowie auf erweiterte Methoden der Mensch-Maschine-Interaktion anhand einer Gesichtsmimik für Roboter. Eine humanoide Plattform im weiteren Sinne ist auch der ROBONAUT (National Aeronautics and Space Administration, USA). Diese anthropomorphe Kinematik wurde zunächst mittels Verfahren der Telepräsenz und Telemanipulation ferngesteuert [133], neuere Ansätze erweitern jedoch die Mobiliät und Autonomie der Plattform [88].

2.2.2 Anthropomorphe Mehrrobotersysteme in der Industrie

In der industriellen Produktion sind die typischen, 6-achsigen Knickarmroboter etabliert. Während humanoide Roboter dem menschlichen Bewegungsapparat möglichst vollständig

2.2 Anthropomorphe Kinematiken als Schlüsselentwicklung der Robotik   17

nahekommen, sind Industrieroboter im Wesentlichen einem einzelnen Arm des Menschen nachempfunden. Die technischen und konzeptionellen Grundlagen ihrer Realisierung und Steuerung sind gut bekannt und sie werden entsprechend sicher eingesetzt, um Aufgaben der Handhabung und Fertigung zu automatisieren. Die Komplexität dieser Aufgaben ist jedoch begrenzt. Die Ausführung anspruchsvoller Tätigkeiten erfordert entweder den Einsatz von Sondermaschinen, oder die Verkopplung mehrerer Industrieroboter zu einem Mehrrobotersystem. Technik und Steuerung von Sondermaschinen müssen speziell zur Lösung einer einzelnen, komplexen Tätigkeit neu entwickelt werden. Mehrrobotersysteme dagegen haben den Vorteil, dass die grundlegende Komponente – der Industrieroboter – bereits existiert und es allein der Entwicklung eines geeigneten Steuerungskonzeptes bedarf.

2.2.2.1 Praktische Realisierungen industrieller Mehrrobotersysteme

Seit dem Jahr 2000 sammelt insbesondere der Automobilhersteller Daimler Chrysler in dem selbst initiierten Projekt „Kooperierende Industrieroboter" [KIR] Erfahrungen mit dem Einsatz von Mehrrobotersystemen in der industriellen Fertigung [331][337]. In der Produktion wird derzeit hauptsächlich die anthropomorphe Fähigkeit von Mehrrobotersystemen genutzt, wie ein Mensch zweiarmig agieren zu können, z.B. beim gemeinsamen Transport – während ein Roboter das Werkstück hält, führt ein zweiter Roboter das Werkzeug. Zum einen werden in dieser Anwendung aufwändige, spezielle Haltevorrichtungen eingespart und durch Standardlösungen für Robotergreifer ersetzt. Zum anderen ist es möglich, das Werkstück zu transportieren und zugleich in der Vorzugslage zu bearbeiten, da die Bewegungen der beiden kooperierenden Roboter entsprechend gekoppelt werden können. Neben den notwendigen Investitionen für die Entwicklung und Einrichtung spezieller Steuerungen, Greif- und Ablagevorrichtungen reduziert der Einsatz kooperierender Roboter in dieser Anwendung außerdem transportbedingte Wartezeiten, Umrüstzeiten und Wartezeiten beim Verriegeln von Haltevorrichtungen. Desweiteren können die Anlagen aufgrund der Bewegungskopplung und des reduzierten Aufwandes an Steuerungskomponenten kompakter betrieben und installiert werden, so dass der Flächenbedarf deutlich reduziert wird [145][171].

Das Potenzial von Mehrrobotersystemen wird auch seitens der Roboterhersteller erkannt, die jeweils eigene Lösungen anbieten, um ihre Modelle zu kooperierenden Systemen zu verschalten. Grundlegend können dabei zwei Arten der technischen Realisierung unterschieden werden. Der erste Ansatz geht *zentral* vor und kommandiert mehrere Roboter mittels eines Steuerungsmoduls. Der zweite Ansatz ist dagegen *verteilt* orientiert und synchronisiert die einzelnen Steuerungsmodule der Roboter über ein echtzeitfähiges Netzwerk. Für die verteilte Steuerung spricht, dass die Zahl der vernetzbaren Einzelroboter nicht durch die Leistung eines zentralen Steuerungsmoduls beschränkt ist und daher höher sein kann. Außerdem ist ein Netzwerk an Steuerungsmodulen leichter erweiterbar. Für den zentralen Ansatz spricht die Direktheit der Lösung und ihre vergleichsweise einfache Umsetzung.

Vorreiter der Umsetzung des zentralen Ansatzes ist der japanische Roboterhersteller Yasakawa Electric Corp., bzw. dessen Tochterunternehmen Motoman Inc., die bereits 1994 die synchrone Bewegungssteuerung zweier Industrieroboter aus einem Steuerungsmodul heraus angeboten haben [214]. Auf Basis der gleichen, MULTI ROBOT CONTROL genannten Technologie unterstützt Motoman aktuell die synchrone Ansteuerung von bis zu vier Industrierobotern und peripheren Zusatzachsen, bzw. 36 Achsen insgesamt [216][217]. Ganz ähnlich geht auch der Roboterhersteller ABB Ltd. vor; auch in dem MULTIMOVE genannten Konzept steuert ein zentrales Steuerungsmodul bis zu vier Roboter und externe Achsen, bzw. 36 Achsen insgesamt. Allerdings kann aufgrund der Steuerungsarchitektur dieses Roboterherstellers

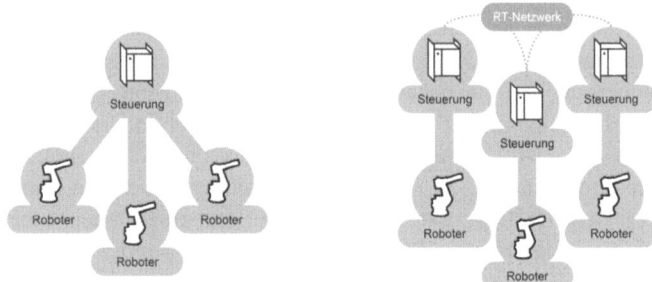

Abb. 2.5 Zentraler (l.) und dezentraler Ansatz (r.) zur Steuerung von KIR

die Mehrroboterbewegungssteuerung von den Achssteuerungen der einzelnen Roboter (für die Servokontrolle von jeweils bis zu neun Achsen) getrennt aufgestellt werden [45][11]. Der Roboterhersteller KUKA Roboter GmbH dagegen verfolgt den verteilten Ansatz. Über die Steuerungsoption ROBOTEAM werden bis zu 15 Roboter-Einzelsteuerungen mittels eines echtzeitfähigen Ethernets zu einer kooperierenden Gruppe verschaltet. Der Determinismus des verteilten Ablaufs wird sichergestellt, indem mit jedem Interpolationstakt eine Synchronisation der Steuerungen stattfindet [177][176]. Auch der Roboterhersteller Reis GmbH & Co. KG erzielt die Kooperation seiner Roboter durch die Synchronisation ihrer Bewegungen in einem echtzeitfähigen Netzwerk [335][336]. Der japanische Produzent FANUC Ltd. bietet als einziger Fabrikant beide Ansätze an. In dem MULTI ARM genannten zentralen Steuerungsmodus können bis zu vier Industrieroboter verschaltet werden. Mit ROBOT LINK existiert zudem eine Lösung der Zusammenschaltung von zehn Robotern des Roboterherstellers über ein Echtzeit-Ethernet [112][99].

2.2.2.2 Steuerungskonzepte für industrielle Mehrrobotersysteme

Der Umsetzung des zentralen und des verteilten Steuerungsansatzes durch die Roboterhersteller ist es gemeinsam, dass die Bewegungssynchronisation in der so genannten lagebasierten „Master/Slave"-Kopplung erfolgt. Beim „Master/Slave"-Betrieb wird ein Roboter (oder eine periphere Achse) zum *Master* bestimmt, an dessen Bewegungen sich die anderen Roboter, die *Slaves*, orientieren müssen. Im lagebasierten Verfahren wird zur Kopplung die relative Lage des Werkzeugaufpunktes („Tool Center Point") [TCP] zwischen Master und Slave konstant gehalten, der am Endeffektor einer Kinematik die Bezugslage von Aktionen mit Greifern oder Werkzeugen beschreibt [74]. Eine Erweiterung davon sind kraftbasierte Verfahren, in denen über rein geometrische Bedingungen hinaus auch dynamische Eigenschaften der Kopplung ausgewertet und ausgeglichen werden [165][238][340]. Obliegt im lagebasierten „Master/Slave"-Betrieb dem Master z.B. die Führung des Werkstücks, werden auf die Bahnen der Slaves die Bewegungen des Masters als zeitveränderliche Offsets gegenüber Bahnen bei ruhendem Werkstück aufgeschlagen. Master und Slaves bilden in diesen Situationen reale oder virtuelle geschlossene kinematische Ketten. *Real* werden die Ketten geschlossen, falls neben dem Master weitere Slaves das Werkstück greifen; *virtuell* werden die resultierenden geschlossenen Ketten genannt, falls die Slaves keinen fixen Kontakt mit dem Werkstück haben, aber z.B. eine Vorzugslage gegenüber dem Werkstück eingehalten werden soll [163][150]. Das Prinzip der lagebasierten Kopplung ist in Bild 2.6 skizziert.

Bahnen im lagebasierten „Master/Slave"-Betrieb werden in kartesischen Koordinaten berechnet, so dass eine lagebasierte Kopplung durch die begrenzte absolute Positioniergenauigkeit der beteiligten Roboter gefährdet werden kann. Durch Positionierfehler droht in re-

2.2 Anthropomorphe Kinematiken als Schlüsselentwicklung der Robotik

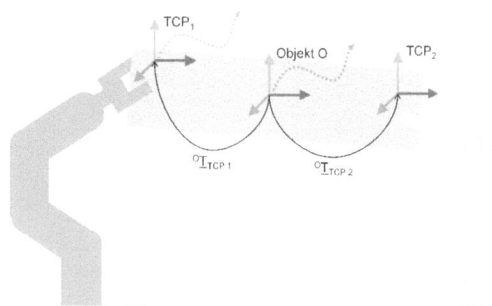

Abb. 2.6 Prinzip der lagebasierten Kopplung

al geschlossenen kinematischen Ketten, dass insbesondere steife Werkstücke stark belastet werden, während im virtuellen Fall es gegebenenfalls zu einem unerwünschten Kontakt von Werkstück und Werkzeug kommt. Um die Gefahren mangelnder Positioniergenauigkeit zu reduzieren, wird die Echtzeitfähigkeit des Lageabgleichs gefordert, die hier im Sinne der „Synchronisation der beteiligten Steuerungen im Interpolationstakt" zu verstehen ist. Im verteilten Ansatz müssen zur Synchronisation die Daten der notwendigen Lageberechnungen in jedem Takt auf die einzelnen Steuerungen übertragen werden. Im zentralen Ansatz dagegen liegen alle zur lagebasierten Kopplung notwendigen Daten direkt im Steuerungsmodul vor.

2.2.2.3 Anforderungen an industrielle Mehrrobotersysteme

Ausgehend von *modellhomogenen Konfigurationen*, die nur Roboter eines Modells zu Mehrrobotersystemen verschalten können, sind die Steuerungskonzepte der Anbieter inzwischen ausreichend parametrierbar, um auch unterschiedliche Robotermodelle in kooperierenden Systemen zusammenzuführen. Allerdings sind industrielle Mehrrobotersysteme derzeit weiterhin *herstellerhomogene Konfigurationen*, die auf spezifischen Steuerungsoptionen der Roboterhersteller beruhen. Ein Fortschritt in Richtung *heterogener Konfigurationen* kann durch unabhängige Lösungsansätze bereitgestellt werden, die Kinematiken im industriellen Einsatz verallgemeinert betrachten (siehe Bild 2.7). Derartige Lösungsansätze sind am ehesten in Systemen zur Offline-Programmierung von Industrierobotern zu erwarten, in denen zur Überprüfung der Roboterprogramme virtuelle Steuerungen simuliert werden. Darunter sind unabhängige Anbieter von Systemen zur Offline-Programmierung darauf angewiesen, ein möglichst heterogenes Portfolio an Roboterherstellern und -modellen anzubieten, um einen möglichst breiten Einsatz ihrer Software zu erlauben. Obwohl bereits die Notwendigkeit erkannt wurde, auch bei der Offline-Programmierung die Einrichtung und Inbetriebnahme industrieller Mehrrobotersysteme zu berücksichtigen [145], bleiben entsprechende Programmier- und Simulationswerkzeuge die Ausnahme. So bieten die Roboterhersteller nahezu durchgängig Systeme zur Offline-Programmierung ihrer eigenen Roboter an, doch nur wenige Fabrikanten unterstützen explizit die Programmierung und Simulation ihrer Mehrroboterkonfigurationen [12][218]. Auch in unabhängigen Programmier- und Simulationssystemen fehlt in der Regel noch eine Unterstützung der Arbeit mit homogenen oder heterogenen Mehrrobotersystemen. Einzig die Robotersimulationsprogramme EASY-ROB [94][151] und CIROS [91] stellen derzeit auch weiterführende Werkzeuge für die Programmierung kooperierender Systeme zur Verfügung.

Ausgangspunkte für weitere Entwicklungen sind auch beim Einsatz und Betrieb von Mehrrobotersystemen ersichtlich. Um mit den Mitteln der Automatisierung den Durchsatz zu

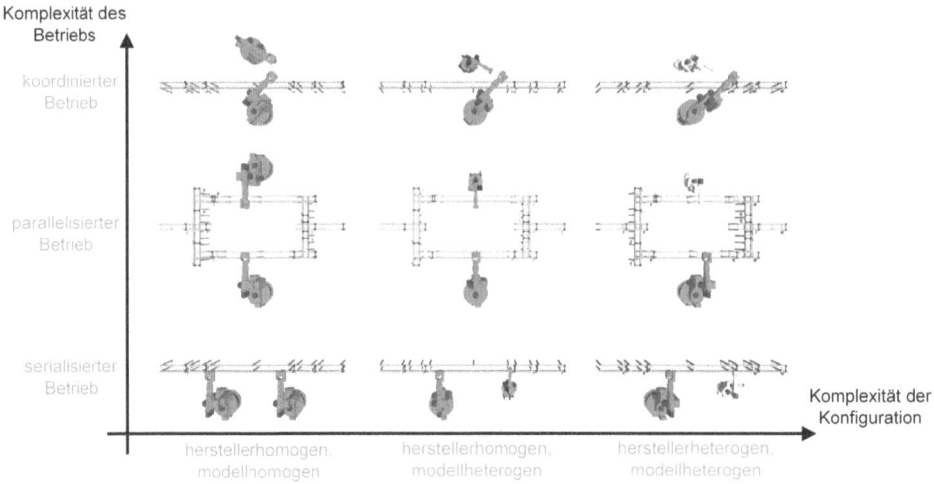

Abb. 2.7 Komplexität von Systemen mit mehreren Robotern

erhöhen, ist zum einen der *parallelisierte Betrieb* wesentlich, bei dem mehrere Einzelroboter in benachbarten Arbeitsstationen zeitgleich an Werkstücken die selben Aufgaben vollführen. Eine Aufgabenteilung findet dabei im Sinne einer Aufteilung des Werkstückstroms auf mehrere Arbeitsstationen statt. Zum anderen ist bei der Aufgabenteilung in der Produktion der *serialisierte Betrieb* von Einzelrobotern grundlegend, bei dem an demselben Werkstück in aufeinander folgenden Arbeitsstationen jeweils unterschiedliche Aufgaben durchgeführt werden (siehe Bild 2.7). Die Aufgaben der Einzelroboter entlang einer solchen Fertigungsstraße sind zumeist statisch festgelegt – erst Ansätze der flexiblen Fertigung bringen die schnelle oder automatische Umrüstung von Fertigungsstraßen ein, um auch die Produktion kleiner Chargen effizient mit Robotern zu automatisieren [312][137]. Als eine Erweiterung des serialisierten Betriebs können Mehrroboterstationen aufgefasst werden, an denen mehrere Roboter im Zyklus der Arbeitsstation am selben Werkstück unterschiedliche, unabhängige Aufgaben erfüllen, um die Bearbeitungszeit anhand der Anzahl der zeitgleich ausgeführten Arbeitsschritte zu verkürzen [123]. Analog dazu sind auch Mehrroboterstationen denkbar, die den parallelisierten Betrieb mehrerer Roboter fest in einer Arbeitsstation zusammenführen. Ziel des *kooperierenden Betriebes* ist es bislang, zwei oder mehr Roboter zu betreiben, die am selben Werkstück mit einander ergänzenden Aufgaben (z.B. „Halten" und „Schweißen") arbeiten. Während dieser Verschaltung zu einem kooperierenden System sind zunächst alle beteiligten Roboter eingebunden. Hier sind erweiterte verteilte Betriebsarten denkbar, die die Mehrrobotersysteme zeitweise wieder freigegeben. Erste Schritte in diese Richtung werden von den Roboterherstellern unternommen, indem sie die temporäre Gruppierung von Robotern in kooperierenden Systemen anbieten [175]. Unter anderem wird es so ermöglicht, die Roboter derart umzugruppieren, dass sie auch als Mehrroboterstation agieren können, die den serialisierten Betrieb (zeitgleiche Ausführung unabhängiger Aufgaben am selben Werkstück) oder den parallelisierten Betrieb (zeitgleiche Ausführung gleicher Aufgaben an unterschiedlichen Werkstücken) erlauben.

Während aktuell die technischen Grundlagen des kooperierenden Betriebes bereitgestellt werden, sind zur vollen Ausschöpfung des Potenzials von Mehrrobotersystemen weitere Entwicklungen zu unternehmen. Insbesondere ist allgemein von der gegenwärtig vorherrschenden *roboterzentrierten Sicht* auf eine *prozessorientierte* Sicht überzugehen. Eine solche Umstellung erfordert es, die vorhandenen Einrichtungs-, Simulations- und Programmierwerkzeuge schrittweise umzurüsten, so dass der einzelne Roboter in den Hintergrund tritt – stattdessen ist der vorliegende Prozess zu definieren, so dass sich das kooperierende System als Gesamtheit auf die Aufgabe einstellen kann, während kinematische Details der Ausführung automatisch ermittelt werden [150][151]. In einer prozessorientierten Sicht steht z.B. die Definition des Weges des Werkstücks im Vordergrund. Planungskomponenten stellen Timing und Bahnen des gesamten Mehrrobotersystems mit dem Ziel ein, eine effektive, kollisionsfreie Umsetzung dieses Weges zu ermöglichen, wobei in die Planung die einzelnen Kinematiken der Kooperation nur abstrakt einfließen. Darüber hinaus können auch neue kinematische Konstruktionen den Fokus weg von der Grundlage der seriellen Kinematik hin zu der Anwendung geschlossener, mehrarmiger Kinematiken verschieben. Ein erstes Beispiel sind hier die im Jahr 2006 eingeführten Doppelarmroboter MOTOMAN-DA/-DIA der Firma Motoman Inc., die ausgehend von den Schultern eines menschenähnlichen Torsos zwei Armen ähnliche Kinematiken mit insgesamt 13 (Type „DA") bzw. 15 (Type „DIA") Achsen als Plattform für „menschenähnliche Bewegungsprozesse" anbieten [214][215].

2.3 Simulation manueller Arbeitsplätze in der „Virtuellen Produktion"

Unter der „Virtuellen Produktion" werden hier Methoden verstanden, die Entwurf, Konstruktion, Programmierung, Steuerung und Analyse von Produktionsanlagen mittels Simulationen zum Ziel haben. In diesem Sinne handelt es sich bei der „Virtuellen Produktion" um eine Sparte der „Digitalen Fabrik" [322][323]. Auch in modernen, automatisierten Anlagen werden zahlreiche Prozessschritte mittels manueller Tätigkeiten implementiert. Für eine durchgängige Methodensammlung der „Virtuellen Produktion" sind daher Simulationen manueller Arbeitsplätze von großer Bedeutung. Während allerdings die Behandlung automatisierter Prozessschritte bereits etabliert ist, existieren nur wenige Systeme zum Entwurf und der Analyse menschlicher Tätigkeiten. Die verfügbaren Systeme sind dann zumeist Softwarepakete zum Thema „Ergonomie", deren Simulations- und Bedienkonzepte allerdings von den Simulations- und Bedienkonzepten für technische Systeme deutlich abweichen. Die Eingliederung der Simulation menschlicher Tätigkeiten ist daher eine aktuelle Problemstellung vor allem der Anbieter von Softwaresystemen im Kontext der „Virtuellen Produktion".

2.3.1 Der Begriff der „Virtuellen Produktion"

Zu dem Begriff der „Virtuellen Produktion" liegt keine einheitliche Definition vor, sondern es existieren zahlreiche einander ähnliche Begriffe, wie „Digitale Produktion", „Virtuelle Fertigung", „Virtuelle Inbetriebnahme", deren Bedeutungen teilweise drastisch voneinander abweichen. Hier umfasst die „Virtuelle Produktion" daher genauer die simulationsgestützte Planung und Steuerung von Produktionsanlagen. In der *Planungsphase* werden Simulationen zur „Virtuellen Produktion" eingesetzt, um Layout und energie- und datentechnische Verbindungen der verschiedenen Automatisierungskomponenten der geplanten Anlage vorzubereiten und das Zusammenspiel der Komponenten zu programmieren. Mit geringem Aufwand ist es dabei möglich, alternative Konfigurationen von Komponenten auf ihre Eignung zu prüfen. In der *Betriebsphase* begleitet die „Virtuelle Produktion" die Anlage und ermöglicht ihre laufende Überwachung und Optimierung, sowie die Anpassung von Komponenten und Pro-

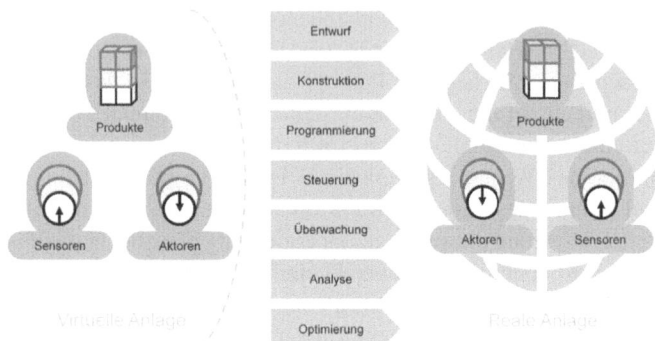

Abb. 2.8 Prinzip der „Virtuellen Produktion"

zessen im Fall von Änderungen. Um Steuerungskonzepte für Anlagen entwerfen, erproben und gegebenenfalls optimieren zu können, liegt der gegenwärtige Schwerpunkt der „Virtuellen Produktion" auf der Offline-Programmierung von Automatisierungskomponenten. Unter diesem Gesichtspunkt sind auch Offline-Programmiersysteme für Industrieroboter, wie EASY-ROB [94], CIROS [91], DELMIA ROBOTICS PROGRAMMER SOLUTION [82] (ehemals „IGRIP") und TECHNOMATIX ROBOT AND AUTOMATION PLANNING [294] (beinhaltet „Robcad") als Methoden der „Virtuellen Produktion" klassifizierbar. Dabei sind die beiden letztgenannten Pakete Teile der wohl umfangreichsten Softwaresysteme zur „Virtuellen Produktion", DELMIA [81] und TECNOMATIX [295], die über die Robotik hinaus zahlreiche weitere Konstruktions- und Simulationspakete beinhalten, die u.a. das „Product Lifecycle Management" adressieren.

Bild 2.8 skizziert das Prinzip der „Virtuellen Produktion". Für die verschiedenen Stadien und Aufgabenbereiche einer Produktionsanlage werden Modellbeschreibungen der Komponenten in der Simulation kombiniert und ausgewertet. In der Planungsphase werden die Simulationsergebnisse bei der Realisierung der Anlage genutzt; in der folgenden Betriebsphase werden laufende Anpassungen und Verbesserungen ermöglicht. Die gezeigte Klassifizierung der Komponenten in *Aktoren*, *Sensoren* und *Produkt* ist dabei typisch.

Eine wesentliche Voraussetzung für die Anwendung der „Virtuellen Produktion" ist es, dass verschiedene digitale Modelle der Automatisierungskomponenten zur Verfügung stehen, die ihre geometrischen und funktionalen Eigenschaften beschreiben, wie u.a. Programme, Prozesswirkungen, energie- und datentechnische Anschlüsse. Aufgrund der Voraussetzung dieser digitalen Modelle ist die „Virtuelle Produktion" eng mit dem Begriff der „Digitalen Fabrik" verbunden. Mit dem Schlagwort der „Digitalen Fabrik" werden bereits seit einigen Jahren Bemühungen bezeichnet, Produktionsanlagen durchgehend und einheitlich digitalisiert zu beschreiben und vorzuhalten. Der ursprüngliche Wirkungsbereich der „Digitalen Fabrik" war dabei die softwaregestützte Planung der wirtschaftlichen und logistischen Aspekte von Produktionsanlagen [40][167], während die „Virtuelle Produktion" in Abgrenzung dazu die simulative Inbetriebnahme und die betriebsbegleitende Simulation der Funktionalitäten beschrieb [119][341]. Inzwischen wird die „Digitale Fabrik" als Überbegriff jeder modellbasierten Produktion verstanden, der auch die „Virtuelle Produktion" umfasst [322][323].

Ein weiterer Begriff im Umfeld der „Virtuellen Produktion" ist das „Product Lifecycle Management" [PLM], das in Teilen ähnliche Ziele wie die „Digitale Fabrik" und „Virtuelle Produktion" beschreibt, aber dabei eine produktzentrierte statt der anlagenzentrierten Perspektive einnimmt [96]. Auch im PLM spielen digitale Beschreibungen eine zentrale Rolle, beziehen sich jedoch auf Entwurf, Konstruktion, Produktion und verbundene Dienstleistungen des Produkts. Entsprechend bestehen die Überschneidungen von „Virtueller Produktion" und PLM hauptsächlich im Bereich der Produktionsanlagen.

2.3.2 Simulation manueller Arbeitsplätze

Auch in automatisierten Produktionsanlagen werden zahlreiche Tätigkeiten manuell durchgeführt, die sich grob in *unterstützende Tätigkeiten*, wie der händischen Materialzuführung, *überwachende und bedienende Tätigkeiten*, z.B. in Leitständen, und *produzierende Tätigkeiten* an Handarbeitsplätzen einteilen lassen. Ergonomische Untersuchungen dieser manuellen Tätigkeiten haben zum Ziel, durch geeignete Auslegung und Anpassung der Arbeitsplätze körperlichen Überlastungen vorzubeugen. Im Zuge der Automatisierung und der damit einhergehenden Spezialisierung (und Monotonisierung) der Arbeit in der Produktion wurden ergonomische Untersuchungen fester Bestandteil der systematischen Planung von Produktionsstrecken [78]. Auch bereits vor der Begriffsbildung der „Virtuellen Produktion" wurden dazu digitale Modelle des Menschen, so genannte „Virtuelle Menschen" („Virtual Humans") zur rechnergestützten, simulatorischen Durchführung ergonomischer Untersuchungen vorgeschlagen [24][127]. Der Grundansatz des „Virtuellen Menschen" ist es dabei, Modelle des menschlichen Körpers derart zu positionieren bzw. zu animieren, dass eine zu untersuchende Situation ausreichend genau nachgebildet wird, um Rückschlüsse auf die ergonomischen Bedingungen zuzulassen. Dabei können sich die zu untersuchenden Situationen sowohl auf die *Produkterstellung* als auch auf die *Produktnutzung* beziehen.

Mit diesem Grundansatz besteht eine große Passgenauigkeit des „Virtuellen Menschen" in die Methoden der „Virtuellen Produktion", bzw. werden ergonomische Untersuchungen anhand „Virtueller Menschen" als wichtiger Baustein zum Gelingen einer umfassenden „Virtuellen Produktion" aufgefasst [120][61][85]. Softwaresysteme zur Umsetzung der „Virtuellen Produktion" kommen dieser Anforderung mit entsprechenden digitalen Menschmodellen und folgenden typischen ergonomischen Analyseverfahren entgegen (siehe auch Kapitel 7 auf Seite 161):

- *Einbezug anthropometrischer Modelle.* Die digitalen Menschmodelle sind variabel und können in Geschlecht, Größe und Statur an die erwartete Zielgruppe der Analyse angepasst werden. Die Einstellungen erfolgen dabei anhand von Erkenntnissen der Anthropometrik über Datenbanken, einstellbare Parameter oder Körperscans.
- *Analyse der Erreichbarkeit.* Die Tätigkeit wird für Schlüsselpositionen oder in ihrer Gesamtheit nachgebildet, um anhand der Geometrie der Situation die Erreichbarkeit relevanter Objekte am Arbeitsplatz zu bewerten. Details dieser Analyse können von der prinzipiellen Erreichbarkeit, über eine möglichst bequeme Erreichbarkeit bis zur Überwachung kritischer Abstände reichen.
- *Analyse der Sichtbarkeit.* Die Tätigkeit wird für Schlüsselpositionen oder in ihrer Gesamtheit nachgebildet, um anhand der Geometrie der Situation die Erreichbarkeit relevanter Objekte oder Signale am Arbeitsplatz zu bewerten. Details dieser Analyse können von der prinzipiellen Sichtbarkeit bis zur zentralen Sichtbarkeit reichen.
- *Statische Analyse der Körperhaltung.* Die Tätigkeit wird für Schlüsselpositionen oder in ihrer Gesamtheit nachgebildet, um die Körperhaltung am Arbeitsplatz zu bewerten. Typische Verfahren sind hier das „Rapid Upper Limb Assessment" [RULA] [201] und das „Ovako Working Posture Analysing System " [OWAS] [160]. Weitere Verfahren stehen speziell für Situationen des Hebens/Tragens von Lasten („National Institute for Occupa-

tional Safety and Health [NIOSH] Lifting Equation") [333] und für Situationen des Schiebens/Ziehens von Lasten („Snook Push/Pull Tables") [297] zur Verfügung.
- *Dynamische Analyse von Kräften/Momenten.* Die Tätigkeit wird für Schlüsselpositionen oder in ihrer Gesamtheit nachgebildet, um anhand dynamischer Modelle die auftretenden im Körper und Gelenken auftretenden Kräfte und Momente zu bewerten. Details derartiger Analysen reichen von der Feststellung von Maximalwerten bis zur Berechnung von Dauerbelastungen.
- *Analyse des Zeitverhaltens.* Die Tätigkeit wird in ihrem zeitlichen Ablauf bewertet, um z.B. mittels „Methods-Time-Measurement" [86] Zeitschätzungen im Kontext der Gesamtanlage zu ermöglichen oder auch Belastungen mangels Ruhezeiten zu prüfen.

Dieser Katalog an Verfahren wird u.a. von den Ergonomie-Erweiterungen des Softwaresystems DELMIA des Softwareherstellers Dassault Systèmes angeboten [108][83]. Basis der verschiedenen Erweiterungspakete ist ein anthropometrisch anpassbares Menschmodell namens „Human Builder". In DELMIA erfolgt die Nachbildung einer manuellen Tätigkeit durch Aneinanderreihung und Parametrierung grundlegender Aktionen, wie „Gehen", außerdem steht ein Katalog häufig auftretender Montagesituationen zur Verfügung [80][79][79]. Einen ähnlichen Umfang an Verfahren bieten auch die Ergonomie-Erweiterungen des konkurrierenden Softwaresystems TECNOMATIX von Siemens PLM Software Inc. [290][291][293]. Vorwiegend wird hier das herstellereigene Menschmodell „Jack" verwendet, alternativ kann aber auch RAMSIS (siehe unten) für spezielle Untersuchungen im Bereich des Fahrzeugbaus eingesetzt werden. Als Besonderheit steht in TECNOMATIX die Nachbildung manueller Tätigkeiten mittels einer Vollkörper-Bewegungsaufzeichnung („Motion Capturing") zur Verfügung [292].

Während die vorgenannten „Virtuellen Menschen" explizit in Softwaresysteme zur „Virtuellen Produktion" eingebettet sind, werden andere Menschmodelle zur ergonomischen Analyse als eigenständige Produkte angeboten. RAMSIS ist beispielsweise ein Menschmodell zur Analyse der ergonomischen Situation in Fahrzeug-Innenräumen. Ursprünglich wurde der Ansatz im Auftrag der deutschen Automobilindustrie an der Technischen Universität München entwickelt; später hat ihn die Human Solution GmbH in ein Produkt überführt [251][284]. Obwohl der Fahrzeugbau noch immer deutlicher Schwerpunkt von RAMSIS ist, wurde die Palette der Anwendungen inzwischen in andere Branchen erweitert, wie dem Flugzeugbau [153]. Auch die universitäre Forschung an dem Ansatz wird weitergeführt und hat aktuell die Simulation der menschlichen Sinneswahrnehmungen zum Ziel [53]. Ebenfalls ein eigenständiges Produkt im Bereich „Virtueller Menschen" ist ANYBODY von AnyBody Technology A/S, das eine Spezialisierung in Richtung der detaillierten Abbildung des menschlichen Muskelapparates aufweist [18]. Ein Einsatz von ANYBODY in der Produktion wird per „Motion Capturing" ermöglicht und erlaubt dann dynamische Analysen der Muskelleistungen und -belastungen [16][17]. Neben diesen „Virtuellen Menschen", die für eine allgemeine Simulation und Analyse manueller Tätigkeiten geeignet sind, existieren weitere eigenständige Menschmodelle, die sich auf besondere Arbeitsplätze oder Untersuchungen spezialisieren [76][205].

Generell wird der modell- und simulationsgestützen Ergonomie eine wachsende Bedeutung zugeschrieben, wie es sich auch in der neuen Ausbildung des Begriffs des „Computer-Aided Ergonomic Design" [CAED] zeigt [246][34]. Die Aktualität „Virtueller Menschen" ist auch in der Forschung zu erkennen – gleich mehrere Unternehmungen beginnen derzeit mit dem systematischen Aufbau von Menschmodellen. In Abgrenzung zu der vorliegenden wissenschaftlichen Untersuchung konzentrieren sie sich jedoch auf einfache kinematische Zusammenhänge [30], den hierarchischen Aufbau der Modelle [355], oder „Motion Capturing" zur Bewegungserzeugung [199][188]. Zusammenfassend kann als Tendenz der Forschung gelten, dass neben den vorhandenen, deutlich von der Ergonomie geprägten Menschmodellen, neue systematische und intuitiv bedienbare Zugänge gesucht werden. Damit adressiert die Forschung den wesentlichen Kritikpunkt an den bestehenden Menschmodellen, dass ihre Anwendung einen erheblichen Aufwand bedeutet und detaillierte Vorkenntnisse im Bereich der Ergonomie erfordert. Im Fall eigenständiger oder spezialisierter Produkte ist dieser Aufwand einsehbar, doch die Kritik betrifft besonders auch die eingebetteten Menschmodelle in DELMIA und TECNOMATIX [205][63]. Für beide Systeme kann festgestellt werden, dass die Menschmodelle und zugehörigen Simulations- und Analysewerkzeuge in zahlreiche Erweiterungspakete ausgegliedert sind, die zwar die Datenbasen der übergeordneten Softwaresysteme verwenden, aber grundsätzlich andere Vorgehensweisen und Bedienschemata mit sich bringen. Der damit verbundene technische und konzeptionelle Bruch verhindert derzeit die fließende Integration des „Virtuellen Menschen" in die „Virtuelle Produktion".

2.4 Multi-Agentensysteme als Steuerungsansatz in der Robotik

Wie auch andere Steuerungsansätze der „Artificial Intelligence" [AI] ihre speziellen Anwendungen und Weiterentwicklungen in der Robotik erfahren haben, so entstammen auch Multi-Agentensysteme und der diesen Systemen zugrunde liegende Begriff des Agenten dem Gebiet der AI. In der Robotik sind Multi-Agentensysteme als übergeordneter Steuerungsansatz bedeutsam, da sie in besonderer Weise geeignet sind, die Komplexität mehrteiliger und verteilter Systeme in einzelne, eigenständige Module aufzutrennen und nachvollziehbar zu lenken. Es wird allseits betont, dass eine eindeutige Definition des „Agenten" nicht existiere – faktisch allerdings herrscht eine große Übereinstimmung darin, als Agenten technische Systeme zu bezeichnen, die primär folgende Eigenschaften aufweisen [266][301][343][113]:

- *Autonomie*, ohne kommandierende Eingriffe handlungsfähig sein
- *Reaktivität*, auf Änderungen der jeweiligen Umwelt reagieren
- *Proaktivität*, intentional und initiativ in der Umwelt wirken
- *Soziale Fähigkeiten*, mit anderen Agenten und Menschen interagieren

Die Idee des Agenten ist in der Robotik so treffend und einflußreich, dass die Begriffe „Roboter" und „Agent" vielerorts synonym verwendet werden – dann ist ein Agent ein intelligentes, kommunizierendes System, das mittels seiner Sensorik die physische Welt wahrnimmt und gefasste Pläne mit seiner Aktorik in dieser Umwelt umzusetzen sucht. Der robotische Agent zeichnet sich dadurch aus, dass er zum einen einen Körper besitzt und die Umwelt physisch manipuliert („Embodiment") [241][240]. Zum anderen verändern sich als Resultat seiner Aktionen seine Sensorbilder und damit sein innerer Zustand, wodurch gegebenenfalls neue Reaktionen und Proaktionen ausgelöst werden („Situatedness") [48][111]. Häufig werden die Eigenschaften von Agenten auch in dem „Sense-Think-Act"-Paradigma [266] zusammengefasst, dem zufolge ein Agent seine Umwelt mit seiner Umwelt erfasst („Sense"), seinen Zustand und den Zustand seiner Umwelt erwägt, um eine nächste Aktion zu planen („Think") und diese Aktion schließlich mit seinen Aktoren zur Ausführung bringt („Act"), um damit seinen Zustand und den Zustand der Umwelt zu beeinflussen.

Als Agentensystem wird ein aus in ihrer Umwelt agierenden Agenten bestehenden Gesamtsystem bezeichnet. Im einfachsten Fall des Einzel-Agentensystems [EAS] handelt es sich um einen einzelnen Agenten, der seine sensorischen und aktorischen Einheiten zentral steuert [304]. In diesem Sinne können klassische, monolithische Ansätze der Robotik als EAS klassifiziert werden, auch falls der Agent eine aus mehreren Robotern bestehende Hardware kommandiert [135]. Vergleichsweise vielfältiger sind dagegen Multi-Agentensysteme

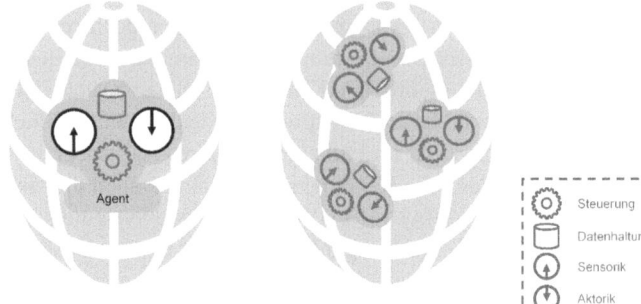

Abb. 2.9 Einzel-Agentensystem (l.) und Multi-Agentensystem (r.)

[MAS], in denen mehrere Agenten in einer gemeinsamen Umwelt agieren (siehe Bild 2.9). Multi-Agentensysteme werden vorzugsweise in der mobilen Robotik zum Einsatz gebracht, wobei in diesen Anwendungen zumeist die Interaktion und das Schwarmverhalten von großen Zahlen von Agenten im Vordergrund steht, siehe dazu Abschnitt 2.4.3 auf Seite 28. Über die mobile Robotik hinaus bieten Agentensysteme jedoch auch für andere Bereiche der Robotik einen systematischen Ansatz, vielschichtige mehrteilige Robotersysteme zu koordinieren, wie u.a. Mehrroboteranlagen in der Fertigung [67].

Gegenüber anderen Steuerungsansätzen zeichnen sich Anwendungen von Multi-Agentensystemen insbesondere durch einen hohen Grad an *Modularität* und *Parallelisierung* aus, da sich die Steuerung in MAS auf mehrere parallel agierende Agenten stützt, die Steuerungsprobleme verteilt lösen, statt eine monolithische Gesamtlösung zu verfolgen [193][304]. Für Multi-Agentensysteme im Sinne einer großen Anzahl ähnlich ausgestatteter Einzelroboter gilt zusätzlich, dass sie eine erhöhte *Ausfallsicherheit* und *Skalierbarkeit* aufweisen, da dem System prinzipiell Einzelroboter entnommen und hinzugefügt werden können, ohne die Handlungsfähigkeit des MAS zu gefährden [92][60].

2.4.1 Koordination von Multi-Agentensystemen

Die Koordination von Multi-Agentensystem etabliert für die verschiedenen Agenten des Systems einen Modus der Steuerung, um anstehende Aufgaben unter Rand- und Sicherheitsbedingungen derart aufzutrennen und zuzuweisen, dass Ressourcenkonflikte, Livelocks und Deadlocks vermieden werden [334][29]. Im Fall robotischer Agenten ist insbesondere auch der Raum als Ressource zu berücksichtigen; Ressourcenkonflikte äußern sich hier als Kollisionsgefahr, die es zu erkennen und zu vermeiden gilt [124][321]. Ein wesentliches Ziel der Koordination ist es häufig, die Agenten in Teams zu organisieren und spezielle Rollen wahrnehmen zu lassen, um anstehende Aufgaben in Kooperation zu lösen (siehe Abschnitt 2.4.3 auf Seite 28).

Wie im Fall von Mehrrobotersystemen wird auch bei Multi-Agentensystemen die Implementierung möglicher Modi der Koordination u.a. dadurch bestimmt, ob es sich um *homogene MAS* oder *heterogene MAS* handelt [219]. Homogene Multi-Agentensysteme werden häufig mittels eines *verteilten Koordinationsansatzes* betrieben, da in diesem Fall auch die Möglichkeiten, die Umwelt koordiniert zu beeinflussen, zwischen den Agenten gleich verteilt sind. Außerdem vermag es der einzelne Agent durch Introspektion, den Zustand anderer Agenten zutreffend einzuschätzen. Dagegen sind in heterogenen Systemen die Agenten möglicherweise derart unterschiedlich, dass es zum zielgerichteten Handeln notwendig wird, die

Agenten mittels *zentraler Koordinatoren* anzuleiten. Der zentrale Koordinationsansatz bietet dabei den Vorteil, Entscheidungen zu Auswahl und Ausgleich von Agenten gebündelt betrachten zu können. Daneben beeinflusst der Grad der Autonomie der Agenten die Art der Koordination deutlich. So bedarf es im Fall der verteilten Koordination zumeist einer *weitreichenden Autonomie* der Agenten, da sich diese zur zielgerichteten Erfüllung einer Aufgabe eigenverantwortlich abstimmen müssen. Umgekehrt erlaubt es der Einsatz zentraler Koordinatoren, auch Agenten mit *eingeschränkter Autonomie* zu kommandieren, wobei die Agenten zur Koordination den resultierenden Mangel an autonomer Handlungsfähigkeit der anderen Agenten kompensieren müssen.

Zwischen streng zentralen bzw. verteilten Koordinatoren exitieren vielfältige *hybride Koordinationsansätze* – und in der Praxis fällt eine eindeutige Klassifizierung oftmals schwer [60]. So können z.B. eine Untergupe von Agenten eines Gesamt-MAS zentral koordiniert sein, während andere Untergruppen verteilt koordiniert sind [29]. Oder es wird zwar die Aufteilung und Zuweisung von (Teil-)Aufgaben zentral vorgenommen, die Ausführung aber dezentral, autonom durch die Agenten koordiniert [219].

2.4.2 Kommunikation in Multi-Agentensystemen

Die Arten der Kommunikation charakterisieren, welche Informationen die Agenten in Multi-Agentensystemen untereinander und mit der Umwelt austauschen, um einen Modus der Kooperation umzusetzen. Die Kommunikation erfolgt dabei zumeist *explizit* oder *direkt*, d.h. mittels von den Agenten willentlich ausgesendeter Signale. Nur in seltenen Fällen kommunizieren Agenten eines MAS ausschließlich *implizit* oder *indirekt*, ohne dafür vorgesehene Kommunikationskanäle. Formen dieser indirekten Kommunikation sind gegeben, falls die Agenten in Manipulationen der Umwelt Mitteilungen für andere Agenten verschlüsseln („Stigmergie") [146], oder allein durch äußerliche Beobachtung andere Agenten zu deuten vermögen. Technisch häufiger genutzt werden die Formen der expliziten Kommunikation, in der die Agenten zur Koordination des MAS ihren *Zustand* oder ihre *Ziele* austauschen. Die Kommunikation von Zielen ist gegenüber dem Austausch von Zuständen abstrakter und erfordert über ein Protokoll hinaus auch eine Sprache, in der die Ziele ausgedrückt werden können. Dagegen erfordert die Kommunikation von Zuständen zunächst nur ein Austauschprotokoll, und die Interpretation der Inhalten obliegt dem Empfänger. Da eine wechselseitige Beeinflussung der Wahrnehmung bei Aktionen in sich überschneidenden Arbeitsräumen nicht ausbleibt, existiert auch in ansonsten explizit kommunizierenden MAS immer eine Ebene der impliziten Kommunikation [25].

Bei der Umsetzung eines via Signalen kommunizierenden Systems stehen die selben Organisationsformen der Verbindung von Sendern und Empfängern zur Auswahl, wie sie auch für Knoten in Informationsnetzen bekannt sind. Über die informationstechnischen Aspekte hinaus steht allerdings die Organisation der Kommunikation in Multi-Agentensystemen in engem Zusammenhang mit der Koordination und dem gewünschten Modus des Planens und Steuerns des MAS [304]. In der Organisationsform „Broadcast" sendet jeder Agent seine Signale an alle anderen Agenten des MAS. Da für einen effektiven „Broadcast" der Empfänger möglichst viele der eingehenden Signale sinnvoll auswerten können sollte, eignet sich diese Organisation der Kommunikation in besonderer Weise für homogene MAS, in denen die Sende- und Empfangseinheiten der Agenten gleich sind. Eine Alternative stellt die Organisation der Kommunikation mittels „Client/Server"-Verbindungen dar, bei denen sich „Client"-Agenten bedarfsorientiert mit „Server"-Agenten zum bidirektionalen Informationsaustausch verbinden. Im Gegensatz zum „Broadcast" erlauben es „Client/Server"-Verbindungen, auch dedizierte Verbindungen zwischen Agenten aufzubauen, um Gruppen zu formen oder private Informationen auszutauschen. Die Organisation der Kommunikation mittels „Client/Server"-Verbindungen ist damit gleichermaßen für zentrale und verteilt koordinierte MAS geeignet. Eine dritte Option stellt die Organisation der Kommunikation in einem „Blackboard"-System dar [97][70]. Dazu existiert im Kommunikationsnetz der Agenten ein augezeichneter Knoten, mit dem die Agenten sternförmig verbunden sind, um Nachrichten zu hinterlegen und abzurufen. Bei entsprechender Adressierung der Nachrichten erlaubt es ein solcher zentraler Nachrichten-Hub, sowohl den Falls des „Broadcasts" als auch private Verbindungen umzusetzen, so dass auch „Blackboard"-Systeme für zentral und verteilt planende MAS geeignet sind.

2.4.3 Kooperation und Konkurrenz in Multi-Agentensystemen

Eine bedeutende Stärke des Ansatzes der Multi-Agentensysteme besteht darin, dass die Agenten eine Aufgabe in Kooperation ausführen und so gemeinsam Ziele zu erreichen vermögen, die der einzelne Agent nicht zu bewältigen in der Lage wäre [68]. Diese Zusammenarbeit kann dabei *explizit* erfolgen, also insbesondere durch eine starke zentrale Koordination vorbereitet und durchgeführt werden – oder sie kommt *implizit* zustande, falls u.a. „Bottom Up" arbeitende Steuerungskonzepte (siehe Abschnitt 2.2.1.3 auf Seite 11) das Zusammenwirken der Agenten hervorrufen, ohne die Agenten dazu ausdrücklich anzuleiten [304].

Der Gegenbegriff zur Kooperation ist die Konkurrenz. Da die Agenten grundsätzlich als eigenständige Einheiten ausgelegt sind, besteht die Möglichkeit, dass sich die Ziele einiger Agenten widersprechen und einzelne Agenten zum Erreichen ihres Zieles die Ziele anderer Agenten ungeplant oder auch gezielt zunichte machen müssen [131][152]. Im häufigen Fall wird es angestrebt, Konkurrenzsituationen zwischen den Agenten zu vermeiden. Wie auch bei der Herstellung der Kooperation kann das explizit oder implizit geschehen, indem durch Formen der Koordination Ressourcenkonflikte, Deadlocks und Livelocks aufgelöst werden. In wenigen Situationen, in denen z.B. Teams von Agenten gegeneinander antreten, ist es allerdings gegebenenfalls sinnvoll, Konkurrenz zu fördern und Schritte vorzusehen, Agenten des gegnerischen Teams gezielt zu behindern.

Kooperation bzw. Konkurrenz können sich unterschiedlich manifestieren. Die Kooperation wird als *aktiv* bezeichnet, falls die Aufgabe direkt von zwei oder mehr Einzelagenten oder allen Agenten eines MAS gemeinsam gelöst wird. Arbeiten die Agenten dagegen nebeneinander an eigenen Teilaufgaben, deren Erfüllung im Einzelnen die Lösung der Gesamtaufgabe bedeutet, kooperieren die Agenten *passiv* miteinander. Robotische Agenten kooperieren vornehmlich aktiv und *physisch*, u.a. bei der gemeinsamen Manipulation von Objekten in industriellen Mehrrbotersystemen oder der abgestimmten Fortbewegung und Formationsbildung im Bereich der mobilen Robotik. Entsprechend ist es eine Form physischer Konkurrenz, die möglichen Bahnen und Wege anderer Agenten zu blockieren. [219]. Eine besondere Form der physischen Kooperation tritt in sich rekonfigurierenden MAS auf, in denen die einzelnen Agenten Elemente eines gemeinsamen Körpers bilden. Zur Erfüllung einer Aufgabe verbinden sich die Agenten zu angepassten Körperformen [349][158][269]. Eine Form der physischen Kooperation ist auch gegeben, falls die Agenten ihre Sensordaten im MAS austauschen und es so zu einer verteilten Wahrnehmung kommt. Derartige Multi-Agentensysteme nutzen die räumliche Verteilung der Agenten, um auf der Basis mehrfacher Sensorbilder aus zum

Teil unterschiedlichen Perspektiven zu einem umfassenderen Gesamtbild der Umwelt und damit zu einer umsichtigeren Grundlage der Planung zu kommen [202][203].

In dem als „Schwarmrobotik" bekannten Gebiet wird es durch preiswerte, einfache und robuste Bauformen ermöglicht, die Anzahl der robotischen Agenten in einem MAS stark zu erhöhen. In der Schwarmrobotik ist eine Form der Kooperation bekannt, die als *stigmergisch* bezeichnet wird. Hier erreichen die Agenten Ziele gemeinsam, indem sie allein durch Manipulationen der Umwelt ihre Wahrnehmungen und Aktionen untereinander abstimmen. Stigmergie ist dann als eine Form der passiven Kooperation / indirekten Kommunikation zu klassifizieren [146][72][89]. Die Zielsetzungen und die Begrifflichkeiten der Schwarmrobotik sind der Natur entlehnt. So wird etwa versucht, die Agenten zielgerichtet Formationen einnehmen zu lassen, wie es bei Vogel- oder Fischschwärmen der Fall ist [252][93], oder Agenten koordinieren sich, indem sie wie z.B. Ameisen technische Versionen von „Pheromonen" in die Umwelt freigeben [235].

2.5 Auswahl des Simulations- und Visualisierungssystems

Die Zielsetzung der Arbeit, einen neuen, systematischen Ansatz zur Simulation, Analyse und Steuerung anthropomorpher Kinematiken zu entwickeln, setzt den Einsatz eines Simulations- und Visualisierungssystems voraus, an das hohe Anforderungen zu stellen sind. Grundsätzlich soll es das System erlauben, virtuelle Umgebungen zu simulieren, zu visualisieren und zu steuern, in die dann die eigenen Ergebnisse eingebracht werden können, um mit den Umgebungen zu interagieren. Darüber hinaus bestehen folgende Anforderungen:

- *Geometrische Modellierung.* Die virtuellen Umgebungen sollen frei modellierbar sein, um die verschiedenen Einsatzgebiete des Ansatzes – Umgebungen humanoider (Service-)Roboter, des „Virtuellen Menschen" und industrieller Mehrrobotersysteme – nachbilden zu können.
- *Funktionale Modellierung.* In möglichst großem Umfang sollen die virtuellen Umgebungen auch in ihren Funktionen modelliert werden können, um insbesondere technische Elemente nachbilden zu können, z.B. durch Verschaltungen von Ein- und Ausgängen.
- *Erweiterbarkeit.* Die Arbeit erfordert es, eigene, beliebig komplexe Simulations- und Steuerungskomponenten zu definieren und zu betreiben und setzt damit die Erweiterbarkeit auf allen Ebenen voraus:
  - *Erweiterbare Datenhaltung.* Die Datenhaltung des Systems soll im Sinne der objektorientierten Programmierung um neue Datenklassen mit Attributen und Methoden erweiterbar sein, die dann nahtlos für die funktionale Modellierung zur Verfügung stehen.
  - *Erweiterbare Benutzeroberfläche.* Die Benutzeroberfläche des Systems soll frei erweiterbar sein, um neue Komponenten mit angepassten Modellierungs- und Bedienwerkzeugen einzugliedern.
  - *Erweiterbare Visualisierung.* Über die geometrische Modellierung hinaus soll die Visualisierung in Teilen erweiterbar sein, um neue Komponenten mit geeigneten visuellen Effekten unterstützen zu können.
  - *Parametrierbares Zeitverhalten.* Da ein Teilziel der Untersuchung in der Bewegungssteuerung virtueller und realer Kinematiken besteht, soll das Zeitverhalten des Systems wohldefiniert und komponentenweise parametrierbar sein.

– *Simulation von Prozessen im Verbund.* Das System soll die Definition und Berechnung nebenläufiger Prozesse ermöglichen, um die zeitgleiche Simulation und Steuerung zahlreicher unabhängig agierender Agenten zu erlauben.

- *Anbindung externer Steuerungen.* Es ist wünschenswert, dass es das System zulässt, externe (Roboter-)Steuerungen anzubinden und diese Anbindung im Zeitverhalten, sowie entweder mit vorhandenen Komponenten, oder mit der Erweiterbarkeit in dieser Richtung unterstützt.
- *Realitätsnahe Visualisierung.* Es ist wünschenswert, dass das System mit einer möglichst realitätsnahen Visualisierung virtueller Umgebungen aufwarten kann, um – z.B. mit Beleuchtungs- und Schatteneffekten – die Einsatzgebiete anthropomorpher Kinematiken greifbar darzustellen.
- *Dynamische Simulation.* Es ist wünschenswert, dass das System eine leistungsfähige dynamische Simulation komplexer Starrkörpersysteme anbieten kann, um die Analyse anthropomorpher Kinematiken auf dynamische Betrachtungen auszudehnen.

2.5.1 Überblick über Simulations- und Visualisierungssysteme

Typischerweise werden aktuelle Problemstellungen der Robotik zunächst simulatorisch untersucht, so dass zahlreiche Simulationssysteme in diesem Bereich existieren. Wie in Abschnitt 2.3.1 auf Seite 21 geschildert, adressieren kommerzielle Systeme insbesondere die Anwendung der Offline-Programmierung von Industrierobotern. Allerdings sind Offenheit und Erweiterbarkeit von Systemen wie EASY-ROB[94], CIROS[91], DELMIA ROBOTICS PROGRAMMER SOLUTION[82] und TECHNOMATIX ROBOT AND AUTOMATION PLANNING[294] zumeist beschränkt. Diese Beschränkung ist u.a. darauf zurückzuführen, dass die Entwicklung von Zusatzmodulen und -modellen Teil des Service-Portfolios im Umfeld der Produkte ist.

Forschungsprojekte erfordern dagegen einen möglichst vollständigen Zugriff auf alle Ebenen eines Simulationssystems, weshalb neben den kommerziellen Produkten eine Reihe frei erhältlicher Systeme entstanden ist. Ein wesentliches Merkmal dieser Simulations- und Visualisierungssysteme ist es, dass ihre Entwicklung verteilt erfolgt. Einerseits bringt das zwangsläufig eine Offenheit und Erweiterbarkeit mit sich, die zumeist durch Veröffentlichung des Quellcodes erzielt wird. Andererseits ist jedoch festzustellen, dass Aktualität und Ausrichtung der verteilt entwickelten Systeme stark an die Themen und Interessen der Hauptanwender und -entwickler gekoppelt sind. Diese Kopplung kann u.a. dazu führen, dass frei erhältliche Simulationssysteme nicht fortgeführt oder thematisch eingeengt werden, oder auch eine Überführung in ein abgeschlossenes, kommerzielles Produkt erfahren.

Ein in der Forschung der mobilen Robotik sehr häufig eingesetztes Simulationssystem ist das PLAYER PROJECT (ehemals „Player/Stage/Gazebo") [23]. Das System ist grundsätzlich zweiteilig aufgebaut und besteht aus einer wählbaren Simulationskomponente und einer (optionalen) Anschlusskomponente. Als Simulationskomponenten stehen derzeit zwei Alternativen zur Verfügung, genannt STAGE und GAZEBO, die sich hauptsächlich in der Umsetzung des Visualisierungssystems unterscheiden (2D in STAGE vs. 3D in GAZEBO). Die Anschlusskomponente, genannt PLAYER, stellt eine Verbindung zur realen Roboterplattform her und bietet dazu entsprechende Schnittstellen für Aktoren und Sensoren an. Herausragendes Merkmal des Systems PLAYER PROJECT ist seine Fähigkeit zur Simulation von Multi-Agentensystemen als Steuerungsansatz der mobilen Robotik [320]. Ein vergleichbares Simulationssystem ist WEBOTS [75], das allerdings über mobile Plattformen hinaus einen Fokus

2.5 Auswahl des Simulations- und Visualisierungssystems

auf kleine humanoide Roboter legt, wie die in Abschnitt 2.2.1.5 auf Seite 15 beschriebene Plattform NAO. Außerdem können einfache Manipulatorarme in dem System simuliert werden. WEBOTS ist ein kommerzielles Produkt des Anbieters Cyberbotics Ltd., in das aber Anwenderbeiträge integriert werden. Wie PLAYER PROJECT bietet WEBOTS Schnittstellen zu typischen Aktoren und Sensoren an, sowie die dynamische Simulation von Plattformen auf Basis der „Open Dynamics Engine" [ODE] [206]. Ein besonderer Anwendungsbereich des Systems liegt in der Programmierung von Roboter-Fußballspielern und der vollständigen Durchführung von Roboter-Fußballspielen in der Simulation [132]. Das „Microsoft Robotics Developer Studio" [MRDS] [208] der Microsoft Corp. adressiert zunächst ein ähnliches Anwendungsfeld. Auch im MRDS steht die kombinierte (grafische) Programmierung, Simulation und Ansteuerung von mobilen und kleinen humanoiden Roboterplattformen im Vordergrund. Darüber hinaus jedoch werden – im Wesentlichen für Schulungszwecke – Modelle und Anschlussmöglichkeiten für Industrieroboter der Roboterhersteller KUKA Roboter GmbH und ABB Ltd. angeboten. Eine besondere Aufmerksamkeit kommt MRDS zuteil, da das Sensorframework MICROSOFT KINECT in das System integriert ist und damit als vielseitiger Sensor zur Umwelterfassung zur Verfügung steht [207].

Einen universelleren Ansatz der Robotersimulation verfolgt das „Robot Operating System" [ROS] [262], ein „Open Source"-Projekt, dessen Entwicklung maßgeblich von der Firma Willow Garage Inc. getragen wird. Im Gegensatz zu den zuvor genannten Simulationssystemen wird in ROS kein konkreter Anwenderkreis fokussiert. Stattdessen verfolgt das System den Anspruch, eine in alle Richtungen erweiterbare Methodensammlung der Robotik zu bieten. Entsprechend modular ist das System aufgebaut und es stehen für Teilaufgaben häufig mehrere, alternative Lösungen zur Auswahl. Strukturell wird der hohe Grad der Modularität hergestellt, indem ROS aus miteinander über Nachrichten kommunizierenden Einzelprozessen aufgebaut ist. In ihrer Gesamtheit bilden die Prozesse ein Netzwerk, bzw. einen Graphen, dessen Organisation und Kommunikation in den Kernbibliotheken des Systems definiert ist. Auf diese Weise ist es einfach möglich, dem System neue, so genannte Prozessknoten hinzuzufügen oder vorhandene Prozessknoten durch alternative Implementierungen auszutauschen [245]. Für ROS sind derzeit über 2000 Module erhältlich, in denen typischerweise jeweils ein oder mehrere Prozessknoten angeboten werden. Die unübersichtliche Zahl an Modulen kennzeichnet zugleich auch den wesentlichen Kritikpunkt an dem Simulationssystem – aufgrund der Vielzahl beitragender Forschergruppen ist jenseits der Kernbibliotheken ein durchgängiger Standard bei der Dokumentation und Implementierung nur schwer umzusetzen, wodurch die peripheren Bibliotheken häufig nur von den ursprünglichen Entwicklern nutzbar sind. Dafür allerdings haben gut dokumentierte und funktionierende Bibliotheken von ROS in der Robotik häufig den Stellenwert von Referenzimplementierungen [71].

2.5.2 Überblick über VEROSIM

Im Vergleich mit den zuvor vorgestellten Alternativen erfüllt das Simulations- und Visualisierungssystem VEROSIM („Virtual Environments and Robotics Simulation System") die Anforderungen in allen Belangen. Da dieses System die erforderlichen Voraussetzungen aufweist, um die Arbeit ohne Einschränkungen umsetzen zu können, wird die Arbeit mit Hilfe dieser Entwicklungsumgebung implementiert. VEROSIM wird am Institut für Mensch-Maschine-Interaktion der RWTH Aachen [MMI] mit dem Ziel genutzt, in neuartigen Ansätzen eine Grundlage für technische Simulationen und Visualisierungen zu schaffen. Das Konzept der Entwicklungsumgebung VEROSIM richtet sich maßgeblich an den oben genannten Anforderungen an die Simulation und Visualisierung technischer Zusammenhänge aus. Insofern sie die Umsetzung der Arbeit betreffen, werden die Schlüsselaspekte des Konzeptes im Folgenden dargestellt.

2.5.2.1 Optionen der Simulation

Im Bereich der Simulationstechnik werden sowohl die ereignisdiskrete, als auch die quasikontinuierliche Berechnung von Simulationsmodellen ermöglicht. Üblicherweise werden ereignisdiskrete Simulationen eingesetzt, um Zusammenhänge über große Zeiträume effizient zu berechnen, die sich als Folge von Zustandsänderungen ausdrücken lassen. Rechenlast in der Simulation entsteht dabei nur als Reaktion auf Ereignisse [26][109]. Quasikontinuierliche Simulationen dagegen eignen sich zur Berechnung von laufend veränderlichen Zusammenhängen in festen Zeitintervallen. Für die quasikontinuierliche Simulation existiert in VEROSIM eine Zeitsteuerung mit einstellbarer Schrittweite, die auch geeignet ist, den Ablauf von Simulationen in Echtzeit sicherzustellen, oder den Zeitablauf gegenüber der Realzeit zu verlangsamen oder zu beschleunigen. Insbesondere außerordentlich schnell bzw. langsam ablaufende Prozesse lassen sich durch derartige Parametrierungen des Zeitablaufs besser beobachten. In einem hybriden Modus dieser Zeitsteuerung ist es auch möglich, die beiden Berechnungsarten zu kombinieren, um etwa für interessante Momente von einer ereignisdiskreten auf eine quasikontinuierliche Simulation umzuschalten oder andersherum die Rechenlast von ansonsten quasikontinuierlichen Simulationen zu begrenzen, sobald keine Ereignisse von Interesse auftreten, also sich z.B. dynamische Systeme in Ruhe befinden [354]. Weitere Optionen der Simulation bestehen darin, den Rechenzeitbedarf einiger Aspekte der Simulation in eigene Tasks auszulagern, so dass lokal die Auslastung von Multiprozessorkernen optimiert wird [141] oder – verteilt – dafür geeignete Tasks in weitere Rechner ausgelagert werden [236]. Diese Berechnung von Aspekten der Simulation in Tasks ist in der Datenhaltung verankert, in der zwischenzeitlich, bis zu einem Abgleich durch die Zeitsteuerung, auch pro Task parallele Daten berücksichtigt werden können.

2.5.2.2 Optionen der Visualisierung

Für die Visualisierung werden die funktionalen Simulationsmodelle mit dreidimensionalen geometrischen Modellen der zu simulierenden Systeme verbunden. Einerseits bilden Material- und geometrische Eigenschaften die Grundlage physikalischer Simulationen, insbesondere in den Bereichen der technischen Mechanik und der Optik. Andererseits werden dreidimensionale geometrische Modelle zur Versinnbildlichung abstrakter Zusammenhänge im Sinne der Infomationsvisualisierung und Computervisualistik verwendet – in diesem Kontext werden die vorhandenen Mechanismen zur Simulation dann häufig zur Animation und allgemeinen audiovisuellen Ausschmückung eingesetzt [332][65]. Die stereoskopische 3D-Visualisierung als Ergebnis von Simulationen ist auch die Basis des Einsatzes von VEROSIM zur Darstellung virtueller Realitäten, „Virtual Reality" [VR]. Indem über Standardprotokolle übliche VR-Hardware verschiedener Hersteller (u.a. Trackingsysteme, Daten-Helme und -Handschuhe) zur Ein- und Ausgabe angeschlossen werden kann, wird eine Vielzahl von Interaktionsformen mit virtuellen Umgebungen ermöglicht. Ein besonderer Entwicklungsschwerpunkt besteht darin, die Interaktion mit virtuellen Umgebungen einzusetzen, um reale Systeme zu beobachten und zu steuern. In Methoden der so genannten „Projektiven Virtuellen Realität" [PVR] werden einerseits Aktionen von Anwendern als Anweisungen an das ange-

2.5 Auswahl des Simulations- und Visualisierungssystems

schlossene System interpretiert. Andererseits werden Zustände des angeschlossenen Systems den Anwendern präsentiert; u.a. indem abstrakte Systemgrößen als Metaphern visualisiert werden. Mit der Entwicklungsumgebung werden Methoden zur verteilten Darstellung angeboten, um die stereoskopische Darstellung optional auf mehrere Projektionsschirme zu verteilen. Im Sinne der PVR ist VEROSIM damit geeignet, VR-Systeme zur Kommandierung und zum Monitoring komplexer automatisierter Anlagen zu realisieren [116][280].

2.5.2.3 Modularer Aufbau des Gesamtsystems

Dadurch dass VEROSIM streng modular aufgebaut ist, kann der Einsatz das Simulations- und Visualisierungssystems detailliert auf projekt- oder kundenspezifische Anforderungen zugeschnitten werden. Zugleich vereinfacht der hohe Grad der Modularität seine verteilte Entwicklung, wobei synergetische Effekte zwischen den verschiedenen Teilen des Systems gefördert werden. Die grundlegendste Datenhaltung der Simulationsmodelle (siehe Abschnitt 2.5.3), sowie das Modulgerüst des Systems, das zum Anschluss aller weiteren Erweiterungen dient, ist in einem zentralen Kern definiert. Eine Auswahl an Bibliotheken erweitert den Kern um weitere, häufig benötigte Komponenten, wie mathematische Klassen und Funktionen, Klassen und Funktionen grafischer Benutzeroberflächen [GUI] und essentielle Funktionalitäten der Simulation und Visualisierung, wie z.B. das Zeitverhalten. Bild 2.10 stellt dar, wie auf diesen Kern strahlenförmig alle weiteren, optionalen Aspekte des Gesamtsystems aufbauen, die untereinander immer ähnlich strukturiert sind: kernnahe Bibliotheken definieren die grundlegenden Klassen und Funktionen eines Aspekts, „Plugins" verwenden diese Bibliotheken, um damit anwendungsnahe Funktionalitäten zur Verfügung zu stellen und gegebenenfalls werden spezialisierte GUI-Elemente angeboten, um die neuen Funktionalitäten geeignet bedienen zu können. Bei der Implementierung neuer Aspekte wird darauf geachtet, dass nach Möglichkeit zunächst auf vorhandene Bibliotheken zurückgegriffen wird, oder diese eventuell sinnvoll ergänzt werden. Auf diese Weise wird zum einen die Duplikation von Funktionalitäten begrenzt und zum anderen der vorhandene Code in Funktionsumfang und -tüchtigkeit gestärkt. Beispiele für derartige Aspekte sind die im Rahmen dieser Arbeit konzipierten und implementierten Module für serielle und anthropomorphe Kinematiken. Weitere derartige Aspekte stellen u.a. die Dynamiksimulation, die Sensorsimulation oder Methoden der PVR bereit.

2.5.3 Struktur der Datenhaltung

Der Ansatz der Datenhaltung in VEROSIM ist es, alle zur Simulation und Visualisierung notwendigen Informationen in einer aktiven, objektorientierten Datenbasis verfügbar zu machen. Dabei bedeutet die Aktivität der Datenbasis, dass die Datenelemente über zustands- und ereignisorientierte Verbindungen direkt miteinander verknüpft werden können und Datenbasis und Simulationslogik somit eine Einheit bilden [234]. Basiselemente der Datenhaltung in VEROSIM sind *Instanzen*, die *Eigenschaften* aufweisen. Indem in den Eigenschaften neben anderen Informationen auch Listen weiterer Instanzen aufgeführt werden können, sind die Instanzen in einer ersten Hierarchie zu einem Baum angeordnet. Daneben können existierende Instanzen auch andernorts in dem Baum referenziert werden, so dass der Baum zu einem Graphen erweitert werden kann, der auch zirkuläre Pfade nicht ausschließt (siehe Bild 2.11 auf Seite 35). Dem Benutzer werden dann spezielle *Sichten* auf die Datenbasis angeboten, in

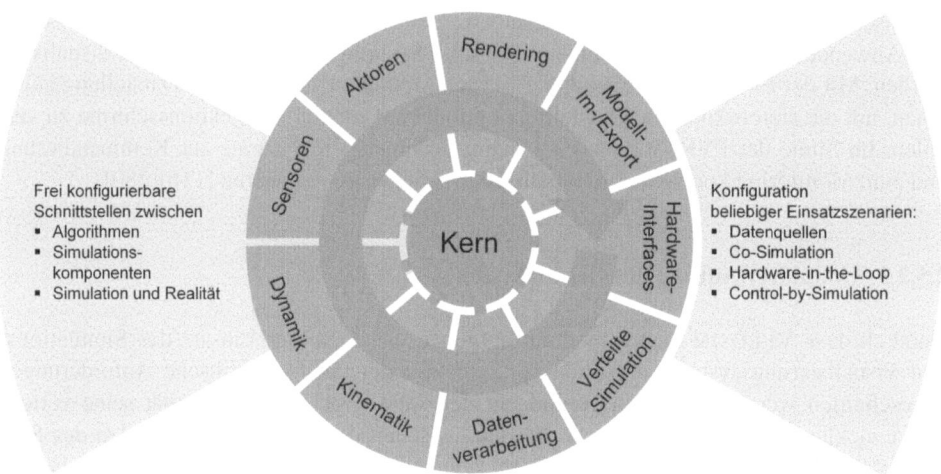

Abb. 2.10 Modularer Aufbau von VEROSIM ; nach [265]

denen die Instanzen mit dem Ziel angeordnet und präsentiert werden, die in der Datenbasis verteilten Informationen in einfachen, anwendungsbezogenen Zusammenhängen darzustellen.

Die Basiselemente in VEROSIM zunächst frei von semantischen Bedeutungen – insbesondere sind sie frei von Informationen zur Geometrie oder dreidimensionalen Lage, so dass die Instanzen überladen werden können, um neben der räumlichen Ordnung auch andere Ordnungskriterien abzubilden. Instanzen zur Repräsentation typischer 3D-Daten und -Modelle werden optional als eine Ausbaubibliothek des Datenhaltungskerns angeboten. Ein solcher Ausbau der im Datenhaltungskern definierten Basiselemente wird dabei mittels Vererbung im Sinne der objektorientierten Programmierung durchgeführt. Neben dem Ausbau zur räumlichen, dreidimensionalen Anordnung von Geometrien existieren andere Bibliotheken, die spezielle Arten von Instanzen zur Verfügung stellen, wie sie z.B. in logischen Netzwerken, in Blockdiagrammen der Regelungstechnik oder in Geoinformationssystemen Verwendung finden.

Zu allen Instanzen und Eigenschaften werden Meta-Informationen zur Verfügung gestellt. Diese Meta-Informationen lassen einerseits die schnelle und sichere Typisierung der Elemente zu, andererseits erlauben sie eine typsichere Navigation in der Datenbasis. Die typsichere Navigation ermöglicht u.a. alle Instanzen eines bestimmten Typs zu finden oder für jede Instanz eine Liste aller Eigenschaften abzurufen, die auch die Ableitungshierarchien der Instanzen berücksichtigt.

Neben dem Ausbau des Datenhaltungskerns mit neuen Elementtypen existiert eine weitere Art der Erweiterbarkeit von Instanzen. So ist es möglich, in den Ausbaubibliotheken *Erweiterungen* anzubieten, die gesondert, neben der Baumhierarchie, an Instanzen angefügt werden können. Mittels Erweiterungen werden modulare Funktionalitäten zur Verfügung gestellt, die die Bedeutung von Instanzen erweitern. Beispiele für derartige Erweiterungen sind Grafik-Erweiterungen, die die grafische Darstellung von Geometrien verändern oder die im Rahmen dieser Arbeit entwickelten Kinematik-Erweiterungen. Diese Art der Erweiterung von Instanzen steht insbesondere Benutzern zur Verfügung, die zu simulierende Systeme oder Welten modellieren möchten. Ein Benutzer könnte eine gegebene, in Gelenken bewegliche Geometrie durch Anbringen der Kinematik-Erweiterung zu einem kommandierbaren Roboter machen – optional würde sich die grafische Darstellung der Geometrie des Roboters

2.5 Auswahl des Simulations- und Visualisierungssystems

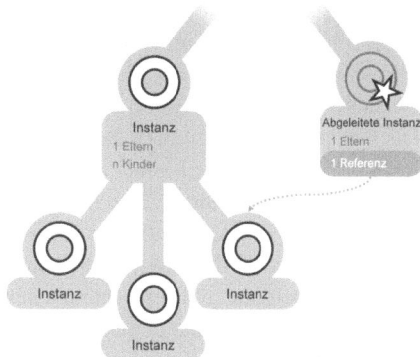

Abb. 2.11 Anordnung von Instanzen und Eigenschaften

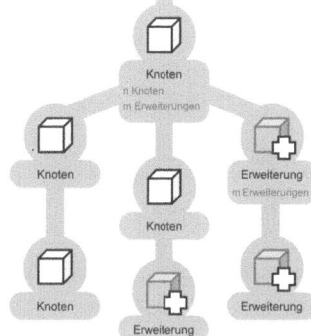

Abb. 2.12 Kombinationen von Knoten und Erweiterungen

durch Anbringen einer Grafik-Erweiterung verändern lassen. In diesem Beispiel ergänzen sich Erweiterungen ideal, ohne in ihren Funktionen zu interferieren.

Erweiterungen sind von Instanzen abgeleitet, so dass auch Erweiterungen Eigenschaften aufweisen können, in denen sie die für ihre Funktionalität notwendigen Informationen halten. Um den Unterschied zwischen Instanzen und Erweiterungen deutlich zu machen, werden die Hierarchie gebenden Instanzen des Baumes ebenfalls abgeleitet und als *Knoten* bezeichnet. Knoten können Knoten und Erweiterungen zu Unterelementen haben, Erweiterungen dagegen können nur weitere Erweiterungen zu Unterelementen haben (siehe Bild 2.12).

2.5.4 Programmierung in C/C++ und SOML++

Die Elemente der Datenbasis in VEROSIM sind aufgrund der Anforderungen an ihre Performanz und Effizienz in der Programmiersprache C/C++ implementiert und folgen damit den Paradigmen der objektorientierten Programmierung [OOP] [122][10][225] und den weiteren Eigenschaften der Sprache [306][319][204]. Darauf aufbauend können die implementierten Elemente dann in der Skriptsprache SOML++ angesprochen werden, die im Kontext des Simulationssystems der Realisierung ereignisdiskreter Steuerungen für DES im Sinne der „Supervisory Control" dient [280].

Eine der Stärken der Sprache SOML++ ist es, dass darin ein allgemeiner Zugriff auf die gesamte Datenbasis stattfindet, der generisch alle Instanzen, ihre Eigenschaften und Funktionalitäten erschließt. Auf diese Weise wird innerhalb der Skriptsprache der direkte Umgang mit den Elementen der geladenen Modelle angeboten; und es sind neben den hier vorgestellten Entwicklungen zur Simulation und Steuerung von Kinematiken auch alle anderen Mechanismen des Simulationssystems verfügbar. Die Syntax der interpretierten Sprache SOML++ ist an C/C++ angelehnt und es stehen ähnliche Datenstrukturen und -container zur Verfügung wie in C/C++. Darüber hinaus werden OOP-Sprachmittel, wie Klassenbildung, Vererbung, Überladen von Funktionen, Polymorphie etc. unterstützt. Allerdings erweitert SOML++ das Paradigma der objektorientierten Programmierung zur *Zustandsorientierten Programmierung*. Bei dieser Art der Programmierung bilden Objekte ereignisdiskrete Systeme ab, indem sie um Beschreibungen ihres dynamischen Verhaltens erweitert werden. Objekte in SOML++ enthalten dann – im Sinne der OOP – Attribute und Methoden, und Beschreibungen ihrer Zustände (Stellen) und der möglichen Übergänge zwischen den Zuständen (Transitionen). Die Sprache stellt dazu die Definition von Petri-Netzen als zusätzliches Sprachmittel zur Verfügung. Diese Erläuterungen werden in Abschnitt 5.1 auf Seite 125 fortgeführt.

Kapitel 3
Konzept

Die übergreifende Idee dieser Arbeit stellt das Konzept der Multi-Agentensysteme dar, das wiederum auf einige wenige Basiselemente zurückgeführt werden kann. Im Rahmen dieser Arbeit findet eine Konzentration auf anthropomorphe Kinematiken statt und die Strukturen der Multi-Agentensysteme werden insbesondere zur Bildung *anthropomorpher Multi-Agentensysteme* rekombiniert (Abschnitt 3.1). Die Basiselemente des Konzeptes sind in einer systematischen Matrixarchitektur angeordnet und implementiert (Abschnitt 3.2 auf Seite 39). Aus dem Konzept der anthropomorphen Multi-Agentensysteme und ihrer Strukturierung in der Matrixarchitektur ergeben sich zudem weitere vorteilhafte Aspekte ihrer Anwendung (Abschnitt 3.3 auf Seite 49).

3.1 Grundidee der anthropomorphen Multi-Agentensysteme

Neuartig an dem Konzept der anthropomorphen Multi-Agentensysteme ist es, einen systematischen Zugang zur Simulation, Analyse und Steuerung menschenähnlicher Kinematiken zu entwickeln, der gleichermaßen technische Kinematiken als auch den Bewegungsapparat des Menschen erschließt und so einen Methodentransfer zwischen den zuvor unabhängig betrachteten Themengebieten ermöglicht. Eine einführende, vereinfachte Idee des hier beschriebenen Konzeptes ist durch die Vorstellung gegeben, die Extremitäten und den Rumpf eines Menschen als eine anthropomorphe Verschaltung von Industrierobotern zu betrachten. Bild 3.1 zeigt diese einführende Idee.

Mit den bekannten Verfahren der Robotik können diese Roboter dann modelliert, programmiert und simuliert werden. Es wird so auch vorbereitet, den Bewegungsapparat des Menschen mit den Methoden der Robotik in seinen kinematischen und dynamischen Eigenschaften zu analysieren und zu steuern. Um die zusätzlichen Bewegungsmöglichkeiten des Menschen gegenüber 6-achsigen Robotern zu berücksichtigen, werden allerdings statt der Industrieroboter redundante kinematische Ketten angesetzt, die es besser erlauben, den menschlichen Bewegungsapparat in verschiedenen Detaillierungsgraden nachzubilden. Dieser Schritt der Konzeptentwicklung ist in Bild 3.2 dargestellt.

Die anthropomorphen Gesamtkinematiken werden dann mittels eines Multi-Agentensystems gesteuert, wobei die Zuordnung von Agent zu Kinematik wie folgt aufsteigend angeordnet ist:

- *Ebene „Einzelsystem" - Agenten steuern einzelne kinematische Ketten.* Auf der Ebene des Einzelsystems werden die einzelnen kinematischen Ketten jeweils durch unabhängig

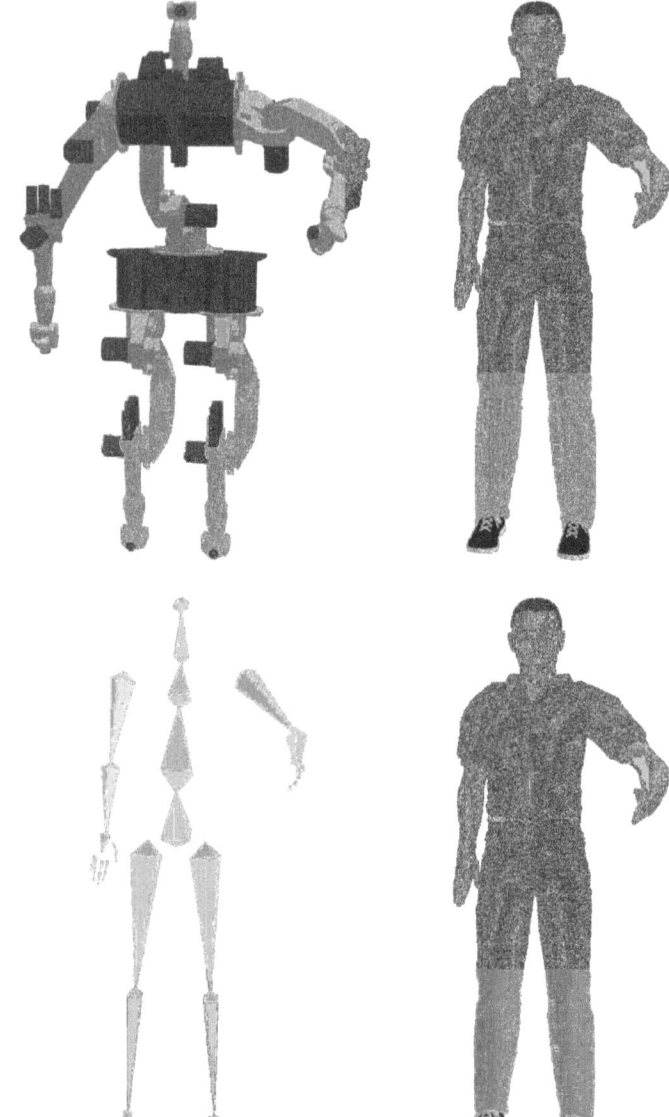

Abb. 3.1 Grundidee der anthropomorphen Multi-Agentensysteme

Abb. 3.2 Grundidee mit anthropomorphen kinematischen Ketten

agierende Agenten gesteuert. Allerdings sind ihre Bewegungen in der anthropomorphen Gesamtkinematik teilweise voneinander abhängig und miteinander gekoppelt. Der einzelne Agent hat jedoch einen unzureichenden Überblick über das Steuerungsproblem, um derartige Zusammenhänge aufzulösen.
- *Ebene „Koordination/ Kopplung" - Agentensets zur übergeordneten Steuerung.* Für die übergeordnete Steuerung derartiger organisatorischer Zusammenhänge von Agenten werden Agenten hier in anwendungsspezifischen Agentensets gruppiert. Für diese Agentensets können dann ausgewählte Anforderungen, Koordinationen und Kopplungen umgesetzt werden, z.B. gekoppelte Bewegungen der Arme und des Rumpfes oder die Koordination von Gehbewegungen.

- *Ebene „Gesamtsystem" - Multi-Agentensysteme zur Steuerung der Gesamtkinematik.* Die Gesamtheit aller in Agentensets organisierten Agenten bildet das Multi-Agentensystem, bzw. im Fall anthropomorpher Kinematiken das anthropomorphe Multi-Agentensystem, das in seinen Strukturen die hierarchischen und heterarchischen Aspekte der Gesamtkinematik nachbildet.

3.2 Matrixarchitektur der übergreifenden Steuerung

Alle Aspekte der hier beschriebenen Multi-Agentensysteme sind in einem modular erweiterbaren Framework angelegt, dessen Module einer *Matrixarchitektur* folgen. Als Matrixarchitektur wird hier eine Spezialisierung des allgemeinen modularen Ansatzes verstanden. Während im allgemeinen modularen Ansatz nur die Ankopplung von Modulen über Schnittstellen definiert ist, ist in einer Matrixarchitektur darüber hinaus auch die Anordnung der jeweils erlaubten Module vorstrukturiert. In einer Matrixarchitektur wird so ein fester Wirkzusammenhang mehrerer Module definiert, der von außen betrachtet ein definiertes Gesamtverhalten aufweist.

Die in Bild 3.3 dargestellte Matrixarchitektur der Multi-Agentensysteme besteht aus den drei aufeinander aufbauenden Ebenen „Einzelsystem", „Koordination/ Kopplung" und „Gesamtsystem". Die Matrixform entsteht, indem die Module jeder Ebene den drei Bereichen „Simulation/ Realität", „Steuerung" und „Programmierung" zugeordnet werden. In der Softwareentwicklung werden die Ebenen auch als „Layers" bezeichnet, die Bereiche als „Tiers" (engl. „Baugruppen") [56][326].

Mit jeder Ebene steigt der Grad der Abstraktion. Während in der Ebene „Einzelsystem" einzelne, konkrete Gelenke gesteuert werden, wird in den Ebenen „Koordination/ Kopplung" und „Gesamtsystem" zunehmend von den Details der Steuerung abstrahiert, und es werden erst serielle kinematische Ketten und dann kinematische Bäume gesteuert, bis schließlich anthropomorphe Kinematiken in ihrer Gesamtheit angesprochen werden. Für das Framework besteht der Vorteil der Matrixarchitektur darin, dass für einzelne Module alternative Lösungen implementiert werden können, so dass z.B. eine erste Basis-Implementierung zunächst nur grob die Anforderungen erfüllt und nach Bedarf und Anwendung durch eine Fein- oder Alternativ-Implementierung ersetzt werden kann. Auf diese Weise lassen sich mit einer Matrixarchitektur zügig wegweisende Ergebnisse erzielen, ohne dass bereits von Beginn an alle Details ausimplementiert sein müssen.

Im Folgenden werden die aufeinander aufbauenden Ebenen der Matrixarchitektur anhand der Bereiche „Steuerung", „Simulation/ Realität" und „Programmierung" beschrieben.

3.2.1 Steuerung der anthropomorphen Multi-Agentensysteme

Die drei Ebenen des Bereiches „Steuerung" der Matrixarchitektur, „Agent", „Agentenset" und „Multi-Agentensystem", stellen die wesentlichen Basiselemente des Konzeptes der Multi-Agentensysteme dar (siehe Bereich „Steuerung" in Bild 3.3). Im Rahmen dieser Arbeit werden diese Basiselemente rekombiniert, um insbesondere die hierarchischen und heterarchischen Aspekte der Strukturen anthropomorpher Kinematiken nachzubilden, wobei die Basiselemente der Multi-Agentensysteme auch zur Nachbildung andere komplexer Kinematiken, z.B. insektenartiger Roboter, geeignet sind. Hierarchisch betrachtet stellen anthro-

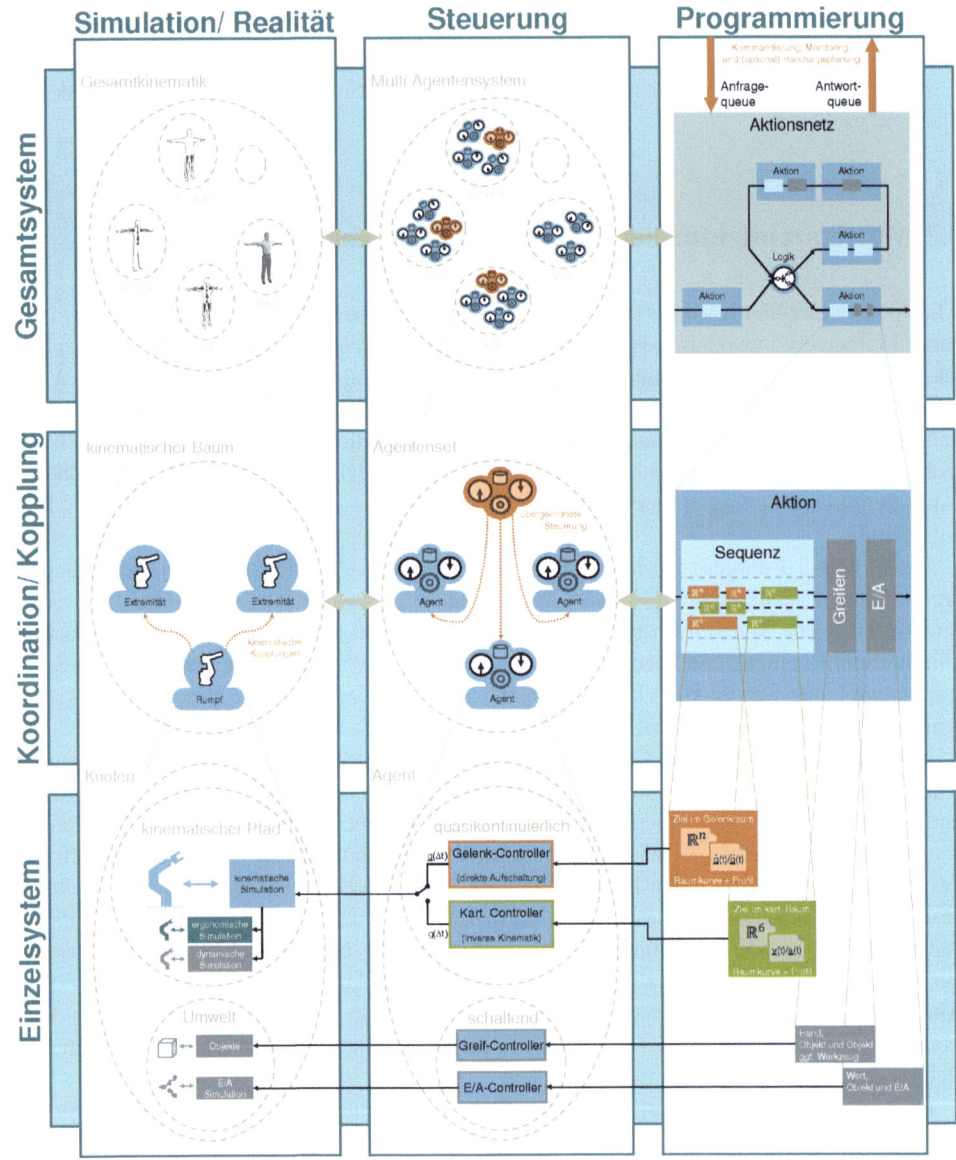

Abb. 3.3 Matrixarchitektur der Multi-Agentensysteme

pomorphe Kinematiken einen kinematischen Baum dar, dessen zunehmend tiefer im Baum liegenden Zweige aus seriellen kinematischen Pfaden bestehen. Aus der Hierarchie dieses strukturell grundlegenden kinematischen Baumes resultieren kinematische und dynamische Kopplungen der Pfade, die in einem ersten grundlegenden Agentenset berücksichtigt werden. Heterarchisch betrachtet sind die kinematischen Pfade teilweise in zusätzliche organisatorische Zusammenhänge eingebunden, die unabhängig von der Hierarchie dieses ersten kinematischen Baumes stattfinden. Diese kontextabhängigen Zusammenhänge sind durch weitere Anforderungen, Kooperationen und Kopplungen gegeben; so sind z.B. in der Koordination

3.2 Matrixarchitektur der übergreifenden Steuerung 41

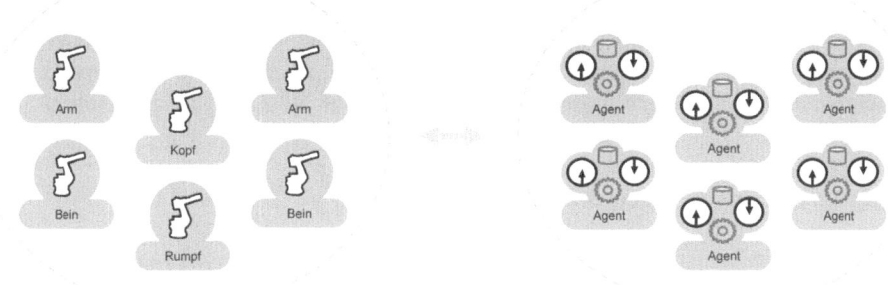

Abb. 3.4 Agenten steuern kinematische Pfade

von Gehbewegungen, in übergeordneten Reglerverfahren, in kinematischen Schleifen oder in der Kollisionsvermeidung unter Umständen jeweils andere kinematische Pfade involviert. Diese heterarchischen Aspekte der Struktur anthropomorpher Kinematiken werden in zusätzlichen, anwendungsspezifischen Agentensets berücksichtigt.

3.2.1.1 Agenten zur Steuerung einzelner kinematischer Ketten

Auf der grundlegendsten Ebene „Einzelsysteme" der anthropomorphen MAS werden die einzelnen kinematischen Pfade eines Agentensets jeweils durch unabhängige Steuerungsinstanzen kommandiert, die die in Abschnitt 2.4 auf Seite 25 beschriebenen charakteristischen Eigenschaften von *Agenten* aufweisen (siehe „Agent" in Bild 3.3). Die Agenten steuern die ihnen zugeordneten Pfade in Reaktion auf von außen kommende Anfragen eigenständig, wobei sie keine Kenntnis des anthropomorphen Charakters der Gesamtkinematik besitzen (siehe Bild 3.4). Auf dieser Ebene erfolgt die Kommunikation der Agenten untereinander in der Regel indirekt über die Wechselwirkungen ihrer kinematischen Pfade in der anthropomorphen Gesamtkinematik. Zusätzlich allerdings verfügen die Agenten über direkte Kommunikationswege, um in speziellen Konstellationen (z.B. Arm-Hand-Übergang beim Greifen) direkt gemeinschaftlich handlungsfähig zu sein. Im Gegensatz zu idealen Agenten agieren die Agenten hier nicht vollständig autonom, da ihr Aktionsspielraum durch die Randbedingungen der anthropomorphen Gesamtkinematik eingeschränkt wird.

Um Aufgaben geeignet umzusetzen, werten die Agenten geometrische und funktionale Modelle der ihnen zugeordneten kinematischen Ketten und ihrer Umwelt aus. Bei den Aufgaben handelt es sich vornehmlich um Bewegungen, die kinematisch als Raumkurven, Geschwindigkeits- und Beschleunigungsprofile beschrieben werden. Allerdings ist das Konzept an dieser Stelle universell und kann z.B. modular um dynamische Beschreibungen von Bewegungen (mittels Kräften, Momenten oder Impulsen) erweitert werden. Darüber hinaus sind den Agenten auch schaltende Aufgaben der Steuerung modular übertragbar, um für die kinematischen Ketten den Umgang mit u.a. Sensorik, einfachen Greifern oder Greiferwechselsystemen zu realisieren (siehe „Agent" in Bild 3.3).

Die Agenten steuern die ihnen zugeordneten kinematischen Ketten im Sinne einer „Supervisory Control". Dazu sind die kinematischen Ketten in ihren Funktionalitäten als ereignisdiskrete Systeme beschrieben und bilden die Regelstrecken, die es zu steuern gilt. Die zugehörigen Supervisor, die Agenten, sind ebenfalls als ereignisdiskrete Systeme beschrieben. Indem die Ausgänge der Regelstrecken mit den Eingängen ihrer Supervisor verbunden werden, bewirken Zustandsänderungen in den Regelstrecken korrespondierende Zustandsänderungen in den Agenten. Als Reaktion auf die korrespondierenden Zustandsänderungen generieren die Agenten geeignete Steuerungskommandos, die sie an die Regelstrecken zurückführen, um diese möglichst rasch und sicher in gewünschte Zielzustände zu führen.

3.2.1.2 Agentensets zur übergeordneten Steuerung

In anthropomorphen kinematischen Anordnungen kann die Steuerung der Extremitäten nicht vollständig unabhängig voneinander betrachtet werden, da die Basen ihrer kinematischen Ketten über den Rumpf miteinander verkoppelt sind. Wesentlicher Aspekt des Konzeptes der anthropomorphen Multi-Agentensysteme ist es daher, einerseits zwar den einzelnen Agenten weitgehend die Bewegungssteuerung der ihnen zugeordneten kinematischen Ketten zu überantworten, aber andererseits auch die Wechselwirkungen der von den Agenten kommandierten Bewegungen in einer Weise zu koordinieren, die zu sinnvollen Bewegungen der Gesamtkinematik führt. Dazu werden auf der Ebene „Koordination/ Kopplung" der Matrixarchitektur *Agentensets* eingerichtet, in denen Agenten organisiert werden, um mit übergeordneten Steuerungen Koordinationen und Kopplungen der Agenten umzusetzen (siehe „Agentenset" in Bild 3.3 auf Seite 40). Die Agenten zur Steuerung der kinematischen Pfade im strukturell grundlegenden kinematischen Baum sind in dem grundlegenden Agentenset „Steuerung" [CTRL] („Control") gruppiert. Darüber hinaus können anwendungsspezifisch zusätzliche Agenten und Agentensets angelegt werden, die auf Duplikaten oder Auszügen des kinematischen Baumes arbeiten, um in übergeordneten Steuerungen ausgewählte weiterführende Anforderungen, Koordinationen und Kopplungen umzusetzen.

Mittels dieser *Koordinationssets* [COORD] („Coordination") werden im Rahmen dieser Arbeit exemplarisch zwei übergeordnete Steuerungen ausgearbeitet, die der Bewegungskoordination des Oberkörpers beim Greifen und der Bewegungskoordination des Unterkörpers beim Gehen dienen. Grundsätzlich können bei der Steuerung anthropomorpher Kinematiken zwei Wirkungsarten kinematischer Kopplungen zwischen den einzelnen kinematischen Ketten unterschieden werden. Einerseits sind die Bewegungen der Extremitäten abhängig von der Bewegung des Rumpfes, andererseits kann aber auch die Bewegung des Rumpfes durch die Bewegung der Extremitäten bedingt sein. Um diese Wirkungsarten der Kopplung für die Fälle des Greifens und des Gehens aufzulösen, beobachten die übergeordneten Steuerungen die von den Agenten ihrer Agentensets kommandierten Bewegungen, gleichen diese Bewegungen untereinander geeignet ab und reichen die Resultate des Abgleichs zur Umsetzung an die Agenten weiter (siehe Bild 3.5).

Daneben ist es auch für andere der im Folgenden beschriebenen Aspekte der anthropomorphen Multi-Agentensysteme sinnvoll, ausgewählte Kinematiken des zu steuernden Systems zu duplizieren und mehrfach vorzuhalten, u.a. um eine strikte Trennung von Steuerung und Visualisierung umzusetzen (siehe Abschnitt 3.3.3 auf Seite 53). Darüber hinaus sind Agentensets auch zur geschachtelten Steuerung komplexer Untersysteme (z.B. der Hände) geeignet, sowie zur Umsetzung von Regelaufgaben oder zur Behandlung von Kollisionen. Grundsätzlich arbeiten die Agentensets unabhängig und nebeneinander im MAS, allerdings wird später auch der gezielte Austausch und Abgleich zwischen den Sets eingeführt.

3.2 Matrixarchitektur der übergreifenden Steuerung

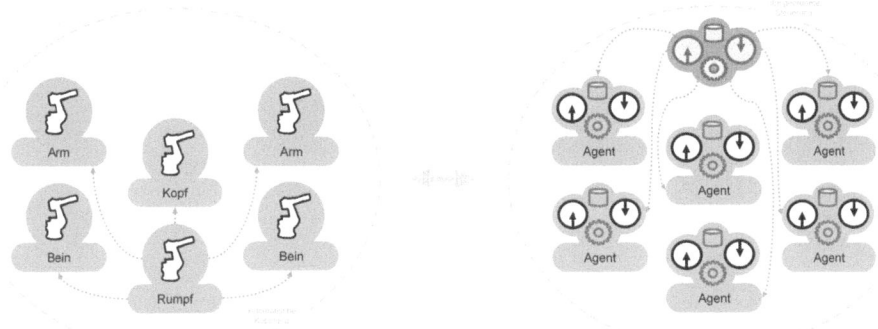

Abb. 3.5 Übergeordnete Steuerungen koordinieren und koppeln Agenten in Agentensets

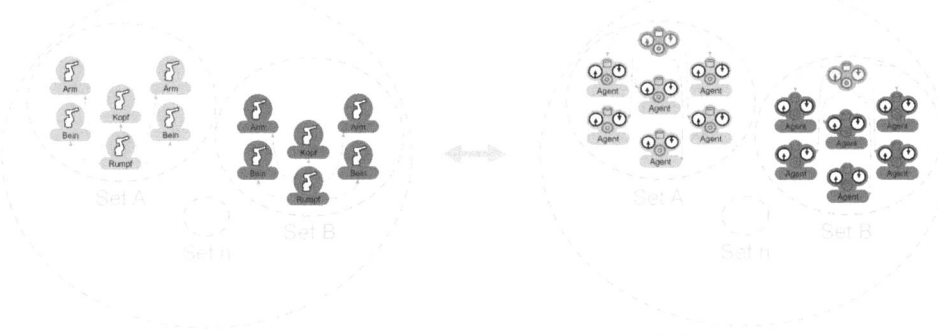

Abb. 3.6 Das Multi-Agentensystem steuert die Gesamtkinematik

3.2.1.3 Multi-Agentensysteme zur Steuerung der Gesamtkinematik

Die Gesamtheit aller in den Agentensets organisierten Agenten bildet jeweils ein Multi-Agentensystem, das eine betrachtete Gesamtkinematik nachbildet und steuert (siehe Bild 3.6). Während dabei die Agenten zur Steuerung serieller Teilkinematiken die hierarchischen Strukturen der Gesamtkinematik nachbilden, werden Agentensets anwendungsspezifisch eingeführt, um ausgewählte heterarchische Aspekte zwischen Agenten zu strukturieren. Indem Multi-Agentensysteme im Rahmen dieser Arbeit insbesondere auf anthropomorphe Kinematiken bezogen werden, um deren spezielle Strukturen und Bewegungsmöglichkeiten nachzubilden, handelt es sich um anthropomorphe Multi-Agentensysteme.

3.2.2 Simulation der anthropomorphen Multi-Agentensysteme

Wie es im Bereich „Simulation/ Realität" in Bild 3.3 auf Seite 40 dargestellt ist, erfolgt auch die Beschreibung der angesteuerten Kinematiken in den drei Ebenen „Gesamtsystem", „Koordination/ Kopplung" und „Einzelsystem". Im Folgenden wird der Fall der Simulation betrachtet, in dem die Beschreibung der Kinematiken aus der Modellierung und Parametrie-

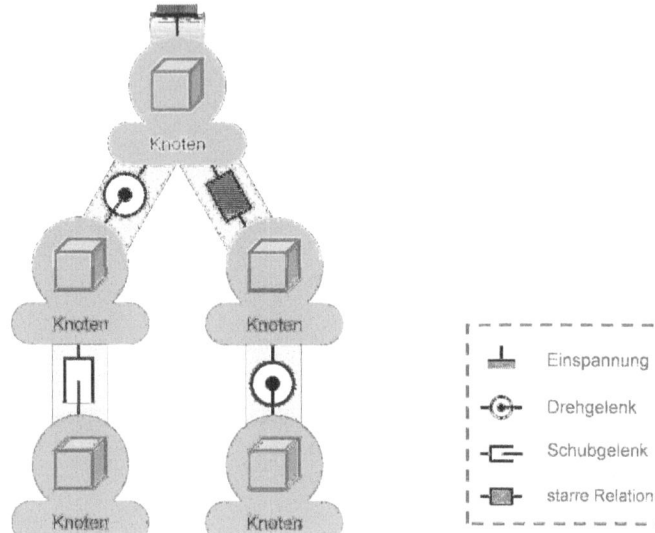

Abb. 3.7 Beispiel eines kinematischen Baumes

rung kinematischer Bäume und Pfade in der Datenbasis des Simulationssystems besteht. Allerdings finden diese für die Simulation identifizierten Basiselemente genauso im Fall der Ansteuerung realer Roboter Anwendung (siehe Abschnitt 3.3.1 auf Seite 49).

3.2.2.1 Kinematische Bäume modellieren verzweigte Kinematiken

Im Bereich „Simulation/ Realität" der Matrixarchitektur werden umfangreiche Beschreibungsmittel zur Modellierung und Parametrierung serieller und anthropomorpher Kinematiken angeboten. Im Kontext des umgebenden Simulationssystems werden diese Beschreibungsmittel in Form neuer Knoten- und Erweiterungs-Klassen implementiert (siehe Abschnitt 2.5.3 auf Seite 33), die zur Verwendung in der Datenbasis instanziiert werden. Die elementaren Beschreibungsmittel beinhalten dazu zunächst ein erweiterbares Framework zur Definition und Parametrierung *kinematischer Gelenke*. Die bisher ausgearbeiteten Gelenktypen umfassen universelle rotatorische und translatorische Abhängigkeiten, sowie die Parametrierung kinematischer Gelenke anhand der industrieüblichen Denavit-Hartenberg-Parameter. Mittels dieser Gelenke können dann Hierarchien von Knoten zu Kinematiken ausgebaut werden, worin sich die Kindknoten gegenüber ihren Elternknoten jeweils durch die Gelenkparameter definiert bewegen können. Da die Gelenke ohne Einschränkungen in der Baumhierarchie der Datenbasis eingesetzt verwendet können, sind die resultierenden Kinematiken prinzipiell ebenfalls baumförmig, so genannte *kinematische Bäume* (siehe Bild 3.7). Nicht alle Eltern-Kind-Verbindungen in den kinematischen Bäumen müssen Gelenke sein, sondern die Bäume können wahlweise auch starre Verbindungen enthalten, so dass auch die Definition umfangreicher, starrer Unterbäume möglich ist.

3.2.2.2 Kinematische Pfade definieren Teilkinematiken für Agenten

Da die Steuerung kinematischer Bäume in dieser Arbeit anhand der Koordination der Einzelbewegungen kinematischer Ketten erfolgt, werden auf der Ebene „Einzelsystem" der Ma-

3.2 Matrixarchitektur der übergreifenden Steuerung

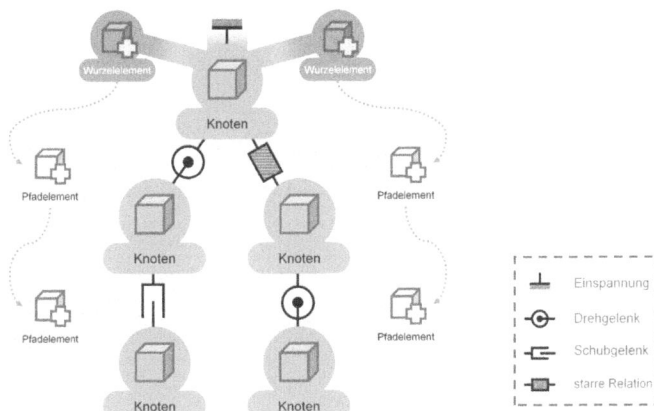

Abb. 3.8 Beispiel für kinematische Pfade

trixarchitektur einzelne *kinematische Pfade* im Baum ausgewählt und gekennzeichnet und jeweils einem Agenten des MAS zur Steuerung übergeben. Die Definition und Verwaltung eines kinematischen Pfades beginnt, indem ein so genanntes *kinematisches Wurzelelement* als Erweiterung des Wurzelknotens des Baumes eingerichtet wird. Ein solches Wurzelelement hat dann die Aufgabe, den kinematischen Pfad innerhalb des Baumes zu definieren, und allen Steuerungen im System als zentrale Verwaltungsinstanz für diese Kinematik zu dienen. Um die Gelenke eines Pfades aus den Gelenken des Baumes auszuwählen, werden so genannte *kinematische Pfadelemente* instanziiert und als Erweiterungen an die gewünschten Gelenke gehängt. Diese Pfadelemente melden sich automatisch an dem übergeordneten Wurzelelement an, so dass ausgehend vom Wurzelelement anhand eines Abstiegs entlang der angemeldeten Pfadelemente der kinematische Pfad definiert wird (siehe Bild 3.8).

3.2.3 Programmierung der anthropomorphen Multi-Agentensysteme

Wesentliches Ziel der Steuerung von Kinematiken durch anthropomorphe Multi-Agentensysteme ist die Programmierung und Ausführung von Bewegungen. Wie es im Bereich „Programmierung" in Bild 3.3 auf Seite 40 dargestellt ist, folgt auch die Programmierung einem „divide & conquer"-Ansatz, bei dem die Bewegungssteuerung des Multi-Agentensystems zunächst an die Agentensets und dann an die Agenten delegiert wird, die schließlich die programmierte Bewegung ausführen. Dieser Vorgang des Delegierens über die Ebenen der Matrixarchitektur wird im Folgenden am zentralen Beispiel der Bewegungssteuerung beschrieben; allerdings wird die Programmierung von Interaktionen des MAS mit der Umwelt über vergleichbare Mechanismen bereitgestellt (siehe Abschnitt 3.3.4 auf Seite 55).

3.2.3.1 Aktionen und Aktionsnetze zur Definition von Handlungen für MAS

Aktionsnetze wirken auf der Ebene „Gesamtsystem" der Matrixarchitektur und adressieren das gesamte Multi-Agentensystem. In Aktionsnetzen werden elementare Aktionen zu komplexen Tätigkeiten angeordnet, indem darin Aktionen nebenläufig, aufeinander folgend oder alternativ zusammengestellt werden. Zusätzlich kann die Bestimmung der Abfolge von Aktionen in Aktionnetzen durch eine Logik erfolgen (siehe Bild 3.9). Ein Beispiel eines sol-

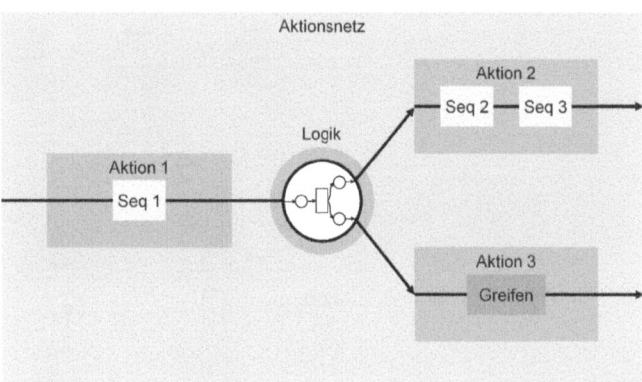

Abb. 3.9 Beispiel für Aktionen und Aktionsnetze

chen Aktionsnetzes ist ein „Gehe zu"-Aktionsnetz, das durch Aufruf von Aktionen für das Gehen und Drehen eine anthropomorphe Kinematik derart steuert, dass sie sich mit einer gewünschten Ausrichtung an eine gewünschte Zielposition bewegt. Aktionsnetze können zudem geschachtelt werden und parametrierbar sein, so dass z.B. ein „Gehe zu"-Aktionsnetz über die Angabe einer Ziellage eingestellt wird und sich intern aus weiteren Aktionsnetzen zusammensetzt. Aufgabe der elementaren *Aktionen* ist es, für den weiteren Verlauf der Programmierung möglichst allgemeingültige und kleinschrittige Grundbausteine anzubieten, die immer wiederkehrende Bewegungsmuster auf ihre wesentlichen Parameter reduzieren. So ist z.B. eine Aktion für das Vorwärtsgehen implementiert, in der als Parameter nur noch die Anzahl der zu gehenden Meter näher bestimmt sind, um es dann der Ablaufsteuerung der Aktion zu überlassen, die hinterlegte Gehbewegung geeignet einzustellen und auszulösen. Aktionen und Aktionsnetze werden detailliert in Abschnitt 5.2.1 auf Seite 136) beschrieben.

3.2.3.2 Programmierung von Bewegungssequenzen für MAS

Aktionen wirken auf der Ebene „Koordination/ Kopplung" der Matrixarchitektur und programmieren Agentensets. Wie beschrieben, bestehen Agentensets zum einen aus Agenten, die jeweils die Bewegung einzelner kinematischer Pfade steuern; zum anderen werden in den übergeordneten Steuerungen von Agentensets gegebenenfalls gewünschte Koordinationen und Kopplungen dieser Agenten gesteuert. In Bezug auf die Programmierung von Bewegungen ist es daher die Aufgabe der Aktionen, einerseits alle Einzelbewegungen der Agenten eines Agentensets vorzugeben und andererseits gegebenenfalls die übergeordnete Steuerung des Agentensets geeignet zu parametrieren. Dabei erfolgt die Vorgabe von Einzelbewegungen der Agenten über *Ziele*, die der Angabe von einzunehmenden Gelenkstellungen oder kartesischen Lagen mit zusätzlichen Parametern, wie u.a. den begrenzenden Geschwindigkeiten und Beschleunigungen oder (optional) Bahnformen dienen. Ziele sind damit die grundlegende Datenstruktur zur Programmierung von Bewegungen, die auf der Ebene „Einzelsystem" der Matrixarchitektur umgesetzt werden. Da die Agenten eines Agentensets zu einem Zeitpunkt unterschiedliche oder nacheinander mehrere Ziele verfolgen können, werden Ziele in *Sequenzen* angeordnet (siehe Bild 3.10). In einer Sequenz wird dazu für jeden Agenten des Agentensets eine Abfolge von Zielen vorgegeben, deren Ausführung in den Aktionen durch hier so genannte *Sequenzer* erfolgt. In Sequenzen können die Bewegungen der Agenten zusätzlich aufeinander abgestimmt werden, indem Abhängigkeiten zwischen den verschiedenen

3.2 Matrixarchitektur der übergreifenden Steuerung   47

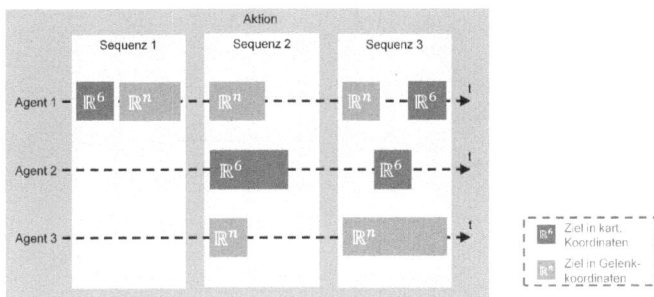

Abb. 3.10 Beispiel für Ziele und Sequenzen

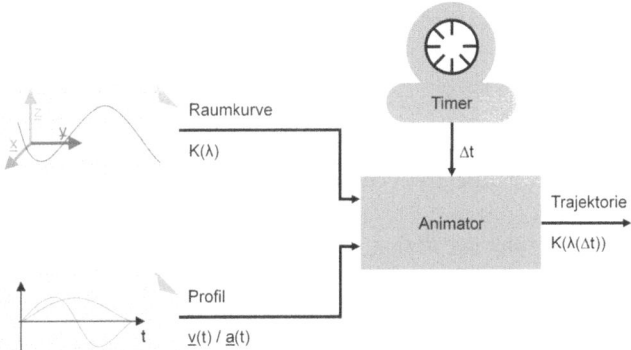

Abb. 3.11 Animatoren zur Berechnung von Trajektorien

Zielen der Agenten definiert werden, so dass komplexe zeitliche Muster der Einzelbewegungen der Agenten eines Agentensets erzeugbar sind (siehe Abschnitt 5.2.1.2 auf Seite 138).

3.2.3.3 Definition und Animation von Trajektorien

Auf der Ebene „Einzelsystem" der Matrixarchitektur geben die Ziele Raumkurven, Geschwindigkeits- und Beschleunigungsprofile für einzelne Agenten vor. Im Fall von Zielen in kartesischen Koordinaten handelt es sich dabei um Raumkurven im $\mathbb{R}^3$ (Position) oder im $\mathbb{R}^6$ (Lage = Position und Orientierung). Im Fall von Zielen in Gelenkkoordinaten finden die Raumkurven im $\mathbb{R}^n$ statt, wobei n der Anzahl der Achsen der Kinematik entspricht. In beiden Fällen beschreiben Raumkurven zunächst nur einen räumlichen Verlauf einer Bewegung ($\underline{s}$). In Zielen wird zusätzlich noch der zeitliche Verlauf der Bewegung anhand der Geschwindigkeiten ($\underline{v} = \underline{\dot{s}}$) und Beschleunigungen ($\underline{a} = \underline{\dot{v}}$) vorgegeben, mit denen die Raumkurven abzufahren sind, so dass Ziele Trajektorien im kinematischen Sinne definieren. Die Kombination von Raumkurven mit Profilen zu Trajektorien wird in jedem Agenten von einem so genannten *Animator* vorgenommen. Mittels eines Animators kann der Agent den Verlauf einer Trajektorie vollständig „offline" vorausberechnen oder den Verlauf einer Trajektorie für einen gegebenen Zeitpunkt „online" ausrechnen. Für die Online-Berechnung der Trajektorie verbindet sich der Animator mit dem Scheduler des Simulationssystems, und der Agent wird gemäß des im System eingestellten Zeitschemas über den Fortschritt entlang der Trajektorie laufend informiert (siehe Bild 3.11).

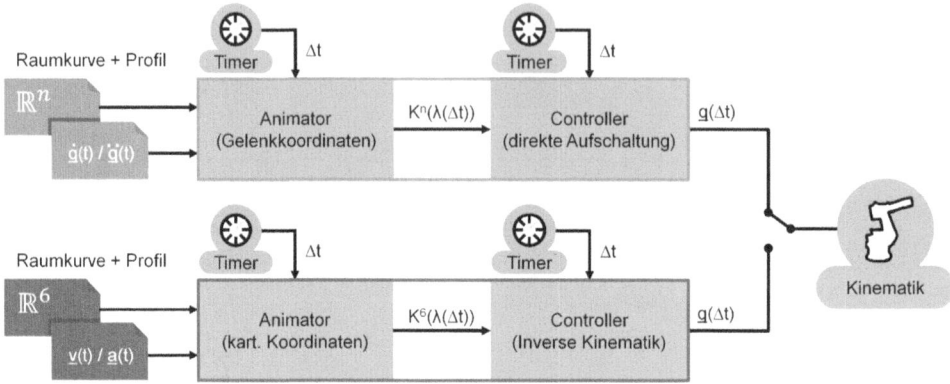

Abb. 3.12 Controller zum Aufschalten von Bewegungen auf Kinematiken

3.2.3.4 Bewegungssteuerung der Kinematik durch quasikontinuierliche Controller

Die Umsetzung der in den Animatoren berechneten Trajektorien erfolgt in den *quasikontinuierlichen Controllern* jedes Agenten (siehe „Agent" in Bild 3.3 auf Seite 40). Gemäß der Trennung nach Gelenk- und kartesischen Koordinaten sind zwei grundsätzliche Controller-Typen implementiert. *Gelenk-Controller* zur Bewegung in Gelenkkoordinaten können die aus einem entsprechenden Animator kommenden Bewegungsinkremente direkt auf eine Kinematik aufschalten, während *kartesische Controller* zur Bewegung in kartesischen Koordinaten die kartesischen Resultate eines Animators erst mittels einer Rückwärtstransformation („Inverse Kinematics") in Gelenkbewegungen umrechnen müssen (siehe Bild 3.12). Prinzipiell sind Trajektorien in Gelenk- und kartesischen Koordinaten ineinander transformierbar. Die aus einer gegebenen Gelenkstellung resultierende kartesische Lage eines ausgewählten Punktes der Kinematik erfolgt dabei anhand der Vorwärtstransformation („Forward Kinematics") – ausgehend von der Basis der Kinematik werden sukzessive die homogenen Transformationen der einzelnen Gelenkübergänge für die vorgegebenen Gelenkwerte multipliziert, bis der ausgewählte Punkt erreicht ist. Als dieser Bezugs- oder Endpunkt der Kinematik wird üblicherweise ein „Tool Center Point" [TCP] gewählt. Der umgekehrte Fall der Umrechnung kartesischer Koordinaten des TCP in Gelenkstellungen mittels der Rückwärtstransformation ist nur für einfache Kinematiken geschlossen analytisch anzugeben und in der Regel nicht eindeutig. Da es sich bei den Teilkinematiken in anthropomorphen Kinematiken insbesondere auch um redundante Kinematiken handelt, wird die Rückwärtstransformation im Rahmen dieser Arbeit daher mittels der für alle seriellen kinematischen Ketten gültigen *Universaltransformation* numerisch und algorithmisch berechnet (siehe Abschnitt 4.1 auf Seite 57). Die Implementierung der Rückwärtstransformation im kartesischen Controller erweitert das Verfahren der Universaltransformation allerdings deutlich, so dass es die Verschaltung der Controller eines Agentensets zur Bewegungskoordination mehrerer hochredundanter Kinematiken unterstützt (siehe Abschnitt 4.2 auf Seite 106 und Abschnitt 4.3 auf Seite 115).

3.3 Weitere Aspekte des Konzeptes der anthropomorphen Multi-Agentensysteme

Aus dem Konzept der anthropomorphen Multi-Agentensysteme und ihrer Strukturierung in der Matrixarchitektur ergeben sich weitere vorteilhafte Aspekte ihrer Anwendung. Insbesondere orientiert sich die Matrixarchitektur an den Anforderungen des Steuerungskonzeptes „Intelligent Robot Control System" [IRCS] für Mehrrobotersysteme und ist für einen Einsatz im IRCS geeignet. Auf Basis der Multi-Agentensysteme wird außerdem eine Generalisierung unterschiedlicher, komplexer Kinematiken und ihrer Steuerung ermöglicht. Um die Reichweite dieser Generalisierung zu unterstreichen, wird in dieser Arbeit am Beispiel „Ergonomie" die Möglichkeit des Methodentransfers zwischen verschiedenen Arten anthropomorpher Kinematiken herausgearbeitet. Dazu werden zunächst ergonomische Analyseverfahren für „Virtuelle Menschen" erarbeitet und diese Verfahren dann auf Basis der anthropomorphen MAS auf humanoide Roboter übertragen. Weitere Aspekte des Konzeptes der anthropomorphen Multi-Agentensysteme bestehen in der Trennung von Steuerung und Visualisierung, die auf Basis der Agentensets realisiert wird, und in der Interaktion der anthropomorphen Multi-Agentensysteme mit ihrer (simulierten) Umwelt.

3.3.1 Eingliederung der Matrixarchitektur in das I_{rcs}

Die Matrixarchitektur des Frameworks der MAS orientiert sich an den Anforderungen des bereits erfolgreich eingesetzten „Intelligent Robot Control System" [IRCS] [116]. Das IRCS besteht zunächst aus einer Stufe von „Human Machine Interfaces" [HMI], um die gesamte Mehrroboteranlage zu kommandieren und zu überwachen. Bild 3.13 stellt die hierarchisch absteigend angeordneten Steuerungsstufen dar, die die Aufgabe haben, mittels der HMI eingegebene Kommandos umzusetzen, indem sie das Mehrroboter-Problem schrittweise in Lösungen zur Steuerung einzelner Roboter auflösen. Die untersten Stufen der Steuerung bilden die Einzelrobotersteuerungen der realen Roboter und zusätzliche, spezielle Steuerungen weiterer Automatisierungseinheiten in der Anlage. Den Steuerungsstufen bis hinunter zur Hardware wird begleitend eine Datenbank beiseite gestellt, in der mit Aktoren vorgenommene Änderungen an der Anlage, mit Sensoren erfasste Informationen über die Zustände der Anlage, sowie ausgewählte Planungsdaten der einzelnen Steuerungsstufen zum wechselseitigen Datenaustausch eingespeichert sind.

Durch die Eingliederung in das IRCS ist das Konzept der anthropomorphen MAS auch geeignet, reale Mehrrobotersysteme zu steuern und dabei mit derartigen Systemen menschenähnliche Bewegungen zu erschließen. In Bild 3.13 sind die Stufen gekennzeichnet, die mit den MAS adressiert bzw. ersetzt werden können. Auf Basis der durch die Multi-Agentensysteme ermöglichten Generalisierung unterschiedlicher, komplexer Kinematiken wird das IRCS durch den Einsatz der anthropomorphen Multi-Agentensysteme im Hinblick auf anthropomorphe Kinematiken – insbesondere auch humanoide Roboter – erweitert. Im Kontext der IRCS wurden die anthropomorphen MAS an einem Versuchsstand mit zwei realen Industrierobotern erprobt, deren räumliche Konstellation u.a. den mehrarmigen Objekttransport erlaubt. Eine Ansicht des Versuchsstandes zeigt Bild 3.14.

Besondere Herausforderung des Einsatzes der MAS zur externen Steuerung realer Roboter ist die Herstellung der Echtzeitfähigkeit, bzw. der rechtzeitigen Bewegungsberechnung und Kommunikation der resultierenden Bewegungsbefehle an die Einzelrobotersteuerungen der realen Roboter. Der Ansatz ist hier, die bisher lokal, innerhalb einer Instanz des Simu-

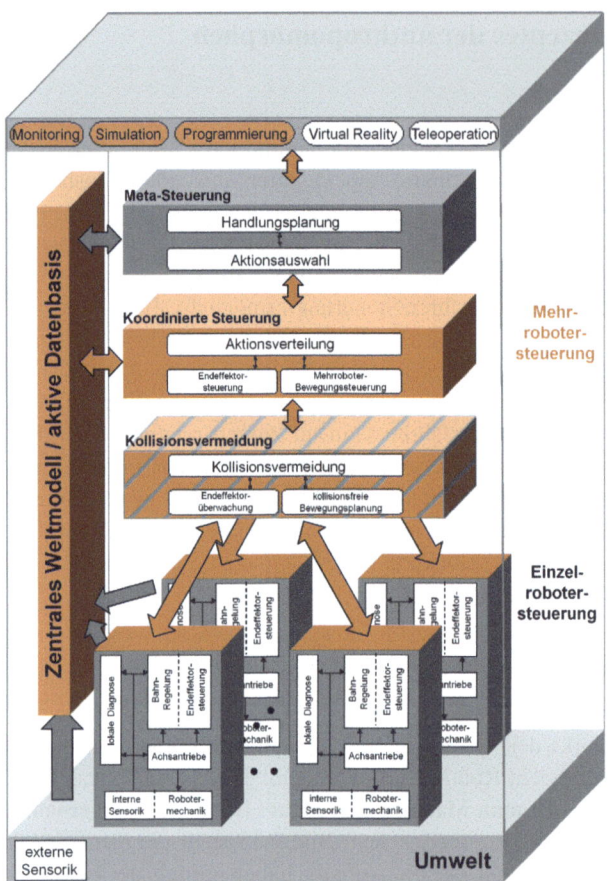
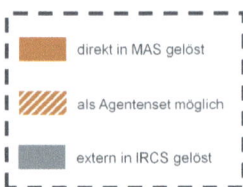

Abb. 3.13 „Intelligent Robot Control System" [IRCS] mit Kennzeichnung der durch die Multi-Agentensysteme adressierten bzw. ersetzbaren Bereiche; nach [116]

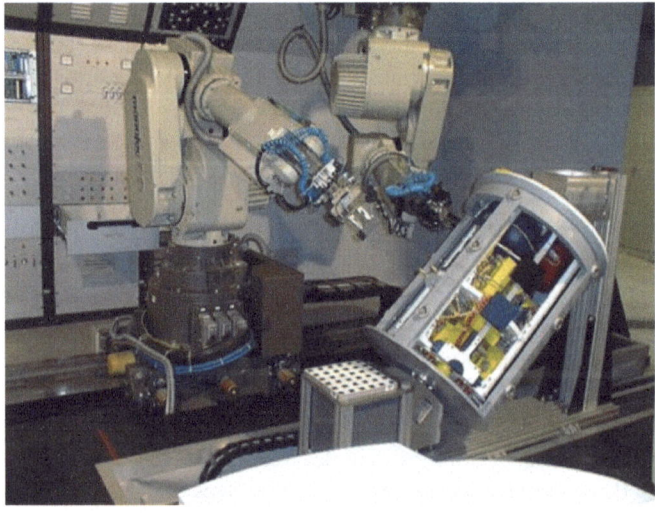

Abb. 3.14 Ansicht des Mehrrobotersystems

3.3 Weitere Aspekte des Konzeptes der anthropomorphen Multi-Agentensysteme   51

lationssystems ausgeführten anthropomorphen Multi-Agentensysteme in *Bedien- und Echtzeitsysteme* zu trennen und die Ausführung der Echtzeitkomponenten auf weitere Rechner zu verteilen. Die Bedienkomponenten umfassen dann Aufgaben der Programmierung, Simulation, Visualisierung und Analyse, während die eigentlichen Bewegungsberechnungen in die Echtzeitkomponenten ausgelagert werden (siehe Abschnitt 6.1.2 auf Seite 151). Durch die Verteilung auf weitere Rechner können die Echtzeitkomponenten dann ausreichend performant arbeiten, um die daran angeschlossenen Einzelrobotersteuerungen der realen Roboter in einem festen Takt mit Steuerungsbefehlen zu versorgen. Der Einsatz der anthropomorphen Multi-Agentensysteme an dem beschriebenen Versuchsstand zeigt, dass dieses Konzept zur Herstellung der Echtzeitfähigkeit zum Betrieb realer Mehrroboteranlagen geeignet ist und sich darüber hinaus als ausreichend tragfähig erweist, die strenge Synchronität der Kommunikation mit externen Einzelrobotersteuerungen im koordinierten Betrieb zu garantieren, wie es am Beispiel der lagebasierten Kopplung demonstriert wird.

3.3.2 Erweiterte Analyse anthropomorpher Kinematiken

In den erweiterten Analyseverfahren für anthropomorphe Multi-Agentensysteme werden die Grundlagen für die Bestimmung statischer und dynamischer Kenngrößen von Kinematiken geschaffen und in verschiedenen Formen zur Anwendung gebracht. Diese Anwendungen umfassen dabei einerseits die Durchführung ergonomischer Analysen des „Virtuellen Menschen" mit dem Ziel der Beurteilung von Tätigkeiten an manuellen Arbeitsplätzen, und andererseits die Interpretation dieser Analysen mit den Ziel der Verbesserung der Bewegungsstrategien humanoider Roboter und Mehrrobotersysteme.

3.3.2.1 Robotik als Basis ergonomischer Untersuchungen

Wie u.a. der Leistungsumfang von DELMIA der Firma Dassault Systèmes [83] oder von TECNOMATIX von Siemens PLM Software Inc. [290] zeigen, sind die heute verbreiteten ergonomischen Analyseverfahren in der Mehrheit statisch, d.h. sie beziehen sich auf die Analyse von Körperhaltungen und räumlichen Einschränkungen am Arbeitsplatz. Indem diese Verfahren hier auf Animationen anthropomorpher Kinematiken bezogen werden, fallen die statischen ergonomischen Analysen in den Begriffen der Robotik mit der Untersuchung kinematischer Größen in Gelenk- und kartesischen Koordinaten zusammen. Insbesondere die Untersuchung geometrischer Relationen ist in diesem Zusammenhang von großer Bedeutung. Dazu werden in den Analyseverfahren grundlegende Hilfsmittel bereitgestellt, die einheitlich und zwischen verschiedenen anthropomorphen MAS übertragbar das Ausmessen von Körperhaltungen systematisieren (siehe Abschnitt 7.1.1.2 auf Seite 163). Daneben stehen auf Basis der Robotik weitere Untersuchungen ergonomischer Aspekte zur Verfügung, wie die Analyse des zeitlichen Verlaufes von Lage, Geschwindigkeit und Beschleunigung ausgewählter Punkte oder die Ermittlung des Arbeitsraumes kinematischer Ketten.

3.3.2.2 Ergonomie für „Virtuelle Menschen" - und Roboter

Unter Nutzung der Hilfsmittel zur Analyse wird im Rahmen dieser Arbeit das bekannte Verfahren des „Rapid Upper Limb Assessments" [RULA] zur Bewertung der Haltung des

Abb. 3.15 RULA für „Virtuelle Menschen"

Oberkörpers ausgearbeitet (siehe Abschnitt 7.1.1.3 auf Seite 165). RULA wird für einzelne, häufig auftretende oder kritische Arbeitshaltungen eines Armes durchgeführt. Dazu werden die Stellung der Glieder des Armes und des Handgelenkes geschätzt und weitere entlastende oder belastende Faktoren der Arbeitssituation identifiziert. Mit Hilfe von Tabellen werden die gefundenen Werte miteinander verrechnet und zu einer Bewertung in Form einer Note zusammengefasst, wobei höhere Noten einer größeren körperlichen Belastung entsprechen, die es abzustellen gilt. Am Beispiel des „Virtuellen Menschen" demonstriert die Implementierung von RULA zum einen die prinzipielle Umsetzbarkeit ergonomischer Methoden mittels anthropomorpher Multi-Agentensysteme (siehe Bild 3.15). Zum anderen jedoch kann auf Basis der MAS der übliche Anwendungsrahmen von RULA auch deutlich erweitert werden, so dass neuartige Einsichten und aufbauende Verfahren ermöglicht werden. Während RULA standardmäßig nur für einzelne Arbeitshaltungen eines einzelnen Armes berechnet wird, wird das Verfahren hier quasikontinuierlich und bewegungsbegleitend für zweiarmige Kinematiken angeboten. Mittels der anthropomorphen Multi-Agentensysteme steht das Verfahren außerdem für humanoide Roboter zur Verfügung – und wird dort als Grundlage ergonomisch motivierter Steuerungs- und Planungsalgorithmen zur Erzeugung menschenähnlicher Bewegungen eingesetzt (siehe Abschnitt 7.2.2 auf Seite 178).

3.3.2.3 Übergang zur dynamischen Ergonomie

Dynamische ergonomische Analysen gehen über die Betrachtung von Körperhaltungen hinaus und untersuchen Belastungen des Menschen auf der Basis von Kräften und Momenten. Die Anwendung dieser Art ergonomischer Methoden wird vorbereitet, indem in weiteren Analyseverfahren ein Übergang von der kinematischen auf die dynamische Betrachtung anthropomorpher MAS formuliert wird. Dazu werden die dynamischen Größen innerhalb der Kinematiken mittels spezieller Algorithmen der Starrkörperdynamik ermittelt, die unter Ausnutzung der bekannten Struktur von Robotern dabei besonders effizient vorgehen können (siehe Bild 3.16). Neben der Vorbereitung dynamischer ergonomischer Untersuchungen unterstreicht die Anwendbarkeit dieser Algorithmen zudem den prinzipiellen systema-

3.3 Weitere Aspekte des Konzeptes der anthropomorphen Multi-Agentensysteme 53

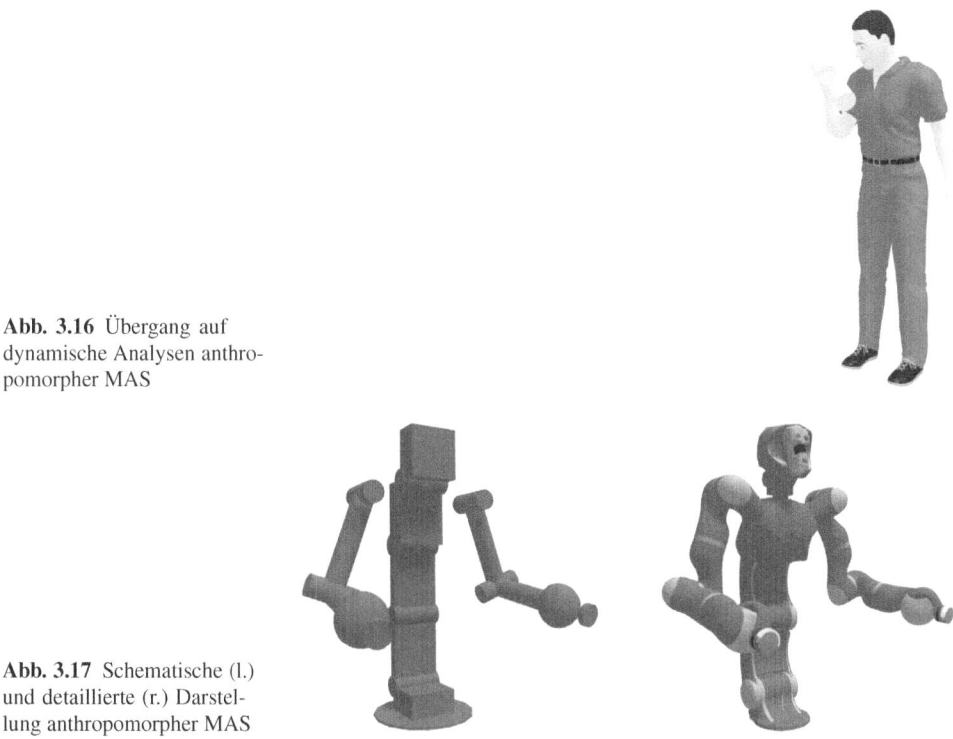

Abb. 3.16 Übergang auf dynamische Analysen anthropomorpher MAS

Abb. 3.17 Schematische (l.) und detaillierte (r.) Darstellung anthropomorpher MAS

tischen Anschluss der anthropomorphen MAS an dynamische Ansätze der Robotik (siehe Abschnitt 7.1.2 auf Seite 170).

3.3.3 Trennung von Steuerung und Visualisierung

Durch das anwendungsspezifische Anlegen von Agentensets wird es ermöglicht, dass die grafische Darstellung der anthropomorphen Multi-Agentensysteme austauschbar ist und daher in unterschiedlichen Anwendungssituationen jeweils sinnvolle und angemessen detaillierte Darstellungen der anthropomorphen MAS angeboten werden können. Dabei wird ein grundsätzlicher Unterschied zwischen der Darstellung der äußeren Erscheinung von MAS und ihrer Zusammensetzung aus kinematischen Ketten getroffen. Bei der Programmierung humanoider Roboter beispielsweise ist eine aufwändige Darstellung anhand der vollständigen CAD-Daten nur im Fall der Interaktion mit der Umwelt notwendig; stattdessen wird gerne eine schematische Darstellung der Kinematik bevorzugt (siehe Bild 3.17). Ähnliches gilt für den „Virtuellen Menschen" – insbesondere, wenn detailreiche Körperdaten gegebenenfalls lange Lade- und Initialisierungszeiten mit sich bringen.

Wesentliche Voraussetzung für die Bereitstellung einer jeweils angemessenen Darstellung der MAS ist die strikte Trennung von Steuerung und Visualisierung. Diese Entkopplung wird erzielt, indem in jedem MAS zwei vollständig disjunkte Agentensets instanziiert werden, von denen das eine der Steuerung und das andere der Visualisierung dient (siehe „Multi-Agentensystem" in Bild 3.3 auf Seite 40). Dabei treffen alle bisher beschriebenen Funktionalitäten und Eigenschaften von Agenten auf die Agenten im oben beschriebenen *Steuerungsset* [CTRL] („Control") zu. Die Agenten im *Visualisierungsset* [VISU] („Visualization") dagegen haben nahezu keine Funktionalität, sondern werden nur im Takt des Auffrischens der Visualisierung aufgefordert, die resultierenden Gelenkwerte der CTRL-Agenten aus deren kinematischen Pfaden auszulesen und diese Werte auf die korrespondierenden kinematischen Pfade der aktuell gewählten Visualisierung des MAS zu übertragen. Ein durchaus gewünschter Nebeneffekt dieser Trennung von Steuerung und Visualisierung ist es, dass in den zusätzlichen, anwendungsspezifischen Agentensets Duplikate oder Auszüge des kinematischen Baumes gesteuert werden können, deren Bewegungen mit den Ergebnissen der CTRL-Agenten verrechnet werden, bevor sie durch die VISU-Agenten sichtbar aufgeschaltet werden. Diesen Mechanismus machen sich insbesondere die Bewegungskoordinationen zunutze (siehe Abschnitt 4.2 auf Seite 106 und Abschnitt 4.3 auf Seite 115). Im Kontext der Visualisierung ist auch ein Werkzeug zur Bereitstellung von Modellgeometrien für technische und menschliche Kinematiken angesiedelt und es wird die Darstellung innerer Zustände der MAS (wie „MAS pausiert") vorgenommen.

3.3.3.1 Visualisierung des „Virtuellen Menschen"

Zur Visualisierung des „Virtuellen Menschen" ist eine realitätsnahe Darstellung von Haut und Stoff gewünscht. Ein passendes Verfahren dazu ist als „Skinning" [62][186] bekannt und beruht grundsätzlich darauf, dass jeder Eckpunkt in polygonalen Modellgeometrien mit zusätzlichen Parametern versehen ist, die Gewichtungen angeben, mit denen die Lage des Eckpunktes an die Lage eines oder mehrerer Referenzobjekte gekoppelt wird. Lageänderungen der Referenzobjekte führen dann zu korrespondierenden relativen Lageänderungen der Eckpunkte. Sind – wie im Fall des „Virtuellen Menschen" – die Referenzobjekte durch eine Kinematik gegeben, folgt eine derart präparierte Modellgeometrie den Bewegungen der Kinematik ähnlich einer Haut oder Textilie. Zwar wird „Skinning" bereits durch das umgebende Simulations- und Visualisierungssystem VEROSIM zur Verfügung gestellt, jedoch müssen die notwendigen Parametrierungen extern vorgenommen werden. Daher wurde im Rahmen dieser Arbeit eine Anbindung an das bekannte Modellierungsprogramm 3DS MAX der Firma Autodesk Inc. entwickelt, in dem die Modellierung von „Skinning"-Parametern durch komfortable Bedienelemente ermöglicht wird [21] (siehe Bild 3.18). Die Anbindung erlaubt dann die automatische Übersetzung und Übertragung der parametrierten Modellgeometrien nach VEROSIM. Eine weitere Anwendung der Anbindung ist die Übersetzung und Übertragung von CAD-Daten in das Simulations- und Visualisierungssystem. Da 3DS MAX das Einlesen zahlreicher CAD-Datenformate erlaubt, können über den Weg der Anbindung auch die Modellgeometrien technischer Kinematiken bereitgestellt werden.

3.3.3.2 Visualisierung innerer Zustände des MAS

Aufgrund der Einbettung in virtuelle Welten liegt es nahe, die Visualisierung der anthropomorphen Multi-Agentensysteme mit so genannten *Metaphern* anzureichern. Allgemein kommen Metaphern in virtuellen Welten zum Einsatz, um Zustandsgrößen sichtbar zu machen oder dem Anwender Hilfsmittel zu Navigation oder Interaktion zu präsentieren. Neben den Metaphern, die das umgebende Simulations- und Visualisierungssystem standardmäßig anbietet, werden in den Modulen zur Visualisierung beispielhaft zusätzliche Metaphern implementiert, um die inneren Zustände „Pause" und „Verfeinern" der MAS anzuzeigen (siehe Bild 3.19), die durch entsprechende Kommandos eingestellt und aufgelöst werden (siehe Abschnitt 5.2.2 auf Seite 142). Der Komfort und die Aussagekraft von Metaphern wird beson-

3.3 Weitere Aspekte des Konzeptes der anthropomorphen Multi-Agentensysteme

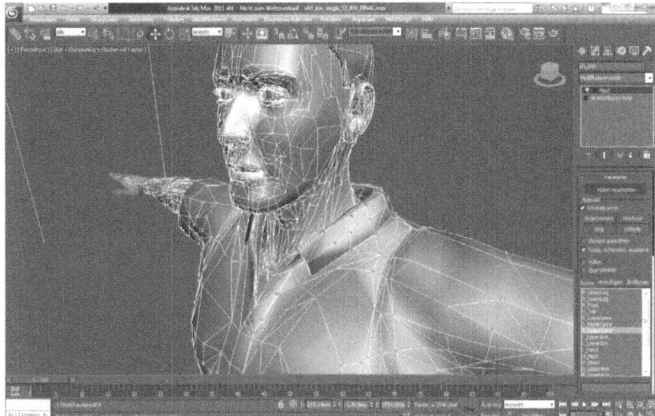

Abb. 3.18 Bearbeitung von „Skinning"-Parametern in 3DS MAX der Firma Autodesk Inc.

Abb. 3.19 Innere Zustände „Pause" (l.) und „Verfeinern" (r.) des „Virtuellen Menschen"

ders an diesen Beispielen deutlich, da betroffene MAS einerseits im Zustand „Pause" nur noch ausgewählte Eingaben annehmen und andererseits im Zustand „Verfeinern" eigenständig Bewegungskorrekturen durchführen. Auf Basis der hier entwickelten Module zur Visualisierung können Anwender darüber hinaus eigene Metaphern anlegen und anzeigen.

3.3.4 Interaktion der Multi-Agentensysteme mit der Umwelt

In den *schaltenden Controllern* der Agenten wird definiert, wie anthropomorphe MAS die Funktionalitäten des Simulationssystems nutzen, um mit ihrer Umwelt zu interagieren (siehe „Agent" in Bild 3.3 auf Seite 40). Zwei wesentliche Formen der Interaktion sind dabei die Manipulation von Objekten und die Nutzung von digitalen und analogen Eingängen und Ausgängen [E/A] zur Kommunikation mit der Umwelt. In der beispielhaften „Aktion" in Bild 3.3 auf Seite 40 ist dargestellt, dass die Programmierung dieser beiden Formen der Interaktion aus Aktionen heraus über Greif- und E/A-Kommandos zur Verfügung gestellt wird, mit denen die entsprechenden schaltenden Controller der Agenten parametriert werden. Über die Controller wirken die Agenten auf Entitäten in der Umwelt ein, die im Fall der Simulation mit den *Knoten* des Simulationssystems zusammenfallen.

3.3.4.1 Greifketten zur Manipulation von Objekten

Bei der Interaktion anthropomorpher MAS mit ihrer Umwelt spielt besonders das Greifen eine wichtige Rolle. Für vielerlei technische Kinematiken ist dabei die Bildung folgender Greifkette geeignet:

$$\text{Kinematik} \stackrel{greift}{\rightarrow} \text{Greiferwechselsystem} \stackrel{greift}{\rightarrow} \text{Greifer} \stackrel{greift}{\rightarrow} \text{Werkstück}$$

Diese Greifkette ist insbesondere für Roboter im industriellen Einsatz gültig, die zur Erhöhung ihrer Flexibilität mit einem Greiferwechselsystem [GWS] ausgestattet sind, das die rasche, aufgabenbezogene Umrüstung des Greifers ermöglicht. Darüber hinaus ist diese Greifkette auch für den „Virtuellen Menschen" gültig, wenn man die einzelnen Elemente auf das menschliche Greifen bezieht:

$$\text{Arm} \stackrel{greift}{\rightarrow} \text{Hand} \stackrel{greift}{\rightarrow} \text{Werkzeug} \stackrel{greift}{\rightarrow} \text{Werkstück}$$

Diese Darstellung berücksichtigt, dass die Hand dem Menschen zur Aufnahme sehr unterschiedlicher Werkzeuge dient. Indem hier das Werkzeug durch eine als „Griff" interpretierbare Kombination ausgefüllt wird, kann auch das direkte Greifen von Objekten mit der Hand mit dieser Greifkette dargestellt werden. Die Auswertung und Ansteuerung der Umwelt, wie es beim Herstellen einer solchen Greifkette notwendig wird, nehmen die Agenten nicht direkt vor, sondern die Interaktion erfolgt mittels der *Greif-Controller* im MAS, die auf *Objekte* in der Umwelt wirken (siehe „Agent" in Bild 3.3 auf Seite 40). Dieser Zugriff ist im Sinne der Greifkette systematisiert, indem die Objekte nach „GWS-Objekten", „Werkzeug-Objekten" sowie „Werkstück-Objekten" unterschieden werden (siehe Abschnitt 5.1.3.1 auf Seite 132 und Abschnitt 5.1.3.2 auf Seite 134).

3.3.4.2 Eingänge/ Ausgänge zur Kommunikation mit der Umwelt

Um eindeutige und gerichtete Kommunikationswege einzurichten, können Knoten des Simulationssystems Ein- und Ausgänge [E/A] definieren und verbinden. Seitens des Systems können über diese Kommunikationswege alle einfachen Datentypen transportiert werden; technische Simulationen allerdings beschränken sich häufig auf die Abbildung digitaler und analoger Werte. Eine Form der Interaktion der anthropomorphen MAS besteht in der Teilnahme an dieser E/A-Simulation, um mit den Knoten einer simulierten Umwelt zu kommunizieren. Das Verbinden, Schalten und Auslesen ausgewählter digitaler und analoger Ein- und Ausgänge findet über die *E/A-Controller* der Agenten statt (siehe „Agent" in Bild 3.3 auf Seite 40), die in den Aktionen entsprechend parametriert werden können. Auf Basis dieser E/A-Kommunikation können in Aktionsnetzen z.B. Vergleichs- oder Schwellwerte definiert werden, um aus deren Erreichen, Über- oder Unterschreitung auf Ereignisse in der Umwelt zu schließen und ausgehend von diesen Ereignissen Tätigkeiten der anthropomorphen MAS zu beginnen, zu beenden oder zu modifizieren (siehe Abschnitt 5.1.3.3 auf Seite 135).

Kapitel 4
Bewegungssteuerung

Im Bereich „Steuerung" der Matrixarchitektur der anthropomorphen Multi-Agentensysteme wird die systematische Definition, Steuerung und Koordination von Bewegungen für Kinematiken vorbereitet (siehe Bild 3.3 auf Seite 40), die von humanoiden Robotern, über menschenähnlich strukturierte Mehrrobotersysteme bis zum „Virtuellen Menschen" reichen können. Das Basiselement der Bewegungssteuerung ist die Bewegung der einzelnen Agenten (Abschnitt 4.1). Um die Bewegungsmöglichkeiten anthropomorpher Gesamtkinematiken zu erschließen, werden die Einzelbewegungen in übergeordneten Steuerungen koordiniert und gekoppelt. Über die Kopplungen des kinematischen Baumes hinaus werden im Rahmen dieser Arbeit exemplarisch zwei Ansätze für anthropomorphe Bewegungskoordinationen betrachtet, das Konzept der „Multiplen Redundanz" (Abschnitt 4.2 auf Seite 106) und die Koordination von Gehbewegungen (Abschnitt 4.3 auf Seite 115).

4.1 Bewegungssteuerung des einzelnen Agenten

Im Konzept der anthropomorphen Multi-Agentensysteme wird die Bewegung zunächst auf der Ebene der einzelnen Agenten ausgelöst; diese Bewegungen werden dann in Agentensets bzw. im MAS koordiniert. Somit hat die Bewegungssteuerung des einzelnen Agenten eine grundlegende, zentrale Bedeutung für das Gesamtergebnis. Im Folgenden wird ausgeführt, wie die zuvor skizzierte Grundidee der Steuerung kinematischer Ketten in anthropomorphen Gesamtkinematiken im Detail aufgebaut ist. Im Kern besteht die Bewegungssteuerung der Agenten aus einer Bahninterpolation auf Basis der *Universaltransformation*, die für kinematische Ketten mit beliebigen Gelenkfolgen einsetzbar ist und sich damit als Grundlage eines allgemeinen Ansatzes für anthropomorphe Kinematiken eignet – speziell auch zur Steuerung kinematischer Pfade, wie sie im Bewegungsapparat des Menschen identifiziert werden können. Das bekannte Verfahren der Universaltransformation für serielle Kinematiken wird hier umfassend erweitert, damit die Bahninterpolation den speziellen Anforderungen des Einsatzes in anthropomorphen MAS genügt. Insbesondere bedeutet das, dass die Bewegungssteuerung der Agenten koordinierenden Eingriffen durch übergeordnete Steuerungen auf der Ebene des Multi-Agentensystems zugänglich gemacht wird.

Im Hinblick auf die Steuerung realer Mehrrobotersysteme ist es eine wichtige Anforderung an die Agenten, dass sie auch zur Simulation und Steuerung von Industrierobotern zur Verfügung stehen. Für die Betrachtung anthropomorpher MAS hat das zur Folge, dass Parametrisierung, Aufbau und Programmierung der Agenten anhand der Eigenschaften von Industrierobotern erfolgt und damit in Begrifflichkeiten und Handling für Roboterprogrammierer direkt zugänglich wird. Dementsprechend ist die Ebene „Einzelsystem" der Matrixarchitektur technisch und industrienah geprägt und unabhängig gehalten von den besonderen Eigenschaften anthropomorpher Kinematiken; insbesondere von noch spezielleren Eigenschaften des menschlichen Bewegungsapparates.

Die Bahninterpolation erfolgt für Trajektorien in Gelenk- oder in kartesischen Koordinaten. Nach Anpassung der Trajektorien entsprechend der Parameter der konkreten kinematischen Kette werden sie dann durch so genannte *Controller* für die Agenten zur Ausführung gebracht, die die notwendigen Transformationen vornehmen und Gelenkwerte, -geschwindigkeiten und -beschleunigungen auf die Kinematik umsetzen. Bahnen in Gelenkkoordinaten werden mittels eines allgemeinen *Gelenk-Controllers* direkt an die Kinematik weitergereicht; Bahnen in kartesischen Koordinaten werden mittels eines auf der Universaltransformation beruhenden *kartesischen Controllers* schrittweise in resultierende Gelenktrajektorien umgerechnet (siehe Bild 3.12 auf Seite 48).

4.1.1 Definition von Trajektorien zur Bahninterpolation

Die einfachsten Bahnformen für kinematische Ketten sind „Point-To-Point"- [PTP] und „Synchro-PTP"-Bahnen [S-PTP], mit denen Kinematiken ausgehend von der gegenwärtigen Gelenkstellung in eine in Gelenkkoordinaten gegebene Zielgelenkstellung überführt werden. Bei PTP-Bahnen werden die Achsen der Kinematik unabhängig voneinander bewegt. Für jedes Gelenk wird dabei ein Geschwindigkeitsprofil ermittelt, entlang dem das Gelenk unter Beachtung seiner kinematischen Limits beschleunigt, verfahren und wieder abbremst, so dass es mit Ende seiner Bewegung den eingestellten Zielgelenkwert einnimmt. Für synchronisierte PTP-Bahnen gilt darüber hinaus, dass alle bewegten Gelenke ihre Bewegung gleichzeitig beenden und schnellere Gelenke bzw. Gelenke mit geringeren zurückzulegenden Distanzen dafür entsprechend verzögert werden. In industriellen Anwendungen werden PTP-Bahnen eingesetzt, um bei der Roboterprogrammierung entlang eingelernter Punkte, dem „Teach-In", einfache Bewegungen zwischen bekannten Gelenkstellungen zu realisieren.

Da die PTP-Bahnen in Gelenkkoordinaten berechnet werden, resultiert für den Werkzeugaufpunkt („Tool Center Point") [TCP] der Kinematik im kartesischen Raum eine Trajektorie, die im Allgemeinen keiner besonderen Bahnform folgt. Ist es daher gewünscht, den TCP auf definierten kartesischen Trajektorien zu verfahren, kommen kartesische Bahnformen zum Einsatz, die in Abgrenzung zu Punkt-zu-Punkt-Bewegungen als „Continuous Paths" [CP] bezeichnet werden. Industrienahe kartesische Bahnformen sind „Linear"- [LIN] und „Zirkular"-Bahnen [CIR], bei denen der TCP eine Gerade bzw. einen Kreisbogen abfährt, um eine in kartesischen Koordinaten gegebene Ziellage einzunehmen. Um die in dieser Arbeit benötigten menschenähnlichen Bewegungen vorzubereiten, wird außerdem die Definition komplexer kartesischer Bahnen mittels „Non-Uniform Rational B-Splines" [NURBS] eingeführt. NURBS-Bahnen erlauben es, durch Angabe zusätzlicher Stützpunkte nahezu beliebige kartesische Raumkurven zu formen und weisen dabei einige Eigenschaften auf, die sie für den Einsatz mit kinematischen Ketten besonders prädestinieren.

Die Bahnformen geben zunächst einen Weg des TCP im $\mathbb{R}^6$ bzw. einen Weg der kinematischen Kette mit n Gelenken im $\mathbb{R}^n$ an, die mittels dimensionsloser Kurvenparameter beliebig abgerufen werden können. Erst indem diese Kurvenparameter mit der Zeit assoziiert werden und einem definierten zeitlichen Ablauf folgen, liegen Trajektorien im eigentlichen Sinne vor. Das grundsätzliche Zeitverhalten wird hier mittels eines Geschwindigkeitsprofils eingestellt, das maßgeblich durch die Angabe einer Maximalgeschwindigkeit bestimmt ist, mit der der Hauptteil einer Bahn beschleunigungsfrei verfahren wird. In einer vorgeschalteten Beschleunigungsphase wird diese Plateaugeschwindigkeit ausgehend von initialen Randbedingungen bestehend aus Startgeschwindigkeit und -beschleunigung eingestellt. In einer nachgeschalteten Abbremsphase werden finale Randbedingungen bestehend aus Endgeschwindigkeit und -beschleunigung eingestellt, die es z.B. erlauben, das direkt anschließende Verfahren eines weiteren Bahnsegmentes vorzubereiten. Die Zusammenführung von räumlichen Bahnformen und zeitlichen Geschwindigkeitsprofilen wird in den Animatoren vollzogen, die daraus eine zeitliche Abfolge von kartesischen Lagen bzw. Gelenkstellungen generieren. In den Controllern werden die Ausgaben der Animatoren dann auf den kinematischen Ketten umgesetzt (siehe Bild 3.11 auf Seite 47).

4.1.1.1 Betrachtung allgemeiner Raumkurven

Eine stetige Abbildung $\underline{r} : [S, E] \to \mathbb{R}^n$, $n \in \mathbb{N}$ heißt Weg im $\mathbb{R}^n$. Der Wertebereich $\underline{r}([S, E])$ wird Kurve genannt [46]. Die Parameterdarstellung der Kurve K nach einem beliebigen Kurvenparameter ζ lautet

$$K(\zeta) := \underline{r}(\zeta), \zeta \in [\zeta_{min}, \zeta_{max}], \tag{4.1}$$

worin $\underline{r}(S = \zeta_{min})$ dem Anfangspunkt und $\underline{r}(E = \zeta_{max})$ dem Endpunkt des Wegs entspricht.

$$L(\underline{r}) = \int_{\zeta_{min}}^{\zeta_{max}} |\underline{\dot{r}}(\zeta)| d\zeta \tag{4.2}$$

wird die Bogenlänge der Kurve genannt, und

$$\lambda = \int_{\zeta_{min}}^{\tilde{\zeta}} |\underline{\dot{r}}(\zeta)| d\zeta \tag{4.3}$$

ist die Bogenlänge des Wegstücks, das zum Teilintervall $[\zeta_{min}, \tilde{\zeta}]$ gehört. Mit Parameter λ wird dann eine Parametertransformation von $[\zeta_{min}, \zeta_{max}]$ auf $[0, L]$ beschrieben und die Kurve auf die Bogenlänge L parametrisiert.

$$K(\lambda) := \underline{r}(\lambda), \lambda \in [0, L] \tag{4.4}$$

heißt dann die natürliche Parameterdarstellung der Kurve, mit λ als natürlichem Kurvenparameter. Eine Raumkurve wird durch ein Koordinatendreibein begleitet, das Tangenteneinheitsvektor $\underline{e}_T(\zeta)$, Normaleneinheitsvektor $\underline{e}_N(\zeta)$ und Binormaleneinheitsvektor $\underline{e}_B(\zeta)$ bilden. Diese Einheitsvektoren können sowohl in der Parametrisierung der Kurve nach dem Kurvenparameter ζ angegeben werden, als auch in der natürlichen Parametrisierung nach der Bogenlänge, bzw. dem Kurvenparameter λ. Im Folgenden werden Ableitungen nach ζ mit Punkten gekennzeichnet ($\frac{d}{d\zeta} f = \dot{f}$), und Ableitungen nach λ mit Strichen gekennzeichnet ($\frac{d}{d\lambda} f = f'$).

$$\underline{e}_T(\zeta) := \frac{\underline{\dot{r}}}{|\underline{\dot{r}}|} \qquad\qquad \underline{e}_T(\lambda) := \underline{r}' \tag{4.5}$$

ist der Tangenteneinheitsvektor, der in Richtung des Kurvendurchlaufs zeigt. Ohne Normierung gibt der Tangentenvektor die kartesische Geschwindigkeit des Durchlaufs wieder.

$$\underline{e}_N(\zeta) := \frac{|\underline{\dot{r}}|^2 \underline{\ddot{r}} - (\underline{\dot{r}} \cdot \underline{\ddot{r}}) \cdot \underline{\dot{r}}}{|\underline{\dot{r}}||\underline{\dot{r}} \times \underline{\ddot{r}}|} \qquad \underline{e}_N(\lambda) := \frac{\underline{e}_T'}{|\underline{e}_T'|} \qquad (4.6)$$

ist der Normaleneinheitsvektor, der bei geraden Kurven senkrecht zur Richtung der Kurvendurchlaufs nach links zeigt. Ohne Normierung gibt der Normalenvektor die kartesische Beschleunigung des Durchlaufs wieder.

$$\underline{e}_B(\zeta) := \frac{\underline{\dot{r}} \times \underline{\ddot{r}}}{|\underline{\dot{r}} \times \underline{\ddot{r}}|} \qquad \underline{e}_B(\lambda) := \underline{e}_T \times \underline{e}_N \qquad (4.7)$$

ist der Binormaleneinheitsvektor, der sich aus dem Kreuzprodukt von Tangenten- und Normalenvektor ergibt und bei geraden Kurven senkrecht zur Richtung des Kurvendurchlaufs nach oben zeigt. Das Abtasten einer gegebenen Kurve $K(\zeta)$ in äquidistanten Schritten $\Delta\zeta$ führt im Allgemeinen nicht zu äquidistanten Abschnitten im $\mathbb{R}^n$. Derartige Abweichungen drücken sich in Krümmung und Torsion der Kurve aus.

$$\kappa(\zeta) := \frac{|\underline{\dot{r}} \times \underline{\ddot{r}}|}{|\underline{\dot{r}}|^3} \qquad \kappa(\lambda) := |\underline{e}_T'| \qquad (4.8)$$

ist die Krümmung der Kurve und der Krümmungsradius $\frac{1}{|\kappa|}$ ein Maß für die Stärke von Richtungsänderungen in der Schmiegebene, in der $\underline{e}_T$ und $\underline{e}_N$ liegen.

$$\tau(\zeta) := \frac{\underline{\dot{r}} \cdot (\underline{\ddot{r}} \times \underline{\dddot{r}})}{|\underline{\dot{r}} \times \underline{\ddot{r}}|^2} \qquad \tau(\lambda) := -\frac{(\underline{e}_T \times \underline{e}_T'') \cdot \underline{e}_T'}{\kappa^2} \qquad (4.9)$$

ist die Torsion oder Windung der Kurve und ein Maß für die Stärke von Richtungsänderungen des Binormalenvektors, bzw. für die Stärke von Verdrehungen um die Tangentenachse. Erst das Abtasten der auf die Bogenlänge parametrisierten Kurve $K(\lambda)$ in äquidistanten Schritten führt im Ergebnis zu äquidistanten Abschnitten im $\mathbb{R}^n$. Dadurch wird die natürliche Parametrisierung der Kurve zur Vorbedingung, um eigene Geschwindigkeitsprofile anwenden zu können, ohne mit Krümmung und Torsion der Kurve zu interferieren. Sei $K(\zeta), \zeta \in [\zeta_{min}, \zeta_{max}]$ eine Kurve in einer beliebigen Parametrisierung und $K(\lambda), \lambda \in [0, L]$ die Kurve in ihrer natürlichen Parametrisierung nach der Bogenlänge. Zur Ermittlung der korrespondierenden Stellen zwischen diesen beiden Darstellungen muss eine stellenweise Reparametrisierung erfolgen [46][95]. Die korrespondierende Bogenlänge $\widetilde{\lambda}$ zu einer gegebenen Zeit $\widetilde{\zeta}$ kann berechnet werden, indem das Integral

$$\widetilde{\lambda} = L(\widetilde{\zeta}) = \int_{\zeta_{min}}^{\widetilde{\zeta}} |\underline{\dot{r}}(\zeta)| d\zeta \qquad (4.10)$$

gelöst wird, z.B. numerisch mittels der Romberg-Integration [46][242]. Die korrespondierende Zeit $\widetilde{\zeta}$ zu einer gegebenen Bogenlänge $\widetilde{\lambda}$ kann berechnet werden, indem in einer Anpassung des Newtonschen Verfahrens [46][242] der Limes

4.1 Bewegungssteuerung des einzelnen Agenten

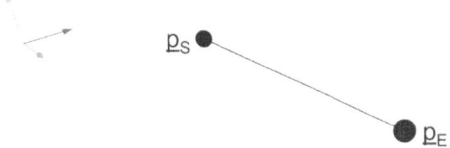

Abb. 4.1 Beispiel einer linearen Raumkurve zwischen Startposition $\underline{p}_S$ und Endposition $\underline{p}_E$

$$\tilde{\zeta} = \lim_{n \to \infty} \left[\zeta_{n+1} = \zeta_n + \frac{\lambda_n - \tilde{\lambda}}{|\dot{r}(\zeta_n)|} \right], \text{ mit } \lambda_n = \int_{\zeta_{min}}^{\zeta_n} |\dot{r}(\zeta)| \, d\zeta \qquad (4.11)$$

bestimmt wird. Zur Initialisierung des Verfahrens wird dabei die relative Lage von $\tilde{\zeta}$ im Intervall $[\zeta_{min}, \zeta_{max}]$ anhand der relativen Lage von $\tilde{\lambda}$ im Intervall $[0, L]$ abgeschätzt:

$$\zeta_0 = \left(1 - \frac{\tilde{\lambda}}{L}\right) \zeta_{min} + \frac{\tilde{\lambda}}{L} \zeta_{max}. \qquad (4.12)$$

4.1.1.2 Lineare Raumkurven in kartesischen Koordinaten

Lineare Raumkurven haben die Form einer Verbindungsgeraden zwischen einer Startposition $\underline{p}_S$ und einer Endposition $\underline{p}_E$ (siehe Bild 4.1). Es wird hier ausschließlich die Interpolation der Position betrachtet, und diese anschließend mit einer speziellen Lösung für die Interpolation der Orientierung (siehe Abschnitt 4.1.1.5 auf Seite 67) kombiniert. Der Differenzvektor $\Delta \underline{p}$ zwischen Start- und Endposition,

$$\Delta \underline{p} := \underline{p}_E - \underline{p}_S, \qquad (4.13)$$

definiert Bogenlänge L und Richtung $\underline{e}_\Delta$ der linearen Kurve:

$$L = |\Delta \underline{p}| = \sqrt{\Delta p_x^2 + \Delta p_y^2 + \Delta p_z^2} \qquad (4.14)$$

$$\underline{e}_\Delta = \|\Delta \underline{p}\| = \frac{\Delta \underline{p}}{|\Delta \underline{p}|}. \qquad (4.15)$$

Die natürliche Parameterdarstellung linearer Kurven, sowie der Geschwindigkeit und Beschleunigung ihres Durchlaufs kann damit geschlossen angegeben werden:

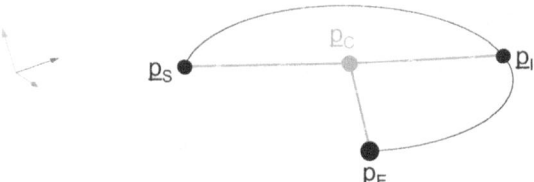

Abb. 4.2 Beispiel einer zirkularen Raumkurve zwischen Startposition $\underline{p}_S$ und Endposition $\underline{p}_E$, mit Zwischenpunkt $\underline{p}_I$ bzw. Mittelpunkt $\underline{p}_C$

$$K(\lambda) = \underline{p}_S + \lambda \underline{e}_\Delta$$
$$\frac{d}{d\lambda}K(\lambda) = \underline{e}_\Delta = const \qquad (4.16)$$
$$\frac{d^2}{d\lambda^2}K(\lambda) = \underline{0}.$$

Zum einen ist die Raumkurve hier bereits in ihrer natürlichen Parameterdarstellung definiert. Zum anderen sind lineare Kurven torsionfrei, $\tau = 0$, und die Krümmung beträgt konstant $\kappa = 0$, wodurch bei der Verwendung linearer Kurven die stellenweise Reparametrisierung entfällt.

4.1.1.3 Zirkulare Raumkurven in kartesischen Koordinaten

Zirkulare Raumkurven schlagen einen verbindenden Kreisbogen zwischen einer Startposition $\underline{p}_S$ und einer Endposition $\underline{p}_E$ (siehe Bild 4.2). Gegenüber linearen Bahnen ist bei Kreisbahnen die Angabe weiterer Parameter erforderlich, um Radius und Richtung des Kreisbogens einzustellen. Typischerweise erfolgt diese Parametrierung entweder durch die Angabe des Mittelpunktes der Kreisbewegung $\underline{p}_C$ oder eines weiteren Zwischenpunktes auf dem Kreis $\underline{p}_I$. Radius r und Länge L des Kreisbogens ergeben sich zu

$$r = \left|\underline{p}_C - \underline{p}_S\right| \qquad (4.17)$$
$$L = r(\varphi_{SI} + \varphi_{IE})$$
$$= r\left(\arccos\left(\frac{(\underline{p}_S - \underline{p}_C) \cdot (\underline{p}_I - \underline{p}_C)}{r^2}\right) + \arccos\left(\frac{(\underline{p}_I - \underline{p}_C) \cdot (\underline{p}_E - \underline{p}_C)}{r^2}\right)\right). \qquad (4.18)$$

An der Startkoordinate kann ein lokales Koordinatendreibein bestimmt werden,

$$\underline{n}_S = \left\|(\underline{p}_E - \underline{p}_S) \times (\underline{p}_I - \underline{p}_S)\right\|$$
$$\underline{b}_S = \left\|\underline{p}_C - \underline{p}_S\right\| \qquad (4.19)$$
$$\underline{t}_S = \underline{n}_S \times \underline{b}_S,$$

4.1 Bewegungssteuerung des einzelnen Agenten

worin der Normaleneinheitsvektor $\underline{n}_S$ die Flächennormale des Kreises angibt, der Binormaleneinheitsvektor $\underline{b}_S$ in Richtung des Kreismittelpunktes weist und der Tangenteneinheitsvektor $\underline{t}_S$ entlang dem Kreisbogen zeigt.

$$K(\lambda) = \underline{p}_C - r\underline{b}_S \cos\left(\frac{\lambda}{r}\right) + r\underline{t}_S \sin\left(\frac{\lambda}{r}\right)$$
$$\frac{d}{d\lambda}K(\lambda) = \underline{b}_S \sin\left(\frac{\lambda}{r}\right) + \underline{t}_S \cos\left(\frac{\lambda}{r}\right) \tag{4.20}$$
$$\frac{d^2}{d\lambda^2}K(\lambda) = \frac{1}{r}\underline{b}_S \cos\left(\frac{\lambda}{r}\right) - \frac{1}{r}\underline{t}_S \sin\left(\frac{\lambda}{r}\right)$$

ist dann die natürliche Parameterdarstellung zirkularer Kurven, sowie der Geschwindigkeit und Beschleunigung ihres Durchlaufs. Auch zirkulare Raumkurven weisen keine Torsion auf, $\tau = 0$, und haben eine konstante Krümmung von $\kappa = 1$.

Die Berechnung des Kreisbogens setzt hier die Kenntnis des Kreismittelpunktes $\underline{p}_C$ und eines Zwischenpunktes $\underline{p}_I$ voraus. Ist nur einer dieser beiden Punkte gegeben, kann der andere Punkt geeignet konstruiert werden. Ist nur der Kreismittelpunkt $\underline{p}_C$ gegeben, kann mit Hilfe eines Hilfspunktes $\underline{p}_M$, der auf der Hälfte der direkten Strecke zwischen Start- und Endkoordinate angesetzt wird, ein Zwischenpunkt $\underline{p}_I$ ermittelt werden:

$$\underline{p}_M = \underline{p}_S + \frac{1}{2}(\underline{p}_E - \underline{p}_S)$$
$$\underline{p}_I = \underline{p}_C + r \left\| \underline{p}_M - \underline{p}_C \right\|. \tag{4.21}$$

Ist andersherum nur ein Zwischenpunkt $\underline{p}_I$ gegeben, kann der Kreismittelpunkt $\underline{p}_C$ berechnet werden, indem das Gleichungssystem

$$(\underline{p}_S - \underline{p}_C) \times \underline{n}_S = 0$$
$$\left| \underline{p}_S - \underline{p}_C \right| = r$$
$$\left| \underline{p}_I - \underline{p}_C \right| = r \tag{4.22}$$
$$\left| \underline{p}_E - \underline{p}_C \right| = r$$

nach den Komponenten von $\underline{p}_C$ gelöst wird.

4.1.1.4 NURBS für Raumkurven in kartesischen Koordinaten

Die bisher beschriebenen kartesischen Bahnformen qualifizieren die Bewegungssteuerung der Agenten für den Einsatz mit Industrierobotern. In Anwendungen mit anthropomorphen Kinematiken allerdings muss darüber hinaus auch die Definition fortgeschrittener Bahnformen ermöglicht werden, wie es z.B. „Non-Uniform Rational B-Splines" [NURBS] leisten, eine Erweiterung der B-Splines (siehe Bild 4.3). Um hier die Definition von NURBS wiederzugeben, werden zunächst Grundbegriffe der B-Splines skizziert.

Allgemein sind Splines Raumkurven im $\mathbb{R}^n$, $n \in \mathbb{N}$, die durch eine Folge von Stütz- oder Kontrollpunkten ausgeformt werden. B-Splines werden über $P+1$ Kontrollpunkte $\underline{p}_0 \dots \underline{p}_P$ bestimmt und haben einen wählbaren Grad $D \in \mathbb{N}$, der eine Kontinuität von C^{D-1} des B-

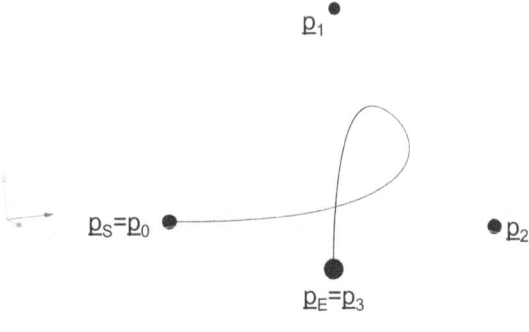

Abb. 4.3 Beispiel einer NURBS-Raumkurve zwischen Startposition $\underline{p}_S$ und Endposition $\underline{p}_E$ aus Kontrollknoten $\underline{p}_i, i \in [0,3]$

Splines ergibt. Die Notation C^n-Kontinuität im Kontext von Splines bedeutet, dass die n^{te} Ableitung des Splines kontinuierlich ist. Für die Interpolation ist hier mindestens C^2-Kontinuität gewünscht, um Stoßfreiheit und Ruckbegrenzung (siehe Abschnitt 4.1.1.7 auf Seite 71) ermöglichen zu können.

Die Kontrollpunkte bei B-Splines werden (in der Regel bis auf Start- und Endpunkt) bei der Interpolation nicht durchlaufen, sondern dienen der Formung der Bahn. Die Kontrollpunkte haben dabei nur lokalen Einfluss auf die Form des B-Splines – die Wirkung von Lageveränderungen einzelner Kontrollpunkte sind auf das Umfeld des Punktes begrenzt, wie es für eine interaktive, graphische Editierung von Bahnen von Vorteil ist. Die aus B-Splines resultierenden Raumkurven liegen immer innerhalb der konvexen Hülle des Polygonzuges der Kontrollpunkte. Durch Anwendung affiner Transformationen auf den Kontrollpolygonzug sind Lage und Form des gesamten B-Splines gezielt steuerbar. Entlang des Polygonzuges der Kontrollpunkte $\underline{p}_i$ wird die resultierende Raumkurve $K(\zeta)$ für ein $\zeta \in \mathbb{R}$ durch lineare Überlagerung der Spline-Basisfunktion $N_{i,D}(\zeta)$ erzeugt:

$$K(\zeta) := \sum_{i=0}^{P} N_{i,D}(\zeta)\underline{p}_i, \text{ mit } \underline{p}_i \in \mathbb{R}^n \text{ und } D \in [1,P]. \quad (4.23)$$

Die Überlagerung der Basisfunktion wird durch den Knotenvektor $\underline{u} \in \mathbb{R}^{P+D+1}$ des B-Splines gesteuert, dessen Elemente angeben, an welchem Ort die nächste Basisfunktion in die Überlagerung eingeblendet wird. Die Elemente des Knotenvektors u_i werden Knoten genannt und ihre Werte müssen monoton steigend angeordnet sein, $u_i \leq u_{i+1}$. Die Wahl und Anordnung dieser Knotenwerte bestimmt die Art des B-Splines (siehe unten). Die Basisfunktion eines B-Spline des Grades D für eine Folge von $P+1$ Kontrollpunkten und einen Knotenvektor mit $P+D+1$ Knoten u_i ist dann rekursiv definiert. Für einen Kurvenparameter $\zeta \in [0,1]$ liegen die Knotenwerte u_i ebenfalls im Intervall $[0,1]$.

Initialisierung, für $i \in [0, P+D]$:

$$N_{i,0}(\zeta) = \begin{cases} 1, & \zeta \in [u_i, u_{i+1}[\\ 0, & \text{sonst} \end{cases} \quad (4.24)$$

4.1 Bewegungssteuerung des einzelnen Agenten

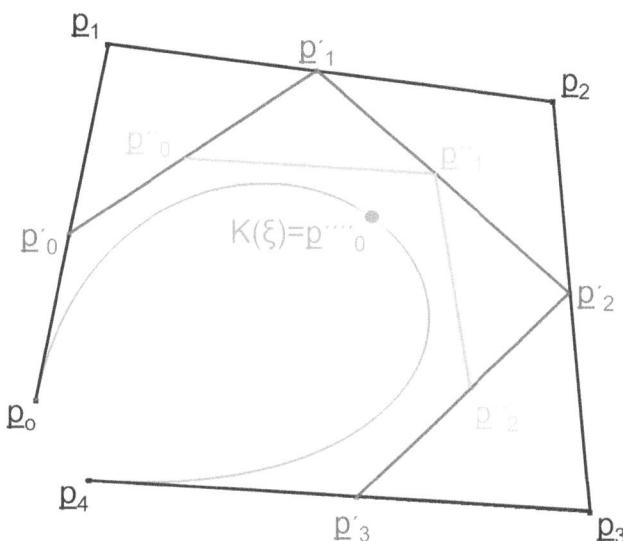

Abb. 4.4 Prinzip des „Cox-de Boor"-Algorithmus

Rekursionsschritt, für $j \in [1,D], i \in [0,P+D-j]$:

$$N_{i,j}(\zeta) = \frac{\zeta - u_i}{u_{i+j} - u_i} N_{i,j-1}(\zeta) + \frac{u_{i+j+1} - \zeta}{u_{i+j+1} - u_{i+1}} N_{i+1,j-1}(\zeta) \qquad (4.25)$$

Eine systematische und schnelle Auswertung dieser rekursiven Definition und der resultierenden Raumkurve ist durch den „Cox-de Boor"-Algorithmus gegeben [73][37], der dazu die rekursive Definition geometrisch interpretiert – um einen B-Spline vom Grad D an einer Stelle $\zeta \in [0,1]$ auszuwerten, wird in D rekursiven Schritten ein reduzierter Kontrollpolygonzug $\underline{p}'$, $\underline{p}''$, etc. erzeugt, der jeweils einen Kontrollpunkt weniger aufweist, bis schließlich der verbleibende Punkt dem gesuchten $K(\zeta)$ entspricht (siehe Bild 4.4).

Durch die Abfolge der Elemente des Knotenvektors wird die Art des B-Splines eingestellt, die offen/uniform, offen/nicht-uniform oder periodisch/uniform sein kann. Die Knotenwerte uniformer B-Splines sind äquidistant gesetzt, wodurch anhand der Abstände der Kontrollpunkte zueinander auch die resultierende Geschwindigkeit $\frac{d}{d\zeta}K(\zeta)$ der Raumkurve bereits vorgegeben ist. Die Knotenwerte nicht-uniformer B-Splines sind dagegen (bis auf das Einhalten ihres monotonen Steigens) benutzerdefiniert, so dass die resultierende Geschwindigkeit unabhängig von den Abständen der Kontrollpunkte zueinander formuliert werden kann. Offene B-Splines entsprechen herkömmlichen Raumkurven, während periodische B-Splines hauptsächlich zur Erstellung kontinuierlich geschlossener Raumkurven genutzt werden.

offen/uniform:

$$u_i = \begin{cases} 0, & i \in [0,D] \\ \frac{i-D}{P+1-D}, & i \in [D+1,P] \\ 1, & i \in [P+1,P+D+1] \end{cases} \qquad (4.26)$$

offen/nicht-uniform:

$$u_i = \begin{cases} 0, & i \in [0,D] \\ \text{benutzerdefiniert}, & i \in [D+1,P] \\ 1, & i \in [P+1,P+D+1] \end{cases} \quad (4.27)$$

periodisch/uniform:

$$u_i = \frac{i-D}{P+1-D}, i \in [0, P+D+1] \quad (4.28)$$

Relevant sind die Knotenwerte u_i, die für $i \in [D, P+1]$ gebildet werden. Die links und rechts davon gesetzten Knotenwerte formulieren die Randbedingungen des B-Spline. Werden diese Werte für offene B-Splines wie angegeben gewählt, wird eine exakte Interpolation von Start- und Endpunkt erzwungen. Für periodische B-Splines stellt das Setzen der Randbedingungen dagegen sicher, dass die Raumkurve kontinuierlich geschlossen wird. Auch die so genannten offenen B-Splines können geschlossen werden, in dem Sinne, dass Start- und Endpunkt zusammenfallen. Dazu wird der Startpunkt hinter dem letzten Kontrollpunkt dupliziert und der Knotenvektor entsprechend seiner Art erweitert. Dieses Schließen des B-Splines führt allerdings im Allgemeinen zu einer Unstetigkeit an der Verbindungsstelle, da mehrfache Knoten $u_i = u_{i+1}$ die Kontinuität des B-Splines reduzieren. Über einen Knoten mit der Vielfachheit k reduziert sich die Kontinuität auf C^{D-k}.

Rationale B-Splines werden mittels höherdimensionaler Kontrollpunkte im $\mathbb{R}^{n+1}$ konstruiert, um dann die Rückprojektion dieser B-Splines in den Zielraum $\mathbb{R}^n$ als Raumkurve zu verwenden. Die Kontrollpunkte herkömmlicher B-Splines waren als Tupel einer frei wählbaren Dimension $n \in \mathbb{N}$ ausgelegt. Zum Zweck der Konstruktion mittels Tupeln der Dimension $n+1$ wird jedem Kontrollpunkt $\underline{p}_i$ zusätzlich ein Kontrollgewicht $w_i > 0$ zugeordnet. Bei der Konstruktion ziehen große Kontrollgewichte die Kurve in Richtung des zugehörigen Kontrollpunktes, während Gewichte $w_i < 1$ die Kurve abstoßen. Mit den erweiterten Kontrollpunkten $\underline{w}_i = [w_i \underline{p}_i, w_i]^T$ und der herkömmlichen Basisfunktion $N_{i,D}(\zeta)$ wird die resultierende Raumkurve für ein $\zeta \in \mathbb{R}$ dann als rationale Funktion definiert:

$$K(\zeta) := \frac{\sum_{i=0}^{P} N_{i,D}(\zeta) w_i \underline{p}_i}{\sum_{i=0}^{P} N_{i,D}(\zeta) w_i}, \text{ mit } w_i \in \mathbb{R}^+, \underline{p}_i \in \mathbb{R}^n \text{ und } D \in [1,P]. \quad (4.29)$$

Werden rationale B-Splines mit nicht-uniformen Knotenvektoren betrieben, resultieren NURBS, die die gleichen analytischen und geometrischen Eigenschaften der herkömmlichen B-Splines aufweisen, wie es für den Fall $w_i = 1$ ersichtlich wird. Darüberhinaus allerdings erlauben NURBS die exakte Formung von geometrischen Umrissen, insbesondere kreisrunden und elliptischen Formen, die in einigen Szenarien der Bahninterpolation gefordert sind [100]. Da NURBS im Allgemeinen Krümmung und Torsion aufweisen, müssen sie vor Aufschaltung eines Geschwindigkeitsprofils nach (4.11) reparametrisiert werden.

Die Ableitung von B-Splines gemäß (4.23) beruht auf der Ableitung ihrer Basisfunktionen:

$$\frac{d}{d\zeta} N_{i,D}(\zeta) = \frac{D}{u_{i+D} - u_i} N_{u,D-1}(\zeta) - \frac{D}{u_{i+D+1} - u_{i+1}} N_{i+1,D-1}(\zeta). \quad (4.30)$$

Damit folgt für die Ableitung der Raumkurve [110][243]:

$$\frac{d}{d\zeta}\underline{K}(\zeta) = \sum_{i=0}^{P}\frac{d}{d\zeta}N_{i,D}(\zeta)\underline{p}_i$$
$$= \sum_{i=0}^{P-1}N_{i+1,D-1}(\zeta)\underline{\tilde{p}}_i, \text{ mit } \underline{\tilde{p}}_i = \frac{D}{u_{i+D+1}-u_{i+1}}(\underline{p}_{i+1}-\underline{p}_i). \quad (4.31)$$

Die Ableitung eines B-Spline ist wieder ein B-Spline für den der selbe Knotenvektor gilt, der aber einen reduzierten Grad $D-1$ und eine reduzierte Menge an Kontrollpunkten $\underline{\tilde{p}}_i$ für $i \in [0, P-1]$ aufweist. Höhere Ableitungen können dann durch rekursive Anwendung gewonnen werden. Mit Anwendung der Kettenregel lässt sich anhand (4.30) auch die Ableitung von NURBS gemäß (4.29) bilden:

$$\frac{d}{d\zeta}\underline{K}(\zeta) = \frac{\sum_{i=0}^{P}\frac{d}{d\zeta}N_{i,D}(\zeta)w_i\underline{p}_i \sum_{i=0}^{P}N_{i,D}(\zeta)w_i - \sum_{i=0}^{P}N_{i,D}(\zeta)w_i\underline{p}_i \sum_{i=0}^{P}\frac{d}{d\zeta}N_{i,D}(\zeta)w_i}{\left(\sum_{i=0}^{P}N_{i,D}(\zeta)w_i\right)^2} \quad (4.32)$$

4.1.1.5 Interpolation der Orientierung in kartesischen Koordinaten

Sind Startlage $\underline{T}_S$ und Endlage $\underline{T}_E$ einer Bewegung in homogenen Koordinaten gegeben,

$$\underline{T}_S = \begin{bmatrix} \underline{R}_S & \underline{p}_S \\ \underline{0}^T & 1 \end{bmatrix} \qquad \underline{T}_E = \begin{bmatrix} \underline{R}_E & \underline{p}_E \\ \underline{0}^T & 1 \end{bmatrix}, \quad (4.33)$$

wurde in den bisherigen Betrachtungen nur die Interpolation der Positionen $\underline{p}_S$ und $\underline{p}_E$ adressiert. Zusätzlich muss eine Interpolation der Orientierung erfolgen, um den Übergang von der Startorientierung $\underline{R}_S$ in die Endorientierung $\underline{R}_E$ zu definieren. Als grundlegende Orientierungsdarstellung werden hier Quaternionen [69][15] gewählt, die im Vergleich mit anderen Darstellungen frei von Singularitäten sind und die Interpolation direkt erlauben. Der Nachteil der geringen Anschaulichkeit wird ausgeglichen, indem dem Anwender gängige, anschaulichere Orientierungsdarstellungen (Euler-Winkel, Roll-Pitch-Yaw-Winkel, Drehvektor/Drehwinkel) zur Verfügung gestellt werden, um daraus dann Quaternionen zur Beschreibung der Start- und Endorientierung zu berechnen.

Allgemein stellen Quaternionen eine Erweiterung der komplexen Zahlen mit einer reellen und drei imaginären Komponenten dar, die einen vierdimensionalen Raum $\mathbb{H}$ aufspannen:

$$q = \begin{bmatrix} w \\ i\ x \\ j\ y \\ k\ z \end{bmatrix} = [w,(x,y,z)] = [w,\underline{k}], w \in \mathbb{R}, \underline{k} \in \mathbb{R}^3. \quad (4.34)$$

Beschreibt $\varphi = 2\Omega$ den Drehwinkel um eine normierte Drehachse $\underline{e}_k$, dann entspricht das einer Orientierung $\underline{R}(\underline{e}_k, \varphi = 2\Omega)$, bzw. einem normierten Quaternion

$$q = \cos(\Omega) + \sin(\Omega)\underline{e}_k = e^{(\Omega \underline{e}_k)}. \quad (4.35)$$

Die Halbierung des Winkels in der Darstellung als Quaternion liegt darin begründet, dass Quaternionen die durch $\varphi \in \mathbb{R}$, $\underline{e}_k \in \mathbb{R}^3$ beschriebene Einheitskugeloberfläche im $\mathbb{R}^3$ der kartesischen Orientierungen doppelt abdecken. Ist das Quaternion eine Funktion der Zeit,

$$q(t) = \cos(\Omega t) + \sin(\Omega t)\underline{e}_k = e^{(\Omega \underline{e}_k)t}, \qquad (4.36)$$

beschreibt es eine kontinuierliche Orientierungsänderung $\varphi(t) = 2\Omega t$ um die normierte Drehachse $\underline{e}_k$, mit konstanter Winkelgeschwindigkeit $\underline{\omega} = 2\Omega \underline{e}_k$. Den Zusammenhang von Quaternionen und Winkelgeschwindigkeit $\underline{\omega}$ spiegelt auch folgende Differentialgleichung wider:

$$\frac{d}{dt}q(t) = \Omega \underline{e}_k e^{(\Omega \underline{e}_k)t} = \frac{1}{2}\underline{\omega}q(t). \qquad (4.37)$$

In Analogie zur linearen Interpolation zwischen zwei Punkten im $\mathbb{R}^n$, $n \in \mathbb{N}$ kann eine lineare Orientierungsinterpolation [LERP] („Linear Interpolation") [33] für ein $\zeta \in \mathbb{R}$ mit Quaternionen beschrieben werden,

$$q(\zeta) = q_S(1-\zeta) + q_E \zeta, \; \zeta \in [0,1], \qquad (4.38)$$

worin q_S und q_E die normierten Quaternionen der Start- bzw. Endorientierung sind. Die Ergebnisse von LERP verbinden die auf der Einheitskugeloberfläche im $\mathbb{H}$ liegenden Start- und End-Quaternionen auf der direkten Strecke miteinander; sie liegen also nicht auf der Einheitskugeloberfläche und stellen daher Rotationen nicht gültig dar. Eine Normierung der Ergebnisse allerdings wirkt die damit einhergehende Abbildung einer Strecke auf eine Kugeloberfläche verzerrend, so dass die resultierende Winkelgeschwindigkeit im $\mathbb{R}^3$ der kartesischen Orientierungen nicht konstant ist. Abhilfe schafft die so genannte „Spherical Linear Interpolation" [SLERP] [286], die Ergebnisse direkt auf der Einheitskugeloberfläche im $\mathbb{H}$ erzeugt. In Analogie zur Erzeugung eines Einheitskreisbogens mittels zweier orthogonaler Achsen im $\mathbb{R}^2$, $\underline{r}(\varphi) = \underline{e}_x \cos(\varphi) + \underline{e}_y \sin(\varphi)$, kann mittels zweier normierter, orthogonaler Quaternionen q_S und q_O ein Großkreisbogen auf der Einheitskugeloberfläche im $\mathbb{H}$ beschrieben werden. Sind q_S und q_E die gegebene Start- und Endorientierung, lässt sich ein geeignetes orthonormales Quaternion q_O anhand des Winkels Ω zwischen q_S und q_E berechnen:

$$\cos(\Omega) = q_S \cdot q_E \qquad (4.39)$$
$$q_O = \|q_E - q_S \cos(\Omega)\|. \qquad (4.40)$$

Damit kann SLERP in natürlicher Parameterdarstellung im Intervall $\lambda \in [0,L]$ für die Bogenlänge $L = 2\Omega$ angegeben werden:

$$q(\lambda) = q_S \cos\left(\frac{\lambda}{2}\right) + q_O \sin\left(\frac{\lambda}{2}\right); \qquad (4.41)$$

bzw. in einer alternativen, gänzlich auf Quaternionen beruhenden Beschreibung [287][288]:

$$q(\lambda) = q_S(q_S^* q_E)^{\frac{\lambda}{L}}, \qquad (4.42)$$

worin $q^* = [w, -\underline{k}]$ die Konjugation eines Quaternions $q = [w, \underline{k}]$ bedeutet. Insbesondere lässt sich in der alternativen Beschreibung zeigen, dass sich mit SLERP konstante Winkelgeschwindigkeiten im $\mathbb{R}^3$ der kartesischen Orientierungen ergeben [77]:

4.1 Bewegungssteuerung des einzelnen Agenten

$$\frac{d}{d\lambda}q(\lambda) = q_S(q_S^*q_E)^{\frac{\lambda}{L}}\frac{\ln(q_S^*q_E)}{L}$$

$$= q(\lambda)\frac{\ln(q_S^*q_E)}{L} \tag{4.43}$$

$$= q(\lambda)\frac{\Theta}{L}\underline{e}_k, \text{ mit } q_S^*q_E = e^{\Theta\underline{e}_k}$$

$$\Rightarrow \underline{\omega} = 2\frac{\Theta}{L}\underline{e}_k = const. \tag{4.44}$$

Die Zusammenführung (4.41) und (4.43) ergibt dann die natürliche Parameterdarstellung für Kurven auf der Einheitskugeloberfläche im $\mathbb{R}^3$ der kartesischen Orientierungen,

$$K(\lambda) = q_S \cos\left(\frac{\lambda}{2}\right) + q_O \sin\left(\frac{\lambda}{2}\right), \text{ mit } q_O \text{ gemäß (4.40)}$$

$$\frac{d}{d\lambda}K(\lambda) = K(\lambda)\frac{\ln(q_S^*q_E)}{L} \tag{4.45}$$

$$\frac{d^2}{d\lambda^2}K(\lambda) = \frac{d}{d\lambda}K(\lambda)\frac{\ln(q_S^*q_E)}{L},$$

die hier als SLERP zum Einsatz gebracht wird. Grundsätzlich wird im Rahmen dieser Arbeit SLERP für alle anstehenden Orientierungsinterpolationen eingesetzt; allerdings ist das Verfahren geeignet modular ausgegliedert, so dass alternative Interpolationsverfahren für die Orientierung definiert und gleichwertig zur Verwendung angeboten werden können.

4.1.1.6 Raumkurven in Gelenkkoordinaten

Bisher wurden Definitionen von Raumkurven betrachtet, die geeignet sind, Trajektorien für beliebige Objekte im kartesischen Raum – und im Kontext der Robotik insbesondere für TCPs von Kinematiken – zu formen. In der Robotik ebenso verbreitet ist die Definition von Raumkurven in Gelenkkoordinaten. Bei der Bahnform „Point-To-Point" [PTP] wird eine kinematische Kette dabei entlang der Verbindungsgeraden im Gelenkraum $\mathbb{R}^n$ von einer Startgelenkstellung $\underline{q}_S$ in eine Endgelenkstellung $\underline{q}_E$ überführt, wobei $n \in \mathbb{N}$ die Anzahl der Gelenke der Kette angibt. Die Korrespondenz zu linearen Kurven zwischen Positionen im $\mathbb{R}^6$ wird offensichtlich – und sinngemäß definiert der Differenzvektor $\Delta \underline{q}$ zwischen Start- und Endgelenkstellung,

$$\Delta \underline{q} := \underline{q}_E - \underline{q}_S, \tag{4.46}$$

Bogenlänge L und Richtung $\underline{e}_\Delta$ der linearen Kurve im $\mathbb{R}^n$:

$$L = |\Delta \underline{q}| = \sqrt{\sum_{i=1}^{n}\Delta q_i^2} \tag{4.47}$$

$$\underline{e}_\Delta = \|\Delta \underline{q}\| = \frac{\Delta \underline{q}}{|\Delta \underline{q}|}. \tag{4.48}$$

Damit kann die natürliche Parameterdarstellung von PTP-Kurven, sowie der Geschwindigkeit und Beschleunigung ihres Durchlaufs für den natürlichen Kurvenparameter $\lambda \in [0,L]$ geschlossen angegeben werden:

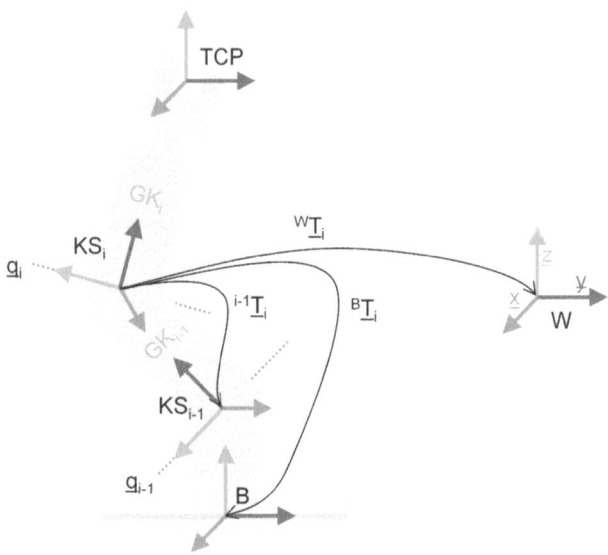

Abb. 4.5 Bezeichnungen und Transformationen an kinematischen Ketten

$$K(\lambda) = \underline{q}_S + \lambda \underline{e}_\Delta$$
$$\frac{d}{d\lambda} K(\lambda) = \underline{e}_\Delta = const \qquad (4.49)$$
$$\frac{d^2}{d\lambda^2} K(\lambda) = \underline{0}.$$

Aus derartigen linearen PTP-Kurven im Gelenkraum resultieren in der Regel freie Kurven des TCP im kartesischen Raum. Die Abbildung von Kurven im Gelenkraum auf Kurven im kartesischen Raum ist durch die Vorwärtstransformation eindeutig definiert [74][300].

Gemäß der Denavit-Hartenberg-Konvention [DH] sind die Koordinatensysteme KS_i der einzelnen Gelenke einer Kinematik jeweils am Ende ihrer Gelenkkörper GK_i angesetzt, so dass die darauffolgende Gelenkachse $\underline{z}_{i+1}$ in Richtung der Z-Achse von KS_i zeigt [84]. Die Lage jedes Koordinatensystems KS_i relativ zu dem ortsfesten Roboterbasis-Koordinatensystem B wird dann durch die homogene Transformation ${}^B\underline{T}_i(\underline{\tilde{q}}_i(t))$ beschrieben, bzw. wird die Lage von KS_i relativ zum Koordinatensystem des vorherigen Gelenkes KS_{i-1} beschrieben durch homogene Transformationen ${}^{i-1}\underline{T}_i(\underline{\tilde{q}}_i(t))$ (siehe Bild 4.5). Über $\underline{\tilde{q}}_i(t) = [q_1(t), \ldots, q_i(t)]$, die Gelenkwerte der jeweils vorausgehenden Gelenkachsen, sind diese Transformationen veränderlich mit der Zeit. Zusätzlich sei ein TCP definiert mittels einer weiteren homogenen Transformation ${}^{i=n}\underline{T}_{TCP}$, die die Lage des Werkzeugaufpunktes relativ zu dem Koordinatensystem des letzten Gelenkes $KS_{i=n}$ angibt. Außerdem sei die Lage der ortsfesten Roboterbasis in Weltkoordinaten durch ${}^W\underline{T}_B$ gegeben.

$${}^W\underline{T}_{TCP}(\underline{q}(t)) = \begin{bmatrix}{}^W\underline{T}_B\end{bmatrix} \begin{bmatrix}{}^B\underline{T}_1(\underline{\tilde{q}}_1(t))\end{bmatrix} \begin{bmatrix}\prod_{i=2}^{n} {}^{i-1}\underline{T}_i(\underline{\tilde{q}}_i(t))\end{bmatrix} \begin{bmatrix}{}^n\underline{T}_{TCP}\end{bmatrix} \qquad (4.50)$$

ist dann die Vorwärtstransformation, die die aus einer Gelenkbahn $\underline{q}(t)$ resultierende kartesische Bahn des TCP in Weltkoordinaten ermittelt.

Die Korrespondenz zu (4.16) zeigt auf, dass neben linearen Kurven auch auch weitere Bahnformen im $\mathbb{R}^n$ denkbar wären. Zwar werden weitere mögliche Bahnformen im Rah-

4.1 Bewegungssteuerung des einzelnen Agenten   71

Tabelle 4.1 Parameter der Geschwindigkeitsprofile

Name	Zeichen	Menge	Limit
Gesamtlänge des Profils	L	$\mathbb{R}^+$	-
Gesamtdauer des Profils	T	$\mathbb{R}^+$	-
maximale Geschwindigkeit	v_{max}	$\mathbb{R}^+$	-
Startgeschwindigkeit	$\dot{\lambda}(t=0) = v_S$	$\mathbb{R}$	$v_S \in [-v_{max}, +v_{max}]$
Endgeschwindigkeit	$\dot{\lambda}(t=T) = v_E$	$\mathbb{R}$	$v_E \in [-v_{max}, +v_{max}]$
maximale Akzeleration	a_{max}	$\mathbb{R}^+$	-
maximale Dezeleration	a_{min}	$\mathbb{R}^-$	-
Startbeschleunigung	$\ddot{\lambda}(t=0) = a_S$	$\mathbb{R}$	$a_S \in [a_{min}, a_{max}]$
Endbeschleunigung	$\ddot{\lambda}(t=T) = a_E$	$\mathbb{R}$	$a_E \in [a_{min}, a_{max}]$

men dieser Arbeit nicht benötigt und nicht ausgearbeitet; allerdings kann das Framework der Multi-Agentensysteme mit neuen Bahnformen modular erweitert werden.

4.1.1.7 Parametrisierung von Geschwindigkeitsprofilen

Geschwindigkeitsprofile dienen dem kontrollierten Abfahren einer Raumkurve mit Anforderungen an die Geschwindigkeit und die Beschleunigung. Ist die Raumkurve dabei, wie für LIN-, CIR- und SLERP-Interpolationen, nach (4.4) in natürlicher Parameterdarstellung für den Parameter λ gegeben, bestimmt das Geschwindigkeitsprofil, mit welchem Zeitverhalten $\lambda(t)$ die Kurve abgetastet wird,

$$K(\lambda(t)), \text{ mit } \lambda \in [0,L] \text{ (Länge), bzw. } t \in [0,T] \text{ (Dauer)}. \qquad (4.51)$$

Ist die Raumkurve, wie im Fall der NURBS-Interpolation, in einer anderen Parameterdarstellung für einen Parameter ζ gegeben, muss zudem noch eine Reparametrisierung nach (4.11) bei der Abtastung durchgeführt werden, um den zu der Bogenlänge korrespondierenden Kurvenwert $\zeta(\lambda)$ zu finden.

Für Geschwindigkeitsprofile in der industriellen Robotik wird üblicherweise angenommen, dass das Profil geschwindigkeits- und beschleunigungsfrei startet und endet und nur die Maximalwerte für Geschwindigkeit und Beschleunigung vorgegeben sind. Dieser Ansatz wird hier zum einen erweitert, indem die maximal wirkende Beschleunigung beim Bremsen ungleich der maximal wirkenden Beschleunigung beim Anfahren eingestellt werden kann. Zum anderen wird hier die Angabe von Start- und Endgeschwindigkeiten und -beschleunigungen ungleich Null vorgesehen, um direkt aus der Fahrt eine folgende Bahn aufnehmen zu können, ohne zuvor einen Stillstand erzwingen zu müssen. Das erlaubt es, mehrere Segmente verschiedener Bahnformen hintereinander zu setzen und als eine Gesamtbahn abzufahren. Für ein Bahnsegment werden die Geschwindigkeitsprofile dann anhand der folgenden Parameter eingestellt, wobei Ableitungen nach der Zeit mit Punkten gekennzeichnet sind ($\frac{d}{dt}f = \dot{f}$):

Zur Berücksichtigung dieser Parameter wird das Geschwindigkeitsprofil aus drei Teilprofilen stückweise stetig zusammengesetzt (siehe Bild 4.6). In einer Beschleunigungsphase *acc* wird ausgehend von den Startbedingungen zum Übergang auf eine Plateauphase *const* möglichst mit a_{max} beschleunigt. Dann wird beschleunigungsfrei bei konstanter, möglichst maximaler Geschwindigkeit v_{max} verfahren. In einer Verzögerungsphase *dec* wird dann möglichst mit a_{min} gebremst, um schließlich die Endbedingungen zu erfüllen. Jedes der drei Teilprofile hat eine Phasenlänge und eine Phasendauer, die sich zu der Gesamtlänge und Gesamtdauer des Profils addieren:

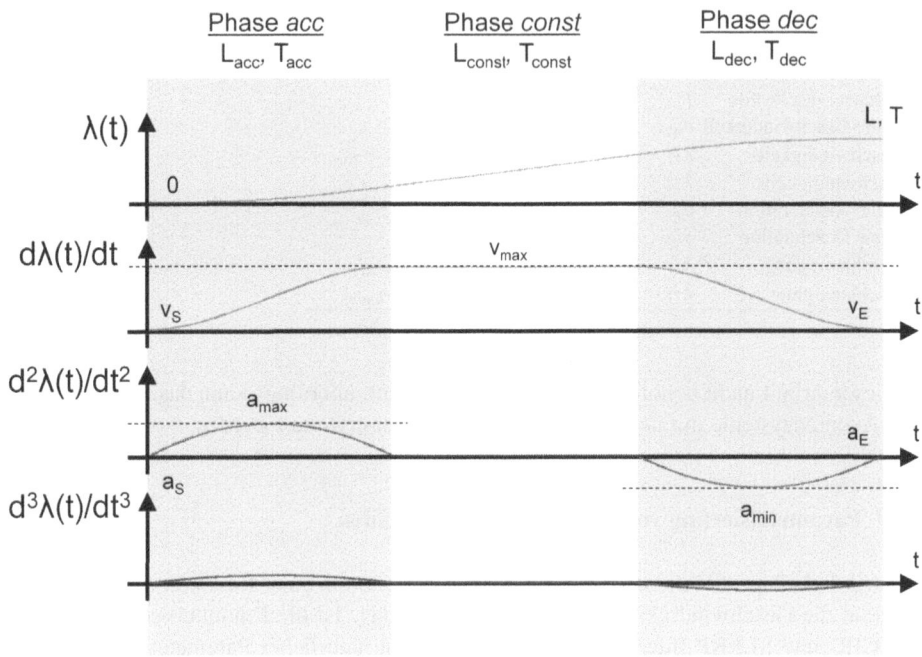

Abb. 4.6 Phasen und Bezeichnungen des Geschwindigkeitprofils

$$\begin{aligned} L &= L_{acc} + L_{const} + L_{dec} \\ T &= T_{acc} + T_{const} + T_{dec}. \end{aligned} \quad (4.52)$$

Geeignete Teilprofile, die zu „weichen" Bewegungen führen, sind stoßfrei ($\ddot{\lambda}(t)$ stetig) und ruckbegrenzt ($\dddot{\lambda}(t)$ endlich) [74]. Diese Anforderungen werden z.B. erfüllt, indem für die Beschleunigung in den Phasen *acc* und *dec* Parabeln angesetzt werden, und für stückweise stetige Übergänge an der beschleunigungsfreien Plateauphase *const* gesorgt wird. Dann ist zur Sicherung der Stoßfreiheit $\lambda(t)$ C^2 kontinuierlich, bzw. $\ddot{\lambda}(t)$ stetig, und die Extrema des Rucks sind über a_{max} und a_{min} einstellbar begrenzt. Um allerdings auch die Bedingungen an den Rändern des Profils erfüllen zu können, wird die Beschleunigung hier als Polynom 4. Grades ausgelegt, aber wie eine Parabel parametriert (siehe Bild 4.6). Entsprechend ist dann die Geschwindigkeit ein Polynom 5. Grades, bzw. $\lambda(t)$ ein Polynom 6. Grades, und es ist die notwendige Flexibilität erreicht, um alle Parameter aus Tabelle 4.1 zu berücksichtigen. Die Stoßfreiheit wird dann gewährleistet, indem $\lambda(t)$ C^4-Kontinuität aufweist; der entstehende Ruck wird weiterhin durch a_{max} und a_{min} kontrolliert. Für jedes Teilprofil resultiert der Ansatz (4.53) worin die Koeffizienten $\alpha_i \in \mathbb{R}$ derart bestimmt werden müssen, dass unter Berücksichtigung der für das Gesamtprofil vorgegebenen Parameter gemäß Tabelle 4.1 die Stetigkeit an den Übergängen zwischen den Phasen *acc*, *const* und *dec* erhalten bleibt.

$$\begin{aligned} \lambda_{phase}(t) &= \alpha_6 t^6 + \alpha_5 t^5 + \alpha_4 t^4 + \alpha_3 t^3 + \alpha_2 t^2 + \alpha_1 t + \alpha_0 \\ \dot{\lambda}_{phase}(t) &= 6\,\alpha_6 t^5 + 5\,\alpha_5 t^4 + 4\,\alpha_4 t^3 + 3\,\alpha_3 t^2 + 2\,\alpha_2 t + \alpha_1 \\ \ddot{\lambda}_{phase}(t) &= 30\,\alpha_6 t^4 + 20\,\alpha_5 t^4 + 12\,\alpha_4 t^2 + 6\,\alpha_3 t^2 + 2\,\alpha_2 \end{aligned} \quad (4.53)$$

Die Lösung des Ansatzes (4.53) erfolgt anhand des Zusammenhangs von Länge und Dauer jeder Phase über das Integral (4.54), sowie der in (4.55) formulierten Bedingungen an den Phasenrändern und an den Wendepunkten der Beschleunigungsfunktionen. Damit können

4.1 Bewegungssteuerung des einzelnen Agenten

die Phasenlängen und -dauern gemäß (4.56) bestimmt werden, und es ergeben sich die in (4.57) dargestellten Koeffizienten der Teilprofile.

$$L_{phase} = \lambda_{phase}(T_{phase}) = \int_0^{T_{phase}} \dot{\lambda}_{phase} dt = \int_0^{T_{phase}} \left(\int \ddot{\lambda}_{phase} dt \right) dt, \quad (4.54)$$

$$\begin{aligned}
\lambda_{acc}(0) &= 0 \\
\dot{\lambda}_{acc}(0) &= v_S \\
\ddot{\lambda}_{acc}(0) &= a_S \\
\lambda_{acc}(T) &= L_{acc} \\
\dot{\lambda}_{acc}(T_{acc}) &= v_{max} \\
\ddot{\lambda}_{acc}(T_{acc}) &= 0
\end{aligned}$$

$$\begin{aligned}
\lambda_{const}(T_{acc}) &= L_{acc} \\
\dot{\lambda}_{const}(T_{acc}) &= v_{max} \\
\ddot{\lambda}_{const}(T_{acc}) &= 0 \\
\lambda_{const}(T_{acc} + T_{const}) &= L_{acc} + L_{const} \\
\dot{\lambda}_{const}(T_{acc} + T_{const}) &= v_{max} \\
\ddot{\lambda}_{const}(T_{acc} + T_{const}) &= 0
\end{aligned} \quad (4.55)$$

$$\begin{aligned}
\lambda_{dec}(T_{acc} + T_{const}) &= L_{acc} + L_{const} \\
\dot{\lambda}_{dec}(T_{acc} + T_{const}) &= v_{max} \\
\ddot{\lambda}_{dec}(T_{acc} + T_{const}) &= 0 \\
\lambda_{dec}(T_{acc} + T_{const} + T_{dec}) &= L_{acc} + L_{const} + L_{dec} \\
\dot{\lambda}_{dec}(T_{acc} + T_{const} + T_{dec}) &= v_E \\
\ddot{\lambda}_{dec}(T_{acc} + T_{costn} + T_{dec}) &= 0
\end{aligned}$$

$$\begin{aligned}
\ddot{\lambda}_{acc}\left(\tfrac{T_{acc}}{2}\right) &= a_{max} \\
\ddot{\lambda}_{dec}\left(T_{acc} + T_{const} + \tfrac{T_{dec}}{2}\right) &= a_{min} \\
T_{acc} &= \frac{6|v_{max} - v_S|}{4a_{max} + a_S} \\
L_{acc} &= \frac{v_S T_{acc}}{2} + \frac{v_{max} T_{acc}}{2} + \frac{a_S T_{acc}^2}{12} \\
T_{dec} &= -\frac{6|v_{max} - v_E|}{4a_{min} + a_E} \\
L_{dec} &= \frac{v_{max} T_{dec}}{2} + \frac{v_E T_{dec}}{2} - \frac{a_E T_{dec}^2}{12} \\
L_{const} &= L - L_{acc} - L_{dec} \\
T_{const} &= \frac{L_{const}}{v_{max}}
\end{aligned} \quad (4.56)$$

$$\alpha_{6_{acc}} = \frac{(8a_{max}+2a_S)T_{acc}-12v_{max}+12v_S}{3T_{acc}^5}$$

$$\alpha_{5_{acc}} = -\frac{(16a_{max}+5a_S)T_{acc}^2+(30v_S-18v_{max})T_{acc}-12L_{acc}}{2T_{acc}^5}$$

$$\alpha_{4_{acc}} = \frac{(16a_{max}+7a_S)T_{acc}^2+(40v_S-10v_{max})T_{acc}-30L_{acc}}{2T_{acc}^4}$$

$$\alpha_{3_{acc}} = -\frac{(16a_{max}+13a_S)T_{acc}^2+60v_S T_{acc}-60L_{acc}}{6T_{acc}^3}$$

$$\alpha_{2_{acc}} = \frac{a_S}{2}$$

$$\alpha_{1_{acc}} = v_S$$

$$\alpha_{0_{acc}} = 0$$

$$\alpha_{6_{const}} = 0$$
$$\alpha_{5_{const}} = 0$$
$$\alpha_{4_{const}} = 0$$
$$\alpha_{3_{const}} = 0$$
$$\alpha_{2_{const}} = 0$$
$$\alpha_{1_{const}} = v_{max}$$
$$\alpha_{0_{const}} = L_{acc}$$

(4.57)

$$\alpha_{6_{dec}} = \frac{(8a_{min}+2a_E)T_{dec}-12v_E+12v_{max}}{3T_{dec}^5}$$

$$\alpha_{5_{dec}} = -\frac{(16a_{min}+3a_E)T_{dec}^2+(30v_{max}-18v_E)T_{dec}-12(L_{acc}+L_{const}+L_{dec})+12(L_{acc}+L_{const})}{2T_{dec}^5}$$

$$\alpha_{4_{dec}} = \frac{(16a_{min}+2a_E)T_{dec}^2+(40v_{max}-10v_E)T_{dec}-30(L_{acc}+L_{const}+L_{dec})+30(L_{acc}+L_{costn})}{2T_{dec}^4}$$

$$\alpha_{3_{dec}} = -\frac{(16a_{min}+a_E)T_{dec}^2+60v_{max}T_{dec}-60(L_{acc}+L_{const}+L_{dec})+60(L_{acc}+L_{const})}{6T_{dec}^3}$$

$$\alpha_{2_{dec}} = 0$$
$$\alpha_{1_{dec}} = v_{max}$$
$$\alpha_{0_{dec}} = L_{acc}+L_{const}$$

In den meisten Fällen sind bereits die durch (4.53) beschriebenen Teilprofile mit den eingesetzten Koeffizienten aus (4.57) geeignet, Gesamtprofile zu konstruieren, die die in Tabelle 4.1 auf Seite 71 vorgegebenen Maximalparameter erfüllen. Allerdings treten bei der Vorgabe der Maximalparameter auch Fälle auf, in denen diese Lösung modifiziert werden muss. Zum einen ist es möglich, dass insbesondere bei kurzen Gesamtlängen L des Profils bereits die Summe der Phasenlängen L_{acc} und L_{dec} die Gesamtlänge überschreiten würde. Ursache dafür ist, dass – im Verhältnis zur Gesamtlänge – die maximale Geschwindigkeit zu hoch, bzw. die maximalen Beschleunigungen zu gering eingestellt sind. Dieser Fall wird hier bewältigt, indem eine modifizierte Maximalgeschwindigkeit $\widetilde{v}_{max} < v_{max}$ errechnet wird, mit der $L = L_{acc} + L_{dec}$ nachgekommen werden kann, ohne eine Plateauphase durchzuführen. Zum anderen kann eine gewünschte Gesamtdauer $\widetilde{T}$ als Parameter der Profile vorgegeben werden, um deren Durchführung zur Synchronisation zeitgleich abzufahrender Profile herunterzuskalieren. Auch dieser Fall wird hier durch die Berechnung einer modifizierten Maximalgeschwindigkeit $\widetilde{v}_{max} < v_{max}$ behandelt, um darauf basierend ein insgesamt langsameres Profil zu erhalten, das die vorgegebene Dauer erfüllt. Die Ermittlung der modifizierten Maximalgeschwindigkeit erfolgt in beiden Fällen durch den Ansatz optimaler Phasendauern $\widetilde{T}_{phase}(\widetilde{v}_{max})$ und das anschließende Lösen nach $\widetilde{v}_{max}$. Die Abhängigkeiten der Phasendauern von der Maximalgeschwindigkeit sind gemäß (4.56) von der Art

4.1 Bewegungssteuerung des einzelnen Agenten

$$\widetilde{T}_{acc}(\widetilde{v}_{max}) = \beta_{a2}\widetilde{v}_{max} + \beta_{a1}$$
$$\widetilde{T}_{const}(\widetilde{v}_{max}) = \beta_{c2}\widetilde{v}_{max} + \beta_{c1} + \beta_{c0}\frac{1}{\widetilde{v}_{max}} \quad (4.58)$$
$$\widetilde{T}_{dec}(\widetilde{v}_{max}) = \beta_{d2}\widetilde{v}_{max} + \beta_{d1};$$

der Vergleich mit (4.56) und Umstellen nach $\widetilde{v}_{max}$ ergibt für die Koeffizienten β_i:

$$\begin{aligned}\beta_{2_{acc}} &= \frac{6}{4a_{max}+a_S}\\ \beta_{1_{acc}} &= -\frac{6v_S}{4a_{max}+a_S}\end{aligned}$$

$$\begin{aligned}\beta_{2_{const}} &= -\frac{3a_S}{16a_{max}^2+8a_Sa_{max}+a_S^2} + \frac{3a_E}{16a_{min}^2+8a_Ea_{min}+a_E^2} - \frac{3}{4a_{max}+a_S} + \frac{3}{4a_{min}+a_E}\\ \beta_{1_{const}} &= \frac{6a_Sv_S}{16a_{max}^2+8a_Sa_{max}+a_S^2} - \frac{6a_Sv_S}{16a_{min}^2+8a_Ea_{min}+a_E^2}\\ \beta_{0_{const}} &= L - \frac{3a_Sv_S^2}{16a_{max}^2+8a_Sa_{max}+a_S^2} + \frac{3a_Ev_E^2}{16a_{min}^2+8a_Ea_{min}+a_E^2} + \frac{3v_S^2}{4a_{max}a_S} - \frac{3v_E^2}{4a_{min}a_E}\end{aligned} \quad (4.59)$$

$$\begin{aligned}\beta_{2_{dec}} &= -\frac{6}{4a_{min}+a_E}\\ \beta_{1_{dec}} &= \frac{6v_E}{4a_{min}+a_E}.\end{aligned}$$

Im ersten Fall, in dem die Plateauphase wegfällt und die Gesamtlänge des Profils allein in den Phasen *acc* und *dec* bestritten wird, lässt sich damit ein geeignetes, modifiziertes $\widetilde{v}_{max}$ durch Lösen der Bedingung $\widetilde{T}_{const} = 0$ ermitteln:

$$\widetilde{v}_{max} = -\frac{1}{2}\frac{\beta_{1_{const}}}{\beta_{2_{const}}} + \sqrt{\left(\frac{1}{2}\frac{\beta_{1_{const}}}{\beta_{2_{const}}}\right)^2 - \frac{\beta_{0_{const}}}{\beta_{2_{const}}}}. \quad (4.60)$$

Im zweiten Fall, in dem mittels eines modifizierten $\widetilde{v}_{max}$ eine verlängerte Gesamtdauer $\widetilde{T}$ des Profils eingehalten werden soll, führt Lösen der Bedingung $\widetilde{T} = \widetilde{T}_{acc} + \widetilde{T}_{const} + \widetilde{T}_{dec}$ auf:

$$\begin{aligned}\widetilde{v}_{max} = &-\frac{1}{2}\frac{\beta_{1_{acc}}+\beta_{1_{const}}+\beta_{1_{dec}}}{\beta_{2_{acc}}+\beta_{2_{const}}+\beta_{2_{dec}}-\widetilde{T}}\\ &+ \sqrt{\left(\frac{1}{2}\frac{\beta_{1_{acc}}+\beta_{1_{const}}+\beta_{1_{dec}}}{\beta_{2_{acc}}+\beta_{2_{const}}+\beta_{2_{dec}}-\widetilde{T}}\right)^2 - \frac{\beta_{0_{const}}}{\beta_{2_{acc}}+\beta_{2_{const}}+\beta_{2_{dec}}-\widetilde{T}}}.\end{aligned} \quad (4.61)$$

Im Rahmen dieser Arbeit werden alle Animationen entlang von Raumkurven grundsätzlich mit den hier definierten Geschwindigkeitsprofilen durchgeführt, wobei fallbedingt die Modifikationen (4.60) oder (4.61) vorgenommen werden. Zusätzlich ist das Framework der Multi-Agentensysteme an dieser Stelle mit alternativen Verfahren modular erweiterbar.

4.1.1.8 Animatoren zur Ausführung von Trajektorien

Im vorliegenden Konzept werden Trajektorien durch so genannte Animatoren zur Ausführung gebracht. Dazu nehmen Animatoren einzelne oder Folgen von *Bahnsegmenten* entgegen, sowie Parameter, die den gewünschten zeitlichen Ablauf der Bahnen beschreiben, um damit entsprechende Geschwindigkeitsprofile einzustellen. Danach stehen Animatoren

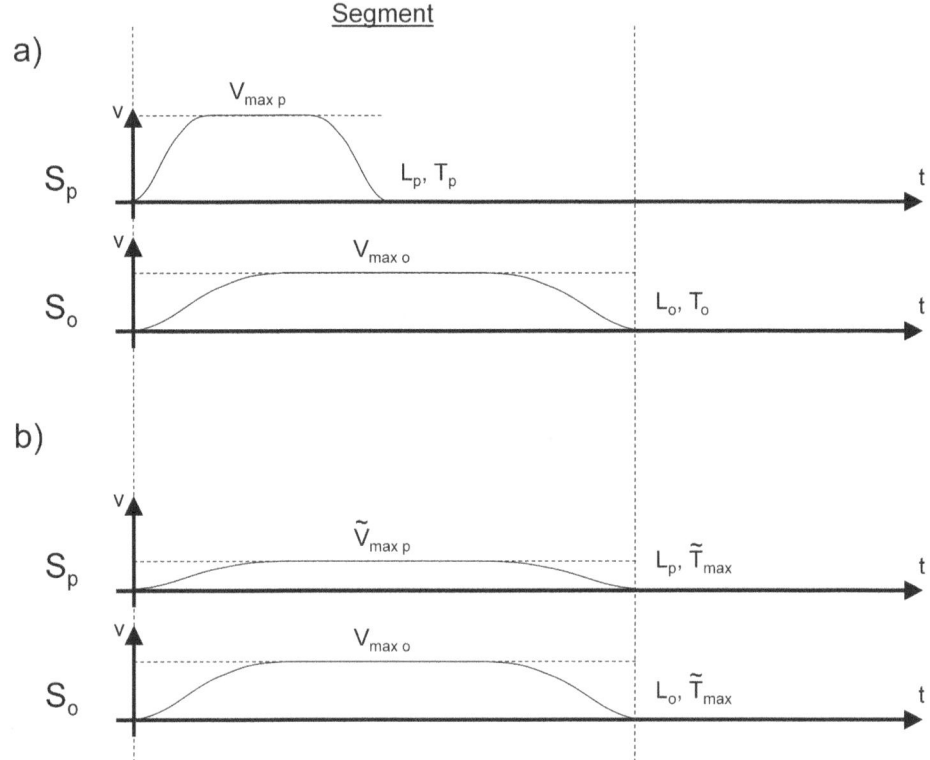

Abb. 4.7 Beispiel mit einem Segment

als „Abspielmechanismen" bereit, um gesteuert durch die Kommandos „Start", „Pause" und „Stop" die resultierende Bahn in einem skalierbaren Zeitraster zur Laufzeit oder offline auszuwerten. Gemäß der Art der Bahn sind die Resultate dabei homogene Transformationsmatrizen (sowie Geschwindigkeiten und Beschleunigungen in kartesischen Koordinaten) oder Gelenkwertvektoren (sowie Geschwindigkeiten und Beschleunigungen in Gelenkkoordinaten). Diese Resultate stehen dann systemweit zur Aufschaltung auf beliebige 3D-Objekte oder Kinematiken zur Verfügung.

Im kartesischen Fall wird in der Regel die Positionsinterpolation unabhängig von der Orientierungsinterpolation eingestellt. Zum einen können kartesische Ziele Positionen und Orientierungen aufweisen, die unabhängig voneinander vorgegeben werden, so dass die resultierenden Kurvenlängen für die Positions- und die Orientierungsinterpolation unterschiedlich sind. Zum anderen werden die Parameter der Geschwindigkeitsprofile nach Tabelle 4.1 auf Seite 71 für die Positions- und Orientierungsinterpolation unabhängig gewählt, die sich außerdem insbesondere bei einer Wahl der Einheiten zu *[mm]* und *[rad]* deutlich in ihren Größenordnungen unterscheiden. Um diese Unabhängigkeit, bzw. diese Unterschiede zu berücksichtigen, werden Position und Orientierung in zwei getrennten *Spuren*, Kombinationen von Bahnsegmenten und Profilen, ausgewertet.

Bild 4.7 verdeutlicht das Prinzip der Spuren im kartesischen Fall. Mit einem kartesischen Bahnsegment wird eine Zielposition und eine Zielorientierung vorgegeben. Aus der Anfahrt der Zielposition resultiert – abhängig von der gewählten Bahnform – eine Kurvenlänge L_p für die Positionsinterpolation. Für die Orientierungsinterpolation mittels SLERP folgt zur Überbrückung der Orientierungsdifferenz zudem eine Kurvenlänge L_o aus (4.39). Die Geschwin-

4.1 Bewegungssteuerung des einzelnen Agenten

digkeitsprofile der beiden Spuren werden anhand zweier gesonderter Profil-Parametersätze $\underline{P}_p$ und $\underline{P}_o$ berechnet, die sich jeweils aus Profil-Randbedingungen und Profil-Maximalwerten zusammensetzen:

$$\underline{P} = \begin{cases} Randbedingungen: & \underline{P}_{cond} = \{v_S, a_S, v_E, a_E\} \\ Maximalwerte: & \underline{P}_{max} = \{v_{max}, a_{max}, a_{min}\}. \end{cases} \quad (4.62)$$

Mittels der zwei getrennten Parametersätze $\underline{P}_p$ und $\underline{P}_o$ ergeben sich zwei – im Allgemeinen ungleiche – Spurdauern T_p und T_o. Im Fall der Animation von Objekten im kartesischen Raum ist es üblich, dass Bewegungen der Position und Bewegungen der Orientierung zugleich beendet werden – um das zu erzielen, werden die Dauern der Spuranimationen abgeglichen. Da die Berechnung der Geschwindigkeitsprofile anhand von Maximalwerten vorgenommen wird, sind die resultierenden Dauern kürzeste Zeiten, die mit den gegebenen Parametersätzen nicht weiter unterschritten werden können. Die Synchronisation erfolgt daher, indem mit (4.61) das Profil der schnelleren Spur auf die Dauer der langsameren Spur herunterskaliert wird. Ist diese Spursynchronisation nicht gewünscht, stehen über Segmentfolgen Möglichkeiten zur Verfügung, die Animation von Position und Orientierung getrennt zu beenden.

Animationen im Gelenkraum $\mathbb{R}^n$ werden in n Spuren ausgewertet. Dazu werden die Kurven im $\mathbb{R}^n$ dimensionsweise betrachtet, und jede Spur wird gelenkweise mit einer Kurvenlänge $L_i, i \in [1,n]$ und einem Parametersatz $\underline{P}_i, i \in [1,n]$ parametriert. Durch die Trennung in einzelne Spuren für jedes Gelenk wird berücksichtigt, dass die Achsen kinematischer Ketten in der Regel abweichend parametriert sind, und insbesondere in den $\underline{P}_{max}$ unterschiedliche Maximalgeschwindigkeiten und -beschleunigungen aufweisen. Im Fall von PTP-Bahnen ist es zunächst nicht definiert, wann die Einzelbewegungen der Gelenke enden und entsprechend ist die Synchronisation optional. Ist die Synchronisation allerdings gewählt, sind „Synchro-PTP"-Bahnen [S-PTP] das Resultat der Animation.

Allgemein ist die Vorgehensweise bei der Synchronisation von n Spuren über ein Segment:

1. Eine Spur besteht aus einer Spurkurvenlänge, einem Satz Profil-Randbedingungen und einem Satz Profil-Maximalwerte:

$$S_i = \{L_i, \underline{P}_{cond_i}, \underline{P}_{max_i}\}, i \in [1,n].$$

2. Pro Spur wird ein Geschwindigkeitsprofil berechnet, so dass die Spurkurvenlänge L_i unter Einhaltung der Randbedingungen $\underline{P}_{cond_i}$ mit den Maximalwerten $\underline{P}_{max_i}$ erfüllt wird (siehe Bild 4.7 a)).

3. Es resultieren Spurdauern T_i, darunter ist $\widetilde{T}_{max}$ die längste Spurdauer:

$$\widetilde{T}_{max} = \max\{T_1, \ldots, T_n\}.$$

4. Die Geschwindigkeitsprofile aller Spuren werden mit $T_i = \widetilde{T}_{max}$ skaliert (siehe Bild 4.7 b)).

Im kartesischen Fall ist darin $n = 2$, im Gelenkraum ist n die Anzahl der Gelenke.

Darüber hinaus wird in den Animatoren allerdings auch die Ausführung von Bahnen angeboten, die nicht durch ein einzelnes Bahnsegment, sondern durch eine *Segmentfolge* beschrieben werden. Diese Segmentfolgen sind bezüglich des Raumes ihrer Beschreibungskoordinaten homogen, und es können darin nicht kartesische Segmente mit Segmenten in Gelenkkoordinaten gemischt werden (der Wechsel zwischen den Beschreibungsräumen wird erst auf den überlagerten Steuerungsebenen bereitgestellt). Allerdings können in Segmentfolgen Segmente beliebiger Bahnformen eines Beschreibungsraumes auftreten. Insbesondere im kartesischen Fall können so LIN-, CIR und NURBS-Kurven zu einer Gesamtbahn verschaltet werden. Bei der Animation eines einzelnen Segmentes sind in den Randbedingungen des Profils $\underline{P}_{cond}$ die Start- und Endgeschwindigkeiten und -beschleunigungen prinzipiell benutzerdefiniert - auch wenn diese Randbedingungen dann üblicherweise zu Null gesetzt werden, damit das Abfahren der Bahn nicht mit Stoß und Ruck abrupt beginnt bzw. endet. Bei der Animation von Segmentfolgen dagegen werden diese Randbedingungen genutzt, um die Geschwindigkeiten und Beschleunigungen an den Segmentübergängen stückweise stetig abzugleichen. Nur die äußeren Randbedingungen, v_S und a_S des ersten Segmentes der Folge und v_E und a_E des letzten Segmentes der Folge können weiterhin vom Benutzer vorgegeben werden. Entsprechend ändert sich das Verfahren der Synchronisation von n Spuren über m Segmente:

1. Eine Spur besteht aus m Segmentkurvenlängen, m Sätzen an Profil-Randbedingungen und einem Satz an Profil-Maximalwerten:

$$S_i = \left\{ L_{i,j}, \underline{P}_{cond_{i,j}}, \underline{P}_{max_i} \right\}, i \in [1,n], j \in [1,m].$$

2. Die Spurkurvenlänge L_i wird aus der Summe der Segmentkurvenlängen $L_{i,j}$ berechnet:

$$L_i = \sum_{j=1}^{m} L_{i,j}.$$

3. Pro Spur wird ein Hilfs-Geschwindigkeitsprofil berechnet, so dass die Spurkurvenlänge L_i unter Einhaltung der äußeren Randbedingungen $v_{S_{i,0}}, a_{S_{i,0}}, v_{E_{i,m}}, a_{E_{i,m}}$ mit den Maximalwerten $\underline{P}_{max_i}$ erfüllt wird (siehe Bild 4.8 a)).
4. Pro Spur wird das Hilfs-Geschwindigkeitsprofil an den Stellen $L_{i,j}$, den Verbindungsstellen der Segmente ausgewertet, um die dort resultierenden Geschwindigkeiten $\widetilde{v}_{i,j}$ und Beschleunigungen $\widetilde{a}_{i,j}$ zu erhalten. Pro Segment werden diese Werte als innere Profil-Randbedingungen gesetzt (die äußeren Randbedingungen werden dabei nicht verändert):

$$\underline{P}_{cond_{i,j}} = \begin{cases} v_{S_{i,j}} = \widetilde{v}_{i,j-1} \\ a_{S_{i,j}} = \widetilde{a}_{i,j-1} \\ v_{E_{i,j}} = \widetilde{v}_{i,j} \\ a_{E_{i,j}} = \widetilde{a}_{i,j} \end{cases}$$

5. Pro Segment und pro Spur wird das eigentliche Geschwindigkeitsprofil berechnet, so dass die einzelne Segmentkurvenlänge $L_{i,j}$ unter Einhaltung der Randbedingungen $\underline{P}_{cond_{i,j}}$ mit den Maximalwerten $\underline{P}_{max_i}$ erfüllt wird (siehe Bild 4.8 b)).
6. Es resultieren Segmentdauern $T_{i,j}$, darunter ist unter jeweils gleichzeitig abzufahrenden Segmenten $\widetilde{T}_{max_j}$ die längste Segmentdauer:

$$\widetilde{T}_{max_j} = \max \{T_{i,1}, \ldots, T_{i,m}\}$$

7. Die eigentlichen Geschwindigkeitsprofile jeweils gleichzeitig abzufahrender Segmente werden mit $T_{i,j} = \widetilde{T}_{max_j}$ skaliert (siehe Bild 4.8 c)).

In dieser Verfahrensbeschreibung wird zunächst davon ausgegangen, dass in einer Spur i alle Segmente aktiv sind, also nicht z.B. in einem Segment keine Bewegung stattfindet und folglich die zugehörige Segmentkurvenlänge $L_{i,j}$ Null ist. Um derartige Konstellationen abzudecken, werden die Segmente in den Spuren zuvor auf ihre Aktivität untersucht und es

4.1 Bewegungssteuerung des einzelnen Agenten

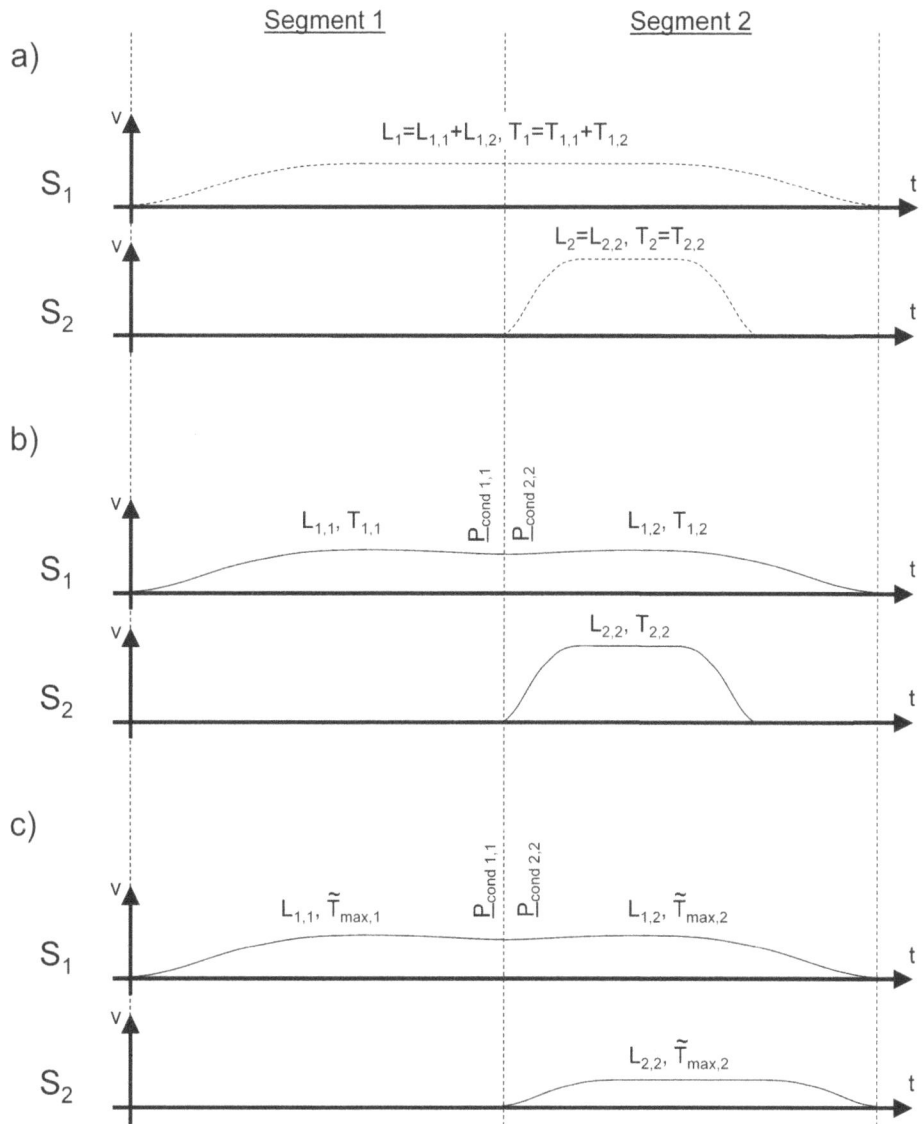

Abb. 4.8 Beispiel mit mehreren Segmenten

werden gegebenenfalls Hilfsprofile für aktive Gruppen gebildet, statt das Hilfsprofil über die aufsummierten Segmentkurvenlängen $L_i = \sum_{j=1}^{m} L_{i,j}$ zu bilden.

4.1.2 Parametrisierung des einzelnen Agenten

Eine besondere Anforderung an die Simulation anthropomorpher MAS stellt die Verwaltung der zahlreichen Parameter dar, die die Kinematiken und ihren Betrieb beschreiben. Die Modellierung, d.h. der Aufbau und die Parametrierung eines Simulationsmodells anthropomorpher MAS, und die Verwaltung dieses Simulationsmodells findet in der zuvor in Abschnitt 2.5.3 auf Seite 33 beschriebenen Datenbasis des umgebenden Simulationssystems statt. Entsprechend orientiert sich die Beschreibung anthropomorpher MAS an den existierenden Grundstrukturen dieser Datenhaltung und erweitert sie in den Basiselementen des Bereiches „Simulation/ Realität" der Matrixarchitektur (siehe Bild 3.3 auf Seite 40).

4.1.2.1 Beschreibung und Parametrisierung einzelner Gelenke

In der Datenbasis der umgebenden Simulationsumgebung werden Modelle als Hierarchien von Knoten angelegt. Diese Hierarchien stellen in der Regel Zugehörigkeiten in der Form von Eltern-Kind-Relationen dar – die untergeordneten Knoten sind Kinder ihrer Elternknoten. Wesentlich für die Simulation und Visualisierung sind dabei so genannte *3D-Knoten*, die zusätzlich in einer Eigenschaft eine homogene Transformation $^P T_C$ speichern, die die eigene Lage in Koordinaten ihres Elternknotens P angibt. Eine Grundfunktion des Typs 3D-Knoten ist es, aus diesen hierarchisch hinterlegten relativen Transformationen für jeden 3D-Knoten in einer weiteren Eigenschaft seine resultierende Lage $^W T_C$ in Weltkoordinaten zu hinterlegen. Diese Information wird einmal initial durch Aufmultiplizieren der relativen Transformationen errechnet und gegebenenfalls bei Lageänderungen entlang der Kette ereignisgesteuert angepasst, so dass die relative und absolute Lage von 3D-Knoten in jedem Simulationstakt zur Verfügung steht. Auf dieser Basis werden Gelenke im Simulationssystem abgebildet, indem die relativen Transformationen gezielt im Simulationstakt verändert werden. Dieser Mechanismus wurde im Rahmen dieser Arbeit grundlegend überarbeitet, um den Anforderungen anthropomorpher Kinematiken zu genügen.

Die meisten Eltern-Kind-Relation in 3D-Modellen sind statisch, d.h. die relative Lage von Kind- zu Elternknoten ändert sich nicht und wird vollständig mittels einer fixen homogenen Transformationsmatrix beschrieben. Dieser Typus wird hier als *Frame-Transformation* bezeichnet. Die Modellierung kinematischer Ketten erfordert darüber hinaus die Beschreibung von Gelenken, d.h. Eltern-Kind-Relationen, die in einzelnen, wählbaren Freiheitsgraden veränderlich sind. Auch in diesem Typus, hier als *Parameter-Transformation* klassifiziert, wird die relative Lage des Kind- zu seinem Elternknoten als homogene Transformationsmatrix beschrieben. Allerdings ist die Zusammensetzung dieser Matrix veränderlich mit Zeit und durch Parametersätze $\underline{Q}_k$ bedingt und beschränkt, die die Übersetzung von Gelenk- in kartesische Koordinaten bestimmen:

$$^P\underline{T}_C(t) = f(\underline{Q}_k(t)) = \begin{bmatrix} ^P\underline{R}_C(\underline{Q}_k(t)) & ^P\underline{p}_C(\underline{Q}_k(t)) \\ \underline{0}^T & 1 \end{bmatrix}, \qquad (4.63)$$

worin $k \in [1,K]$ für jeden der K potenziellen Freiheitsgrade des Gelenkes steht. Typische Gelenke, wie translatorische oder rotatorische Achsen, weisen dabei nur einen Gelenkfreiheitsgrad [DOF] („Degree of Freedom") auf. Durch Nutzung weiterer Parametersätze ist der Mechanismus allerdings auch geeignet, z.B. Planar- oder Kugelgelenke abzubilden. Die Zusammensetzung eines Parametersatzes $\underline{Q}_k$ für einen Gelenkfreiheitsgrad ist in Tabelle 4.2 gezeigt. Jeder Freiheitsgrad weist ein Aktivitäts-Flag auf, über das er freigeschaltet oder blockiert werden kann. Der für ein Gelenkfreiheitsgrad resultierende Gelenkwert q_k berechnet sich aus einem von außen vorgegebenen Stellwert $\tilde{q}_k$ anhand eines Skalierungsfaktors s_k und eines Offsets o_k. Der resultierende Gelenkwert stellt eine lineare Abbildung des beliebig vom Benutzer vorgegebenen Stellwertes in einen gültigen Bereich dar; zusätzlich wird das Resultat auf die Endanschläge q_{min_k} und q_{max_k} des Gelenkfreiheitsgrades beschränkt:

4.1 Bewegungssteuerung des einzelnen Agenten

Tabelle 4.2 Parameter pro Gelenkfreiheitsgrad

Name	Zeichen	Menge	Limit
Aktivität	a_k	{wahr, falsch}	-
eingegebener Stellwert	$\widetilde{q}_k$	$\mathbb{R}$	-
resultierender Gelenkwert	q_k	$\mathbb{R}$	$q_k \in [q_{min_k}, q_{max_k}]$
Skalierungsfaktor	s_k	$\mathbb{R}$	-
Offset	o_k	$\mathbb{R}$	-
unterer Endanschlag	q_{min_k}	$\mathbb{R}$	$q_{min_k} < q_{max_k}$
oberer Endanschlag	q_{max_k}	$\mathbb{R}$	$q_{min_k} < q_{max_k}$
maximale Geschwindigkeit	$\dot{q}_k$	$\mathbb{R}^+$	-
maximale Akzeleration	$\ddot{q}_{max_k}$	$\mathbb{R}^+$	-
maximale Dezeleration	$\ddot{q}_{min_k}$	$\mathbb{R}^-$	-

$$q_k = \min(q_{max_k}, \max(q_{min_k}, (s_k \widetilde{q}_k) + o_k)) = \lceil (s_k \widetilde{q}_k) + o_k \rceil_{q_{min_k}}^{q_{max_k}}. \quad (4.64)$$

Ein Parametersatz beinhaltet außerdem die Angabe einer maximalen Gelenkgeschwindigkeit $\dot{q}_{max_k}$, sowie minimaler und maximaler Gelenkbeschleunigungen $\ddot{q}_{min_k}$ und $\ddot{q}_{max_k}$ pro Gelenkfreiheitsgrad, die dann für u.a. den Entwurf von Gelenktrajektorien (siehe Abschnitt 4.1.1.8 auf Seite 75) zur Verfügung stehen.

Im Rahmen dieser Arbeit werden Gelenke anhand ihrer DH-Parameter beschrieben. Wie in Abschnitt 4.1.1.6 auf Seite 69 geschildert, werden gemäß dieser Konvention Gelenke i in Bezug auf das Vorgänger-Koordinatensystem KS$_{i-1}$ parametrisiert. Die DH-Parameter $\underline{DH} = \{\Theta_i, d_i, a_i, \alpha_i\}$ eines Gelenkes beschreiben dabei, wie durch einer Folge von Subtransformationen das Gelenkkoordinatensystem KS$_i$ aus dem Vorgänger-Koordinatensystem KS$_{i-1}$ resultiert:

$$^{i-1}\underline{T}_i = \underline{\text{Rot}}(z_{i-1}, \Theta_i) \cdot \underline{\text{Trans}}(z'_{i-1}, d_i) \cdot \underline{\text{Trans}}(x''_{i-1}, a_i) \cdot \underline{\text{Rot}}(x'''_{i-1}, \alpha_i)$$

$$= \begin{bmatrix} \cos\Theta_i & -\cos\alpha_i \cdot \sin\Theta_i & \sin\alpha_i \cdot \sin\Theta_i & a_i \cdot \cos\Theta_i \\ \sin\Theta_i & \cos\alpha_i \cdot \cos\Theta_i & -\sin\alpha_i \cdot \cos\Theta_i & a_i \cdot \sin\Theta_i \\ 0 & \sin\alpha_i & \cos\alpha_i & d_i \\ 0 & 0 & 0 & 1 \end{bmatrix}. \quad (4.65)$$

Gemäß der Konvention sind alle bis auf einen freien DH-Parameter konstant; entweder ist nur Θ variabel, um rotatorische Gelenke zu beschreiben, oder es ist d variabel, um translatorische Gelenke zu beschreiben. Erfahrungsgemäß ist es außerdem notwendig, am jeweils freien Parameter einen Offset vorzusehen, der auf den variablen Wert addiert wird. Die Wahl dieser Offsets erlaubt dann die Definition einer geeigneten Nullstellung einer Kinematik. Die derart erweiterte DH-Beschreibung $\underline{DH}^+$ für rotatorisches bzw. für ein translatorisches Gelenk i ist damit gegeben durch

$$\underline{DH}^+_{rot_i} = \{\Theta_i = (q_{\Theta_i} + q_{0_i}), d_i, a_i, \alpha_i\} \quad (4.66)$$

bzw.

$$\underline{DH}^+_{trans_i} = \{\Theta_i, d_i = (q_{d_i} + q_{0_i}), a_i, \alpha_i\}. \quad (4.67)$$

Die Umsetzung dieser erweiterten DH-Konvention auf die hier verwendeten Parametersätze $\underline{Q}_k$ erfolgt durch Abbildung auf vier einzelne Parametersätze für vier Gelenkfreiheitsgrade, die jeweils einen der DH-Parameter erfassen. Tabelle 4.3 zeigt diese Umsetzung für ein rotatorisches bzw. für ein translatorisches Gelenk i. Die Berechnung des resultierenden Stell-

Tabelle 4.3 Parametrisierung der $\underline{Q}_k$ nach DH-Konvention

		$k=1$	$k=2$	$k=3$	$k=4$
$DH^+_{rot_i}$					
Aktivität	a_k	wahr	falsch	falsch	falsch
eingegebener Stellwert	$\tilde{q}_k$	q_{Θ_i}	0	0	0
Skalierungsfaktor	s_k	1	1	1	1
Offset	o_k	q_{o_i}	d_i	a_i	α_i
$DH^+_{trans_i}$					
Aktivität	a_k	falsch	wahr	falsch	falsch
eingegebener Stellwert	$\tilde{q}_k$	0	q_{d_i}	0	0
Skalierungsfaktor	s_k	1	1	1	1
Offset	o_k	Θ_i	q_{o_i}	a_i	α_i

wertes erfolgt für den jeweils aktiven Freiheitsgrad gemäß (4.64). Bei jeder Veränderung des eingehenden Stellwertes im aktiven Freiheitsgrades wird die relative Lage zum Elternknoten $^P\underline{T}_C$ entsprechend der Subtransformationsfolge (4.65) neu eingestellt, wobei die DH-Parameter aus den Parametersätzen der vier Gelenkfreiheitsgrade eingesetzt werden.

Tabelle 4.3 zeigt auch auf, dass es mittels des vorliegenden Konzeptes der Parameter-Transformation leicht möglich ist, entlang der DH-Konvention auch Rotations- und Translationsgelenke um die X-Achse zu beschreiben, oder mehrere dieser Freiheitsgrade zugleich zu aktivieren. Doch auch über die DH-Konvention hinaus erlaubt das Konzept die Beschreibung weiterer Gelenktypen, indem jeweils die Berechnungsvorschrift der relativen Transformation (4.63) definiert wird, sowie Parametersätze $\underline{Q}_k$ zur Beschreibung und Datenhaltung der notwendigen Parameter pro Gelenkfreiheitsgrad. So ist es z.B. möglich, ein Kardangelenk direkt durch

$$^P\underline{T}_C = \begin{bmatrix} \cos\alpha\cos\beta & -\sin\alpha & \cos\alpha\sin\beta & 0 \\ \sin\alpha\cos\beta & \cos\alpha & \sin\alpha\sin\beta & 0 \\ -\sin\beta & 0 & \cos\beta & 0 \\ 0 & 0 & 0 & 1 \end{bmatrix} \quad (4.68)$$

zu beschreiben und in zwei Parametersätzen $\underline{Q}_k$ die Details und Beschränkungen dieses Gelenkes zu hinterlegen. Andere derart ermöglichte Gelenktypen sind planare, zylindrische, sphärische und Spiralgelenke und alle Permutationen von auf Euler-Winkeln beruhenden Gelenken.

4.1.2.2 Beschreibung und Parametrisierung kinematischer Ketten

Während im Konzept der Parameter-Transformation erfasst wird, wie einzelne, typische Gelenke zwischen zwei 3D-Knoten in der Datenbasis des umgebenden Simulationssystems eingerichtet werden, erfordert es einen gesonderten Mechanismus, um diese Gelenke zu kinematischen Ketten anzuordnen. Die Datenbasis weist im allgemeinen Fall eine Baumstruktur auf. Indem 3D-Knoten und Gelenke darin beliebig eingesetzt werden können, sind die resultierenden Kinematiken prinzipiell ebenfalls baumförmig – entsprechend muss der Mechanismus zur Definition von Kinematiken es zuvorderst leisten, diese *kinematischen Bäume* zu erschließen. Eine weitere Anforderung ist es, die Datenbasis geeignet zu ergänzen, um für alle Anfragen, die Daten und Funktionalitäten von Kinematiken betreffen, zentrale Einstiegspunkte anzulegen. Die Aufgabe der Einstiegspunkte ist es dann, zum einen die Navigation in der allgemeinen Datenbasis in Bezug auf Kinematiken zu beschleunigen und zum anderen

4.1 Bewegungssteuerung des einzelnen Agenten

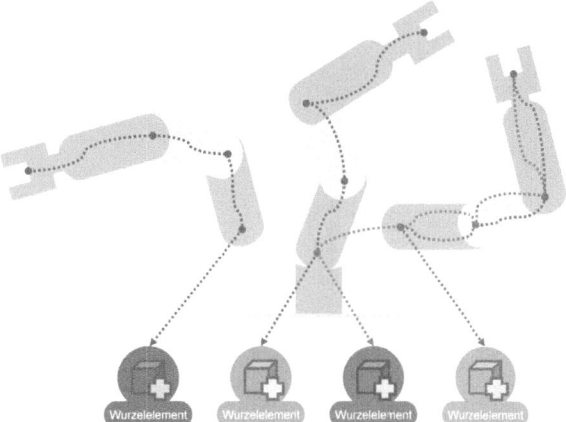

Abb. 4.9 Beispiel mit mehreren Wurzeln und Pfaden

weitere Parametrisierungen vorzubereiten, die für die Beschreibung kinematischer Bäume relevant sind.

Es ist ein charakteristisches Merkmal anthropomorpher Bewegungsapparate, dass sie baumförmig sind. Die Modellierung und Datenhaltung kinematischer Bäume kommt der Betrachtung menschenähnlicher Strukturen daher entgegen. Allerdings werden die Zweige derartiger Bäume zunächst getrennt betrachtet und jeweils durch einzelne Agenten adressiert und betrieben. Diese Betrachtungsweise erlaubt es, die Bewegungen und weiteren Aktionen der Agenten zunächst unabhängig voneinander zu behandeln und die zwangsläufigen Abhängigkeiten erst auf der Ebene „Koordination/ Kopplung" der Matrixarchitektur aufzulösen (siehe Bild 3.3 auf Seite 40). Der Übergang von den baumförmigen kinematischen Modellbeschreibungen auf die seriellen Kinematiken der Agenten wird hergestellt durch die Auswahl so genannter *kinematischer Pfade* im Baum. Ausgehend von einem Wurzelelement werden dabei die an einer kinematischen Kette beteiligten Gelenke im Baum gekennzeichnet und seriell zu einem Pfad angeordnet. Aus allen potenziellen Gelenkfolgen kinematischer Bäume werden auf diese Weise einzelne, mehrere und auch alternative Pfade herausgegriffen und explizit gemacht. Den *kinematischen Wurzelelementen* kommt dabei die beschriebene Aufgabe zu, den Zugriff auf die an einem Pfad beteiligten Gelenke zu beschleunigen und diese Gelenkfolge gegenüber anderen Instanzen im System einheitlich als Kinematik zu repräsentieren. Damit wird die kinematische Wurzel auch zum geeigneten Ort, diese Kinematik betreffende Parameter und Funktionalitäten zentral zur Verfügung zu stellen. Zusätzlich können in kinematischen Bäumen mehrere Wurzelelemente nebeneinander existieren, die jeweils einen anderen Pfad parametrisieren. Alternativ können mehrere Wurzelelemente den gleichen Pfad beschreiben, aber abweichende Parameter einstellen, die dann in unterschiedlichen Zusammenhängen zum Einsatz kommen. Kinematische Wurzeln werden als Erweiterungen des Wurzelknotens des kinematischen Baumes in der Datenbasis instanziiert (siehe Bild 4.9).

Die Kennzeichnung von Gelenken zur Anordnung in einem kinematischen Pfad erfolgt durch so genannte *kinematische Pfadelemente*. Dazu wird ein Pfadelement als Erweiterung eines Gelenkes in der Datenbasis instanziiert. Aus Abschnitt 4.1.2.1 auf Seite 80 ist bekannt, dass jedes Gelenk potenziell über K aktive Freiheitsgrade verfügt. Jedes Pfadelement j kennzeichnet folglich die K_j aktiven Freiheitsgrade des Gelenkes, bzw. ergibt bei einer Anzahl von J Pfadelementen in einem kinematischen Pfad die gesamte Anzahl der aktiven Freiheitsgrade n im allgmeinen Fall zu

$$n = \sum_{j=1}^{J} K_j. \qquad (4.69)$$

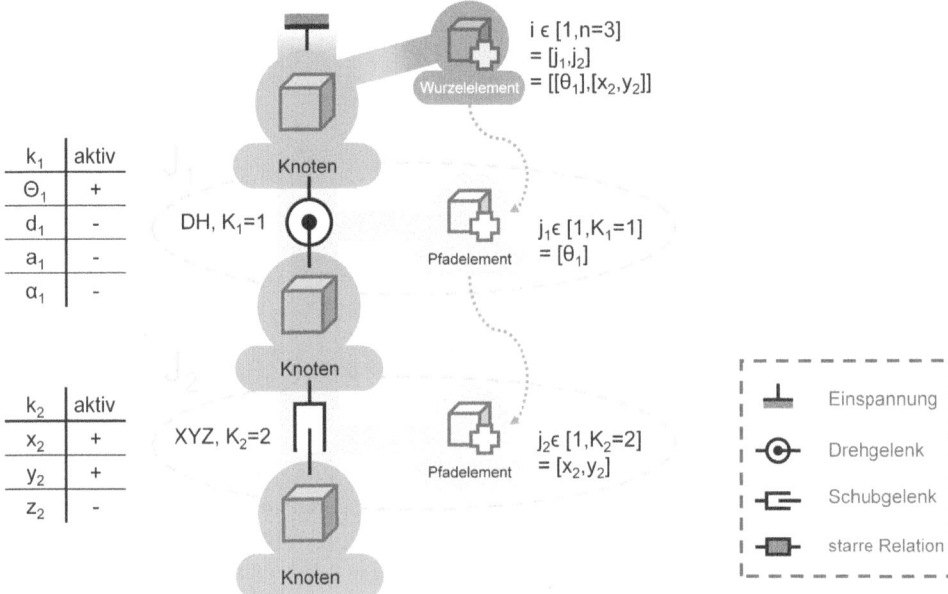

Abb. 4.10 Beispiel für die kinematische Zuordnung, in der zwei Gelenke J_1 und J_2 mit einem bzw. zwei Freiheitsgraden über ihre Pfadelemente einem Gelenkwertvektor mit drei Elementen $i \in [1, n = 3]$ zugeordnet werden

Insbesondere ist das bei der homogenen Verwendung von Gelenktypen nach DH-Konvention der Fall, in denen immer nur ein Freiheitsgrad aktiv geschaltet ist ($K_j = 1, \forall j \in [1, J]$) und sich $n = J$ ergibt. Werden in einem kinematischen Pfad also ausschließlich Gelenktypen nach DH-Konvention verwendet, fallen in (4.65) die Indices j und i zusammen.

Zur Beherrschung des allgemeinen Falls beliebiger Gelenkfreiheitsgrade K_j wird im Wurzelelement zwischen dem freiheitsgradbezogenen Gelenkindex $k_j, k_j \in [1, K_j]$ jedes Pfadelements j und dem kinematikbezogenen Gelenkindex $i, i \in [1, n]$ des gesamten kinematischen Pfades vermittelt. Verweise auf die in einer Kinematik eingesetzten Pfadelemente mit Index $j, j \in [1, J]$ werden dazu im zugehörigen Wurzelelement benutzerdefiniert in einem Vektor angeordnet, der damit die gewünschte Reihenfolge der Gelenke vorgibt. Auf Basis dieser Pfaddarstellung lässt sich dann eine Indexumrechnung zusammenstellen, die es für einen gegebenen kinematikbezogenen Gelenkindex i erlaubt, das zugehörige Pfadelement, das zugehörige Gelenk J, den zugehörigen freiheitsgradbezogenen Gelenkindex k_j und damit auch den zugehörigen aktiven Parametersatz $\underline{Q}_{k_j}$ zu bestimmen (siehe Bild 4.10). Diese Umrechnung wird einmal initial erstellt und dann bei strukturellen Veränderungen eines kinematischen Pfades ggf. überarbeitet. Invers betrachtet ergibt sich der kinematikbezogene Gelenkindex i zu einem freiheitsgradbezogenen Gelenkindex k_j eines Pfadelements j aus

$$i = \sum_{\tilde{j}=1}^{j-1} K_{\tilde{j}} + k_j. \tag{4.70}$$

Den kinematischen Pfadelementen fällt somit die Aufgabe der Verwaltung von Einzelgelenken zu; die kinematische Wurzel stellt darauf basierend die Navigation gesamter kinematischer Ketten zur Verfügung. Über die Definition und Navigation kinematischer Pfade hinaus stellen die Wurzelelemente allgemein die zentralen Schnittstellen zur Ansprache von

4.1 Bewegungssteuerung des einzelnen Agenten

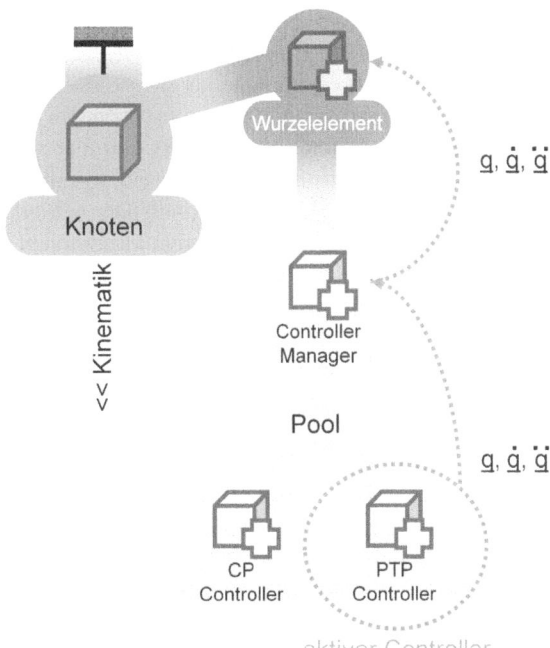

Abb. 4.11 Anordnung von Wurzelelement, Controller-Manager und Controller

Kinematiken dar und bieten grundlegende Funktionalitäten an, wie das einfache Auslesen der momentanen Gelenkwerte und das Setzen neuer Momentanwerte. Aufgrund der zentralen Rolle werden in Wurzelelementen auch alle fortgeschrittenen und optionalen Funktionalitäten und pfadbezogenen Datenhaltungen verankert, indem zusätzliche Erweiterungen den Wurzeln untergeordnet instanziiert werden.

Die wesentliche Anforderung an kinematische Pfade ist die Modellierung von Bewegungen. In der Repräsentation des Simulationssystems besteht eine Bewegung von Kinematiken aus einer quasikontinuierlichen Folge von Momentanwerten, die den Gelenken aufgeschaltet werden. Die Erzeugung derartiger Momentanwertfolgen erfolgt im Rahmen des vorliegenden Konzeptes in den so genannten *quasikontinuierlichen Controllern*. Da mittels der Grundfunktionen der Wurzelelemente die Aufschaltung von Momentanwerten in einem Zeittakt nur aus einer einzelnen Quelle heraus sinnvoll erfolgen kann, prinzipiell allerdings mehrere Controller für eine Kinematik existieren können, wird der Zugriff der Controller auf die Funktionen der Wurzel in Managementinstanzen reguliert. Bei Bedarf, d.h. falls mindestens ein Controller für eine Kinematik definiert wird, wird dazu ein so genannter *Controller-Manager* einer kinematischen Wurzel als Erweiterung untergeordnet. Alle quasikontinuierlichen Controller einer Kinematik werden vom Controller-Manager in einem Pool verwaltet; wird einer der Controller dann zur Durchführung einer Bewegung aktiviert, kennzeichnet der Controller-Manager diesen Controller als aktiv und reserviert den exklusiven Zugriff auf die Funktionen der Wurzel für diesen aktiven Controller (siehe Bild 4.11). Während der Bewegung erzeugt der Controller dann Gelenkwerte (gegebenenfalls auch Gelenkgeschwindigkeiten und -beschleunigungen, siehe unten) und überstellt die Werte dem Controller-Manager, der sie wiederum mittels des übergeordneten Wurzelelements an der Kinematik einstellt. Wird nach Beendigung der Bewegung der Controller wieder inaktiv, wird der exklusive Zugriff aufgehoben und der Controller in den Pool zurückgestellt.

Im Rahmen dieser Arbeit wurden zwei grundlegende quasikontinuierliche Controller konzipiert und implementiert. Ein allgemeiner *Gelenk-Controller*, der Kinematiken in Gelenkkoordinaten verfährt, und ein allgemeiner *kartesischer Controller*, der kartesische Bewegungen auf beliebigen kinematischen Pfaden – insbesondere auch redundanten Pfaden – umsetzt. Um Bewegungen zu berechnen, setzen beide Controller Animatoren ein (siehe Bild 3.12 auf Seite 48). Der Gelenk-Controller verwendet einen Animator für n Spuren, wobei n der Anzahl der Gelenke der Kinematik entspricht, und parametriert diesen Animator mit m PTP- oder S-PTP-Bahnsegmenten. Im Takt des Animators empfängt der Gelenk-Controller dann neue Gelenkwertvektoren $\underline{q}(\Delta t)$, leitet daraus Gelenkgeschwindigkeiten und -beschleunigungen ab und reicht diese Ergebnisse an den Controller-Manager weiter, der sie in einem eigenen Takt (üblicherweise gleich oder kleiner dem Animator-Takt) über die Funktionen des Wurzelelements auf den kinematischen Pfad aufschaltet. Der kartesische Controller verwendet dagegen einen Animator für 2 Spuren (Position und Orientierung) und parametriert diesen Animator mit m kartesischen LIN-, CIR- und NURBS-Bahnsegmenten in beliebiger Kombination. Im Takt des Animators empfängt der kartesische Controller dann inkrementelle kartesische Zielgeschwindigkeiten $\frac{d}{dt}K(\lambda(\Delta t))$, aus denen mittels der Universaltransformation (siehe Abschnitt 4.1.3 auf Seite 95) inkrementelle Gelenkgeschwindigkeiten ermittelt werden. Diese Gelenkgeschwindigkeiten, sowie zugehörige Gelenkwerte und -beschleunigungen, werden wiederum an den Controller-Manager zur Umsetzung auf der Kinematik weitergereicht, indem der Controller-Manager die Werte in einem eigenen Takt am Wurzelelement setzt.

Basierend auf den im Rahmen dieser Arbeit eingesetzten quasikontinuierlichen Controllern wurden im Kontext des umgebenden Simulationssystems außerdem weitere, herstellerspezifische Controller implementiert. Diese spezifischen Controller bieten für ausgewählte Modelle einzelner Roboterhersteller statt des allgemeinen, numerischen Verfahrens des universellen kartesischen Controllers analytische Lösungen der Rückwärtstransformation an. So wurde u.a. als externer Beitrag zum Framework der anthropomorphen MAS ein analytischer kartesischer Controller für 6-achsige Industrieroboter des Roboterhersteller KUKA Roboter GmbH realisiert, sowie ein analytischer kartesischer Controller für typische „Selective Compliance Assembly Robot Arms" [SCARA] der Roboterhersteller Mitsubishi Electric Europe B.V, Adept Technology Inc. und Stäubli Tec-Systems GmbH. Auch diese Controller nehmen kartesische Eingaben von Animatoren entgegen und rechnen diese auf Gelenkwerte für kinematische Pfade um, die sie dem Controller-Manager zum Setzen an der Wurzel bereitstellen.

Innerhalb des Konzeptes der anthropomorphen MAS fällt den Controllern damit die Aufgabe zu, in drei Bereichen Parametrierung, Kommandierung und Auswertung zwischen den Animatoren und kinematischen Pfaden zu vermitteln und die mit den Animatoren ermöglichten Bahninterpolationen im kartesischen $\mathbb{R}^6$ und im Gelenkraum $\mathbb{R}^n$ auf konkrete Kinematiken zu beziehen. Bei der *Parametrierung* einer Bahn stellt der Controller den unterlagerten Animator so ein, dass die gewählten Parametersätze gemäß (4.62) den Werten des kinematischen Pfades entsprechen, den der Controller bedient. Im Fall der Bahninterpolation im Gelenkraum bildet der Gelenk-Controller die notwendigen Parametersätze $\underline{P}_i, i \in [1,n]$ dazu aus den in den Gelenken hinterlegten Parametern. Im kartesischen Fall werden vom kartesischen Controller die zwei Parametersätze für Position und Orientierung $\underline{P}_p$ und $\underline{P}_o$ aus Parametern zusammengestellt, die am gewählten TCP hinterlegt sind (siehe unten). Die Informationen von Start-, Stütz- und Endpunkten der Bahnsegmente, sowie die Parametersätze $\underline{P}$ werden in so genannten *Zielen* zusammengefasst und werden von Controllern als eine Verallgemeinerung von Bahnen im Gelenkraum und kartesischen Bahnen entgegengenommen. Neben den zur jeweiligen Bahninterpolation notwendigen Informationen transportieren Ziele außerdem einen Verweis auf den zu verwendenden TCP, sowie Angaben, ob es sich um relative oder absolute Ziele handelt. Ist ein Ziel als absolut gekennzeichnet, werden die darin enthaltenen

4.1 Bewegungssteuerung des einzelnen Agenten

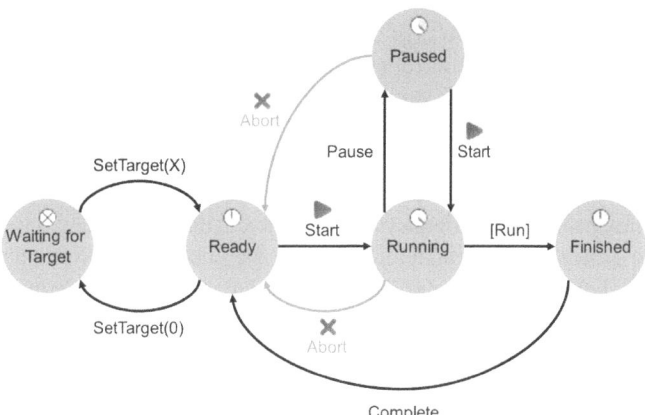

Abb. 4.12 Zustandsmaschine des Controllers

Bahnpunktdaten als in absoluten Koordinaten gegeben aufgefasst, während bei einer Kennzeichnung als relatives Ziel die Bahnpunktdaten relativ zur gegenwärtigen Gelenkstellung bzw. relativ zur gegenwärtige Lage des TCP gewertet werden. Zur Demonstration des Unterschieds sei zum Beispiel bei einer 3-achsigen Kinematik die Ausgangssituation durch eine Gelenkstellung $\underline{q}_A$ bzw. durch eine resultierende TCP-Lage $\underline{T}_A$ gegeben. Dieser Kinematik wird dann per Ziel eine Zielgelenkstellung $\underline{q}_\Delta$ bzw. kartesische Ziellage $\underline{T}_\Delta$ aufgeschaltet. Je nach Kennzeichnung des Zieles erfolgt die Interpretation unterschiedlich, und die Gelenkstellung $\underline{q}_B$ bzw. TCP-Lage $\underline{T}_B$ nach Abschluss der Bewegung fallen abweichend aus:

$$\text{Absolut}: \begin{cases} \underline{q}_B = \underline{q}_\Delta \\ \underline{T}_B = \underline{T}_\Delta \end{cases} \quad \text{Relativ}: \begin{cases} \underline{q}_B = \underline{q}_A + \underline{q}_\Delta \\ \underline{T}_B = \underline{T}_A \underline{T}_\Delta \end{cases} \quad (4.71)$$

Den zweiten Bereich der Vermittlung stellt die *Kommandierung* der Animatoren dar. Die Animatoren bieten ein Funktionenschema an, das sie als „Abspielmechanismen" ansprechbar macht (siehe Abschnitt 4.1.1.8 auf Seite 75). Dieses Schema wird im Controller-Manager um weitere Kommandos und einen abrufbaren Status erweitert und durch die Controller umgesetzt. Bild 4.12 zeigt den Zustandsgraphen, der der Kommandierung zugrunde liegt. Initial ist ein Controller „Waiting for Target" (Wartet auf Ziel) und es liegt keine abzufahrende Bahn vor. Wird dem Controller eine gültige Bahn zugewiesen, wechselt sein Zustand auf „Ready" (Bereit). Im Zustand „Ready" wurde die Bahn seitens des Controllers und seines Animators wie beschrieben parametriert und alle Komponenten sind abfahrbereit. Üblicherweise erfolgt dann das Kommando „Start" und der Controller löst die Abfahrt aus, indem er „Start" auch dem Animator weiterreicht. Während der Fahrt zeigt der Controller den Status „Running" (Läuft) an und sein Animator generiert im Animator-Takt Interpolationsergebnisse, die der Controller geeignet auswertet. Nach erfolgreicher Durchführung der Interpolation signalisiert der Animator dem Controller das Erreichen des Zieles, der daraufhin den Status „Finished" (Fertig) zeigt. Der Anwender bzw. überlagerte Steuerungen wie die Agenten quittieren diesen Zustand mit „Complete" (Vollständig), woraufhin die selbe Bahn erneut abfahrbereit ist oder eine weitere Bahn zur Abfahrt angesetzt werden kann. In jedem Zustand und zu jedem Zeitpunkt können die gegenwärtigen Vorgänge mit einem Kommando „Abort" (Abbrechen) abgebrochen werden, um Controller und Animator wieder in den Initialzustand „Waiting for Target" zurückzusetzen.

Die *Auswertung* erfolgt, indem die Controller die im Animator-Takt fortgeschriebenen Bahninterpolationen im $\mathbb{R}^n$ bzw. im $\mathbb{R}^6$ umrechnen und vervollständigen, um korrespondierende Vektoren $\underline{q}(\Delta t)$, $\underline{\dot{q}}(\Delta t)$ und $\underline{\ddot{q}}(\Delta t)$ für jeden Zeitschritt zu ermitteln. Wird ein Controller als aktiver Controller gekennzeichnet, stellt der Controller-Manager eine Verbindung zum Empfang dieser Vektoren her. Solange ein aktiver Controller verfügbar ist, schaltet der Controller-Manager die in dieser Verbindung übermittelten Vektoren der Kinematik auf, indem er in einem eigenen Takt die Werte an der kinematischen Wurzel setzt. Die notwendigen Mechanismen zur Taktung von Animator und Controller-Manager werden dabei durch das umgebende Simulationssystem angeboten, das über einen Scheduler verfügt, der auch für eine große Anzahl getakteter Elemente die präzise Einhaltung unterschiedlicher Taktzeiten ermöglicht. Üblicherweise werden die Takte von Animatoren und Controller-Manager gleichermaßen zu $1\,[ms]$ gewählt. Die Trennung des Takts der Werte-Erzeugung vom Takt der Werte-Verwendung erscheint damit zunächst künstlich, da Animatoren und Controller-Manager innerhalb eines Systems existieren und die gleiche Taktzeit aufweisen. Allerdings bereitet die Entkopplung an dieser Stelle vor, Animatoren und Controller einerseits und Controller-Manager andererseits auch in verschiedenen Systemen durchzuführen. Zum einen können Animatoren und Controller auf diese Weise im Sinne einer parallelen Simulation ausgelagert berechnet werden, um aufwändige Bahnberechnungen in Mehrprozessorsystemen auf dedizierte Prozessoren auszulagern. Zum anderen wird so die zukünftige Implementierung von Controllern ermöglicht, die nicht die hier entwickelten Animatoren zur Bahnberechnung verwenden, sondern z.B. Bahninkremente in einem fest vorgegebenen Takt aus weiteren, auch externen, Quellen beziehen.

In der industriellen Robotik wird mittels TCPs angegeben, wo sich – betrachtet in Bezug auf den Endeffektorflansch der Kinematik – der zentral bedeutsame Punkt eines Werkzeugs befindet. Steht einem Industrieroboter ein Greiferwechselsystem zur Verfügung, kann er verschiedene Werkzeuge aufgabenabhängig aufnehmen und ablegen. Entsprechend sind prinzipiell mehrere TCP-Definitionen vorzuhalten, die dazu im Bereich „Simulation/ Realität" der Matrixarchitektur als *TCP-Knoten* angeboten werden. TCP-Knoten können benutzerdefiniert am Ende kinematischer Pfade platziert werden. Indem sie von 3D-Knoten abgeleitet sind, führen sie eine relative Transformation mit sich, die den Lage-Offset zum letzten Gelenkkörper, dem Endeffektorflansch, beschreibt. Derart gesetzte TCP-Knoten tragen sich bei der zugehörigen kinematischen Wurzel in einen TCP-Pool ein. Von dort aus können sie zentral aufgefunden und referenziert werden, ohne dass zunächst das Ende der Kinematik aufgesucht und auf das Vorhandensein von TCP-Knoten untersucht werden muss (siehe Bild 4.13). Verwendung finden die TCP-Knoten insbesondere beim Setzen neuer Ziele für Controller. Beim Setzen eines neuen Zieles am kartesischen Controller ist ein TCP-Knoten zu benennen, um festzulegen, auf welchen Aufpunkt der kinematischen Kette sich die Bewegung bezieht. Die Auswertung von Animator-Ergebnissen durch den kartesischen Controller kann daher auch interpretiert werden als die Ermittlung einer Folge von Gelenkgeschwindigkeiten, die einen TCP-Knoten möglichst bahntreu entlang einer kommandierten Bahn führt. Damit werden TCP-Knoten auch zum geeigneten Ort, um zur kartesischen Bewegung passende Parametersätze $\underline{P}_p$ und $\underline{P}_o$ im Sinne von (4.62) zu verwalten. Die Maximalwerte von Geschwindigkeit und Beschleunigung sind üblicherweise spezifische Parameter eines Werkzeugs; wie es z.B. ersichtlich wird, falls der TCP-Knoten ein Schweißgerät bezeichnet, das nur mit einer gewissen Geschwindigkeit bewegt werden kann bzw. darf. TCP-Knoten können entsprechend mit Parametersätzen erweitert werden, die dann beim Setzen eines Zieles am kartesischen Controller in der Profilbildung berücksichtigt werden.

Auch für einen Übergang von Industrierobotern auf anthropomorphe Kinematiken ist die Definition von TCP-Knoten sinnvoll. Falls mittels der anthropomorphen MAS humanoide Roboter abgebildet werden, weisen diese oftmals gleiche technische Merkmale wie herkömmliche Roboter auf und verfügen daher ebenso über Greiferwechselsysteme, Greifer und

4.1 Bewegungssteuerung des einzelnen Agenten

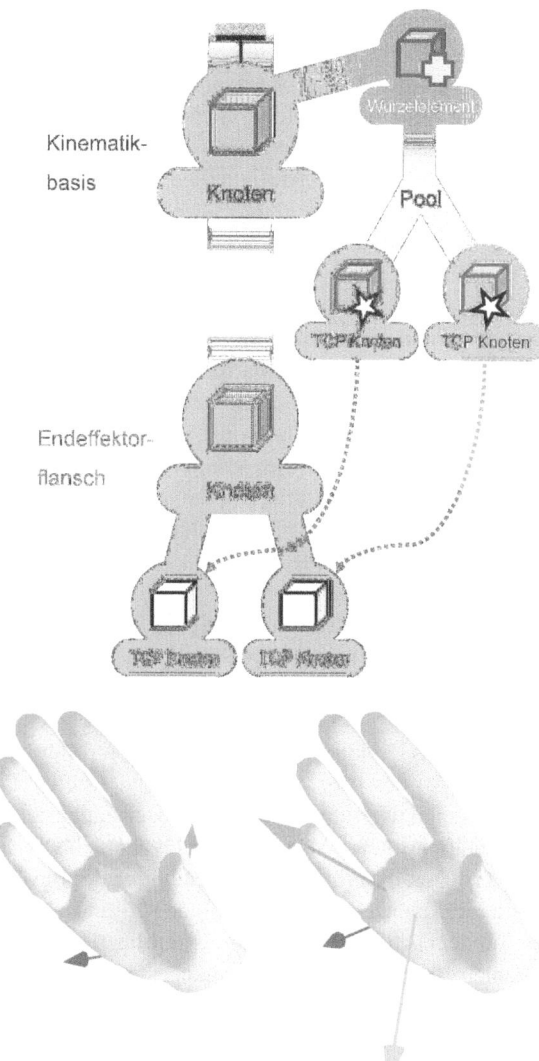

Abb. 4.13 Mehrere TCP-Knoten und der TCP-Pool an der kinematischen Wurzel

Abb. 4.14 Abbildung von Griff-Koordinaten nahe der Handwurzel (l.) und in der Handfläche (r.) durch mehrere TCP-Knoten

zugehörige TCPs. Aber auch für die Modellierung menschlicher Kinematiken ist der TCP-Mechanismus sinnvoll anzuwenden, u.a. um verschiedene Griffe und ihre relative Lage zum Handgelenk zu kennzeichnen (siehe Bild 4.14).

4.1.2.3 Beschreibung und Parametrisierung anthropomorpher Gesamtkinematiken

Mit den Controllern findet auch der Übergang auf den Agentenbegriff und damit auf die Zusammenstellung von Kinematiken zu Multi-Agentsystemen statt. Während Controller noch einzelne, sehr technische Basiselemente abbilden, die den Begrifflichkeiten und Anforderungen der industriellen Robotik nahekommen, sind sie doch nicht flexibel und umfassend genug, um ohne weitere Mechanismen den fortgeschrittenen Anwendungen im Rahmen anthropomorpher MAS zu genügen. So ist zum einen bereits für die Auswahl des aktiven Controllers eine übergeordnete Instanz notwendig. Zum anderen stellt die durch die Controller angebotene Fähigkeit der „Bewegung" nur eine einzelne, wenngleich zentrale, Fähigkeit von Kinematiken dar. In der Matrixarchitektur der MAS werden daher zur Steuerung der Controller die Agenten eingeführt (siehe Abschnitt 3.2.1 auf Seite 39). Die Agenten verwalten – zunächst unabhängig voneinander – Fähigkeiten einzelner kinematischer Pfade und greifen dazu allgemein auf die Attribute und Methoden der kinematischen Wurzelelemente zu. Um insbesondere die Fähigkeit der Bewegung bereitzustellen, verwenden die Agenten außerdem die Attribute und Methoden der quasikontinuierlichen Controller und Controller-Manager.

Die Schnittstelle zwischen Agenten und Wurzeln/Controllern bildet zugleich auch die Grenze der beiden Programmierumgebungen C/C++ und SOML++, die in dieser Arbeit eingesetzt werden (siehe Abschnitt 2.5.4 auf Seite 35). Grundsätzlich sind alle Basiselemente der Ebene „Einzelsystem" der Matrixarchitektur in C/C++ ausgeführt, während die Ebenen „Koordination/ Kopplung" und „Gesamtsystem" in SOML++ implementiert sind (siehe Bild 3.3 auf Seite 40). Indem dadurch die system- und steuerungsnahen Elemente des Gesamtkonzeptes in kompilierten Programmiercode vorliegen, wird ihre performante Ausführung ermöglicht. Die Implementierung der zunehmend abstrakten, „intelligenten" Ebenen der anthropomorphen Multi-Agentensysteme dagegen profitiert besonders von den Eigenschaften der Skriptsprache SOML++ in den Punkten Struktur, Flexibilität und Transparenz, wie es ausführlicher in Abschnitt 5.1 auf Seite 125 erläutert wird.

In Kontext der Skriptsprache SOML++ stellt ein Agent eine Erweiterung einer kinematischen Wurzel um eine ereignisdiskrete Dynamik im Sinne einer „Supervisory Control" dar. In seiner Dynamik erwartet der Agent beständig Aktionen, die zu lösende Aufgaben an ihn herantragen (siehe Abschnitt 5.2 auf Seite 135). Besteht die Aufgabe in einer Bewegung, schaltet der Agent als Reaktion den geeigneten Controller am Manager aktiv, wobei die Auswahl anhand der Art des vorgegebenen Bewegungszieles (PTP oder CP) erfolgt. Dann schaltet der Agent dem aktivierten Controller ein Bewegungsziel auf und kommandiert den Start der Bewegung. Im weiteren Verlauf seiner Dynamik überwacht der Agent den Status des Controllers und verifiziert die erfolgreiche Beendigung der Bewegung. Abschließend stellt sich der Agent wieder für die nächste auszuführende Aktion frei.

Auf der nächsthöheren Ebene „Koordination/ Kopplung" der Matrixarchitektur werden die Agenten zu Agentensets zusammengestellt. Grundsätzlich besteht ein Multi-Agentensystem aus mindestens einem Agentenset, dem *Steuerungsset* [CTRL] („Control"). Die CTRL-Agenten sind untereinander vollkommen gleichartig strukturiert und adressieren, wie beschrieben, jeweils einen kinematischen Pfad im kinematischen Baum. Im Fall des „Virtuellen Menschen" besteht das grundlegende MAS aus sechs CTRL-Agenten, wie es Tabelle 4.4 zeigt. Zur Bewegungssteuerung hat jeder dieser Agenten Zugriff auf jeweils einen Gelenk- und einen kartesischen Controller, die n Parametersätze $\underline{P}_i$ der einzelnen Gelenke und die kartesischen Parametersätze $\underline{P}_p$ und $\underline{P}_o$ gegebenenfalls mehrerer TCP-Definitionen.

Allerdings sind gemäß des Konzeptes der anthropomorphen MAS weitere Agenten zu betrachten. Die strikte Trennung von Steuerung und Visualisierung bringt es mit sich, dass die CTRL-Agenten ihre Berechnungen auf einem kinematischen Baum ausführen und die Ergebnisse anschließend auf einen getrennten kinematischen Baum übertragen werden, der ausschließlich der Visualisierung dient (siehe Bild 4.15). Entsprechend existiert zum Steuerungsset ein korrespondierendes *Visualisierungsset* [VISU] („Visualization"), in dem in der Regel zu jedem CTRL-Agent ein korrespondierender VISU-Agent angelegt ist. Die VISU-Agenten haben eine sehr viel einfachere ereignisdiskrete Dynamik, die nur darin besteht, Gelenkwertvektoren von den CTRL-Agenten entgegenzunehmen und sie über die Zugriffsfunktionen ihrer kinematischen Wurzeln auf dem kinematischen Baum zur Visualisierung zu setzen. Das bedeutet auch, dass der gesamte kinematische Baum zur Steuerung dupliziert

4.1 Bewegungssteuerung des einzelnen Agenten

Abb. 4.15 Trennung von Steuerung und Visualisierung anhand Agentensets

Tabelle 4.4 CTRL- und VISU-Agenten des „Virtuellen Menschen"

Beschreibung	Set	Kürzel	Gelenke n
2× rechter Arm	CTRL + VISU	R_Arm	2× 7
2× rechtes Bein	CTRL + VISU	R_Leg	2× 8
2× linker Arm	CTRL + VISU	R_Arm	2× 7
2× linkes Bein	CTRL + VISU	L_Leg	2× 8
2× Rücken	CTRL + VISU	S_Spine	2× 9
2× Kopf	CTRL + VISU	H_Head	2× 3
2× Basis	CTRL + VISU	B_Base	2× 6 (kart. DOF)
$\sum = 14$			$\sum = 96$

wird, um die Visualisierung auf einem eigenen kinematischen Baum auszuführen. Entsprechend verdoppelt sich auch die Gesamtheit der definierten kinematischen Pfade eines anthropomorphen MAS, wie ebenfalls in Tabelle 4.4 deutlich wird. Allerdings werden für die sehr direkte Aufgabe der VISU-Agenten keine Controller etc. benötigt, so dass die Erstellung von Instanzen dieser Elemente in den zugehörigen kinematischen Wurzeln unterdrückt wird.

Die Sets CTRL und VISU eines anthropomorphen MAS beinhalten jeweils einen zusätzlichen *Basis-Agenten*. Diese speziellen Agenten werden eingesetzt, um das Basis-Koordinatensystem des gesamten kinematischen Baumes zu animieren, falls die betrachtete anthropomorphe Kinematik nicht stationär ist. Im Fall des „Virtuellen Menschen" kommen die Basis-Agenten zum Einsatz, um die Lageänderung seines Körpers z.B. beim Sitzen oder beim Gehen einzustellen. Da die Basis-Agenten ausschließlich kartesisch operieren, bilden sie neben den regulären CTRL- und VISU-Agenten einen gesonderten Agenten-Typus, der nicht auf eine kinematische Wurzel zugreift, sondern mittels eines Animators für kartesische Bahnen direkt auf die oberste homogene Transformation des kinematischen Baumes einwirkt. Auch die Basis-Agenten folgen dem Konzept der Trennung von Steuerung und Visualisierung, so dass auch hier die Werte eines Basis-Agenten zur Steuerung auf einen Basis-Agenten zur Visualisierung übertragen werden (siehe Tabelle 4.4). Alle Kinematiken anthropomorpher MAS bewegen sich relativ zu dem von Basis-Agenten kontrollierten Koordinatensystem, das in der Körpermitte angelegt ist. Außerdem sind die kinematischen Ketten prinzipiell sternförmig angelegt, so dass ihre Basen jeweils nahe der Körpermitte liegen, während ihre TCPs körperfern operieren (siehe Bild 4.16).

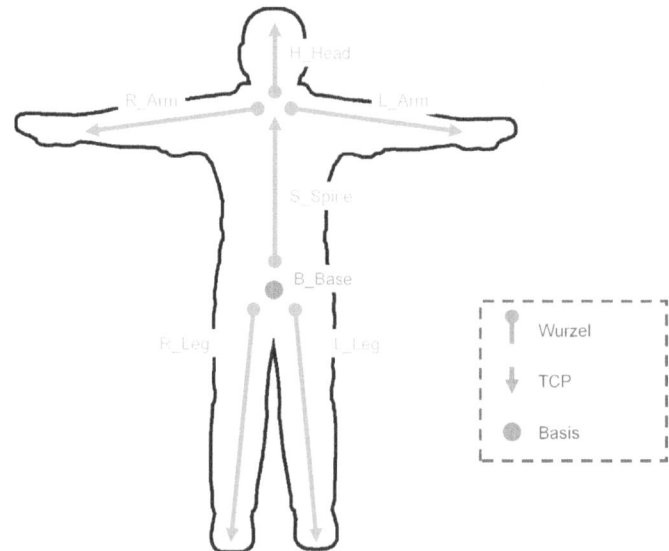

Abb. 4.16 Richtungen der CTRL-Agenten im „Virtuellen Menschen"

4.1.2.4 Weitere Agentensets des „Virtuellen Menschen"

Die Trennung von Steuerung und Visualisierung lässt es zu, dass die Anzahl der CTRL-Agenten nicht fest mit der Anzahl der VISU-Agenten korrespondieren muss. Insbesondere wird es dadurch ermöglicht, dass mehrere aktive Agenten Gelenkwerte für einen VISU-Agenten zur Verfügung stellen. Ohne weitere Maßnahmen stellt das prinzipiell einen Ressourcenkonflikt dar; allerdings werden bei Einführung geeigneter Mechanismen damit auch fortgeschrittene Manipulationen und Koordinationen der Bewegungen anthropomorpher MAS eröffnet. Der bisher geschilderte Aufbau der anthropomorphen Multi-Agentensysteme ist für die einfache Bewegungssteuerung des „Virtuellen Menschen" ausreichend, ohne dass eine weitere Koordination der Einzelbewegungen stattfindet. Durch die Einführung weiterer Agentensets zur Koordination und Kopplung, den *Koordinationssets* [COORD] („Coordination"), können zusätzliche, alternative oder optionale Bewegungen berechnet werden, deren Resultate dann zur geeigneten Aufschaltung auf die CTRL-Agenten bzw. VISU-Agenten zur Verfügung stehen (siehe Ebene „Koordination/ Kopplung" in Bild 3.3 auf Seite 40).

- *COORD1 – Koordination des Oberkörpers beim Greifen.* Die CTRL-Agenten der Extremitäten sind über den CTRL-Agenten des Rückens miteinander verkoppelt, so dass insbesondere Bewegungen der Arme und des Kopfes von der Stellung des Rumpfes abhängig sind (siehe Bild 4.16). Um diese Verkopplung der Arme und des Kopfes mit dem Rumpf zu betrachten und im Sinne einer anthropomorphen Bewegung koordinieren zu können, wird ein erstes Koordinationsset *COORD1* eingeführt. Das Koordinationsset enthält für jeden Arm und den Kopf einen zusätzlichen Agenten, der ein Duplikat der kinematischen Kette des jeweiligen Armes bzw. des Kopfes steuert, die zusätzlich um ein Duplikat der kinematischen Kette des Rückens verlängert ist. Im Gegensatz zu den CTRL-Agenten im Steuerungsset stehen den Agenten im COORD1-Set auf diese Weise hochredundante Armkinematiken mit jeweils 16 Gelenken und eine Kopfkinematik mit 12 Gelenken zur Verfügung (siehe Bild 4.17 und Tabelle 4.5). Die Basis der kinematischen Ketten im COORD1-Set liegt dabei in der Hüfte des „Virtuellen Menschen" und stimmt mit der ursprünglichen Basis des Rückens überein. Die TCPs der zusätzlichen Arm-/Kopfkinematiken stimmen mit den TCPs der ursprünglichen Kinematiken überein. Die COORD1-Agenten erlauben die

4.1 Bewegungssteuerung des einzelnen Agenten

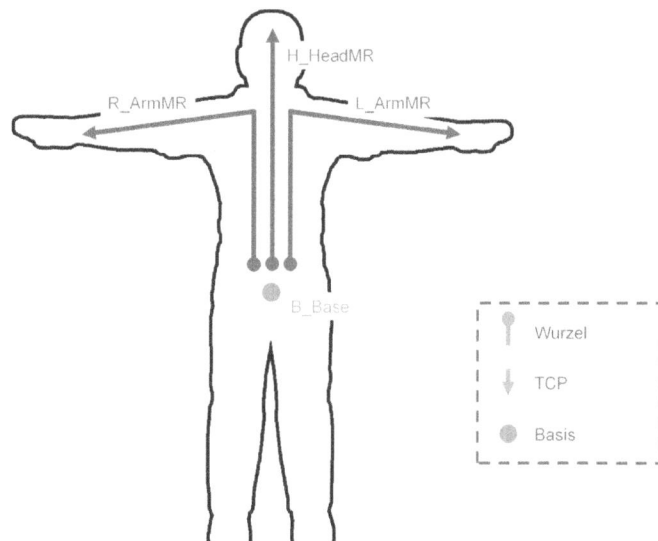

Abb. 4.17 Richtungen der COORD1-Agenten im „Virtuellen Menschen"

Tabelle 4.5 COORD1-Agenten des „Virtuellen Menschen"

Beschreibung	Set	Kürzel	Gelenke n
1× rechter Arm, verlängert	COORD1	R_ArmMR	1× 16
1× linker Arm, verlängert	COORD1	L_ArmMR	1× 16
1× Kopf, verlängert	COORD1	H_HeadMR	1× 12
$\Sigma = 3$			$\Sigma = 44$

Berechnung von Bewegungen für die Kombinationen von Arm, Kopf und Rumpf, wie sie in der Bewegungskoordination anhand des Konzeptes der „Multiplen Redundanz" (siehe Abschnitt 4.2 auf Seite 106) verwendet werden. Indem die Agenten dabei auf Duplikaten der kinematischen Ketten arbeiten, sind ihre Berechnungen frei von Konsequenzen für die Agenten im CTRL- und VISU-Set.

- *COORD2 – Koordination des Unterkörpers beim Gehen.* Zur Bewegungskoordination und kartesischen Simulation der Wechselwirkung von Beinen und Boden wird ein weiteres Koordinationsset *COORD2* eingesetzt. Für jedes Bein beinhaltet das Set zwei spezialisierte Agenten, die entsprechend der Richtung der ihnen zugeordneten kinematischen Ketten Bein-Vorwärts- und Bein-Rückwärts-Agenten benannt werden (siehe Bild 4.18 und Tabelle 4.6). Der Bein-Vorwärts-Agent steuert ein genaues Duplikat der eigentlichen kinematischen Kette des Beines, allerdings erlaubt es das losgelöste Duplikat, die Kinematik vollständig unabhängig von der Lage des restlichen Körpers zu platzieren. Die Basis dieser Kette liegt in der Körpermitte und der TCP ist im Fuß am Boden platziert. Auch der Bein-Rückwärts-Agent steuert ein Duplikat der kinematischen Kette des Beines, das jedoch gegenläufig zu den eigentlichen kinematischen Ketten operiert – die Basis ist am Boden positioniert, während der TCP in der Körpermitte liegt. Den koordinierten Betrieb der Bein-Agenten eines Beines und des zugehörigen CTRL-Agenten, sowie die Abstimmung des rechten und des linken Beines beim Gehen, wird durch eine übergeordnete Bewegungskoordination vorgenommen. Details zu dieser kinematischen Simulation von Verschiebungen der Körpermitte durch Beinbewegungen sind in Abschnitt 4.3 auf Seite 115 beschrieben.

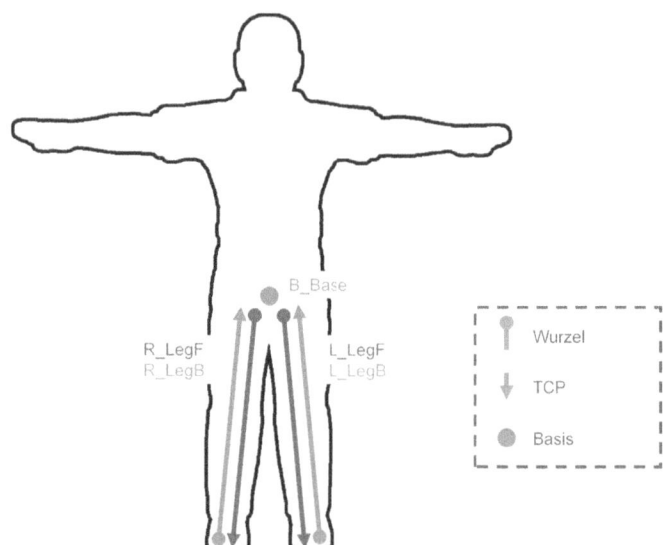

Abb. 4.18 Richtungen der COORD2-Agenten im „Virtuellen Menschen"

Tabelle 4.6 COORD2-Agenten des „Virtuellen Menschen"

Beschreibung	Set	Kürzel	Gelenke n
1× rechtes Bein, vorwärts	COORD2	R_LegF	1× 8
1× rechtes Bein, rückwärts	COORD2	R_LegB	1× 8
1× linkes Bein, vorwärts	COORD2	L_LegF	1× 8
1× linkes Bein, rückwärts	COORD2	L_LegB	1× 8
$\sum = 4$			$\sum = 32$

Weitere Agenten werden im Fall des „Virtuellen Menschen" eingeführt, um die Bewegungsmöglichkeiten der Finger zu erfassen. Allgemein wird es durch die Trennung von Steuerung und Visualisierung ermöglicht, einzelne Aspekte anthropomorpher Kinematiken mit anwendungsbedingtem Detailgrad herauszuarbeiten. So ist es insbesondere im Fall der Modellierung der Hände des „Virtuellen Menschen" möglich, starre Handmodelle mit symbolischem Charakter zu verwenden oder kinematisch ausgearbeitete Handmodelle mit individuellen Fingern einzusetzen. Entsprechend muss das Multi-Agentensystem gegebenenfalls um CTRL- und VISU-Agenten zur Ansteuerung der Finger-Kinematiken erweitert werden, wie es am Beispiel des „Virtuellen Menschen" in Tabelle 4.7 dokumentiert ist. Die Hände stellen ein weiteres Beispiel für Einsatzmöglichkeiten von Agentensets dar, deren Agenten ein eigenständiges, untergeordnetes MAS bilden, das sich nach außen hin wie ein einzelner Agent verhält. Zwar werden hier die Finger des „Virtuellen Menschen" nur mittels der regulären CTRL-Agenten angesprochen, durch Bildung von Agentensets ließen sich jedoch z.B. spezielle Algorithmen zum anthropomorphen Greifen begrifflich und strukturell im Gesamt-MAS verorten.

Zusammenfassend betrachtet weist das anthropomorphe Multi-Agentensystem des „Virtuellen Menschen" damit insgesamt bis zu 41 Agenten auf, die in unterschiedlichen Graden des Aufwandes bis zu 256 verallgemeinerte Koordinaten kontrollieren.

4.1 Bewegungssteuerung des einzelnen Agenten 95

Tabelle 4.7 Finger-Agenten des „Virtuellen Menschen"

Beschreibung	Set	Kürzel	Gelenke n
2× rechter Daumen	CTRL + VISU	R_Thumb	2× 5
2× rechter Zeigefinger	CTRL + VISU	R_Index	2× 4
2× rechter Mittelfinger	CTRL + VISU	R_Middle	2× 4
2× rechter Ringfinger	CTRL + VISU	R_Ring	2× 4
2× rechter kleiner Finger	CTRL + VISU	R_Small	2× 4
2× linker Daumen	CTRL + VISU	L_Thumb	2× 5
2× linker Zeigefinger	CTRL + VISU	L_Index	2× 4
2× linker Mittelfinger	CTRL + VISU	L_Middle	2× 4
2× linker Ringfinger	CTRL + VISU	L_Ring	2× 4
2× linker kleiner Finger	CTRL + VISU	L_Small	2× 4
$\sum = 20$			$\sum = 84$

4.1.3 Bahninterpolation für anthropomorphe Kinematiken

Wesentlicher Aspekt des Konzeptes zur Simulation, Analyse und Steuerung anthropomorpher Kinematiken ist es, einen systematischen Übergang von Bewegungen unabhängiger Agenten auf Bewegungen der anthropomorphen Gesamtkinematik zu bieten. Die Bewegung von Agenten entlang PTP-Trajektorien erfolgt per Definition im spezifischen Gelenkraum der von ihnen kommandierten kinematischen Ketten und bietet damit wenig Ansatzmöglichkeiten für einen derartigen Übergang. CP-Bewegungen der Agenten finden dagegen in der gemeinsam zugänglichen Definition des kartesischen Raumes statt. Daher wird der Übergang von Einzel- auf gekoppelte Bewegungen sinnvoll in der kartesischen Bahninterpolation vorbereitet bzw. verankert. Die hier erweiterte Umsetzung der Universaltransformation im kartesischen Controller löst das inverse kinematische Problem sowohl für beliebige industrielle Kinematiken, als auch für Agenten in anthropomorphen Gesamtkinematiken, wobei spezielle Eingriffsmöglichkeiten geschaffen werden, die zum einen im Konzept der „Multiplen Redundanz" (siehe Abschnitt 4.2 auf Seite 106) für die Bewegungskoordination zur Verfügung stehen und zum anderen in den ergonomisch motivierten Steuerungsalgorithmen (siehe Abschnitt 7.2.2 auf Seite 178) genutzt werden.

4.1.3.1 Darstellung kartesischer Geschwindigkeiten in Plücker-Koordinaten

Für die folgenden Ausführungen ist die Darstellung kartesischer Geschwindigkeiten in Plücker-Koordinaten [103][154][289] geeignet, die die translatorischen Geschwindigkeiten $\underline{v}$ und rotatorischen Geschwindigkeiten $\underline{\omega}$ in einem Vektor $\underline{l} \in \mathbb{R}^6$ zusammenführen (siehe Bild 4.19):

$$\underline{l} = \begin{bmatrix} \underline{v} \\ \underline{\omega} \end{bmatrix} = \begin{bmatrix} v_x \\ v_y \\ v_z \\ \omega_x \\ \omega_y \\ \omega_z \end{bmatrix}. \qquad (4.72)$$

Die Darstellung kartesischer Geschwindigkeiten in Plücker-Koordinaten ist auf ein Referenzkoordinatensystem bezogen. Seien zwei Koordinatensysteme A und B gegeben, sowie die Transformation

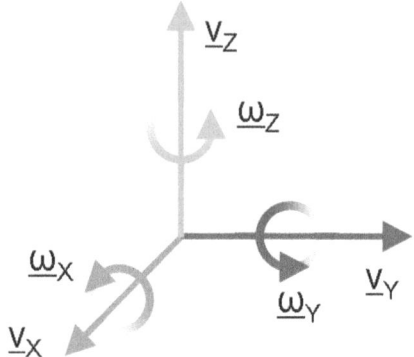

Abb. 4.19 Plücker-Koordinaten

$$^B\underline{T}_A = \begin{bmatrix} ^B\underline{R}_A & ^B\underline{p}_A \\ \underline{0}^T & 1 \end{bmatrix},$$

die die Lage von A in Bezug auf B angibt. Dann erfolgt die Umrechnung von in A gegebenen Geschwindigkeiten $\underline{\dot{l}}_A$ in auf B bezogene Geschwindigkeiten $\underline{\dot{l}}_B$ erfolgt mittels der Transformation $^B\underline{X}_A$ [103]:

$$\underline{\dot{l}}_B = {}^B\underline{X}_A \underline{\dot{l}}_A$$
$$= \begin{bmatrix} ^B\underline{R}_A & \underline{S}(^B\underline{p}_A)^B\underline{R}_A \\ \underline{0}_{[3x3]} & ^B\underline{R}_A \end{bmatrix} \underline{\dot{l}}_A \text{ mit } \underline{S}\left(^B\underline{p}_A\right) = \begin{bmatrix} 0 & -^B(p_z)_A & +^B(p_y)_A \\ +^B(p_z)_A & 0 & -^B(p_x)_A \\ -^B(p_y)_A & +^B(p_x)_A & 0 \end{bmatrix}, \quad (4.73)$$

bzw. ist mit

$$^A\underline{X}_B = {}^B\underline{X}_A^{-1}$$
$$= \begin{bmatrix} ^A\underline{R}_B & \underline{S}\left(^A\underline{p}_B\right) \,\,^A\underline{R}_B \\ ^A\underline{R}_B & \underline{0}_{[3x3]} \end{bmatrix} \quad (4.74)$$

die zugehörige inverse Koordinatentransformation gegeben. Wie für homogene Transformationen ist auf Basis der Transformationvorschrift (4.73) die Verkettung von Transformationen für Plücker-Koordinaten möglich,

$$^C\underline{X}_A = {}^C\underline{X}_B {}^B\underline{X}_A, \quad (4.75)$$

und es wird deutlich, dass zum einen Geschwindigkeiten in Plücker-Koordinaten mit dem selben Referenzsystem gültig elementweise addiert werden können und zum anderen eine elementweise Skalierung zur Verfügung steht:

$$\underline{\dot{l}}_{A_{1+2}} = \underline{\dot{l}}_{A_1} + \underline{\dot{l}}_{A_2} \quad (4.76)$$

$$\beta \underline{\dot{l}} = \begin{bmatrix} \beta \underline{v} \\ \beta \underline{\omega} \end{bmatrix}, \beta \in \mathbb{R}. \quad (4.77)$$

Darüber hinaus ergibt die Ableitung von Geschwindigkeiten in Plücker-Koordinaten nach der Zeit die zugehörigen Beschleunigungen:

4.1 Bewegungssteuerung des einzelnen Agenten

$$\underline{\dot{l}} = \begin{bmatrix} \underline{\dot{v}} \\ \underline{\dot{\omega}} \end{bmatrix} = \begin{bmatrix} \underline{a} \\ \underline{\alpha} \end{bmatrix}. \tag{4.78}$$

Als Referenzsystem der Plücker-Koordinaten, wie auch aller weiteren kartesischen Lagen, werden in diesem Abschnitt einheitlich Weltkoordinaten gewählt.

4.1.3.2 Erzeugung kartesischer Geschwindigkeiten in Plücker-Koordinaten

Im Fall des kartesischen Controllers wird $\underline{l}$ durch einen Animator erzeugt, der Position und Orientierung der Bahn in zwei gesonderten Spuren P und O interpoliert (siehe Abschnitt 4.1.2.2 auf Seite 82). Dabei wird in beiden Spuren die Geschwindigkeit entlang der Bahn anhand (4.51) durch Abtastung einer Raumkurve $K(\lambda)$ gemäß eines Geschwindigkeitsprofils $\lambda(t)$ bestimmt. Entsprechend lässt sich $\underline{l}$ durch

$$\underline{l} = \begin{bmatrix} \underline{v} \\ \underline{\omega} \end{bmatrix} = \begin{bmatrix} \frac{d}{dt}(K_p(\lambda_p(t))) \\ \frac{d}{dt}(K_o(\lambda_o(t))) \end{bmatrix} = \begin{bmatrix} \left(\frac{d}{d\lambda}K_p(\lambda_p)\right)\left(\dot{\lambda}_p(t)\right) \\ \left(\frac{d}{d\lambda}K_o(\lambda_o)\right)\left(\dot{\lambda}_o(t)\right) \end{bmatrix} \tag{4.79}$$

auf die Raumkurven und Geschwindigkeitsprofile für Position P und Orientierung O zurückführen. Wie in Abschnitt 4.1.1.1 auf Seite 59 erläutert, erfolgt die Abtastung der Raumkurven in ihrer natürlichen Parametrisierung nach der Bogenlänge (siehe Gleichung (4.4)), so dass hier das eigene Geschwindigkeitsprofil aufgeschaltet werden kann, ohne mit etwaigen Abweichungen durch Krümmung und Torsion der Kurve zu interferieren.

Die translatorische Geschwindigkeit $\underline{v}$ ist direkt mit dem Ergebnis der Positionsinterpolation gegeben, wie es z.B. im Fall einer LIN-Kurve gemäß (4.16) deutlich wird:

$$\underline{v} = \left(\frac{d}{d\lambda}K_p(\lambda_p)\right)\left(\dot{\lambda}_p(t)\right) = \underline{e}_\Delta \dot{\lambda}_p(t), \tag{4.80}$$

wo $\underline{v}$ genau dem konstanten Richtungsvektor der Positionsänderung entspricht, der mit dem Geschwindigkeitsprofil $\dot{\lambda}_p(t)$ moduliert wird. Die Orientierungsinterpolation mittels SLERP-Kurven dagegen liefert als Ergebnis eine Quaternionendarstellung, die gemäß (4.43) erst in eine rotatorische Geschwindigkeit im Sinne der Plücker-Koordinaten umgerechnet werden muss:

$$\underline{\omega} = \left(\frac{d}{d\lambda}K_o(\lambda_o)\right)\left(\dot{\lambda}_o(t)\right) = 2\frac{\Theta}{L}\underline{e}_k \dot{\lambda}_o(t), \tag{4.81}$$

was wiederum einem konstanten Richtungsvektor der Orientierungsänderung entspricht, der mit dem Geschwindigkeitsprofil $\dot{\lambda}_o(t)$ moduliert wird.

4.1.3.3 Mathematische Bedeutung der Jacobi-Matrix

Betrachtet wird eine Funktion $\underline{f} : \mathbb{R}^n \to \mathbb{R}^m, n, m \in \mathbb{N}$,

$$\underline{f}(\underline{x}) = \begin{bmatrix} f_1(\underline{x}) \\ f_2(\underline{x}) \\ \vdots \\ f_m(\underline{x}) \end{bmatrix}, \underline{x} = \begin{bmatrix} x_1 \\ x_2 \\ \vdots \\ x_n \end{bmatrix} \tag{4.82}$$

In Analogie zum eindimensionalen Fall kann $\underline{f}(\underline{x})$ um einen Punkt $\underline{x}_0 \in \mathbb{R}^n$ herum mit der Entwicklung eines Taylor-Polynoms beliebig angenähert werden, falls die Funktion in $\underline{x}_0$ stetig partiell differenzierbar ist [55]:

$$\underline{f}(\underline{x}) = \underline{f}(\underline{x}_0) + \frac{\underline{f}'(\underline{x}_0)}{1!}(\underline{x}-\underline{x}_0) + \frac{\underline{f}''(\underline{x}_0)}{2!}(\underline{x}-\underline{x}_0)^2 + \ldots + \frac{\underline{f}^{(n)}(\underline{x}_0)}{n!}(\underline{x}-\underline{x}_0)^n + \underline{R}_n(\underline{x}), \quad (4.83)$$

worin $\underline{R}_n(\underline{x})$ das Restglied darstellt, u.a. mit der Lagrangeschen Restgliedformel:

$$\underline{R}_n(\underline{x}) = \frac{\underline{f}^{(n+1)}(\underline{\varepsilon})}{(n+1)!}(\underline{x}-\underline{x}_0)^{(n+1)}, \quad (4.84)$$

für ein $\underline{\varepsilon} \in \mathbb{R}^n$ zwischen $\underline{x}$ und $\underline{x}_0$. Wird die Entwicklung des Taylor-Polynoms im eindimensionalen Fall der Funktion $f : \mathbb{R} \to \mathbb{R}$ nach dem linearen Glied $f'(x_0)(x-x_0)$ abgebrochen, entspricht das einer Linearisierung der Funktion $f(x)$ in x_0 anhand der Tangenten; im mehrdimensionalen Fall einer Linearisierung der Funktion $\underline{f}(\underline{x})$ in $\underline{x}_0$ anhand einer Tangentenhyperebene $\underline{g} : \mathbb{R}^n \to \mathbb{R}^m$ (sowie einer Abweichung $\underline{k} : \mathbb{R}^n \to \mathbb{R}^m$) [55]:

$$\begin{aligned}\underline{f}(\underline{x}) &= \underline{f}(\underline{x}_0) + \underline{f}'(\underline{x}_0)(\underline{x}-\underline{x}_0) + \underline{k}(\underline{x}) \\ &= \underline{g}(\underline{x}) + \underline{k}(\underline{x}),\end{aligned} \quad (4.85)$$

bzw. kann $\underline{k}(\underline{x})$ für sehr kleine Abweichungen von $\underline{x}_0$ vernachlässigt werden,

$$\underline{f}(\underline{x}) \approx \underline{g}(\underline{x}), \text{ für } \Delta\underline{x} = \underline{x} - \underline{x}_0 \approx 0. \quad (4.86)$$

Die in der Linearisierung (4.85) auftretende Matrix $\underline{f}'(\underline{x}_0)$ der partiellen Ableitungen wird *Jacobi-Matrix* $\underline{J}$ genannt und hat die Form:

$$\underline{J} = \underline{f}'(\underline{x}_0) = \begin{bmatrix} \frac{\delta f_1(\underline{x}_0)}{\delta x_1} & \frac{\delta f_1(\underline{x}_0)}{\delta x_2} & \cdots & \frac{\delta f_1(\underline{x}_0)}{\delta x_n} \\ \frac{\delta f_2(\underline{x}_0)}{\delta x_1} & \frac{\delta f_2(\underline{x}_0)}{\delta x_2} & \cdots & \frac{\delta f_2(\underline{x}_0)}{\delta x_n} \\ \vdots & \vdots & \ddots & \vdots \\ \frac{\delta f_m(\underline{x}_0)}{\delta x_1} & \frac{\delta f_m(\underline{x}_0)}{\delta x_2} & \cdots & \frac{\delta f_m(\underline{x}_0)}{\delta x_n} \end{bmatrix} = \begin{bmatrix} grad\, f_1(\underline{x}_0) \\ grad\, f_2(\underline{x}_0) \\ \vdots \\ grad\, f_m(\underline{x}_0) \end{bmatrix}. \quad (4.87)$$

Werden insbesondere infinitesimale Abweichungen $\lim \Delta \underline{x} \to 0$ betrachtet, stellt die Jacobi-Matrix die beste lineare Approximation der Funktion $\underline{f}(\underline{x})$ um $\underline{x}_0$ dar; auf Basis einer mehrdimensionalen Deutung des Differenzenquotienten wird $\underline{J}$ daher als erste Ableitung von $\underline{f}(x)$ aufgefasst [55].

4.1.3.4 Geometrische Zusammenstellung der Jacobi-Matrix

Die Vorwärtstransformation einer kinematischen Kette mit n Gelenken kann als nichtlineare mehrdimensionale Funktion $\underline{f} : \mathbb{R}^n \to \mathbb{R}^6$, $n \in \mathbb{N}$ betrachtet werden, die den Gelenkwertvektor $\underline{q} \in \mathbb{R}^n$ in die in Plücker-Koordinaten gegebene kartesische Lage $\underline{l} \in \mathbb{R}^6$ des Endeffektors abbildet,

$$\underline{l} = \underline{f}(\underline{q}), \quad (4.88)$$

wobei die Entwicklung von $\underline{q}$ und damit auch $\underline{f}(\underline{q})$ und $\underline{l}$ abhängig von der Zeit sind. Wird Gleichung (4.88) nach der Zeit abgeleitet, führt das auf den Einsatz einer Jacobi-Matrix ge-

4.1 Bewegungssteuerung des einzelnen Agenten

mäß (4.87) als (äußere) Ableitung von $\underline{f}(\underline{q})$ [289]. Die resultierende Jacobi-Gleichung stellt dann den Zusammenhang zwischen den in Plücker-Koordinaten gegebenen kartesischen Geschwindigkeiten $\underline{\dot{l}} \in \mathbb{R}^6$ des Endeffektors und den Gelenkgeschwindigkeiten $\underline{\dot{q}} \in \mathbb{R}^n$ dar, wobei die Spalten $\underline{J}_i, i \in [1,n]$ der Jacobi-Matrix Funktionen des momentanen Gelenkwertvektors $\underline{q}$ sind:

$$\underline{\dot{l}} = \underline{J}(\underline{q})\underline{\dot{q}} \Rightarrow \begin{bmatrix} \underline{v} \\ \underline{\omega} \end{bmatrix} = [\underline{J}_1(\underline{q}) \dots \underline{J}_n(\underline{q})] \begin{bmatrix} \dot{q}_1 \\ \vdots \\ \dot{q}_n \end{bmatrix} \quad (4.89)$$

Gemäß der Einführung der Jacobi-Matrix im Kontext der Linearisierung (4.85) ist die Aufstellung von (4.89) für infinitesimale Bewegungen um den Arbeitspunkt $\underline{q}$ herum gültig und stellt eine linearisierte Näherung der im allgemeinen Fall nichtlinearen Zusammenhänge dar. In jeder Spalte der Jacobi-Matrix wird für infinitesimale Bewegungen beschrieben, welchen Beitrag $\Delta \underline{l}_i$ eine infinitesimale Inkrementierung eines Gelenkes Δq_i jeweils zur resultierenden kartesischen Geschwindigkeit des TCPs leistet. Dabei schieben Schubgelenke ihren Gelenkkörper und die nachfolgende Kinematik in Achsrichtung voran, so dass sie ausschließlich korrespondierende Positionsänderungen des TCPs verursachen und nur zur seiner translatorischen Geschwindigkeit beitragen, wobei die Wirkungsrichtung abhängig von der gegenwärtigen Gelenkstellung der Kinematik ist:

$$\Delta \underline{l}_i^{trans} : \begin{bmatrix} \Delta \underline{v}_i \\ \Delta \underline{\omega}_i \end{bmatrix} \sim \begin{bmatrix} f_{trans_v}(\underline{q}, \dot{q}_i) \\ 0 \end{bmatrix}. \quad (4.90)$$

Drehgelenke drehen ihren Gelenkkörper und die nachfolgende Kinematik um ihre Gelenkachse, so dass sie vornehmlich Orientierungsänderungen des TCPs verursachen. Im Allgemeinen liegt der TCP allerdings nicht auf der Gelenkachse i, sondern hat einen abweichenden Versatz $\underline{r}$ gegenüber dem Gelenk, so dass Drehgelenke in der Regel außerdem einen translatorischen Beitrag zur Geschwindigkeit des TCPs leisten. Auch hier sind die Wirkungsrichtungen abhängig von der gegenwärtigen Gelenkstellung der Kinematik:

$$\Delta \underline{l}_i^{rot} : \begin{bmatrix} \Delta \underline{v}_i \\ \Delta \underline{\omega}_i \end{bmatrix} \sim \begin{bmatrix} f_{rot_v}(\underline{q}, \underline{r} \times \Delta \underline{\omega}_i) \\ f_{rot_\omega}(\underline{q}, \dot{q}_i) \end{bmatrix}. \quad (4.91)$$

Zwar können an dieser Stelle für einzelne Gelenktypen – und insbesondere für DH-Parameter – spezielle Funktionen f_{trans_v}, f_{rot_v} und f_{rot_ω} angegeben werden, doch als „Gelenk" sind hier, wie in Abschnitt 4.1.2.1 auf Seite 80 beschrieben, potenziell alle aktivierten Gelenkfreiheitsgrade mehrerer möglicher Gelenktypen zu verstehen. Entsprechend allgemein wird die Zusammenstellung der Spalten $\underline{J}_i$ der Jacobi-Matrix ausgelegt, die daher anhand der Freimodi der Gelenke konstruiert werden. In den *Freimodi* („Free Modes") [105][289] werden die beweglichen kartesischen Freiheitsgrade von Gelenken in Plücker-Koordinaten notiert. Beispielhaft zeigt (4.92) links alle potenziellen Freimodi $\underline{\phi}$ für ein in DH-Parametern $\underline{DH} = \{\Theta, d, a, \alpha\}$ gegebenes Gelenk, wobei allerdings die konventionelle Verwendung der DH-Parameter vorsieht, nur einen Freiheitsgrad freizugeben und nur die erste Spalte (rotatorisches Gelenk) oder die zweite Spalte (translatorisches Gelenk) zu verwenden. Die komplementäre Darstellung zu den Freimodi sind die *Beschränkungsmodi* („Constraint Modes"), die als $\underline{\bar{\phi}}$ ebenfalls in (4.92) rechts für ein DH-Gelenk angegeben sind.

$$\underline{\phi} = \begin{bmatrix} \underline{\phi}_v \\ \underline{\phi}_\omega \end{bmatrix} = \begin{bmatrix} 0 & 0 & 1 & 0 \\ 0 & 0 & 0 & 0 \\ 0 & 1 & 0 & 0 \\ 0 & 0 & 0 & 1 \\ 0 & 0 & 0 & 0 \\ 1 & 0 & 0 & 0 \end{bmatrix}, \bar{\underline{\phi}} = \begin{bmatrix} \bar{\underline{\phi}}_v \\ \bar{\underline{\phi}}_\omega \end{bmatrix} = \begin{bmatrix} 0 & 0 \\ 0 & 1 \\ 0 & 0 \\ 0 & 0 \\ 1 & 0 \\ 0 & 0 \end{bmatrix}. \tag{4.92}$$

Anhand der Lage $^W\underline{T}_{TCP}$ des TCP in Weltkoordinaten, sowie der Freimodi und der Lage $^W\underline{T}_i$ jedes aktivierten Gelenkfreiheitsgrades $i \in [1,n]$ in Weltkoordinaten können die Spalten $\underline{J}_i$ der Jacobi-Matrix allgemein aufgestellt werden:

$$\underline{J}_i = \begin{bmatrix} ^W\underline{R}_i \underline{\phi}_{v_i} - \left(\left(^W\underline{p}_{TCP} - ^W\underline{p}_i \right) \times ^W\underline{R}_i \underline{\phi}_{\omega_i} \right) \\ ^W\underline{R}_i \underline{\phi}_{\omega_i} \end{bmatrix}. \tag{4.93}$$

Wie in Abschnitt 4.1.2.1 auf Seite 80 beschrieben, können für die Gelenkfreiheitsgrade Skalierungsfaktoren angegeben werden. Üblicherweise wird über diese Angabe nur die Richtung der Drehung codiert; $s_i = -1$ dreht dabei die Richtung der Achse um. Darüber hinaus bietet das hier implementierte Verfahren zur Rücktransformation an, die Achseinflüsse untereinander mittels eines Gewichtungsvektors $\underline{w}_q$ abzugleichen. Gegebenenfalls werden Industrieroboter z.B. auf zusätzlichen Verfahrachsen montiert, um ihren Arbeitsbereich zu vergrößern. Über die zugehörige Gewichtung w_{q_i} kann dann der Einfluss einer derartigen Verfahrachse gegenüber den regulären Gelenken eingestellt werden. Ohne Gewichtung wird ein Eintrag im Vektor zu $w_{q_i} = 1$ gewählt. Diese Faktoren – Skalierung und Gewichtung – werden in (4.93) berücksichtigt, indem die tatsächlich verwendeten Freimodi mit diesen Faktoren multipliziert werden,

$$\underline{\phi}'_i = s_i w_{q_i} \underline{\phi}_i. \tag{4.94}$$

4.1.3.5 Die invertierte Jacobi-Gleichung als Basis der Universaltransformation

Sei $m = 6$ die Anzahl der kartesischen Freiheitsgrade des Endeffektors und n die Anzahl der betrachteten Gelenkfreiheitsgrade eines kinematischen Pfades. Da der kinematische Pfad in der Regel rotatorische Gelenke enthält, führen die auftretenden trigonometrischen Funktionen dazu, dass die Vorwärtstransformation $\underline{f}(\underline{q})$ in (4.88) im allgemeinen Fall ein nichtlineares System beschreibt, in dem m Gleichungen von n Größen abhängig sind. Der Einsatz der Jacobi-Matrix in der mit der Jacobi-Gleichung (4.89) formulierten *geschwindigkeitsbasierten Vorwärtstransformation* führt zu einer Linearisierung des Systems. Zur Lösung der *geschwindigkeitsbasierten Rückwärtstransformation* muss (4.89) prinzipiell invertiert werden,

$$\underline{\dot{q}} = \underline{J}^{-1}(\underline{q})\underline{\dot{t}}, \tag{4.95}$$

so dass sich ein linearisiertes System mit n Gleichungen ergibt, die von m Größen abhängig sind. Das Verfahren der Universaltransformation zur numerischen Lösung dieser invertierten Jacobi-Gleichung (4.95) beruht dann auf einer Anpassung des Newtonschen Verfahrens im $\mathbb{R}^n$ [55][46][289],

$$\underline{\dot{q}}_\tau = \underline{J}^{-1}(\underline{q}_{\tau-1})\underline{\dot{t}}_\tau, \tag{4.96}$$

4.1 Bewegungssteuerung des einzelnen Agenten   101

um auf Basis der im letzten Zeitschritt $\tau - 1$ eingestellten Jacobi-Matrix passende Gelenkgeschwindigkeiten zu ermitteln, die die im jetzigen Zeitschritt τ vorgegebene Geschwindigkeit des TCP erfüllen. In Vorbereitung des kommenden Schritts des numerischen Verfahrens werden die ermittelten Gelenkgeschwindigkeiten dann zur Einstellung der Gelenke eingesetzt,

$$\underline{q}_\tau = \underline{q}_{\tau-1} + \underline{\dot{q}}_\tau \Delta \tau, \tag{4.97}$$

womit wiederum die Jacobi-Matrix im kommenden Schritt bestimmt ist. Den wesentlichen Verfahrensschritt stellt dabei die Invertierung der Jacobi-Matrix dar, in der den kartesischen Dimensionen des Arbeitsraumes einer Kinematik die Dimensionen ihres Gelenkraumes gegenüber gestellt werden. Dabei ist im allgemeinen Fall nicht nur die Anzahl der Gelenke einer Kinematik n variabel, sondern auch m, die Anzahl der Dimensionen des Arbeitsraumes. Zwar stehen prinzipiell immer $m = 6$ kartesische Freiheitsgrade zur Verfügung, allerdings können zum einen einige Kinematiken einige dieser Freiheitsgrade unter keinen Umständen erreichen, zum anderen sollen die Freiheitsgrade möglicherweise benutzerdefiniert beschränkt werden. So ist z.B. der Arbeitsraum von SCARA-Robotern zunächst vollständig mit $m = 4$ kartesischen Koordinaten (Lage in der XY-Ebene in einer Höhe Z plus Orientierung um die Z-Achse) beschrieben. Da SCARA-Roboter es nicht zur Auswahl stellen, Zielorientierungen um die X- oder Y-Achse zu wählen, werden diese Elemente der Geschwindigkeit in Plücker-Koordinaten dargestellt daher immer Null bleiben. Ein Beispiel für die benutzerdefinierte Einschränkung der Freiheitsgrade ist gegeben, falls an SCARA-Robotern die Wahl der Orientierung gesperrt wird, und die inverse Kinematik nur Lösungen für den Unterraum der Positionen $\mathbb{R}^3_p$ erzeugt.

4.1.3.6 Abbild und Nullraum der Jacobi-Matrix

Entsprechend weist die Jacobi-Matrix allgemein m Reihen und n Spalten auf und ist damit nicht grundsätzlich mit $m = n$ quadratisch und auch nicht ohne weitere Maßnahmen invertierbar. Das mit der Jacobi-Matrix dargestellte Gleichungssystem kann mit $m > n$ unterbestimmt sein, falls die Kinematik nicht alle gewünschten kartesischen Freiheitsgrade stellen kann; es kann mit $m < n$ überstimmt sein, falls die Kinematik redundant ist und einige kartesische Freiheitsgrade mehrfach erschließt. Zusätzlich kann die Invertierung in jedem dieser Fälle scheitern, falls Singularitäten auftreten, das Gleichungssystem an Rang verliert und Lösungen nicht verfügbar sind. Die Analyse dieser Singularitäten erlaubt die Singulärwert-Zerlegung [SVD] („Singular Value Decomposition") [300][242], die auch in der Nähe von Singularitäten stabil aufgestellt werden kann:

$$\underline{J} = \underline{U}\,\underline{\Sigma}\,\underline{V}^T = \sum_{i=1}^{m} \sigma_i \underline{u}_i \underline{v}_i^T, \text{ mit}$$

$\underline{U}_{[m \times m]}$: ausgangsseitige Matrix

$\underline{V}_{[n \times n]}$: eingangsseitige Matrix

$\underline{\Sigma}_{[m \times n]}$: Matrix der Singularitäten. \hfill (4.98)

In der SVD-Zerlegung ist $\underline{U}_{[m \times m]}$ eine orthonormale Matrix, die aus den ausgangsseitigen Singulärvektoren $\underline{u}_i$ gebildet wird und $\underline{V}_{[n \times n]}$ ist eine orthonormale Matrix, die aus den eingangsseitigen Singulärvektoren $\underline{v}_i$ gebildet wird. Die Diagonalmatrix $\underline{\Sigma}$ enthält die Singulärwerte σ_i der Transformation. Im Fall der Jacobi-Matrix können die eingangsseitigen Singulärvektoren $\underline{v}_i$ als Gelenkgeschwindigkeiten interpretiert werden und die ausgangsseitigen Singulärvektoren $\underline{u}_i$ als kartesische Geschwindigkeiten; die Singulärwerte σ_i beschreiben dann den Durchgriff von Gelenk- auf die kartesische Seite [289].

Sei r der Rang der Matrix $\underline{J}$, $rang(\underline{J})$. Dann sind alle singulären Werte bis zum Index des Ranges positiv, aber verschwinden jenseits des Index des Ranges:

$$\sigma_1 \geq \sigma_2 \geq ... \geq \sigma_r > \sigma_{r+1} = ... = 0. \qquad (4.99)$$

Die Vektoren $\underline{u}_i$ sind bis zum Index des Ranges die Basisvektoren eines Subraumes mit Dimension $\mathbb{R}^r$, genannt Abbild $\mathscr{R}$; im Fall der Jacobi-Matrix beschreibt das Abbild die *erfüllbaren kartesischen Geschwindigkeiten*,

$$\mathscr{R}(\underline{J}) = span(\underline{u}_1, ..., \underline{u}_r) \qquad (4.100)$$

Die Vektoren $\underline{v}_i$ ab r sind die Basisvektoren eines Subraumes mit Dimension $\mathbb{R}^{n-r}$, genannt Nullraum $\mathscr{N}$; im Fall der Jacobi-Matrix beschreibt der Nullraum *auswirkungsfreie Gelenkgeschwindigkeiten*, deren Ausführung keine Abweichung der Erfüllung der kartesischen Geschwindigkeiten verursacht,

$$\mathscr{N}(\underline{J}) = span(\underline{v}_{r+1}, ... \underline{v}_n). \qquad (4.101)$$

In singulären Stellungen verliert die Matrix ihren vollen Rang und das Abbild verliert entsprechend Dimensionen, während der Nullraum an Dimensionen dazugewinnt. Im Fall der Jacobi-Matrix verliert $\mathscr{R}$ unabhängige Linearkombinationen, die aus den Komponenten der kartesischen Geschwindigkeitsvektoren gebildet werden können, während $\mathscr{N}$ unabhängige Linearkombinationen dazugewinnt, die aus den Komponenten der Gelenkgeschwindigkeitsvektoren gebildet werden können. Eine Interpretation der Singulärwerte ist es, die σ_i als Verstärkungsfaktoren zu betrachten, die den Durchgriff von Gelenkgeschwindigkeiten aus $\underline{v}_i$ auf die kartesischen Geschwindigkeiten aus $\underline{u}_i$ beschreiben. Verliert die Matrix an Rang, geht der Verstärkungsfaktor σ_r gegen Null und die entsprechende kartesische Geschwindigkeit geht auch für sehr große Gelenkgeschwindigkeiten verloren:

$$\begin{aligned} \sigma_r &= 0 \\ \underline{u}_r &\longrightarrow 0 \\ \underline{v}_r &\longrightarrow \infty. \end{aligned} \qquad (4.102)$$

4.1.3.7 Invertierung der Jacobi-Matrix und Dämpfung nahe Singularitäten

Eine Möglichkeit der Invertierung nicht-quadratischer Jacobi-Matrizen besteht u.a. in der Bildung von *Pseudoinversen*. In der Robotik verbreitet ist die „Moore-Penrose"-Pseudoinverse [263][135],

$$\underline{J}^+ = \begin{cases} \underline{J}_l^+ = (\underline{J}^T \underline{J})^{-1} \underline{J}^T & , m > n \\ \underline{J}^{-1} & , m = n \\ \underline{J}_r^+ = \underline{J}^T (\underline{J} \underline{J}^T)^{-1} & , m < n, \end{cases} \qquad (4.103)$$

die auch aus einer existierenden SVD-Zerlegung der Jacobi-Matrix zusammengestellt werden kann [170][198][300]:

$$\underline{J}^+ = \underline{V} \underline{\Sigma}^+ \underline{U}^T. \qquad (4.104)$$

Der Kern der Invertierung findet dabei in der Diagonalmatrix $\underline{\Sigma}^+$ statt, die im Regelfall aus den invertierten Singulärwerten $\frac{1}{\sigma_i}$ zusammengestellt wird. Es wird dabei deutlich, dass bei

4.1 Bewegungssteuerung des einzelnen Agenten

Annäherung an eine Singularität der invertierte Wert reziprok ansteigt und immer weiter unbegrenzt wächst, bis die resultierenden Gelenkgeschwindigkeiten alle Limits $\dot{q}_{max_i}$ überschreiten, und schließlich sogar die Division durch Null droht [351]. Werden die Singulärwerte in (4.98) als Verstärkungsfaktoren der Gelenk- auf die kartesischen Geschwindigkeiten interpretiert, stellen in (4.104) die „invertierten" Diagonalelemente σ_i^+ die Verstärkungsfaktoren der Übersetzung von $\underline{\dot{l}}$ auf $\underline{\dot{q}}$ dar. Auf Basis dieser Interpretation wird dem unbegrenzten reziproken Anstieg entgegengetreten, indem ab einer benutzerdefinierten Entscheidungsschwelle eine *Dämpfung* in Kraft tritt. Die Dämpfung ist eingerichtet als „Damped Least Squares" [169][66]. Die bekannten Ansätze werden hier allerdings dahingehend erweitert, dass die Schwellwerte des Ansprechens der Dämpfung $d_{threshold_i}$ im Vergleich zu auf Eins normierten Singulärwerten $\|\sigma_i\|$ angegeben sind. Während die eigentlichen Singulärwerte Größenordnungen aufweisen, die mit dem Maßstab und den Längen der Gelenkkörper korrespondieren, unterstützt die Normierung der Singulärwerte eine von der konkreten Kinematik losgelöste Parametrierung der Dämpfung. Die Normierung der Singulärwerte erfolgt, indem alle Singulärwerte durch den maximalen auftretenden Singulärwert σ_{max} geteilt werden:

$$\|\sigma_i\| = \frac{\sigma_i}{\sigma_{max}} \qquad (4.105)$$

Neben der für jedes Gelenk benutzerdefinierten Entscheidungsschwelle zum Einsatz der Dämpfung $d_{threshold_i}$ ist außerdem die benutzerdefinierte Angabe eines Maximalwertes der Dämpfung d_{max_i} für jedes Gelenk vorgesehen. Damit ergibt sich das bei Dämpfung resultierende Ergebnis für σ^+ zu:

$$\sigma_i^+ = \max\left(\frac{\sigma_i}{\sigma_i^2 + d_i^2}, d_{max_i}\right), \text{ mit } d_i^2 = \sigma_{max}^2\left(1 - \left(\frac{\|\sigma_i\|}{d_{threshold_i}}\right)^2\right). \qquad (4.106)$$

Zusammengefasst wird bei der Bildung der Diagonalmatrix $\underline{\Sigma}^+$ aus „invertierten" Diagonalelementen σ_i^+ folgende Fallunterscheidung implementiert:

$$\sigma_i^+ = \begin{cases} \frac{1}{\sigma_i} & \|\sigma_i\| > d_{threshold_i} \\ \frac{\sigma_i}{\sigma_i^2 + d_i^2} & \|\sigma_i\| < d_{threshold_i} \\ 0 & \|\sigma_i\| \approx 0, \end{cases} \qquad (4.107)$$

wobei der letzte Fall bedeutet, nahe dem numerischen Zentrum der Singularität die betreffende Zeile aus dem Gleichungssystem auszuschließen.

4.1.3.8 Die invertierte Jacobi-Gleichung für redundante Kinematiken

Mit der so nach (4.104) generierten Pseudoinversen ergibt sich die vollständige invertierte Jacobi-Gleichung zu:

$$\underline{\dot{q}} = \underbrace{(\underline{J}^+)\underline{\dot{l}}}_{\underline{\dot{q}}_\mathscr{R}} + \underbrace{(\underline{I} - \underline{J}^+\underline{J})\underline{\dot{v}}}_{\underline{\dot{q}}_\mathscr{N}}, \qquad (4.108)$$

wobei der linke Term $\underline{\dot{q}}_\mathscr{R}$ gewünschte kartesische Bewegungen zur Erzeugung mittels des Abbildes $\mathscr{R}$ vorgibt, während über den rechten Term $\underline{\dot{q}}_\mathscr{N}$ Bewegungen im Nullraum $\mathscr{N}$ kommandiert werden können [351]. Dabei bildet die Projektionsmatrix $\underline{P} = \underline{I} - \underline{J}^+\underline{J}$ beliebige Vektoren $\underline{\dot{v}}$ in den Nullraum der Jacobi-Matrix ab. Wie beschrieben, hängt es zum einen

Tabelle 4.8 Optionen der Angabe kartesischer Unterräume

Name	p_x	p_y	p_z	o_x	o_y	o_z
R2-PxPy	1	1	0	0	0	0
R3-PxPyPz	1	1	1	0	0	0
R3-PxPyOz	1	1	0	0	0	1
R3-OxOyOz	0	0	0	1	1	1
R1-Pz	0	0	1	0	0	0
R1-Oz	0	0	0	0	0	1
R6	1	1	1	1	1	1

von der Nähe zu Singularitäten bzw. von den Singulärwerten σ_i ab, in welchem Grad $\underline{\dot{q}}_{\mathscr{R}}$ und $\underline{\dot{q}}_{\mathscr{N}}$ umgesetzt werden können. Dieser Zusammenhang ist als Wechselbeziehung zu sehen: Verliert Abbild $\mathscr{R}$ Dimensionen, wächst der Nullraum $\mathscr{N}$ und es stehen vermehrt Möglichkeiten zur Verfügung, die „innere" Konfiguration einer Kinematik zu verändern, ohne dabei kartesische Bewegungen des TCPs zu verursachen. Zum anderen kann der Nullraum aber auch vergrößert werden, indem eine Kinematik mit $m < n$ redundant ist. In redundanten Kinematiken werden zusätzliche Gelenke eingeführt, so dass für Bewegungen in einigen kartesischen Dimensionen mehrere Gelenke zur Verfügung stehen. Diese zusätzlichen Bewegungsmöglichkeiten werden gemäß (4.99) ebenfalls dem Nullraum zugeschlagen. In diesem Sinne bedeutet kinematische Redundanz, dass zur Erzeugung gleicher äußerer Ergebnisse ganze Unterräume möglicher „innerer" Konfigurationen zur Verfügung stehen.

Das Verhältnis $m < n$ kann folglich eingestellt werden, indem einerseits die Anzahl der Gelenke einer Kinematik durch die Einführung redundanter Gelenke über die Anzahl der kartesischen Dimensionen hinaus gesteigert wird. Andererseits kann allerdings auch m abgesenkt werden, da es gegebenenfalls sinnvoll ist, nur auf Unterräumen des gesamten kartesischen Raumes zu arbeiten und z.B. die Orientierung zu vernachlässigen. Ein Parameter des hier umgesetzten Algorithmus zur Universaltransformation beschreibt dazu die Dimensionen des kartesischen Raumes, in dem die Kinematik operieren soll. In Tabelle 4.8 ist in Form von Freimodi dargestellt, welche (erweiterbaren) Optionen für diesen Parameter angeboten werden. Die Wahl des Parameters des angewandten kartesischen Unterraumes kann jeweils in Kombination mit der Angabe eines neuen Bewegungszieles erfolgen und wird dann durchgehend für die Dauer der Bewegung berücksichtigt.

4.1.3.9 Vorgabe von Nullraumaufgaben durch externe Quellen

Die Universaltransformation wird in den quasikontinuierlichen kartesischen Controllern der Agenten umgesetzt (siehe Bild 3.3 auf Seite 40). Im Rahmen dieser Arbeit wird das grundlegende Verfahren um Strukturen ergänzt, die das Einspielen von Nullraumzielen in Bewegungsabläufe verwalten. Dabei können in den kartesischen Controller so genannte *Nullraumaufgaben* aus einer Anzahl O Quellen berücksichtigt werden. Jeder dieser Quellen wird dabei im Takt der inversen Transformation angeboten, einen Vektor $\underline{\dot{v}}_o, o \in [1, O]$ zusammenzustellen. Als Entscheidungsgrundlage werden den Quellen dazu die bisher im Takt gewonnenen Daten übermittelt; diese bestehen aus den nach den Gelenken sortierten Singulärwerten, sowie den kommandierten kartesischen Geschwindigkeiten $\underline{\dot{l}}$ und den daraufhin geplanten Gelenkgeschwindigkeiten $\underline{\dot{q}}$. Die Bewegungsempfehlungen aller Quellen werden dann zu einem Gesamtergebnis $\underline{\dot{v}}$ verrechnet, indem pro Quelle zum einen eine gelenkweise Gewichtung $\underline{w}_{q_o}$ und zum anderen ein Skalierungsfaktor α_o herangezogen wird:

4.1 Bewegungssteuerung des einzelnen Agenten

$$\underline{\dot{v}} = \sum_{o=1}^{O} \alpha_o \underline{w}_{q_o} \underline{\dot{v}}_{-o} \tag{4.109}$$

Dass die von den unterschiedlichen Quellen verfolgten Nullraumaufgaben zur Abgabe von Bewegungsempfehlungen im Nullraum durchaus auch widersprüchlich sein können, wird dabei nicht auf der Ebene der Verechnung im kartesischen Controller adressiert, sondern in die übergeordnete Ebene des MAS verlagert.

4.1.3.10 Verfahren zur gelenkweisen Sortierung der Singulärwerte

Eine Besonderheit stellt an dieser Stelle die gelenkweise Sortierung der Singulärwerte dar, die im allgemeinen Fall nicht gelenkweise sortiert sind, sondern keine Sortierung aufweisen, bzw. im Sinne von (4.99) üblicherweise eine absteigende Sortierung nach ihrem Wert erfahren. Aus der Perspektive der Nullraumaufgaben stellt die Zuordnung von Singulärwert σ_i zu Gelenk q_i jedoch einen wesentlichen Informationsgewinn dar, da die Nullraumaufgaben so befähigt werden, die Zusammenstellung ihres Nullraumvotums $\underline{\dot{v}}_{-o}$ auf diejenigen Gelenke zu konzentrieren, die in einer gegebenen Situation überhaupt Einfluss im Nullraum ausüben können. Die Sortierung erfolgt auf der Grundlage, dass die Umsetzbarkeit von Nullraumbewegungen im umgekehrten Verhältnis zum Singulärwert steht – je geringer ein Singulärwert eines Gelenkes, desto direkter wird eine Nullraumbewegung dieses Gelenkes umgesetzt. Entsprechend dieses Ansatzes wird als Vorschritt der Sortierung der Singulärwerte die Projektionsmatrix $\underline{P}$ mit einer $n \times n$ großen Einheitsmatrix $\underline{I}$ multipliziert,

$$\underline{G}_{N} = \underline{P}\underline{I}, \tag{4.110}$$

und das Ergebnis als *Nullraumdurchgriff* $\underline{G}_{N}$ interpretiert. In jeder Spalte der Matrix $\underline{G}_{N}$ beschreibt der Nullraumdurchgriff die Auswirkung des Aufschaltens eines Gelenkwertvektors auf $\underline{P}$, in dem jeweils ein einzelnes Gelenk auf den Wert 1 gesetzt ist. Beziehungsweise beschreiben die Diagonalelemente des Nullraumdurchgriffs die Hauptauswirkung der Aufschaltung und stellen aufgrund ihrer Lage in $\underline{G}_{N}$ eine Zuordnung von Gelenk zu Durchgriff dar. Der Wert der Diagonalelemente dagegen kann, wie beschrieben, mit einem Singulärwert assoziiert werden, so dass hier über den Umweg des Nullraumdurchgriffs eine Zuordnung von Singulärwert zu Gelenk ermöglicht wird.

4.1.3.11 Resultierender Algorithmus der Universaltransformation

Zusammengefasst ergibt sich der in Bild 4.20 auf Seite 107 dargestellte Algorithmus der Universaltransformation, wie er hier auf der Basis der grundsätzlichen Vorgehensweise in Abschnitt 4.1.3.5 auf Seite 100 zur Bewegungssteuerung der Agenten im kartesischen Controller implementiert ist. Für einen Zeitschritt τ gibt der Animator dem kartesischen Controller ein *kommandiertes kartesisches Inkrement* vor. Neben der gemäß (4.79) kommandierten kartesischen Geschwindigkeit $\underline{\dot{l}}_\tau$ sind auch die kommandierte kartesische Lage $\underline{l}_\tau$ und die kommandierte kartesische Beschleunigung $\underline{\ddot{l}}_\tau$ bekannt. Ziel des Algorithmus ist es, passend dazu ein *geplantes Gelenkinkrement* zu ermitteln, das entsprechend aus der geplanten Gelenkgeschwindigkeit $\underline{\dot{q}}_\tau$ sowie der geplanten Gelenkstellung $\underline{q}_\tau$ und der geplanten Gelenkbeschleunigung $\underline{\ddot{q}}_\tau$ besteht. Zusätzlich ist die Gelenkstellung $\underline{q}_{\tau-1}$ als Resultat des vorherigen Zeitschritts bekannt. Aufschalten des geplanten Gelenkinkrements durch den Controller führt zu einem *geplanten kartesischen Inkrement* $(\underline{\tilde{l}}_\tau, \underline{\tilde{\dot{l}}}_\tau, \underline{\tilde{\ddot{l}}}_\tau)$, das dem kommandierten kartesischen

Inkrement folgt. Abweichungen zwischen der kommandierten und der daraus geplanten Bewegung ergeben sich durch Beschränkungen bei der Umsetzbarkeit. Zunächst wird eine Kompensation von Abweichungen versucht, um zumindest langfristig die kommandierte Bewegungen zu erfüllen; allerdings muss die Bewegung gegebenenfalls abgebrochen werden, falls ihre Umsetzung mit der Kinematik unmöglich ist.

1. *Jacobi-Matrix*:
    a. Spaltenweises Aufstellen der Jacobi-Matrix $\underline{J}(\underline{q}_{\tau-1})_{[m \times \tilde{n}]}$ nach (4.89) und (4.93) für den gewählten kartesischen Unterraum mit m Dimensionen und zunächst $\tilde{n} = n$ Gelenke.
    b. Singulärwert-Zerlegung der Jacobi-Matrix $\underline{J} = \underline{U}\,\underline{\Sigma}\,\underline{V}^T$ nach (4.98).
    c. Prüfung auf Gelenke in singulären Stellungen anhand (4.99), sonst Neuberechnung einer Jacobi-Matrix mit einer reduzierten Anzahl $\tilde{n} = \tilde{n} - 1$ an Spalten bzw. Gelenken laut *1.a)*. Abbruch, falls mit $\tilde{n} = 0$ kein Gelenk verfügbar ist.
    d. Aufstellen der Diagonalmatrix $\underline{\Sigma}^+$ mit Dämpfung nach (4.107).
    e. Invertieren der Jacobi-Matrix $\underline{J}^+ = \underline{V}\,\underline{\Sigma}^+\,\underline{U}^T$ nach (4.104).

2. *Nullraum*:
    a. Sortierung der Singulärwerte nach Abschnitt 4.1.3.10.
    b. Externe Berechnung der definierten Nullraumaufgaben und Verrechnung zu $\underline{\dot{v}}$ gemäß (4.109).

3. *Verifikation*:
    a. Berechnung des geplanten Gelenkinkrements $\underline{\dot{q}}_\tau$ nach (4.108), $\underline{q}_\tau$ gemäß (4.97) und numerische Berechnung von $\underline{\ddot{q}}_\tau$.
    b. Prüfung auf Einhaltung der minimalen/maximalen Gelenkwerte, maximalen Gelenkgeschwindigkeiten, minimalen und maximalen Gelenkbeschleunigungen, sonst Begrenzung des geplanten Gelenkinkrements auf ausführbare Werte.
    c. Berechnung des geplanten kartesischen Inkrements $\underline{\dot{l}}_\tau$, $\underline{l}_\tau$ und $\underline{\ddot{l}}_\tau$.
    d. Prüfung auf Einhaltung der maximalen TCP-Geschwindigkeiten und minimalen und maximalen TCP-Beschleunigungen, sonst optional Warnung oder Abbruch.

4.2 Konzept der „Multiplen Redundanz"

Aus der baumförmigen Struktur anthropomorpher Kinematiken resultieren erweiterte Bewegungsmöglichkeiten, die mit nur geringem zusätzlichen Aufwand erschlossen werden können. Auf der Ebene „Einzelsystem" der Matrixarchitektur steht keinem der Agenten die globale Perspektive oder Durchsetzungsfähigkeit zur Verfügung, die für die übergeordnete Koordination derartiger Bewegungen notwendig wäre. Diese Perspektive und Durchsetzungsfähigkeit kommt erst auf der übergeordneten Ebene „Koordination/ Kopplung" des Multi-Agentensystems zustande, auf der die Steuerungen zur Bewegungskoordination folglich verortet werden (siehe Bild 3.3 auf Seite 40). Um die Wirksamkeit dieses Aspekts der anthropomorphen Multi-Agentensysteme zu demonstrieren, werden im Rahmen dieser Arbeit zwei derartige übergeordnete Steuerungen von Agentensets bzw. Koordinationssets ausgearbeitet. Diese erste, nachfolgend beschriebene Steuerung koordiniert den Oberkörper beim Greifen mittels des Konzeptes der „Multiplen Redundanz". Die zweite, anschließend in Abschnitt 4.3 auf Seite 115 vorgestellte Steuerung koordiniert den Unterkörper beim Gehen.

4.2 Konzept der „Multiplen Redundanz"

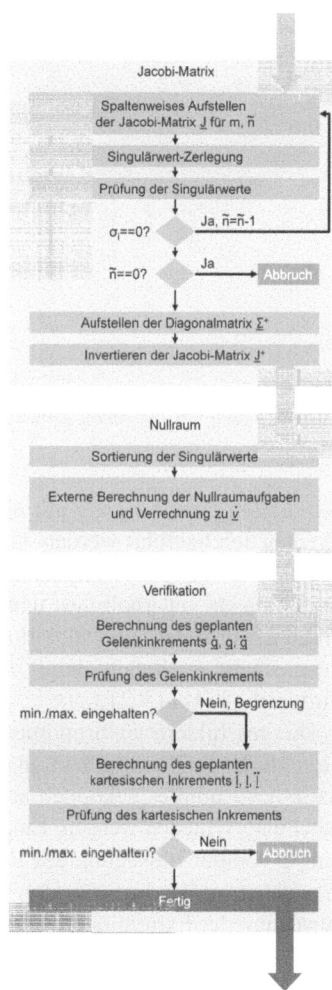

Abb. 4.20 Resultierender Algorithmus der Universaltransformation

Das Konzept der „Multiplen Redundanz" stellt dabei eine grundlegende Herangehensweise an die Erschließung anthropomorpher Bewegungsmöglichkeiten dar, die über das Greifen hinaus auch auf weitere Koordinationsprobleme ausgeweitet werden kann. Im Kern besteht das Konzept darin, die kinematischen Kopplungen anthropomorpher Kinematiken bewusst zu nutzen und den Agenten der Extremitäten die Freiheitsgrade des Rumpfes für unterstützende Bewegungen zur Verfügung zu stellen. Die bereits redundanten kinematischen Ketten der Extremitäten werden durch die Freiheitsgrade des Rumpfes mit weiterer Redundanz ausgestattet, die allerdings mehrfach, bzw. von mehreren Agenten zugleich genutzt wird. Die Steuerung der resultierenden hochredundanten Kinematiken mittels Nullraumbewegungen des Rumpfes ist dazu bereits in den Bewegungssteuerungen der Agenten veranlagt.

4.2.1 Kinematische Kopplungen in anthropomorphen Kinematiken

Wie in Bild 4.21 dargestellt, ist die Koordination der Agenten, z.B. der Arme, der Beine und des Rumpfes, essentielles Element anthropomorpher Bewegungen. Beispielsweise kann

Abb. 4.21 Beispiel des einarmigen Greifens im Arbeitsraum des Armes (l.), außerhalb des Arbeitsraumes ohne (m.) und mit (r.) Unterstützung des Rumpfes

das Greifen eines Objekts mit einem Arm nur durch den einzelnen, zugewiesenen CTRL-Agenten durchgeführt werden, falls sich das Objekt im Arbeitsraum des Armes befindet (siehe Bild 4.21 (l.)). Ohne unterstützende Bewegung des Körpers allerdings ist das Greifen eines Objekts außerhalb des unmittelbaren Arbeitsraumes des Armes nicht möglich (siehe Bild 4.21 (m.)). In dieser Situation ist es eine typische erweiterte Bewegung, den Oberkörper entsprechend zu drehen, damit der Arbeitsraum des rechten Armes in Objektnähe gebracht wird (siehe in Bild 4.21 (r.)).

Die geschilderte anthropomorphe Bewegung wird durch die baumförmige Struktur der Gesamtkinematik ermöglicht, in der die kinematischen Pfade der Extremitäten mit der Kinematik des Rumpfes gekoppelt sind. Zwei prinzipielle Wirkungsarten der Kopplung können dabei unterschieden werden. Einerseits sind in der Bewegungen der Extremitäten immer abhängig von der Bewegung des Rumpfes, was als unwillkürliche oder *unbedingte Kopplung* bezeichnet werden kann. Andererseits kann aber auch die Bewegung des Rumpfes durch die Bewegung der Extremitäten bedingt sein. Diese Wirkungsart wird als gewünschte, *bedingte Kopplung* bewusst herbeigeführt.

Beide Wirkungsarten sind deutlich am obigen Beispiel des einarmigen Greifens zu erkennen. Da die alleinige Annäherung der greifenden Hand nicht ausreicht, um die Distanz zum Objekt zu überbrücken, ist der Einsatz des Oberkörpers für eine resultierende menschenähnliche Bewegung wünschenswert. Das Drehen des Rumpfes wird dann bewusst zur Erweiterung des Arbeitsraumes des greifenden Armes herbeigeführt. Gleichzeitig soll die ruhende Hand in ihrer ursprünglichen Lage verbleiben. Aufgrund der unbedingten Kopplung wird jedoch die Lage der Basis des ruhenden Armes durch das Verdrehen des Oberkörpers ebenfalls laufend beeinflusst. Beide Wirkungsarten der Kopplung werden mit dem Konzept der „Multiplen Redundanz" adressiert.

4.2.2 Bewegungskoordination mittels mehrfach-redundanter Kinematiken

Das Konzept der „Multiplen Redundanz" [MR] besteht darin, den Agenten der Extremitäten die Freiheitsgrade des Rumpfes zur anthropomorphen Erweiterung ihrer Bewegungsmöglichkeiten zur Verfügung zu stellen. Die Extremitäten stellen für sich genommen bereits redundante Kinematiken dar. Indem die Agenten der Extremitäten über die zusätzlichen Freiheitsgrade des Rumpfes verfügen können, wird ihre Redundanz weiter erhöht. Allerdings werden

4.2 Konzept der „Multiplen Redundanz"

diese zusätzlichen Freiheitsgrade gegebenenfalls von mehreren Agenten zugleich genutzt, so dass die Redundanz zur „mehrfachen" oder „multiplen Redundanz" wird.

Generell führt das Bereitstellen von Redundanz zu einer Vergrößerung der Bewegungsmöglichkeiten im Nullraum einer Kinematik, da für jede gegebene Lage des TCPs praktisch unendlich viele „innere" Konfigurationen existieren, in der die kartesische Lage ebenso eingenommen werden kann. Entsprechend findet die MR-Bewegungskoordination als Steuerung von Nullraumbewegungen statt. Ausgangspunkt ist die in Abschnitt 4.1.3.8 auf Seite 103 beschriebene invertierte Jacobi-Gleichung:

$$\underline{\dot{q}} = \underbrace{\left(\underline{J}^{+}\right)\underline{\dot{l}}}_{\underline{\dot{q}}_{\mathscr{R}}} + \underbrace{\left(\underline{I} - \underline{J}^{+}\underline{J}\right)\underline{\dot{v}}}_{\underline{\dot{q}}_{\mathscr{N}}}. \qquad (4.111)$$

Neben der kommandierten Bewegung $\underline{\dot{q}}_{\mathscr{R}}$ kann eine Kinematik Nullraumbewegungen $\underline{\dot{q}}_{\mathscr{N}}$ ausführen, die nur die „innere" Gelenkkonfiguration betreffen und die kommandierte Bewegung des TCPs nicht verändern. Nullraumbewegungen werden anhand des Vektors $\underline{\dot{v}}$ vorgegeben, der in der vorliegenden Bewegungssteuerung gemäß (4.109) in Abschnitt 4.1.3.9 auf Seite 104 aus den gewichteten Ergebnissen einzelner Nullraumbewegungen berechnet wird. Das Konzept der „Multiplen Redundanz" nutzt diesen Mechanismus der Nullraumaufgaben, um jeder Extremität *ext* die Vorgabe einer Nullraumbewegung des Rückens *spine* einzuräumen, die die eigene kommandierte Bewegung unterstützen soll:

$$\underline{\dot{q}}_{spine} = \underline{\dot{q}}_{\mathscr{R}\,spine} + \underline{\dot{q}}_{\mathscr{N}\,spine} \qquad (4.112)$$

$$= \left(\underline{J}^{+}\right)\underline{\dot{l}}_{spine} + \left(\underline{I} - \underline{J}^{+}\underline{J}\right)\underline{\dot{v}}_{MR} \qquad (4.113)$$

$$= \left(\underline{J}^{+}\right)\underline{\dot{l}}_{spine} + \left(\underline{I} - \underline{J}^{+}\underline{J}\right)\left(\sum^{ext}\alpha_{ext}\underline{w}_{q_{ext}}\underline{\dot{v}}_{ext}\right), \qquad (4.114)$$

wobei für jede Extremität über α_{ext} eine generelle Skalierung und über $\underline{w}_{q_{ext}}$ eine gelenkweise Skalierung der von der Extremität gewünschten Nullraumbewegung $\underline{\dot{v}}_{ext}$ vorgenommen werden kann. Auf diese Weise kann u.a. der Einsatz der oberen Gelenke des Rückens gegenüber dem Einsatz der unteren Gelenke bevorzugt werden, so dass z.B. eine Drehung beim Greifen zunächst im Bereich der Schulter beginnt.

(4.112) beschreibt die Grundgleichung des Konzeptes der „Multiplen Redundanz". Im Folgenden wird die sinngemäße Anwendung dieser Grundgleichung als Steuerung zur Bewegungskoordination anthropomorpher Multi-Agentensysteme – hier des „Virtuellen Menschen" – beschrieben. Auf Basis der anthropomorphen MAS ist das Konzept über das hier betrachtete Beispiel des „Virtuellen Menschen" hinaus auch auf andere Arten anthropomorpher Kinematiken anwendbar.

4.2.3 Praktische Realisierung der „Multiplen Redundanz"

Wie in Bild 4.16 auf Seite 92 für das CTRL-Set des „Virtuellen Menschen" gezeigt, ist der kinematische Pfad des Rückens derart ausgerichtet, dass die Basis in der Hüfte und der TCP in der Schulter liegt. Ebenso werden die Extremitäten mittels kinematischer Pfade modelliert, deren Wurzel jeweils in der Schulter liegt und damit an den TCP des Rückens gekoppelt sind. Die kinematische Pfade der Extremitäten und des Rückens stellen für sich genommen bereits redundante Kinematiken dar.

Um das Konzept der „Multiplen Redundanz" am Beipiel des „Virtuellen Menschen" umzusetzen, wird ein Agentenset *COORD1* eingeführt, das modifizierte Duplikate der kinematischen Pfade der oberen Extremitäten enthält. Die Modifikation besteht darin, dass die Basen dieser neuen Kinematiken nicht in der Schulter enden, sondern die kinematische Kette des Rückens bis in die Hüfte hinein kopieren – die Pfade der Arme und des Kopfes werden um den Pfad des Rückens verlängert. Wie in Abschnitt 4.1.2.3 auf Seite 89 kurz beschrieben, werden mit dieser Vervielfachung im Koordinationsset drei „künstliche", hochredundante kinematische Pfade angelegt, die der klaren Abtrennung der MR-Berechnungen dienen. Die Ergebnisse dieser Berechnung werden dann in jedem Zeitschritt auf die eigentlichen Agenten im CTRL-Set (und im VISU-Set) übertragen.

Die prinzipielle Vorgehensweise der Eingriffe gemäß der „Multiplen Redundanz" besteht darin, die Bewegungen der Extremitäten mit den Agenten im COORD1-Set zu berechnen, denen durch die Modifikation zur Umsetzung ihrer Bewegungen auch die Freiheitsgrade des Rückens zur Verfügung stehen. Auch die Berechnung von Bewegungen für die COORD1-Agenten der Arme, ext_r und ext_l, wird auf Basis der Universaltransformation (4.108) vorgenommen. Die Redundanz der Arm/Rücken-Agenten führt dabei zu hochdimensionalen Jacobi-Matrizen mit $n = 17$ Spalten und $m = 6$ Zeilen. In jedem Zeitschritt resultieren aus den beiden Bewegungsberechnungen Gelenkgeschwindigkeitsvektoren $\underline{\dot{q}}_{ext_r}$ und $\underline{\dot{q}}_{ext_l}$. Die unteren 9 Elemente dieser Vektoren enthalten dabei Gelenkgeschwindigkeiten zur Nutzung des Rückens, während die oberen 7 Elemente Gelenkgeschwindigkeiten zur Nutzung der jeweiligen Extremität enthalten,

$$\underline{\dot{q}}_{ext_r} = \begin{bmatrix} \underline{\dot{q}}_{ext_r[10..17]} \\ \underline{\dot{q}}_{ext_r[1..9]} \end{bmatrix} ; \underline{\dot{q}}_{ext_l} = \begin{bmatrix} \underline{\dot{q}}_{ext_l[10..17]} \\ \underline{\dot{q}}_{ext_l[1..9]} \end{bmatrix} . \tag{4.115}$$

Die unteren Elemente der Geschwindigkeitsvektoren $\underline{\dot{q}}_{ext_r[1..9]}$ und $\underline{\dot{q}}_{ext_l[1..9]}$ stellen die von den Extremitäten gewünschten Nullraumbewegungen $\underline{v}_{ext}$ dar. Ihre Berücksichtigung findet in der Bewegungssteuerung des dritten Agenten ext_h des COORD1-Sets statt, die dazu im Sinne von (4.112) konfiguriert wird:

$$\underline{\dot{q}}_{ext_h} = \left(\underline{J}^+ \right) \underline{\dot{t}}_{ext_h} + \left(\underline{I} - \underline{J}^+ \underline{J} \right) \left(\alpha_{ext_r} \underline{w}_{q_{ext_r}} \underline{\dot{q}}_{ext_r[1..9]} + \alpha_{ext_l} \underline{w}_{q_{ext_l}} \underline{\dot{q}}_{ext_l[1..9]} \right) . \tag{4.116}$$

Definition und Ausführung der gewichteten Aufsummierung in (4.116) nimmt eine Nullraumaufgabe vor (siehe Abschnitt 4.1.3.9 auf Seite 104). Aus der Berechnung für den Kopf/Rücken-Agenten steht damit eine resultierende Gelenkgeschwindigkeit zur Verfügung, die in ihrer „inneren" Konfiguration die Bewegungswünsche der Arm/Rücken-Agenten berücksichtigt,

$$\underline{\dot{q}}_{ext_h} = \begin{bmatrix} \underline{\dot{q}}_{ext_h[10..13]} \\ \underline{\dot{q}}_{ext_h[1..9]} \end{bmatrix} . \tag{4.117}$$

Aus der Anwendung der Gelenkgeschwindigkeiten ergeben sich mit (4.97) Gelenkstellungen, die zum Abschluss jeden Zeitschritts auf die CTRL-Agenten übertragen werden. Die Gelenkstellung des Rückens und des Kopfes wird dabei direkt durch das Ergebnis des Kopf/Rücken-Agenten vorgegeben,

$$\left[\underline{q}_{spine} \right]_{CTRL} := \left[\underline{q}_{ext_h[1..9]} \right]_{COORD1} , \left[\underline{q}_{head} \right]_{CTRL} := \left[\underline{q}_{ext_h[10..13]} \right]_{COORD1} , \tag{4.118}$$

4.2 Konzept der „Multiplen Redundanz"

Abb. 4.22 Bewegung der Arme zum gekennzeichneten Koordinatensystem ohne Bewegungskoordination (l.) und mit Bewegungskoordination gemäß der „Multiplen Redundanz" (r.)

während im Fall der Arme die unteren Elemente des Rückens damit bereits gesetzt sind, und nur die oberen Elemente der Gelenkstellungen auf die CTRL-Agenten übertragen werden:

$$\left[\underline{q}_{arm_r}\right]_{CTRL} := \left[\underline{q}_{ext_{r[10..17]}}\right]_{COORD1}, \left[\underline{q}_{arm_l}\right]_{CTRL} := \left[\underline{q}_{ext_{l[10..17]}}\right]_{COORD1}. \quad (4.119)$$

Die Übertragung der Gelenkstellungen von den COORD1- auf die CTRL-Agenten bedeutet automatisch auch eine Übertragung der Gelenkstellungen von den CTRL-Agenten auf die VISU-Agenten zur Visualisierung.

Bild 4.22 zeigt links das Resultat der regulären Bewegungssteuerung für eine Situation der Objektmanipulation an der mit dem Koordinatensystem gekennzeichneten Lage. Rechts ist dagegen das Resultat der MR-Bewegungssteuerung zu sehen. Zur besseren Sichtbarkeit ist der „Virtuelle Mensch" anhand seines kinematischen Aufbaus dargestellt und die Visualisierung seiner Handkinematiken ist unterbunden.

Das dargestellte Experiment demonstriert den erwarteten Effekt der „Multiplen Redundanz", dass die Bewegungen der Armkinematiken nicht alleine aus der Schulter heraus erfolgen, sondern zur Umsetzung ihrer Bewegungsziele die Gelenke des Rückens mit nutzen. Doch auch ein weiterer wesentlicher Effekt der „Multiplen Redundanz" ist erkennbar – ohne weitere Maßnahmen wird die Ziellage einer Bewegung durch die Armkinematiken in der Regel nicht exakt erreicht! Wie in (4.101) wiedergegeben, ist es situativ bedingt, zu welchem Grad eine Nullraumbewegung umgesetzt werden kann. Abbild $\mathscr{R}(\underline{J})$ und Nullraum $\mathscr{N}(\underline{J})$ der Jacobi-Matrix stehen in einer Wechselbeziehung, die sich in den Singulärwerten widerspiegelt, die damit zugleich auch zum Maß der Umsetzbarkeit einer Nullraumbewegung werden. Eine vollständige, wunschgemäße Umsetzung der Nullraumbewegungen kann in keiner Situation erfolgen, da die kommandierte kartesische Bewegung die zielgenaue Bewegung einer Kinematik vorgibt und mit Nullraumbewegungen nur sekundäre, „innere" Ziele verfolgbar sind. Trotz dieses beschränkten Einflusses der Nullraumbewegungen ist auch das bisher vorgestellte Konzept der „Multiplen Redundanz" sinnvoll einsetzbar, da es der Vorbereitung einer exakten Bewegung dienen kann. Beispielsweise kann eine Objektlage mit einer MR-Bewegung angefahren werden, die den Arbeitsraum des greifenden Armes unter

Abb. 4.23 Ergebnis der „Multiplen Redundanz" ohne Maßnahme (l.) und mit Koordinationsmodus „Dominantes Steuern" für den rechten Arm (r.)

Nutzung des Rückens vergrößert; eine folgende, konventionelle Armbewegung schließt die verbleibende Lücke exakt.

Neben einer Maßnahme gegen den beschränkten Einfluss der Nullraumbewegungen werden im Folgenden auch weitere Koordinationsmodi der „Multiplen Redundanz" vorgestellt:

- *Dominantes Steuern.* Die Akkumulation von gewünschten Nullraumbewegungen wird nicht im Agenten ext_h, sondern in einem als „dominant" gekennzeichneten Arm vorgenommen. Für den dominanten Arm wird dadurch die zielgenaue Bewegungsausführung ermöglicht.
- *Rückwärts Steuern.* Ruhende Extremitäten werden im Koordinationsmodus „Rückwärts Steuern" betrieben, um die unwillkürliche Bewegung aufgrund der unbedingten Kopplung an den Rumpf zu kompensieren.
- *Reguläres Steuern.* Die COORD1-Agenten folgen den entsprechenden CTRL-Agenten. Die Koordination von Körperbewegungen ist deaktiviert, wird aber konsistent verfügbar gehalten.

4.2.3.1 Koordinationsmodus „Dominantes Steuern"

Ohne weitere Maßnahmen kann nicht garantiert werden, dass die Extremitäten ihre Bewegungsziele exakt anfahren, was durch den auf die „inneren" Konfigurationen beschränkten Einfluss von Nullraumbewegungen bedingt ist. Im bisherigen Ansatz werden nur die für den Kopf/Rücken-Agenten ext_h kommandierten kartesischen Bewegungen exakt ausgeführt, da für diesen Agenten die Akkumulation der Nullraumbewegungswünsche der anderen Extremitäten vorgenommen wird. Der Kopf/Rücken-Agent stellt in dieser Konstellation die hier so genannte *dominante Steuerung* dar. Im Koordinationsmodus „Dominantes Steuern" wird die Rolle der dominanten Steuerung auf andere Extremitäten übertragen. Damit steht es optional zur Verfügung, einen der Arm/Rücken-Agenten verstärkt in Richtung des Zieles zu bewegen (siehe Bild 4.23).

4.2 Konzept der „Multiplen Redundanz"

Mit Gleichung (4.116) wird die Grundgleichung (4.112) bereits sinngemäß angepasst, um den Kopf/Rücken-Agenten als dominante Steuerung hervorzuheben. Um den Koordinationsmodus „Dominantes Steuern" für einen Arm/Rücken-Agenten anzubieten, müssen in (4.116) demnach die Rollen der Agenten vertauscht werden. Entsprechend sind auch die Rückübertragungen der Ergebnisse auf die CTRL- und VISU-Agenten anzupassen.

rechter Arm dominant:

$$\underline{\dot{q}}_{ext_r} = \left(\underline{J}^+\right)\underline{\dot{L}}_{ext_r} + \left(\underline{I} - \underline{J}^+\underline{J}\right)\left(\alpha_{ext_h}\underline{w}_{q_{ext_h}}\underline{\dot{q}}_{ext_{h[1..9]}} + \alpha_{ext_l}\underline{w}_{q_{ext_l}}\underline{\dot{q}}_{ext_{l[1..9]}}\right) \quad (4.120)$$

linker Arm dominant:

$$\underline{\dot{q}}_{ext_l} = \left(\underline{J}^+\right)\underline{\dot{L}}_{ext_l} + \left(\underline{I} - \underline{J}^+\underline{J}\right)\left(\alpha_{ext_r}\underline{w}_{q_{ext_r}}\underline{\dot{q}}_{ext_{r[1..9]}} + \alpha_{ext_h}\underline{w}_{q_{ext_h}}\underline{\dot{q}}_{ext_{h[1..9]}}\right). \quad (4.121)$$

Technisch wird der Koordinationsmodus „Dominantes Steuern" realisiert, indem die drei Agenten im COORD1-Set vollkommen gleichwertig aufgebaut sind. Insbesondere ist für jeden der Agenten eine Nullraumaufgabe definiert, die allerdings nur für die dominante Steuerung aktiviert ist. Zusätzlich wird die Ausführungsreihenfolge der Bewegungssteuerungen der COORD1-Agenten derart umsortiert, dass der als dominant gekennzeichnete Agent als letzte Extremität berechnet wird und somit bei der Berechnung der aktiven Nullraumaufgabe die Gelenkgeschwindigkeitsvektoren der anderen Agenten bereits zur Verfügung stehen.

4.2.3.2 Koordinationsmodus „Rückwärts Steuern"

Bisher wird vorausgesetzt, dass alle Agenten im COORD1-Set aktiv sind und kommandierte kartesische Bewegungen ausführen. Inaktive, bzw. ruhende Agenten können auf diese Weise nicht berücksichtigt werden. Ohne weitere Maßnahme resultieren aus ruhenden Agenten keine Gelenkgeschwindigkeitsvektoren zur Eingabe eines Nullraumbewegungswunsches in die dominante Steuerung. Die Folge ist, dass ruhende Agenten aufgrund ihrer unbedingten Kopplung an den Rücken durch die Bewegung der anderen Extremitäten passiv mitbewegt werden. Um an dieser Stelle Abhilfe zu schaffen, können einzelne Extremitäten im Koordinationsmodus „Rückwärts Steuern" betrieben werden. Statt in der Bewegungssteuerung derart gekennzeichneter Agenten eine kommandierte kartesische Bewegung auszuführen, wird der Zeitschritt dazu eingesetzt, die aus der unbedingten Kopplung resultierende passive Bewegung zu kompensieren (siehe Bild 4.24).

Zur technischen Umsetzung des Koordinationsmodus „Rückwärts Steuern" wird die Bewegungssteuerung eines Agenten mit einer linearen kartesischen Bewegung betrieben, die sich in jedem Takt aus der Lagedifferenz zwischen der aktuellen TCP-Lage $^W\underline{T}_{TCP}$ und einer gewünschten TCP-Ruhelage $^W\underline{\tilde{T}}_{TCP}$ ergibt. Die Überbrückung etwaiger Positionsdifferenzen leistet eine LIN-Kurve gemäß (4.16), die mit dem Positionsanteil von $^W\underline{T}_{TCP}$ als Startlage und mit dem Positionsanteil von $^W\underline{\tilde{T}}_{TCP}$ als Endlage initialisiert wird. Analog dazu dient eine SLERP-Kurve nach (4.45) der Überbrückung etwaiger Orientierungsdifferenzen. Die Interpolation wird innerhalb jeden Zeittakts Δt in $K \in \mathbb{N}$ Schritten vorgenommen, ohne ein detailliertes Geschwindigkeitsprofil anzusetzen. Stattdessen wird in einer Analogie zu (4.79) eine kartesische Ersatzgeschwindigkeit konstruiert,

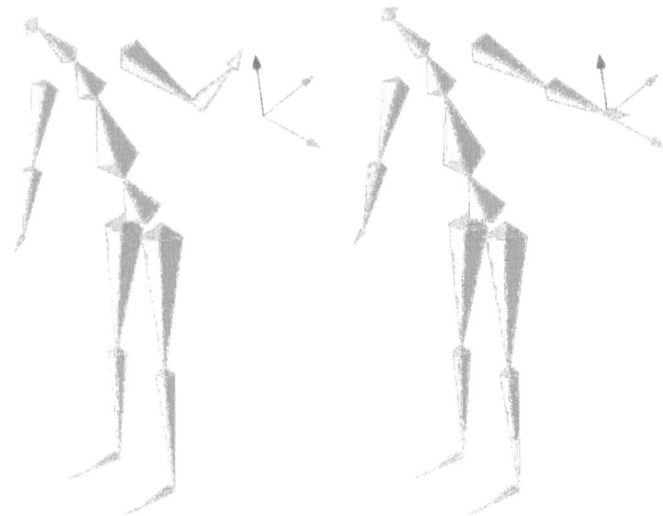

Abb. 4.24 Unwillkürliche Bewegung des inaktiven linken Armes (l.) und Fixierung des inaktiven linken Armes mit Koordinationsmodus „Rückwärts Steuern" (r.)

$$\Delta \underline{l}_k := \frac{k}{\Delta t} \begin{bmatrix} \Delta K_p(\lambda_{p_k}) \\ \Delta K_o(\lambda_{o_k}) \end{bmatrix} = \frac{k}{\Delta t} \begin{bmatrix} \underline{p}_S + \lambda_{p_k} \underline{e}_\Delta \\ q_S (q_S^* q_E)^{\frac{\lambda_{o_k}}{L_o}} \end{bmatrix}, \lambda_{p_k} = k\frac{L_p}{K}, \lambda_{o_k} = k\frac{L_o}{K}, k \in [1, K], \quad (4.122)$$

worin L_p die Länge der LIN-Kurve und L_o die Länge der SLERP-Kurve bezeichnet und q_S und q_E die Quaternionendarstellung der Start- und Endorientierung sind.

In der Bewegungssteuerung eines Agenten im Koordinationsmodus „Rückwärts Steuern" wird die kartesische Ersatzgeschwindigkeit $\Delta \underline{l}_k$ anstelle der kommandierten kartesischen Geschwindigkeit $\underline{l}$ eingesetzt. Nach dem obigen Ansatz erzielt bereits die Kompensation der Lagedifferenz in einem Schritt ($K = 1$) gute Resultate und überführt den TCP in die TCP-Ruhelage. Der resultierende Gelenkgeschwindigkeitsvektor kann dann als Nullraumbewegungswunsch in die dominante Steuerung eingereicht werden. Da auch diese Kompensationsbewegung im Nullraum des dominanten Agenten vollzogen wird, bleibt die Kompensation nach der MR-Bewegung in der Regel unvollständig. Daher ist zusätzlich nach jedem Zeittakt die finale Gelenkstellung des Rückens auf die unteren Elemente eines Agenten im Modus „Rückwärts Steuern" zu übertragen, um im nächsten Zeittakt die noch verbliebende Lagedifferenz zu berücksichtigen.

4.2.3.3 Koordinationsmodus „Reguläres Steuern"

Der letzte Koordinationsmodus „Reguläres Steuern" gliedert die MR-Bewegungskoordination in die regulären Bewegungen durch die CTRL-Agenten ein. In diesem Modus wird die Bewegungssteuerung des Oberkörpers durch die Agenten im CTRL-Set hergestellt, die dann auch die Agenten im COORD1-Set mitführen, so dass eine Aktivierung der Bewegungskoordination anhand des Konzeptes der „Multiplen Redundanz" jederzeit konsistent erfolgen kann. Im Modus „Reguläres Steuern" werden dazu die Gelenkstellungen der COORD1-Agenten am Ende jedes Zeittakts mit den Gelenkstellungen der CTRL-Agenten synchronisiert:

$$\begin{bmatrix} \underline{q}_{ext_r[10..17]} \\ \underline{q}_{ext_r[1..9]} \end{bmatrix}_{COORD1} = \begin{bmatrix} \underline{q}_{arm_r} \\ \underline{q}_{spine} \end{bmatrix}_{CTRL}, \qquad (4.123)$$

$$\begin{bmatrix} \underline{q}_{ext_l[10..17]} \\ \underline{q}_{ext_l[1..9]} \end{bmatrix}_{COORD1} = \begin{bmatrix} \underline{q}_{arm_l} \\ \underline{q}_{spine} \end{bmatrix}_{CTRL}, \qquad (4.124)$$

$$\begin{bmatrix} \underline{q}_{ext_h[10..13]} \\ \underline{q}_{ext_h[1..9]} \end{bmatrix}_{COORD1} = \begin{bmatrix} \underline{q}_{head} \\ \underline{q}_{spine} \end{bmatrix}_{CTRL}. \qquad (4.125)$$

4.3 Kinematische Koordination von Gehbewegungen

In dem auf die Körpermitte bezogenen System der MAS können Wechselwirkungen mit dem Boden nur unzureichend simuliert werden. Einerseits entfällt bei Bewegungen der Beine die Betrachtung von Gravitation und Reibung, da im Rahmen dieser Arbeit ein kinematischer Ansatz verfolgt wird. Andererseits wird eine Rückwirkung von Bewegungen der Beine auf das Basis-Koordinatensystem durch die Richtung der kinematischen Ketten verhindert. Zur Bewegungskoordination des Unterkörpers beim Gehen werden, wie in Abschnitt 4.1.2.3 auf Seite 89 kurz aufgegriffen, modifizierte kinematische Ketten künstlich in den Baum eingeführt. Diese kinematischen Ketten werden speziellen Agenten eines Koordinationssets *COORD2* zugewiesen, um sie gesondert von den eigentlichen CTRL-Agenten zu kommandieren.

Die Basen der eigentlichen Bein-Kinematiken setzen nahe der Körpermitte an, ihre TCPs liegen in den Füßen. Die von den CTRL-Agenten erzeugbaren Beinbewegungen sind daher darin begrenzt, dass sie zwar die Füße relativ zu der Körpermitte platzieren können, aber keine kinematische Rückwirkung der Kette auf den Körper erfolgt. Es werden pro Bein jeweils zwei Duplikate dieser Ketten eingeführt. Das eine Duplikat ist identisch ausgerichtet, aber mittels eines so genannten *Bein-Vorwärts-Agenten* im COORD2-Set kann es unabhängig vom restlichen Körper platziert werden. Das andere Duplikat ist dagegen „rückwärts" ausgerichtet – seine Basis liegt in den Füßen und sein TCP nahe der Körpermitte. Dieses Duplikat wird durch einen so genannten *Bein-Rückwärts-Agenten* im COORD2-Set gesteuert.

Die geeignete Koordination der Bewegungen aller Bein-Agenten ermöglicht es dann, kinematische Rückwirkungen von Beinbewegungen auf den Körper zu berechnen. Die Koordination erfolgt zweistufig. Zum einen können der Bein-Vorwärts- und der Bein-Rückwärts-Agent für jedes Bein koordiniert betrieben werden – diese Koordination auf der Ebene des einzelnen Beines besteht prinzipiell darin, in drei Modi festzulegen, ob der Bein-Vorwärts- oder der Bein-Rückwärts-Agent die Pose des Beines steuern darf. Zum anderen müssen die Resultate der Bein-Agenten des rechten und des linken Beines koordiniert auf die VISU-Agenten geschaltet werden, um Rückwirkungen auf das Gesamtsystem zu gewinnen – diese übergeordnete Koordination besteht prinzipiell darin, aus den Lagen beider Beine die Lage der Körpermitte des Gesamt-MAS zu bestimmen.

Über die Realisierung von Gehbewegungen hinaus wird es mittels der zusätzlich eingeführten COORD2-Agenten auch ermöglicht, weitere Bewegungen mit Bodenkontakt (z.B. Drehen) systematisch und komfortabel zu implementieren.

4.3.1 Berechnung von Bein- und Körperbewegungen

Die CTRL- und die VISU-Agenten arbeiten jeweils auf einem Set an kinematischen Ketten, deren Basen fix in einer Relation zu der Körpermitte des MAS angeordnet sind. Die Kinematiken im CTRL-Set sind relativ zu einer Körpermitte M_c angeordnet. Bedingt durch die gewünschte Trennung von Steuerung und Visualisierung sind die Kinematiken im VISU-Set relativ zu einer Körpermitte M_v angeordnet. In jedem Zeittakt findet ein Abgleich zwischen dem CTRL- und dem VISU-Set statt, so dass $M_v := M_c$. Außerdem werden per $\underline{q}_v := \underline{q}_c$ die Posen aller Agenten im CTRL-Set auf die VISU-Agenten übertragen, so dass sich im Normalbetrieb die VISU-Kinematiken synchron mit den CTRL-Kinematiken bewegen.

Wie für die CTRL- und VISU-Agenten gilt zunächst auch für die COORD2-Agenten, dass ihre kinematischen Ketten in Relation zu der Körpermitte des MAS angeordnet sind. Im Gegensatz zu den CTRL- und VISU-Agenten sind die Kinematiken der COORD2-Agenten jedoch nicht fix an die Körpermitte des MAS gekoppelt, sondern können einzeln angepasst platziert werden.

Die kartesische Lage der Körpermitte eines Bein-Vorwärts-Agenten sei mit $^W\underline{T}_{M_f}$ beschrieben. Die kartesische Lage der Basis der Bein-Vorwärts-Kinematik, $^W\underline{T}_{B_f}$, ist dann entsprechend bestimmt durch

$$^W\underline{T}_{B_f} = \left[^W\underline{T}_{M_f}\right]\left[^{M_f}\underline{T}_{B_f}\right], \quad (4.126)$$

worin die Transformation $^{M_f}\underline{T}_{B_f}$ zur Anordnung der Basis relativ zur Körpermitte konstant ist. Werden an der Kinematik Gelenkwerte $\underline{q}_f$ eingestellt, resultiert gemäß (4.50) eine kartesische Lage des TCPs, die als $^W\underline{T}_{TCP_f}$ bezeichnet sei,

$$^W\underline{T}_{TCP_f}(\underline{q}_f(t)) = \left[^W\underline{T}_{M_f}\right]\left[^{M_f}\underline{T}_{B_f}\right]\left[^{B_f}\underline{T}_{TCP_f}(\underline{q}_f(t))\right]. \quad (4.127)$$

Die kinematischen Ketten der Bein-Rückwärts-Agenten verhalten sich ähnlich wie die Bein-Vorwärts-Agenten. Allerdings ist die Abfolge der Gelenke in diesen Kinematiken umgekehrt, so dass die Elemente einer für den Bein-Vorwärts-Agenten gegebenen Pose $\underline{q}_f$ von hinten nach vorne umsortiert werden müssen, um eine Pose $\underline{q}_b$ für den Bein-Rückwärts-Agenten zu ergeben, hier ausgedrückt durch

$$\underline{q}_b := f(\underline{q}_f), \text{ bzw. } \underline{q}_f := f^{-1}(\underline{q}_b). \quad (4.128)$$

In den Bein-Rückwärts-Kinematiken sind die Lagen von Basis und TCP gegenüber den Bein-Vorwärts-Kinematiken vertauscht (siehe Bild 4.25). Wird eine Rückwärts-Basis B_b auf einen Vorwärts-TCP TCP_f gesetzt, und die entsprechende Pose $\underline{q}_b$ eingestellt, resultiert auch, dass der Rückwärts-TCP TCP_b auf der Vorwärts-Basis B_f liegt:

$$^W\underline{T}_{B_b} := {}^W\underline{T}_{TCP_f}(\underline{q}_f(t)) \Rightarrow {}^W\underline{T}_{TCP_b}(\underline{q}_b(t)) = {}^W\underline{T}_{B_f}. \quad (4.129)$$

Wie die Basen der Bein-Vorwärts-Kinematiken sind auch die Basen der Bein-Rückwärts-Kinematiken nicht fix an die Körpermitte des MAS gekoppelt, sondern können ebenfalls einzeln angepasst platziert werden.

Im Folgenden werden die Koordinationsmodi dargestellt, die jeweils auf der situationsbezogenen Anwendung dieser Gleichungen beruhen:

4.3 Kinematische Koordination von Gehbewegungen

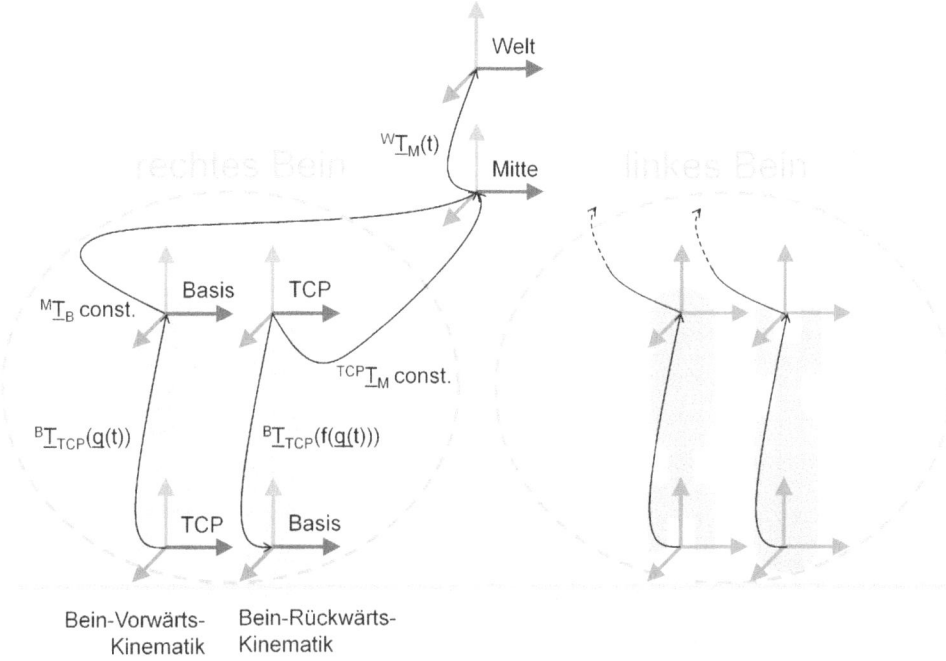

Abb. 4.25 Lage der Koordinatensysteme der COORD2-Agenten im rechten Bein

- *Reguläres Steuern.* Die COORD2-Agenten eines Beines folgen den entsprechenden CTRL-Agenten. Die Koordination von Gehbewegungen ist deaktiviert, wird aber konsistent verfügbar gehalten.
- *Vorwärts Steuern.* Die Bein-Vorwärts-Agenten eines Beines übernehmen die Steuerung, Bein-Rückwärts- und CTRL-Agenten folgen der Bewegung. Die Hüfte eines Beines in diesem Modus wird fixiert, der TCP im Fuß ist beweglich.
- *Rückwärts Steuern.* Die Bein-Rückwärts-Agenten eines Beines übernehmen die Steuerung, Bein-Vorwärts- und CTRL-Agenten folgen der Bewegung. Der Fuß eines Beines in diesem Modus wird fixiert, der TCP in der Hüfte ist beweglich.

4.3.1.1 Koordinationsmodus „Reguläres Steuern"

Der erste Koordinationsmodus „Reguläres Steuern" wird eingesetzt, falls keine verfeinerte kinematische Simulation von Gehbewegungen gewünscht ist. In diesem Fall werden die Beine „regulär", mittels der CTRL-Agenten gesteuert und die COORD2-Agenten folgen den CTRL-Agenten konsistent. Die TCPs (Füße) der Beine sind in diesem Modus frei beweglich; die Basen der Beine sind fest an die Körpermitte des MAS gekoppelt, die jedoch mittels des Basis-Agenten kartesisch bewegt werden kann. Zusätzlich zu beachten ist, dass gemäß der Trennung von Steuerung und Visualisierung auch die VISU-Agenten der Beine in Abhängigkeit von den CTRL-Agenten gesetzt werden.

Der gesamte Ablauf der Koordination im Modus „Reguläres Steuern" ist in Bild 4.26 dargestellt. Von links nach rechts ist abgebildet, wie Lage und Pose ausgehend von der CTRL-Kinematik auf die anderen Kinematiken eines Beines übertragen werden. Die Körpermitte

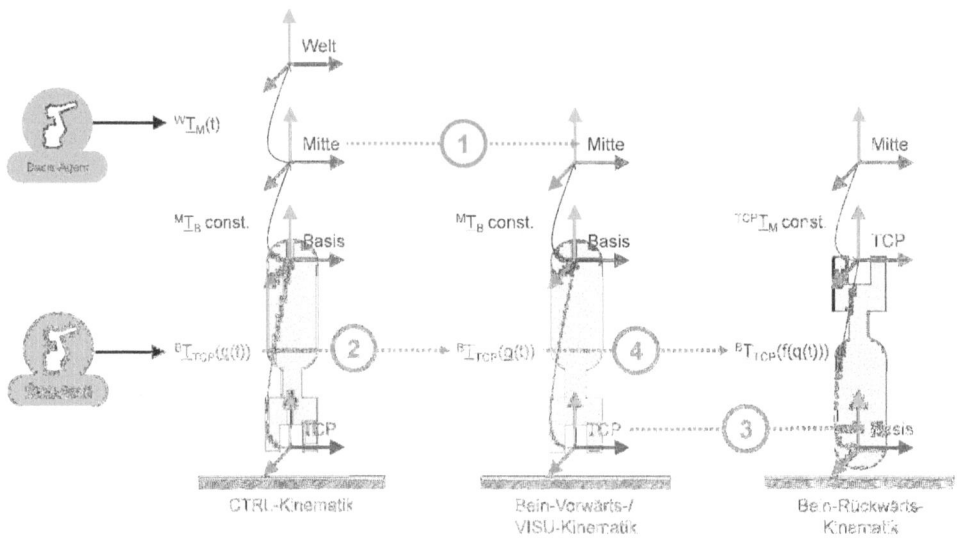

Abb. 4.26 Koordinationsmodus „Reguläres Steuern"

wird über den Basis-Agenten gesteuert, die daher eine Trajektorie ${}^W\underline{T}_{M_c}(t)$ beschreibt. Analog zu (4.126) folgt daraus eine Bewegung ${}^W\underline{T}_{B_c}(t)$ der Basis der CTRL-Kinematik,

$$ {}^W\underline{T}_{B_c}(t) = \left[{}^W\underline{T}_{M_c}(t)\right]\left[{}^{M_c}\underline{T}_{B_c}\right], \; {}^{M_c}\underline{T}_{B_c} const. \qquad (4.130)$$

Der CTRL-Agent des Beines steuert zusätzlich die Bewegung des TCPs über die Gelenktrajektorie $\underline{q}_c(t)$, so dass die Lage des TCPs einerseits über Bewegungen der Basis und andererseits über die Bewegung der Kinematik bestimmt wird:

$$ {}^W\underline{T}_{TCP_c}(t) = \left[{}^W\underline{T}_{B_c}(t)\right]\left[{}^{B_c}\underline{T}_{TCP_c}(\underline{q}_c(t))\right]. \qquad (4.131)$$

In *Schritt 1* wird die Körpermitte M_f des Bein-Vorwärts-Agenten platziert, damit sie der vom Basis-Agenten gesteuerten Trajektorie folgt,

$$ {}^W\underline{T}_{M_f}(t) := {}^W\underline{T}_{M_c}(t). \qquad (4.132)$$

In *Schritt 2* wird die Pose $\underline{q}_f$ des Bein-Vorwärts-Agenten gesetzt, so dass sie der vom CTRL-Agenten gesteuerten Gelenktrajektorie folgt,

$$ \underline{q}_f(t) := \underline{q}_c(t). \qquad (4.133)$$

Mit (4.132) und (4.133) wird die Bein-Vorwärts-Kinematik vollständig identisch zu der entsprechenden CTRL-Kinematik gestellt. Insbesondere ist auch der Vorwärts-TCP TCP_f identisch mit dem CTRL-TCP TCP_c gemäß (4.131).

In *Schritt 3* wird die Basis B_b des Bein-Rückwärts-Agenten platziert, damit sie der vom Bein-Vorwärts-Agenten vorgegebenen Trajektorie folgt,

4.3 Kinematische Koordination von Gehbewegungen

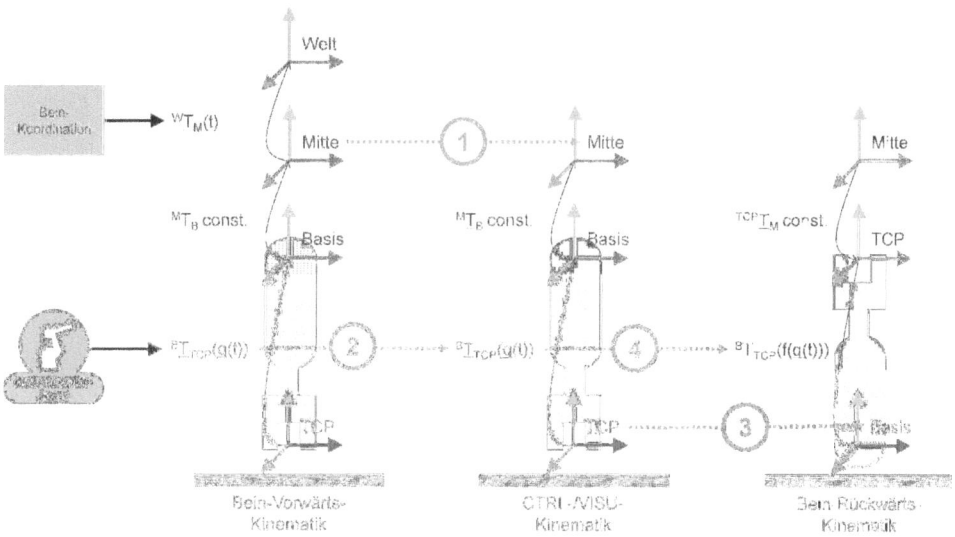

Abb. 4.27 Koordinationsmodus „Vorwärts Steuern"

$$^{W}\underline{T}_{B_b}(t) := {}^{W}\underline{T}_{TCP_f}(t). \tag{4.134}$$

In *Schritt 4* wird die Pose $\underline{q}_b$ des Bein-Rückwärts-Agenten gesetzt, so dass sie – in umgekehrter Reihenfolge der Gelenke – der vom Bein-Vorwärts-Agenten vorgegebenen Gelenktrajektorie folgt,

$$\underline{q}_b(t) := f(\underline{q}_f(t)). \tag{4.135}$$

Mit (4.134) und (4.135) wird die Bein-Rückwärts-Kinematik ebenfalls vollständig identisch zu der entsprechenden CTRL-Kinematik gestellt. Insbesondere sind auch der Rückwärts-TCP TCP_b und die Körpermitte M_b identisch mit dem CTRL-TCP TCP_c und der Körpermitte M_c.

Abschließend erfolgt die Synchronisation der Visualisierung, indem die VISU-Agenten wie in den Schritten 1 und 2 auf die CTRL-Agenten gesetzt werden.

4.3.1.2 Koordinationsmodus „Vorwärts Steuern"

Im Modus „Reguläres Steuern" werden alle COORD2-Agenten ausgehend von den CTRL-Agenten (ausgehend von der Körpermitte) gesetzt, aber nicht aktiv genutzt. Der Modus „Vorwärts Steuern" wirkt ebenfalls von der Körpermitte ausgehend, allerdings wird hier die Bewegung des Bein-Vorwärts-Agenten gesteuert. Der zugehörige CTRL-Agent und Bein-Rückwärts-Agent folgen der Bewegung konsistent. Der TCP (Fuß) von „vorwärts" gesteuerten Beinen ist in diesem Modus frei positionierbar. Die Lage ihrer Körpermitte wird auf der übergeordneten Koordinationsebene eingestellt (siehe Abschnitt 4.3.2 auf Seite 121).

Der Ablauf der Koordination im Modus „Vorwärts Steuern" ist in Bild 4.27 dargestellt. Die Körpermitte M_f wird in diesem Modus von der beinübergreifenden Koordinationsebene gesteuert und beschreibt eine Trajektorie $^{W}\underline{T}_{M_f}(t)$. Zusätzlich steuert der Bein-Vorwärts-Agent die Bewegung des TCPs über die Gelenktrajektorie $\underline{q}_f(t)$. Wie im regulären Fall folgt:

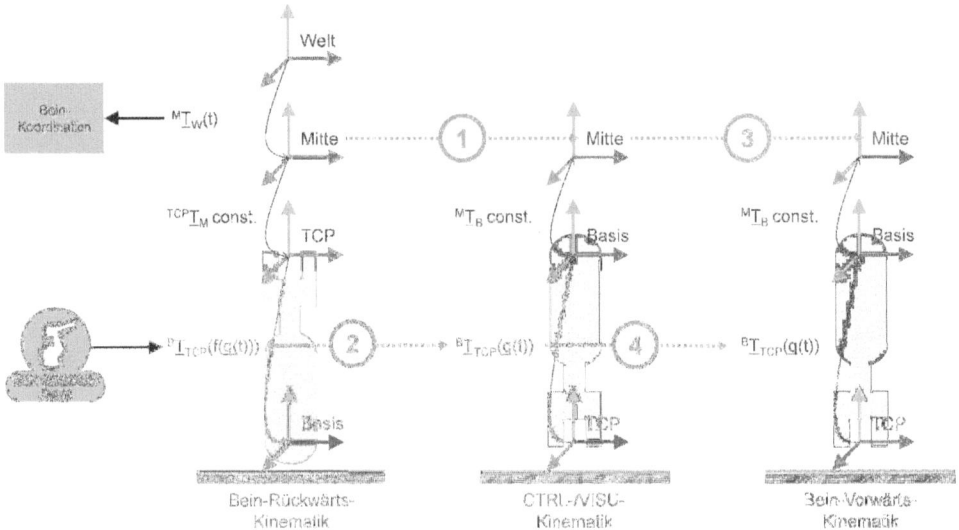

Abb. 4.28 Koordinationsmodus „Rückwärts Steuern"

$$^{W}\underline{T}_{TCP_f}(t) = \left[^{W}\underline{T}_{M_f}(t) \right] \left[^{M_f}\underline{T}_{B_f} \right] \left[^{B_f}\underline{T}_{TCP_f}(\underline{q}_f(t)) \right], \, ^{M_f}\underline{T}_{B_f} const. \quad (4.136)$$

Dann werden die *Schritte 1 bis 4* wie im Koordinationsmodus „Reguläres Steuern" durchgeführt, mit den Änderungen, dass die Rolle von CTRL- und Bein-Vorwärts-Agent vertauscht sind und die Körpermitte der von der übergeordneten Koordinationsebene gesteuerten Trajektorie folgt. Abschließend erfolgt die Synchronisation der Visualisierung, indem der VISU-Agent auf den CTRL-Agenten gesetzt wird.

4.3.1.3 Koordinationsmodus „Rückwärts Steuern"

Schließlich wird der dritte Koordinationsmodus „Rückwärts Steuern" eingesetzt, um die Körpermitte ausgehend von einem Boden-Kontakt steuern zu können. In diesem Fall wird der Bein-Rückwärts-Agent aktiv gesteuert; der zugehörige CTRL-Agent und Bein-Vorwärts-Agent folgen der Bewegung konsistent. Während die Basis (Fuß) der von „rückwärts" gesteuerten Beinen am Boden fixiert ist, sind ihre TCPs (Hüften) frei positionierbar. Auf der übergeordneten, beinübergreifenden Koordinationsebene wird daraus eine Körpermitte für das Gesamt-MAS ermittelt.

Der Ablauf der Koordination im Modus „Rückwärts Steuern" ist in Bild 4.28 dargestellt. Der Bein-Rückwärts-Agent steuert die Bewegung des TCPs über die Gelenktrajektorie $\underline{q}_b(t)$. Durch den umgekehrten Aufbau der Kinematik folgt daraus eine Trajektorie $^{W}\underline{T}_{M_b}(t)$ der Körpermitte,

$$^{W}\underline{T}_{M_b}(t) = \left[^{W}\underline{T}_{B_b}(t) \right] \left[^{B_b}\underline{T}_{TCP_b}(\underline{q}_b(t)) \right] \left[^{TCP_b}\underline{T}_{M_b} \right], \, ^{TCP_b}\underline{T}_{M_b} const. \quad (4.137)$$

Diese Trajektorie fließt in jedem Takt in die übergeordnete Bewegungssteuerung ein, und steht so beinübergreifend zur Verfügung (siehe Abschnitt 4.3.2). Im Regelfall ist es dann

4.3 Kinematische Koordination von Gehbewegungen

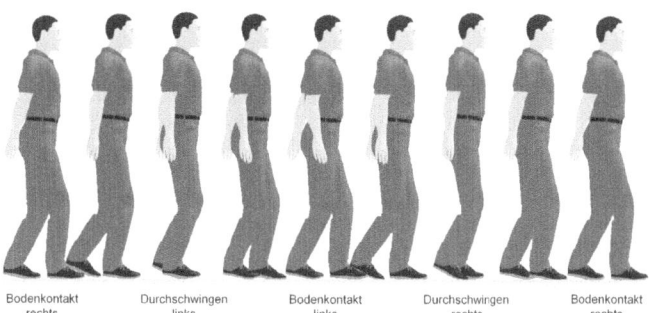

Abb. 4.29 Vollständiger Rechts-/Links-Zyklus der Koordination

Bodenkontakt rechts — Durchschwingen links — Bodenkontakt links — Durchschwingen rechts — Bodenkontakt rechts

auch diese Trakjektorie, die in *Schritt 1* verwendet wird, um die Körpermitte M_c des Sets der CTRL-Agenten zu platzieren, und so die Körpermitte des Gesamt-MAS zu steuern,

$$^{W}\underline{T}_{M_c}(t) := {}^{W}\underline{T}_{M_b}(t). \tag{4.138}$$

In *Schritt 2* wird die Pose $\underline{q}_c$ des CTRL-Agenten gesetzt, so dass sie der vom Bein-Rückwärts-Agenten gesteuerten Gelenktrajektorie folgt,

$$\underline{q}_c(t) := f^{-1}(\underline{q}_b)(t). \tag{4.139}$$

Mit (4.138) und (4.139) wird die CTRL-Kinematik vollständig identisch zu der entsprechenden Bein-Rückwärts-Kinematik gestellt. Insbesondere ist auch der CTRL-TCP TCP_c identisch mit dem Rückwärts-TCP TCP_b.

Dann werden die *Schritte 3 und 4* wie die Schritte 1 und 2 im Koordinationsmodus „Reguläres Steuern" durchgeführt, so dass auch die Bein-Vorwärts-Kinematik der CTRL-Kinematik, bzw. der Bein-Rückwärts-Kinematik folgt. Abschließend erfolgt die Synchronisation der Visualisierung, indem der VISU-Agent auf den CTRL-Agenten gesetzt wird.

4.3.2 Praktische Realisierung der Gehbewegungen

Um die beschriebenen Koordinationsmodi abgestimmt zum Einsatz zu bringen, bedarf es der übergeordneten Koordinationsebene. Nur der Modus „Reguläres Steuern" spricht bereits beide Beine an; die Modi „Vorwärts Steuern" und „Rückwärts Steuern" sind für die Beine jeweils getrennt einstellbar. Es ist die Aufgabe der beinübergreifenden Koordination, diese Modi für die Beine derart anzuwählen, dass sich insgesamt eine nachvollziehbare Gehbewegung ergibt.

Ein einzelner Schrittzyklus kann aus mindestens zwei Phasen bestehend beschrieben werden [338], wie es in Bild 4.29 gezeigt ist. In der *Kontaktphase* wird die Ferse ca. ein Viertel der Schrittlänge in Gehrichtung auf den Boden gebracht. Beim Bodenkontakt ist das Bein nahezu vollständig gestreckt. Die anschließende Bewegung des Beines schiebt den Körper dann um ca. die Hälfte der Schrittlänge voran, wobei der Fuß eine Abrollbewegung von der Ferse zu den Zehen beschreibt. Die Beinbewegung besteht zunächst in einem Absenken des Körpers und Krümmen des Beines aus der Streckstellung, bis sich der Körperschwerpunkt ungefähr über dem Fuß befindet. Dieses Bein trägt in der Kontaktphase das gesamte Körpergewicht und die Belastung wird allmählich aufgebaut. Befindet sich der Schwerpunkt über dem Fuß, wird das Bein wieder gestreckt und die Hüfte nach vorne angehoben. Zugleich wird

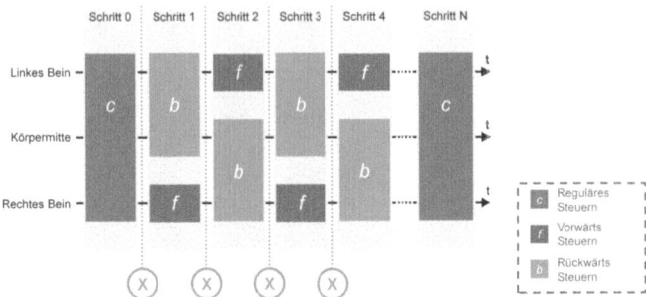

Abb. 4.30 Übergeordnete Koordination des Gehens

der andere Fuß vom Boden gelöst und zum nächsten Bodenkontakt nach vorne geschwungen. Ist der Bodenkontakt des anderen Fußes hergestellt, geht das betrachtete Bein in die *Freiphase* über. In dem selben Maße, wie das Gewicht auf den anderen Fuß mit Bodenkontakt verlagert wird, wird der betrachtete Fuß in der Freiphase gestreckt, bis nur noch die Zehen den Boden berühren. Dann löst sich der Fuß vom Boden und wird angewinkelt nach vorne gebracht, wobei sich die Zehen nahe am Boden befinden. Ungefähr ab dem Zeitpunkt, zu dem Knie und Fuß von hinten nach vorne kommend den Körperschwerpunkt passieren, wird das Bein dann gestreckt, bis es schließlich wieder auf den Boden gebracht werden kann. Es beginnt die nächste Kontaktphase für das betrachtete Bein, während das andere Bein in die Freiphase übergeht.

Im Wesentlichen besteht die beinübergreifende Koordination darin, die Beine abwechselnd in die Modi "Vorwärts Steuern" und „Rückwärts Steuern" zu schalten, und so die Phasen eines Schrittzyklus abzubilden. Die Kontaktphase wird dabei auf den Koordinationsmodus „Rückwärts Steuern" abgebildet, die Freiphase auf den Koordinationsmodus „Vorwärts Steuern". Zugleich werden die Beine in Bewegungen gesteuert, die den Phasen entsprechen. In der Kontaktphase eines Beines führt der ausführende Bein-Rückwärts-Agent eine Bewegung aus, die das Abrollen und Nachvornebringen der Hüfte abbildet. In der Freiphase wird der Bein-Vorwärts-Agent derart betrieben, dass er das angewinkelte Vorbringen und anschließende Strecken des Beines bis zum Bodenkontakt vollführt. Bild 4.30 zeigt die zyklische, wechselseitige Verwendung der Beine durch die Koordinationsmodi.

Das Gehen wird aus einer neutralen Ruhestellung heraus vorbereitet und endet auch wieder in dieser Ruhestellung. Der Ablauf der Koordination beginnt und endet daher mit Abschnitten, in denen die Beine „regulär", von den CTRL-Agenten ausgehend gesteuert werden. Neben dem Umschalten der Modi ist es die zweite Aufgabe der übergeordneten Koordination, die Lage der Körpermitte des Gesamt-MAS zu bestimmen. Jeweils zu den in Bild 4.30 markierten Zeitpunkten findet auch eine Umschalten des Trajektoriengebers der Körpermitte statt. Bei der Umsetzung des Gehens in den beschriebenen ist das im Modus Bein „Rückwärts Steuern" betriebene Bein der Trajektoriengeber. In der Freiphase wird es „vorwärts" bis zum Bodenkontakt bewegt. Mit dem anschließenden Umschalten in die Kontaktphase übernimmt der Bein-Rückwärts-Agent die Lage des Bodenkontakts als fixe Basis und bewegt dann, vermittelt über seinen TCP, die Hüfte. Voraussetzung für ein exaktes Übernehmen des Bodenkontakts ist es daher, dass die Bewegungen der Kontakt- und Freiphasen gleich lang dauern, und alle Kinematiken für das Umschalten kurz ruhen. Diese Bedingung wird mit dem „Virtuellen Menschen" und das beschriebene Gangmuster eingehalten.

Im Regelfall wird zur beinübergreifenden Koordination davon ausgegangen, dass sich nur jeweils ein Bein im „Rückwärts Steuern" befinden darf, da der Trajektoriengeber für die Körpermitte sonst nicht eindeutig bestimmt ist. Der Konfliktfall, in dem beide Beine „rückwärts" betrieben werden, hat zur Folge, dass zwei Bodenkontakte auf die Körpermitte rückwirken sollen. Ohne Zusatzaufwand kann das resultierende geschlossene kinematische System nicht gelöst werden. Um die übergeordnete Koordination trotzdem auch über die spezielle Anwendung des Gehens hinaus einsetzen zu können, wirkt sie zusätzlich derart, dass im Konfliktfall die Rückwirkungen des zweiten Beines ignoriert werden.

Kapitel 5
Simulation und Programmierung

Im folgenden Kapitel wird für anthropomorphe Multi-Agentensysteme der Übergang von ihrer kinematischen Betrachtung zu der Programmierung ihres Einsatz in einer simulierten Umwelt behandelt. Neben der „Steuerung" bilden die Bereiche „Simulation/ Realität" und „Programmierung" die drei wesentlichen Spalten der Matrixarchitektur der MAS (siehe Bild 3.3 auf Seite 40). Die Simulation beschreibt dabei, wie die hier behandelten Kinematiken in virtuelle Welten des Simulationssystems eingegliedert werden und wie sie mit diesen Umgebungen interagieren (Abschnitt 5.1). Zur Programmierung dagegen werden die in der Steuerung angebotenen Möglichkeiten in einer anwendungorientierten, erweiterbaren Kommandierungsschnittstelle zusammengefasst (Abschnitt 5.2 auf Seite 135). Die wesentlichen Aspekte anthropomorpher MAS erlauben ihre Klassifikation als ereignisdiskrete Systeme mit quasikontinuierlichen Subsystemen. Damit wird hier die Simulation und Programmierung anthropomorpher MAS konzeptionell auf dem Ansatz der „Supervisory Control" für ereignisdiskrete Systeme aufgebaut, bzw. auf der Methode der „Zustandsorientierten Modellierung" zur Umsetzung dieses Ansatzes. Indem das umgebende Simulationssystem VEROSIM entsprechende zustands- und objektorientierte Beschreibungsmittel zur Verfügung stellt, unterstützt es die technische Umsetzung dieser konzeptionellen Grundlage.

5.1 Integration in das umgebende Simulationssystem

Als umgebendes System bildet VEROSIM konzeptionell und technisch den Rahmen, in dem das Konzept der anthropomorphen Multi-Agentensysteme umgesetzt wird, bzw. in den sich die anthropomorphen MAS integrieren. Zum einen unterstützt VEROSIM bereits zahlreiche Verfahren der Simulation und Visualisierung virtueller Welten, auf die hier bei der Integration zurückgegriffen werden kann. Bei den Verfahren handelt es sich dabei um allgemeine Methoden zum Aufbau dreidimensionaler Geometrien und ihre systematische Ausstattung mit Funktionalitäten in einer Datenbasis, wie in Abschnitt 2.5.3 auf Seite 33 beschrieben. Darüber hinaus bietet das Simulationssystem Werkzeuge zur Modellierung ereignisdiskreter Systeme an, auf deren Grundlage die Simulation und Programmierung anthropomorpher MAS interpretiert und implementiert wird. Die konsequente Ergänzung der vorhandenen Verfahren mit den anthropomorphen MAS erlaubt es konzeptionell, die neuen Konzepte „einfach" als eine ungewöhnliche Art von Robotern anzubieten, die allerdings ebenso mit Hilfe der bekannten Programmiertechniken einsatzfertig gemacht werden können.

5.1.1 Analyse der Multi-Agentensysteme als ereignisdiskrete Systeme

Die grundlegende Vorgehensweise der Simulation und Programmierung anthropomorpher Multi-Agentensysteme beruht auf dem Ansatz der „Supervisory Control" zur Steuerung *ereignisdiskreter Systeme* [DES]. Wie bereits in Abschnitt 2.2.1.4 auf Seite 13 skizziert, werden DES dadurch charakterisiert, dass sie durch einen Satz diskreter Zustände beschrieben werden können, zwischen denen das System anlässlich externer Ereignisse im Rahmen seiner Dynamik wechselt. Die „Supervisory Control" ist dann ebenfalls ein DES, das auf die Änderungen im zu regelnden DES mit geeigneten Steuerkommandos reagiert und diese zurückführt. Unter dem Begriff der „Hybrid Control" wird dieser Ansatz auf zu steuernde kontinuierliche bzw. quasikontinuierliche Systeme ausgeweitet, wobei die Steuerung weiterhin als DES ausgelegt ist. Da die hier konzipierten anthropomorphen MAS im Wesentlichen ereignisdiskret arbeiten und somit als DES zu klassifizieren sind, wird die „Supervisory Control" als systematischer Zugang zu ihrer Simulation und Programmierung genutzt. Die quasikontinuierlich arbeitenden Subsysteme der anthropomorphen MAS werden zusätzlich mit dem Ansatz der „Hybrid Control" abgedeckt. Das umgebende Simulationssystem bietet zur Analyse von DES und zur Synthese von Steuerungen im Sinne der „Supervisory Control" eine Beschreibungssprache an, die objektorientierten Methoden und so genannte zustandsorientierte Methoden unterstützt. Für beide Aspekte anthropomorpher Multi-Agentensysteme, die Simulation und auch die Programmierung, wird diese Beschreibungssprache zur technischen Umsetzung der Konzepte herangezogen. Hauptsächlich wird dabei von der Spracheigenschaft Gebrauch gemacht, die Dynamik ereignisdiskreter Systeme mittels Petri-Netzen modellieren zu können.

5.1.1.1 „Supervisory Control" und „Hybrid Control" für ereignisdiskrete Systeme

Der Ansatz der *Supervisory Control* zur Steuerung eines DES (dann genannt *Regelstrecke*) besteht im Kern darin, die Steuerungskomponente ebenfalls als DES aufzubauen (dann genannt *Supervisor*), das auf unter Beobachtung stehenden Zustandsänderungen der Regelstrecke mit eigenen Zustandsänderungen reagiert, aus denen geeignete Kommandos zur seiner Steuerung abgeleitet werden. Das Aufschalten dieser Kommandos des Supervisors auf die Regelstrecke schließt den Regelkreis. Der Zustandsraum des Supervisors wird mit dem Ziel entworfen, die Regelstrecke zuverlässig und zügig von einem Ausgangs- in einen Zielzustand zu überführen. Unter dem Namen *Hybrid Control* kann das Grundprinzip der „Supervisory Control" auf die Steuerung von Regelstrecke mit kontinuierlichem Zustandsraum ausgedehnt werden (siehe auch Abschnitt 2.2.1.4 auf Seite 13). Dazu wird eine Interpretation bzw. Übersetzung der kontinuierlichen Zustandsgrößen der Regelstrecke in diskrete Zustandsgrößen vorgenommen, auf die der – weiterhin als DES ausgelegte – Supervisor mit Übergängen im eigenen Zustandsraum reagiert. Wie zuvor erzeugt der Supervisor in seinen Übergängen Steuerkommandos, die allerdings vor Aufschaltung auf die Regelstrecke wiederum eine Rückübersetzung in kontinuierliche Maßnahmen erfahren, also z.B. kontinuierliche Subsysteme der Regelstrecke geeignet parametrieren und aktivieren.

Anthropomorphe MAS weisen Anteile sowohl quasikontinuierlicher, als auch diskreter dynamischer Systeme auf – entsprechend bietet es sich an, die Simulation und Programmierung der MAS auf Ansätzen der (hybriden) „Supervisory Control" zu basieren. Während die Agenten ihre untergeordneten quasikontinuierlichen Controller im Sinne der „Hybrid Control" ansteuern, können die Basiselemente der darüber liegenden Ebenen der Matrixarchitektur in der Regel als DES modelliert werden (siehe Bild 3.3 auf Seite 40). Als DES sind

5.1 Integration in das umgebende Simulationssystem 127

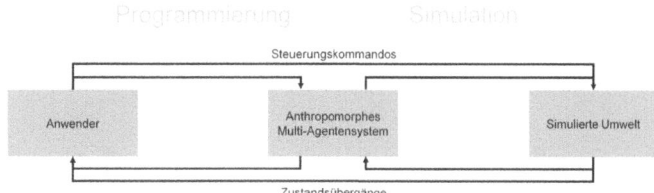

Abb. 5.1 Bedeutungsmäßige Trennung zwischen Programmierung und Simulation

die Agenten, Agentensets und MAS dann allerdings zugleich als Regelstrecken und Supervisor zu betrachten. Einerseits stellt das MAS unter dem Aspekt der Programmierung eine Regelstrecke dar, das der Anwender mittels eines Supervisors kommandieren, bzw. in einen Zielzustand überführen möchte. Unter dem Aspekt „Simulation/ Realität" kann das MAS andererseits als Supervisor aufgefasst werden, das in der Umwelt gewünschte Zustände einstellen soll (siehe Bild 5.1).

5.1.1.2 Modellierung ereignisdiskreter Systeme mit Petri-Netzen

Die Modellierung ereignisdiskreter Systeme im Sinne der „Supervisory Control" erfolgt im Rahmen dieser Arbeit mittels *Petri-Netzen* [239]. Da diese in ihren Hauptelementen bereits die wesentlichen Begriffe ereignisdiskreter Systeme aufgreifen, sind sie zur Beschreibung von DES besonders geeignet. Petri-Netze werden als Beschreibungsmittel in einer Vielzahl technischer Applikationen eingesetzt, so dass eine entsprechend große Menge an Erweiterungen des grundsätzliche Konzeptes existiert [211][13][318]. Es wird hier eine gängige und dem Einsatzgebiet im Sinne der „Supervisory Control" besonders nahestehende Definition der Petri-Netze als Bedingungs-Ereignis-Netze angeführt [280][273].

Petri-Netze weisen eine Menge an *Stellen* auf, die mit gerichteten *Kanten* zu einem Graphen verbunden werden; auch die Bildung von Gegenkanten und Schleifen ist zulässig. Eine Stelle repräsentiert jeweils einen Zustand im Zustandsraum des abgebildeten DES und die Kanten bedeuten prinzipielle Übergangsmöglichkeiten zwischen diesen Zuständen. An jeder Kante wird dann eine *Transition* verortet, die für die angeschlossenen Stellen die Konditionen des Übergangs definiert. Eine *Marke* kennzeichnet den aktuellen Zustand des durch das Petri-Netz beschriebenen Systems, indem sie auf einer Stelle liegt. In einer so genannten *Animation* des Petri-Netzes wird für die Marke geprüft, ob sie durch Erfüllen der Konditionen einer verbundenen Transition in einen möglichen Folgezustand verschoben werden kann. Schaltet keine der Transitionen, bleibt die Marke in diesem Animationstakt auf der Stelle liegen. Schalten mehrere Transitionen, ist nicht eindeutig definiert, welchen Übergang das System vollziehen wird; Mehrdeutigkeiten können an dieser Stelle nur durch geeignete Formulierung der Konditionen der Übergänge ausgeschlossen werden. Bild 5.2 zeigt beispielhaft ein Petri-Netz, wie es für die in Bild 4.12 auf Seite 87 gezeigte Zustandsmaschine der Controller aufgestellt werden kann.

Diese Definition eines einzelnen Petri-Netzes eignet sich dazu, serielle Abläufe darzustellen. Durch die zeitgleiche Animation mehrerer Marken – entweder in dem selben Petri-Netz oder in mehreren Petri-Netzen – wird darüber hinaus die Darstellung paralleler und nebenläufiger Prozesse ermöglicht. Für die anthropomorphen Multi-Agentensysteme trifft einereits zu, dass das darunterliegende ereignisdiskrete System aus eigenständigen Subsystemen aufgebaut ist. Andererseits kann der gesamte Zustandsraum eines anthropomorphen MAS durch Sortierung nach Teilaspekten des Systems in unabhängigen Teil-Zustandsräumen erfasst werden. Indem beide dieser Gliederungsarten angewandt werden, ist es möglich, das

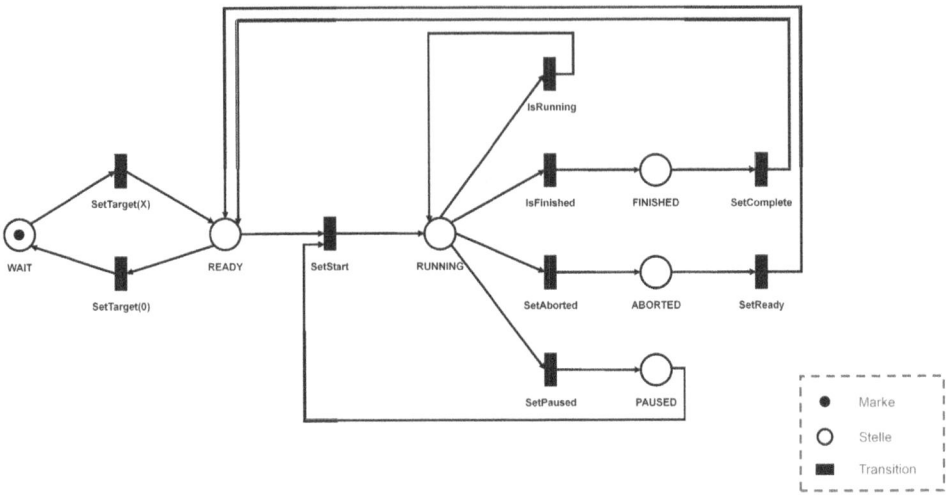

Abb. 5.2 Beispiel eines Petri-Netzes

gesamte DES des gesamten Multi-Agentensystems in eigenständige Subsysteme bzw. Teil-Zustandsräume zu gliedern, die jeweils durch ein eigenes, abgeschlossenes Petri-Netz beschrieben werden, in dem jeweils eine eigene Marke animiert wird. Die zeitgleiche Animation aller dieser Marken erlaubt dann die Abbildung der Nebenläufigkeiten des Systems.

Für Petri-Netze kann außerdem gezeigt werden, dass sie als Obermenge aller Beschreibungsmittel dynamischer, technischer Abläufe dienen können, und es vermögen, übliche Formen von Flussdiagrammen, endlichen Automaten und auch DES abzubilden [13]. Dadurch sind sie im Rahmen dieser Arbeit prädestiniert, nicht nur den Aspekt der „Supervisory Control" umzusetzen, sondern mit entsprechenden Erweiterungen der ursprünglichen Petri-Netze zu Bedingungs-Ereignis-Netzen [280] auch andere typische Konstrukte der Programmierung, insbesondere Schleifen und bedingte Verzweigungen darzustellen.

5.1.2 Zustandsorientierte Modellierung im Sinne der „Supervisory Control"

Die Beschreibung von Petri-Netzen wird von der Skriptsprache SOML++ angeboten, die in dieser Arbeit als Verbindungsglied zwischen der Steuerung und dem umgebenden Simulationssystem eingesetzt wird (siehe Abschnitt 2.5.4 auf Seite 35) und Aspekte der objektorientierten und der zustandsorientierten Modellierung vereint. Die Methode der „Zustandsorientierten Modellierung" gibt dabei einen systematischen Weg vor, wie auf Basis der analytischen Beschreibung eines ereignisdiskreten Systems mittels Petri-Netzen eine Steuerung im Sinne der „Supervisory Control" synthetisiert werden kann.

5.1.2.1 Methode der zustandsorientierten Modellierung

Kennzeichen objektorientierter Entwurfskonzepte zur Abbildung technischer Systeme ist die Idee der Klassifizierung von Komponenten. Die Analyse des Systems beginnt, indem konkrete und abstrakte Zusammenhänge in dem System anhand gemeinsam auftretender Attribute

5.1 Integration in das umgebende Simulationssystem

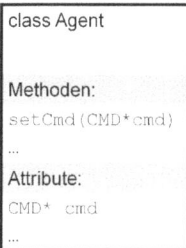

Abb. 5.3 Beispiel einer Komponentenklasse „Agent"

(Daten) und auf diesen Daten arbeitenden Methoden als wiederkehrende Instanzen von Komponentenklassen identifiziert werden. Die Modellierung des Systems erfolgt dann, indem Instanzen dieser Komponentenklassen derart hierarchisch und zeitlich angeordnet werden, dass sie Struktur und Zustand des Systems zu jedem Zeitpunkt geeignet wiedergeben. Wesentliche strukturgebende Konzepte dazu sind „Komposition" und „Vererbung". Dabei bedeutet Komposition, dass in Systemkomponenten der einen Art Komponenten einer anderen Art enthalten sein können. Vererbung dagegen bedeutet, dass die in einer Basis-Komponentenklasse identifizierten Attribute und Methoden an eine abgeleitete Klasse vererbt werden können, in der sie für Erweiterung, Konkretisierung und Spezialisierung offen sind. Die Methode der „Zustandsorientierten Modellierung" greift diese wesentlichen Elemente der objektorientierten Modellierung auf und erweitert sie in Richtung der Modellierung ereignisdiskreter Systeme und deren Steuerung im Sinne der „Supervisory Control" [280].

Die folgenden Schritte präsentieren die Methode generell und am konkreten (allerdings vereinfachten) Beispiel der Bewegung eines Agenten:

- *Analyse der Systemkomponenten (Bild 5.3).* Das ereignisdiskrete System wird in Komponenten gegliedert, wobei mehrere Instanzen gleichartiger Systemteile im Sinne objektorientierter Entwurfskonzepte zu Komponentenklassen zusammengeführt werden. Komponentenklassen beschreiben so abtrennbare Subsysteme oder Funktionalitäten, die als eigenständig innerhalb des Gesamtsystems identifiziert werden können. Eine Komponentenklasse zeichnet sich durch ihre Attribute und Methoden aus.
- *Modellierung der Systemdynamik (Bild 5.4).* Mittels Petri-Netzen wird die Dynamik jeder Komponentenklasse modelliert, wobei die Stellen der Netze eine Abstraktion der möglichen Zustände der Komponente darstellen. Die Transitionen beschreiben die Bedingungen und Folgen der Änderung der Zustandsgrößen der Komponente. Eine Instanz einer Komponentenklasse wird dann als Marke in dem entsprechenden Netz instanziiert und animiert.
  Der momentane Zustand der Komponente wird dabei durch die aktuelle Stelle wiedergegeben, auf der sich die Marke befindet. Drückt der Zustand eine Aktivität aus, z.B. „Running", laufen während des Aufenthalts der Marke auf der Stelle gegebenenfalls Prozesse in der Komponente ab. Andere Zustände, z.B. „Ready", bilden dagegen das Warten der Komponente auf ein äußeres Ereignis ab.
- *Beobachtung des Systemzustandes (Bild 5.5).* Die Gesamtheit der Netze, Attribute und Methoden bilden die Datenbasis für die Animation des modellierten Systems. Durch die Beobachtung der in den Petri-Netzen animierten einzelnen Marken wird dann der Systemzustand insgesamt beobachtbar. Externe Steuerungs- und Simulationssysteme, die das modellierte System anregen, stören oder auf seine Zustandsänderungen reagieren, werden dabei mittels Schnittstellenklassen eingekoppelt, hier insbesondere die Komponenten zur Bewegungssteuerung der Agenten.

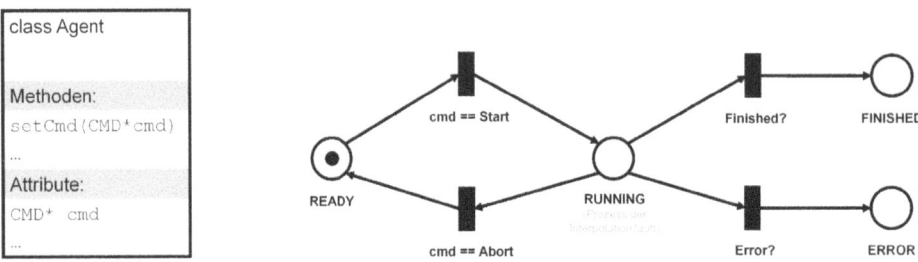

Abb. 5.4 Beispiel einer Systemdynamik „Agent"

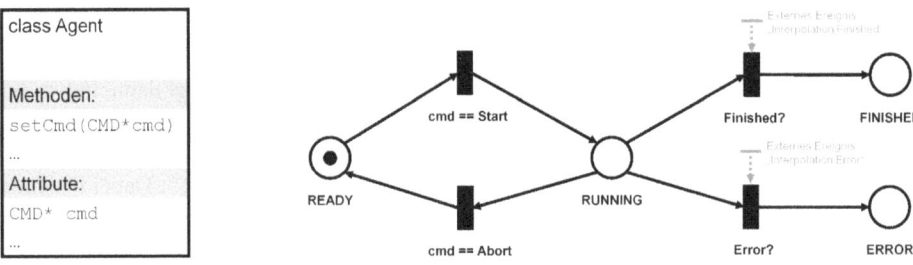

Abb. 5.5 Beispiele für Systembeobachtung

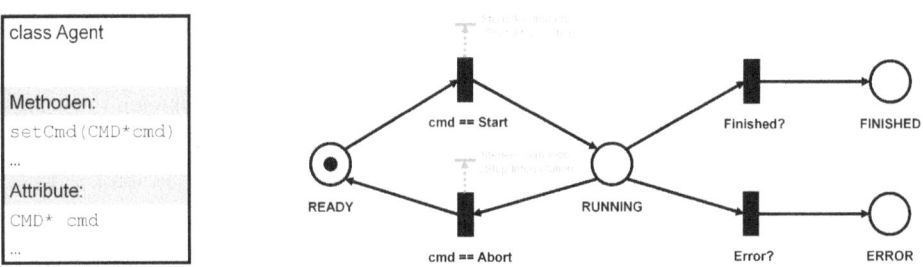

Abb. 5.6 Beispiele für Systemsteuerung

- *Steuerung des Prozessablaufs (Bild 5.6).* Die Beobachtung des Systemverhaltens kann schrittweise zu einer Steuerung ausgebaut werden, indem an den Transitionen der Petri-Netze auszulösende Aktionen definiert werden, die bei der jeweiligen Zustandsänderung der Komponente im Sinne der „Supervisory Control" steuernd wirken.

5.1.2.2 Objekt- und zustandsorientierte Modellierung in VEROSIM

Zur objekt- und zustandsorientierten Modellierung stellt das Simulations- und Visualisierungssystem die Beschreibungssprache „State Oriented Modeling Language++" [SOML++] zur Verfügung, die die notwendigen Beschreibungsmittel beider Entwurfsmethoden vereint. Zum einen kann mittels dieser Skriptsprache auf alle Knoten, Funktionalitäten und Eigenschaften der Datenbasis des Systems zugegriffen werden. Zum anderen sind überhalb der Ebene „Einzelsystem" der Matrixarchitektur die Basiselemente der MAS in SOML++ beschrieben, so dass den anthropomorphen MAS über die Skriptsprache auch ein systematischer Zugriff auf alle Knoten simulierten Welten zur Verfügung steht. Die MAS werden dadurch ein weiterer Bestandteil des modellierten Gesamtsystems – indem sie gleichartig innerhalb der selben Datenbasis existieren und auf diese Datenbasis zur Interaktion mit ihrer Umwelt in der selben Weise zugreifen.

Der SOML++ Interpreter in VEROSIM erlaubt einerseits die konventionelle objektorientierte Modellierung, indem er die Programmierung von Komponentenklassen mit ihren Attributen und Methoden in einem C/C++-artigen Dialekt unterstützt. Diese Komponentenklassen sind wie gewohnt instanziierbar und es stehen Komposition und Vererbung zur Verfügung. Darüber hinaus werden auch fortgeschrittene objektorientierte Konzepte angeboten, wie die Formulierung virtueller Klassen und Methoden und deren Konkretisierung bzw. deren Überschreiben in abgeleiteten Klassen. So sind z.B. Aktionen und Aktionsnetze zunächst als virtuelle Klassen ausgeführt, um verbindliche Schnittstellen zu definieren. Diese Schnittstellen werden dann an konkrete Aktionen und Aktionsnetze vererbt, die sie mit entsprechend spezialisierten Implementierungen ausfüllen. Aktionsnetze sind außerdem ein Beispiel für die Komposition, indem sie die in ihnen verschalteten Aktionen per Referenz aufrufen.

Andererseits unterstützt der SOML++ Interpreter die Modellierung ereignisdiskreter Systemdynamiken mittels Petri-Netzen mit neuen Sprachelementen, die über einen C/C++-artigen Dialekt hinausgehen. Damit können, wie in der Methode der „Zustandsorientierten Modellierung" beschrieben, Komponentenklassen um Beschreibungen von Petri-Netzen ergänzt werden, die in ihren Stellen die möglichen Zustände der Systemkomponente abbilden und in ihren Transitionen die Konditionen und Folgen von Übergängen zwischen diesen Zuständen definieren. Bei Erzeugung einer Instanz einer solchen Komponentenklasse wird durch den Interpreter fortan eine Marke animiert, die den Momentanzustand dieser Instanz repräsentiert. Weitere auf die zustandsorientierte Modellierung bezogene Eigenschaften der Skriptsprache bieten außerdem eine Fortführung der Konzepte Komposition und Vererbung für Petri-Netze. So können Petri-Netze (oder wiederkehrende Abschnitte daraus) in eigene Komponenten ausgegliedert werden, um Module zu bilden und diese Module zu schachteln und in anderen Zusammenhängen wiederzuverwenden.

Die Anpassung und Erweiterung des Interpreters erfolgt mittels Schnittstellenmodulen, in denen auch die Zugriffe auf die Datenbasis des umgebenden Simulationssystems hergestellt werden, z.B. der Schreib-/Lese-Zugriff auf die aktuelle Lage von Knoten (siehe Bild 5.7). Andere Standardmodule bieten Bibliotheken von allgemeiner Nützlichkeit an, z.B. mathematische Funktionen oder übliche Container-Klassen. Speziellere Module erlauben den Einbezug externer Systeme im Sinne der „Supervisory Control", z.B. via TCP/IP-Verbindungen oder mittels spezieller Hardware. In diesen Schnittstellen findet auch der Übergang von SOML++ auf C/C++ statt, bzw. allgemein ein Übergang auf andere Programmiersprachen. Wie geschildert sind die quasikontinuierlichen Controller der anthropomorphen Multi-Agentensysteme aus Gründen der besseren Performanz in C/C++ implementiert; in SOML++ werden sie per Schnittstellenmodulen zur Implementierung der Agenten und weiterer Ebenen der Matrixarchitektur aufgerufen (siehe Bild 3.3 auf Seite 40).

5.1.3 Modellierung von Umwelt und Ressourcen

Anthropomorphe Multi-Agentensysteme werden zumeist nicht einzeln betrieben, sondern ihre Anwendung erfolgt im Kontext einer umgebenden Situation. Wie beschrieben, bietet der SOML++ Interpreter über Schnittstellenmodule den grundsätzlichen Zugriff auf die Knoten der Datenbasis des Simulationssystems an, so dass in die Simulation und Programmierung anthropomorpher MAS sowohl die geometrischen als auch die funktionalen Aspekte der Umwelt miteinbezogen werden können. Insbesondere der Zugriff auf die geometrischen Ei-

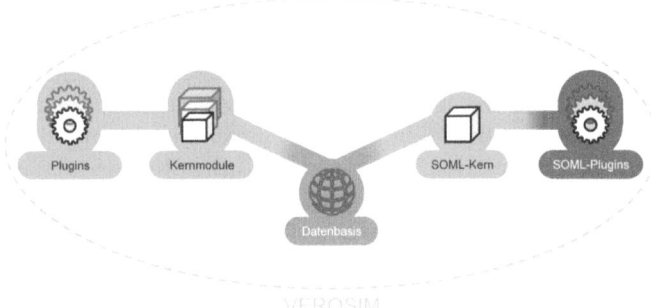

Abb. 5.7 Anschluss des SOML++ Interpreters an VEROSIM

genschaften von Objekten in der Umwelt (u.a. Lage, Abmessungen, polygonale Oberflächen bzw. Körper und Materialen) steht in den Schnittstellen bereits zum einfachen Gebrauch zur Verfügung.

Darüber hinaus werden hier einige ausgewählte funktionale Aspekte von Umweltobjekten zur direkten, gezielten Interaktion für die anthropomorphen MAS noch zusätzlich aufbereitet. Im Zuge dieser Modellierung der Umwelt zur Interaktion mit anthropomorphen Multi-Agentensystemen wird der Bereich „Simulation/ Realität" der Matrixarchitektur um neue Komponentenklassen vom Typ *Objekt* erweitert. Diese Klassen leiten sich zunächst aus den Standardschnittstellen zur Datenbasis des Simulationssystems ab, erweitern diese jedoch um zusätzliche Mechanismen hinsichtlich des Einsatzes mit anthropomorphen MAS. Dabei handelt es sich im Wesentlichen um die Verwaltung von Objekten mittels Greifketten und Ablagen, und um die Organisation von definierten Kanälen zum Datenaustausch zwischen Umwelt und MAS über so genannte E/A-Verbindungen.

5.1.3.1 Greifer und Greifketten

Die wesentliche Objektmanipulation bei der manuellen Handhabung besteht in der Veränderung der Lage von Objekten. Dazu wird das Objekt in einer Ausgangslage gegriffen, bewegt und abschließend an einer Ziellage abgelegt. In diesem Sinne ist „Greifen" das Herstellen und Lösen einer temporären Kopplung der Lage eines Objekts an die Lage des Endeffektors einer Kinematik. Im umgebenden Simulations- und Visualisierungssystem wird dieser funktionale Aspekt von Umweltobjekten durch so genannte *Greifer-Greifpunkt-Verbindungen* modelliert. Unter beliebigen Knoten in der Datenbasis können dazu spezielle *Greifer* und *Greifpunkte* instanziiert und gerichtet miteinander verbunden werden, so dass der Greifer eines Knotens A den Greifpunkt eines Knotens B greift. Durch das Herstellen dieser Greifer-Greifpunkt-Verbindung wird die Lage des gegriffenen Knotens B an die Lage des Knotens A gekoppelt, so dass anschließend jede relative Lageveränderung von A auch für B wirksam gemacht wird. In diesem Zusammenhang kann für Greifer und Greifpunkte anhand eines Offset-Frames eingestellt werden, wie sie relativ zu ihrem Elternknoten liegen, so dass definierte Ausrichtungen zwischen den Elternknoten A und B einer Greifer-Greifpunkt-Verbindung modellierbar sind.

In der Datenbasis bedeutet die Herstellung einer Greifer-Greifpunkt-Verbindung zunächst nur eine Umsortierung der räumlichen Abhängigkeiten von Knoten. Verbindungen können daher auch für Greifer und Greifpunkte hergestellt werden, die keineswegs räumlich nahe zueinander liegen müssen. Diese grundsätzliche Freiheit kann allerdings zum einen durch die Angabe eines Greif-Radius gezielt eingeschränkt werden, so dass für einen Greifer nur Verbindungen zu Greifpunkten in Frage kommen, die sich räumlich innerhalb seines Greif-

5.1 Integration in das umgebende Simulationssystem

Abb. 5.8 Prinzip der Greifkette

Radius befinden. Zum anderen kann die räumliche Kopplung verschärft werden, indem bei Herstellung der Verbindung der Greifpunkt an die exakte Lage des Greifers gesetzt werden. Während sonst die zum Zeitpunkt des Greifens vorliegende relative Lagedifferenz zwischen Greifer und Greifpunkt erhalten bleibt, hat dieser Mechanismus den Effekt, dass die Lagedifferenz zu Null gesetzt wird und der Greifpunkt (sowie seine anhängenden Elternknoten) in die Lage des Greifers springt.

Greifer-Greifpunkt-Verbindungen werden rekursiv aufgelöst, so dass *Greifketten* genannte Verknüpfungen möglich sind. Weist z.B. der gegriffene Knoten B aus dem obigen Beispiel ebenfalls einen Greifer auf, der wiederum einen Greiferpunkt unter einem Knoten C greift, resultiert eine Greifkette der Form:

$$\text{Knoten A} \overset{greift}{\to} \text{Knoten B} \overset{greift}{\to} \text{Knoten C} \tag{5.1}$$

Unter Nutzung von Greifer-Greifpunkt-Verbindungen kann daher insbesondere folgende typische Konstellation in der Robotik als Greifkette modelliert werden, in der eine Kinematik am Endeffektorflansch einen Greifer aufnimmt, um damit Werkstücke zu greifen:

$$\text{Kinematik} \overset{greift}{\to} \text{Greifer} \overset{greift}{\to} \text{Werkstück} \tag{5.2}$$

Wird in dieser Konstellation mit häufigen Wechseln des Greifers gerechnet, um z.B. ein breites Sortiment möglicher Werkstücke flexibel mit jeweils speziellen Greifern zu manipulieren, wird üblicherweise der Einsatz eines Greiferwechselsystems [GWS] empfohlen. Statt Greifer direkt am Endeffektorflansch zu befestigen, wird am Flansch das GWS installiert, das als Adapter für eine Auswahl mehrerer Greifer agiert und den zügigen (manuellen oder automatisierten) Austausch der Greifer erlaubt:

$$\text{Kinematik} \overset{greift}{\to} \text{Greiferwechselsystem} \overset{greift}{\to} \text{Greifer} \overset{greift}{\to} \text{Werkstück} \tag{5.3}$$

Diese Greifkette zur Abbildung technischer Kinematiken in Anwendungen der Objektmanipulation wird hier nun anthropomorph interpretiert. Dabei werden zwei Fälle unterschieden; zum einen der Fall der Objektmanipulation ohne Werkzeug, in dem das Werkstück ohne weitere Hilfsmittel mit der Hand aufgenommen wird, zum anderen der Fall der Objektmanipulation mit Werkzeug, in der die Hand ein Werkzeug aufnimmt, um mit diesem das Werkstück anzugehen.

Wenngleich sie auch prinzipiell gelöst werden kann, ist auch in technischen Kinematiken – wie zwischen Arm und Hand – die Verbindung zwischen Endeffektorflansch und GWS fest ausgelegt. Indem man der Hand die Rolle des Greiferwechselsystems zuschreibt, wird die Interpretation des Falls der Objektmanipulation mit Werkzeug direkt ersichtlich. Der Arm weist an seinem Ende eine Hand auf, die die flexible Aufnahme und Führung von Werkzeugen (z.B. einer Zange) erlaubt, um damit wiederum diverse Werkstücke zu manipulieren:

$$\text{Arm} \stackrel{greift}{\rightarrow} \text{Hand} \stackrel{greift}{\rightarrow} \text{Werkzeug} \stackrel{greift}{\rightarrow} \text{Werkstück} \qquad (5.4)$$

Im Vergleich dazu fällt im anderen Fall, der Objektmanipulation ohne Werkzeug, der Hand eine Doppelrolle zu; sie hat zugleich den Charakter eines GWS und eines Greifers. Wie ein GWS agiert die Hand als Adapter, um mittels verschiedener Griffe das Werkstück anzugehen und greift dann zu in der Rolle des Greifers. Die in (5.4) dargestellte Greifkette kann auch in diesem Fall herangezogen werden, falls man die Rolle des Werkzeugs offen lässt, bzw. mittels eines Knotens ersetzt, der nur Greifer und Greifpunkt aufweist, ansonsten aber leer ist. Indem man an Greifer und Greifpunkt die Offset-Frames geeignet einstellt, kann dieser Knoten als „Griff" interpretiert werden:

$$\text{Arm} \stackrel{greift}{\rightarrow} \text{Hand} \stackrel{greift}{\rightarrow} <\text{Griff}> \stackrel{greift}{\rightarrow} \text{Werkstück} \qquad (5.5)$$

Die in (5.4) und (5.5) formulierten Greifketten werden jeder Interaktion bzw. Objektmanipulation der anthropomorphen MAS zugrunde gelegt. Entsprechend stehen Spezialisierungen der eingangs beschriebenen Komponentenklasse Objekt zur Verfügung, die die Verwaltung und Steuerung dieses Greifketten-Typus vereinheitlichen und kapseln. Umweltobjekte und Multi-Agentensysteme können dann mit abgeleiteten Komponentenklassen für GWS, Werkzeuge und Werkstücke systematisch ergänzt und angesprochen werden, wobei diese Klassen sowohl im technischen als auch im anthropomorphen Sinne einsetzbar sind.

5.1.3.2 Objekte und Ablagen

Neben dem Konzept der Greifkette ist im Kontext der Objekte das Prinzip der *Ablage* von Bedeutung. Dabei wird mit einer Ablage zunächst eine kartesische Lage in der Umwelt bezeichnet, in der – mit einer gewissen Fehlertoleranz bezüglich Nähe und Verdrehung – dafür registrierte Objekte abgelegt werden können. Indem Ablagen in der Umwelt definiert werden, wird es insbesondere ermöglicht, beim Transport von Werkstücken zu prüfen, ob sich gültige Ablagen in der Nähe befinden und deren Anforderungen an die Lagegenauigkeit erfüllt werden. Daneben erlauben es Ablagen, Objekte durch Benennung einer Ablage exakt an die darin gespeicherte Lage zu setzen, um so u.a. gegenüber übergeordneten Planungssystemen ideale Ausgangssituationen garantieren zu können.

Objekte der Umwelt müssen nicht zwangläufig starr aufgebaut sein, sondern können auch über eigene Gelenke verfügen, wie z.B. Türen und Schubladen. Um aus der Sicht der anthropomorphen MAS gleichartig mit solchen „Gelenkobjekten" und den sonstigen, starren Objekten der Umwelt interagieren zu können, wird hier das Prinzip der Ablage von kartesischen Lagen auf Gelenkstellungen erweitert. Analog zu kartesischen Ablagen können also in Gelenkablagen Werte und Toleranzen definiert werden, um für Gelenkobjekte zu prüfen, ob sich ihre Gelenkstellungen in der Nähe gültiger Gelenkablagen bewegen und deren Genauigkeiten erfüllt sind.

Das Prinzip der Ablage wird im Bereich „Simulation/ Realität" der Matrixarchitektur berücksichtigt, indem bei Objekten zwischen „kartesischen Objekten und Ablagen" und „Gelenkobjekten und -ablagen" unterschieden wird. Es stehen entsprechende von Objekt abgeleitete Komponentenklassen zur Verfügung, um modellierte Objekte der Umwelt geeignet zu attributieren und für die Interaktion mit den Multi-Agentensystemen zu erschließen. Es können mehrere dieser Komponentenklassen zugleich für Umweltobjekte angewendet werden, so dass beispielsweise ein Objekt in der Matrixarchitektur sowohl als „kartesisches Objekt" mit den zugehörigen Ablagen zum Einsatz gebracht werden kann, als auch als „Werkstück-

Objekt" eine Verwaltung als Teil von Greifketten erfährt. Insbesondere können Gelenkobjekte zusätzlich auch als kartesische Objekte attributiert werden, da einige dieser Objekte, wie z.B. eine Zange, nicht nur innere Gelenke aufweisen, sondern zugleich auch kartesisch frei versetzt werden können.

5.1.3.3 Einbindung von Zuständen der Umwelt über E/As

Über die der Komponentenklasse Objekt zugrunde liegenden Schnittstellen zur Datenbasis des Simulationssystems wird der aktive Zugriff auf Lagen, Gelenkstellungen und die weiteren, hauptsächlich geometrischen, Eigenschaften von Umweltobjekten ermöglicht. In Ergänzung dazu können über das Konzept der E/As („Eingang/Ausgang") weitere Daten zur Kommunikation der anthropomorphen MAS mit ihrer Umwelt ausgewählt werden.

Das Konzept erlaubt das Anlegen von Eingängen und Ausgängen in der Datenbasis, zwischen denen Verbindungen, gerichtet von Ausgang zu Eingang, zur Übertragung von Daten definiert werden können. Die auf diesen Signalwegen übertragenen Daten sind in erster Linie analoger und digitaler Art und werden im Simulationssystem durch Variablentypen „Fließkommazahl" bzw. „Wahrheitswert" dargestellt. Für diese analogen und digitalen E/As werden signalverarbeitende Bausteine angeboten, um auf der Basis des Konzeptes der E/As analoge und digitale Signal-Netzwerke zu konfigurieren und zu berechnen. Als Bausteine der digitalen Signalverarbeitung liegen beispielsweise die Bool'schen Operatoren vor, sowie die Möglichkeit, dem Bausteinsystem benutzerdefinierte Funktionen hinzuzufügen. Als analoge Bausteine werden typische Funktionen der Steuerungs- und Regelungstechnik angeboten, wie Integrierer und Differenzierer, sowie ebenfalls die Möglichkeit zur benutzerdefinierten Einrichtung beliebiger weiterer Funktionen. Die Konfiguration derartiger E/A-Netzwerke geschieht mit Hilfe eines grafischen Editors; die korrekte Berechnung der Netzwerke wird durch das Simulationssystem vorgenommen.

Zum einen werden die E/A-Netzwerke in zahlreichen Umweltmodellen eingesetzt, um Systemgrößen von Prozessen durch die Simulation der ihnen zugrunde liegenden Systemmodelle zu ermitteln. Zum anderen können mittels der E/As Bedienereignisse, wie das Stellen von Bedienelementen in der Umwelt, systematisch zum Austausch mit anderen Aspekten der Simulation aufbereitet werden. Hier wird daher das Konzept der E/As seitens der anthropomorphen Multi-Agentensysteme aufgegriffen und adaptiert, um ihnen diese weiteren Aspekte der Kommunikation mit der Umwelt zu eröffnen. Die Teilnahme der MAS an der E/A-Simulation erfolgt, indem Ein- und Ausgänge frei angelegt, verbunden, gesetzt und ausgewertet werden können und so auf allen Ebenen der Simulation und Steuerung mit den E/As der Umwelt interagiert werden kann. Insbesondere zur Programmierung von MAS stehen außerdem spezielle, auf das E/A-Konzept abgestimmte Aktionen zur Verfügung (siehe Abschnitt 5.2.1.3 auf Seite 139), um auf E/As zu warten bzw. zu reagieren.

5.2 Programmierung der anthropomorphen Multi-Agentensysteme

Allgemein lehnt sich das Konzept der Programmierung an bekannte Offline-Verfahren der Robotik an und erweitert diese im Hinblick auf die speziellen Anforderungen und neuen Möglichkeiten anthropomorpher MAS. Im Überblick betrachtet besteht die Programmierschnittstelle für anthropomorphe Multi-Agentensysteme aus Aktionsnetzen, in denen elementare Aktionen derart verschaltet und parametriert werden, dass sie grundlegende Aufgaben, wie u.a. das Aufnehmen von Objekten, unter Einsatz des MAS lösen können. Diese Konstellation erlaubt es, die Methode der „Zustandsorientierten Modellierung" auch für die Programmierung anthropomorpher MAS als konzeptionelle Grundlage weiterzuführen. Die Anwendung und Erweiterung der Methode greift dabei insbesondere die Abbildung von Systemdynamiken mittels Petri-Netzen auf, um dann eine Steuerung im Sinne der „Supervisory Control" für das MAS zu synthetisieren.

Als wesentliche Aktionen werden die in den quasikontinuierlichen Controllern geschaffenen Möglichkeiten der Bewegung anthropomorpher MAS als Bewegungsaktionen angeboten. Diese erlauben es, den einzelnen Agenten individuelle Bewegungsziele vorzugeben, die sie z.B. unter Ausschöpfung der „Multiplen Redundanz" als anthropomorphes Gesamtsystem umsetzen. Weitere elementare Aktionen adressieren die schaltenden Controller der Agenten und umfassen das Herstellen und Lösen von Greifketten zur Aufnahme und Bestätigung von Werkzeuge und Werkstücken, sowie die Kommunikation mit einer simulierten Umwelt über E/A-Verbindungen (siehe Bild 3.3 auf Seite 40).

5.2.1 Konzept der Aktionen und Aktionsnetze

Das wesentliche Ziel des hier implementierten Konzeptes zur Programmierung anthropomorpher Multi-Agentensysteme ist es, die aus der Industrierobotik bekannten Verfahren auf die erweiterten Möglichkeiten menschenähnlicher Kinematiken auszuweiten. Auf diese Weise findet zum einen technisch ein Anschluss an die bereits vorhandenen Werkzeuge statt; zum anderen wird ein konzeptioneller Bruch für Anwender verhindert, die mit Programmierkonzepten der Industrierobotik vertraut sind und anthropomorphe MAS schrittweise zum Einsatz bringen wollen. Das Programmierkonzept der Aktionen und Aktionsnetze berücksichtigt damit drei wesentliche Anwendergruppen:

1. *Anwender in der Forschung*, die anthropomorphe MAS zur Analyse und Steuerung humanoider Roboter und anderer komplexer Kinematiken einsetzen.
2. *Anwender des „Virtuellen Menschen"*, die anthropomorphe MAS zur Analyse manueller Arbeitsplätze im Rahmen der „Virtuellen Produktion" einsetzen.
3. *Anwender in der industriellen Robotik*, die das den anthropomorphen MAS zugrunde liegende Framework einsetzen, um Einzel- und Mehrrobotersysteme anzusteuern.

Die Anforderungen an das Programmierkonzept der Aktionen und Aktionsnetze erwachsen aus der Matrixarchitektur der MAS (siehe Bild 3.3 auf Seite 40). Zuvorderst muss das Konzept demnach in der Lage sein, sowohl die einzelnen Agenten anzusprechen, als auch das anthropomorphe System in seiner Gesamtheit. In dem Programmierkonzept müssen Beschreibungen gebildet werden können, die die Fertigkeiten von Agenten, Agentensets und des gesamten Multi-Agentensystems zunehmend verallgemeiern und abstrahieren, um so der Komplexität anthropomorpher Systeme jeweils auf einem angemessenen Level zu begegnen. Außerdem muss das Programmierkonzept Nebenläufigkeiten berücksichtigen können, die Multi-Agentensystemen inhärent sind – in anthropomorphen MAS treten Nebenläufigkeiten, d.h. zeitgleich ablaufende Prozesse, offensichtlich mit den einzelnen Agenten auf, die situationsbedingt sowohl synchronisiert als auch unabhängig voneinander agieren können. Das Programmierkonzept muss dazu das Auslösen und die Zusammenführung nebenläufiger Prozesse vorsehen und Verfahren anbieten, die es erlauben, aus anfänglich einem einzigen Ablauf heraus mehrere Unterprozesse zu starten und diese zu einem späteren Zeitpunkt wieder zu einem einzigen Prozess zu verdichten. Zur Ausgestaltung der seriell ablaufenden Unterprozesse sollen daneben typische Elemente der Ablauf- bzw. der Kontrollflusssteuerung

5.2 Programmierung der anthropomorphen Multi-Agentensysteme

bereitstehen, um Schleifen zu bilden oder bedingt zu verzweigen. Wesentliche Anforderung an das Konzept ist auch die Fähigkeit zur Modulbildung und die Fähigkeit zur Rekursion, um darauf basierend vorhandene Programmierungen wiederzuverwenden und zu schachteln und so Bibliotheken mit zunehmender Komplexität aufzubauen.

5.2.1.1 Aktion und Aktionsnetz als Basis der Programmierung

Die wesentlichen Begriffe des hier erarbeiteten Programmierkonzeptes sind Aktion und Aktionsnetz. Dabei bilden *Aktionen* Grundbausteine, die elementare Fähigkeiten des anthropomorphen Multi-Agentensystems in einer Weise beschreiben, so dass sie möglichst universell verwenderbar sind. Ideale Aktionen beschreiben Fertigkeiten von Agenten und Agentensets dazu für eine möglichst modulare Verwendung und verbergen dabei intern auftretende komplexe Zusammenhänge durch vereinfachte Schnittstellen mit wenigen relevanten Parametern. Anhand dieser Beschreibung können Aktionen als Sonderform von „Skills" bzw. „Aktionsprimitiven" gedeutet werden, die sowohl zur Analyse als auch zur Synthese produktionstechnischer Prozesse geeignet sind [138][213]. Die hiesigen Aktionen erweitern das bekannte Verständnis von Skills dann dahingehend, dass sie insbesondere die hierarchischen und heterarchischen Strukturen der MAS berücksichtigen, während mit Skills bisher parallel arbeitende, unabhängige Automatisierungseinheiten beschrieben wurden. Folgende Grundtypen von Aktionen stehen dabei zur Verfügung:

- *einfache Bewegungsaktionen*, zur Ausführung einfacher Bewegungssequenzen mit den Agenten eines Agentensets, mit Zielen in Gelenk- und kartesischen Koordinaten.
- *koordinierte Bewegungsaktionen*, zur Aktivierung koordinierter Bewegungen der Agenten eines Agentensets, z.B. anhand des Konzeptes der „Multiplen Redundanz" oder der Koordination von Gehbewegungen.
- *Greifaktionen*, zur elementaren Interaktion mit Objekten und Ablagen durch das Herstellen und Lösen von Greifketten.
- *E/A-Aktionen*, zur elementaren Kommunikation mit der Umwelt über E/A-Verbindungen.

In *Aktionsnetzen* wird die Verschaltung der Grundbausteine der Aktionen zu umfassenderen und neuen Zusammenhängen zur Verfügung gestellt, um die eingangs formulierte Anforderung der Akkumulation und intelligenten Auswahl von Funktionalitäten zu adressieren. In Aktionsnetzen werden dazu Aktionen zu Folgen und Alternativen angeordnet, und situationsbedingt, unter Berücksichtigung der Umwelt, ausgewählt und in ihren Parametern eingestellt. Darüber hinaus können Aktionsnetze außerdem mehrfach und rekursiv geschachtelt eingesetzt werden, so dass aus einfacheren Aktionsnetzen zunehmend umfassendere, komplexere Netze zusammenstellbar sind. Aktionsnetze können als Erweiterung des Begriffs der „Aktionsprimitivnetze" [107][315] interpretiert werden, die besonders auf den Einsatz mit anthropomorphen MAS zugeschnitten sind. Während die Beschreibung der grundsätzlichen Fähigkeiten der Agenten in Aktionen nur selten erweitert werden, sind in den Aktionsnetzen vielfältige Kombinationen und Verschaltungen von Aktionen flexibel möglich. Folgende Grundtypen von Aktionsnetzen werden angeboten:

- *Aktionsnetze zur Bewegung*, um mittels geeignet parametrierter Aktionen komplexe Bewegungen mit und ohne Koordination durchzuführen, z.B. das Gehen (siehe Tabelle 5.3 auf Seite 142).
- *Aktionsnetze zur Objektmanipulation*, um mittels geeignet parametrierter Aktionen Werkzeuge und Werkstücke gezielt zu greifen und abzulegen (siehe Tabelle 5.3 auf Seite 142).

- *Aktionsnetze zur funktionalen Kommandierung*, um die Aktivität von Aktionsnetzen zu steuern, Aktionsnetze zu schachteln oder auf E/As der Umwelt zu reagieren (siehe Tabelle 5.5 auf Seite 143).

Wie geschildert, unterstützt das umgebende Simulationssystem die systematische Analyse von DES und die Synthese von Steuerungen im Sinne der „Supervisory Control" methodisch durch die „Zustandsorientierte Modellierung" und in der Implementierung durch die Beschreibungssprache SOML++, in der DES und Supervisor mittels Petri-Netzen modelliert werden. Entsprechend werden auch die Aktionen und Aktionsnetze mittels Petri-Netzen beschrieben, die zudem alle notwendigen Eigenschaften aufweisen, um die gestellten Anforderungen an die Programmierung anthropomorpher MAS zu erfüllen. Indem zugleich eine große Anzahl von Marken animiert werden können, sind Petri-Netze insbesondere zur Darstellung und Verwaltung von Nebenläufigkeiten geeignet. Dabei steht die genaue Bestimmung der Einzelsysteme frei zur Auswahl. So können Einzelsysteme definiert werden durch erkennbare reale Komponenten des Systems, durch Analysen der Komponenten der Systemhierarchie oder auch durch Identifizierung der Komponenten abstrakter Wirkzusammenhänge. Auf diese Weise wird es ermöglicht, Aktionen und Aktionsnetze mit zunehmenden Abstraktionsgrad zu bilden. So sprechen z.B. auf der Ebene „Einzelsystem" der Matrixarchitektur Aktionen die Bewegungssteuerungen der Agenten an, während darauf aufbauende „Gehe zu"-Aktionsnetze bereits eine abstrakte Anwendung von Bewegungen erlauben (siehe Bild 3.3 auf Seite 40). Schließlich kann SOML++ auch die Forderung nach Modularität und Wiederverwendbarkeit erfüllen, da die Beschreibungssprache auch für Petri-Netze wesentliche Methoden der objektorientierten Modellierung, wie Klassenbildung, Vererbung und Komposition anbietet.

5.2.1.2 Bewegungsaktionen mittels Sequenzern

Die Hauptaufgabe der MAS ist die Umsetzung einzelner und koordinierter Bewegungen anthropomorpher Kinematiken, daher fällt den Bewegungsaktionen eine besondere Bedeutung zu. Wie zur Bewegungssteuerung detailliert ausgeführt, werden den Agenten zur Steuerung von Bewegungen so genannten *Ziele* aufgeschaltet, die vereinheitlicht Ziele in Gelenk- und kartesischen Koordinaten beschreiben, bzw. einzelne Bahnsegmente und Folgen von Bahnsegmenten. Gemäß dem Konzept der „Multiplen Redundanz" werden die Bewegungen der Agenten dann auf der Ebene des Gesamt-MAS miteinander koordiniert. Die Aufgabe von Bewegungsaktionen ist es hier daher, die Aufschaltung der Agenten mit Zielen möglichst umfassend und flexibel zur Verfügung zu stellen. Seitens der Steuerung erfordert die Parametrierung der Ziele die Angabe von der Art und den Stützpunkten der Bahnsegmente, Angaben zur Ausformung der Geschwindigkeitsprofile, sowie des zu verwendenen TCPs. Diese Parameter werden in der Bewegungsaktionen ermittelt, bzw. sind in der Datenbasis geeignete Standardparameter für die anthropomorphen MAS hinterlegt. Die Standardparameter erleichtern dem Anwender die wiederholte Angabe aller Details maßgeblich, indem die Standards per Skalierungsfaktoren in ihrer gesamten Form modifizierbar sind und sie optional gezielt überschrieben werden können. Zur Bewegungsausführung wird ein Ziel dann am entsprechenden Controller des ausführenden Agenten gesetzt.

Nach der Parametrierung der einzelnen Ziele ist die nächste Aufgabe der Bewegungsaktionen die Erstellung eines Bewegungsablaufs eines Agentensets durch Vorgabe einer zeitlichen Abfolge des Aufschaltens der Ziele, um z.B. beim Gehen zeitgleiche und zeitversetzte Bewegungen der Agenten zu steuern. Dieses Scheduling-Problem wird durch *Sequenzer* adressiert,

5.2 Programmierung der anthropomorphen Multi-Agentensysteme

die in Bewegungsaktionen aufgerufen werden, um auf einem Agentenset eine *Sequenz*, eine Bewegungsabfolge der Agenten zu organisieren.

Zum einen nehmen Sequenzer die Verteilung und Zuordnung der Ziele an die Agenten vor, zum anderen stellen sie eine zeitliche Abfolge der Ziele ein. Zum Erzielen der Zuordnung wird an jedem Ziel als weiterer Parameter gekennzeichnet, mit welchem Agent das Ziel angefahren werden soll. Im Fall der „Virtuellen Menschen" können Ziele dabei an die in Tabelle 5.1 aufgeführten Agenten des Steuerungssets oder der Koordinationssets gerichtet sein. Zum Herstellen einer zeitlichen Abfolge der Ziele wird zunächst von einer vollständigen, einfachen Aufschaltung ausgegangen, bei der alle Agenten zeitgleich jeweils ein Ziel anfahren sollen. Diese in Bild 5.9 als „Aufschaltung 1" gezeigte Form wird erweitert und flexibilisiert, indem einerseits nicht allen Agenten, sondern nur ausgewählten Untermengen Ziele aufgeschaltet werden, wie in Bild 5.9 als „Aufschaltung 2" abgebildet ist. Andererseits kann nach Abschluss aller kommandierten Bewegungen eine weitere Aufschaltung erfolgen. Diese Form der mehrfachen Aufschaltung ist in Bild 5.9 als „Aufschaltung 3" gezeigt. Unter „Aufschaltung 4" führt Bild 5.9 beide Erweiterungen zusammen und stellt die resultierende Form der wahlfreien, mehrfachen Aufschaltung dar.

Eine Annahme bei dieser Form der synchronen Aufschaltung besteht allerdings darin, dass die Bewegungen zugleich starten und enden und die Bewegungsdauern der Ziele untereinander gleich sind. Im Sinne anthropomorpher Bewegungen ist es jedoch realistischer anzunehmen, dass Bewegungen der Extremitäten asynchron ablaufen, also in der Regel weder synchron starten oder enden, noch gleich lang dauern. Um die dazu erforderliche Form der asynchronen Aufschaltung umzusetzen, wird die zeitliche Abfolge der Ziele als Graph dargestellt. In den Sequenzern wird der Graph verwaltet, indem an jedem Ziel zusätzlich ein vorhergehendes Referenzziel angeben werden kann, das abgeschlossen sein muss, bevor das betrachtete Ziel gestartet werden darf. Der Sequenzer arbeitet die Ziele dann fortlaufend ab und startet das nächste Ziel auf einem Agenten, falls folgende zwei Bedingungen erfüllt sind:

1. Der Agent führt gegenwärtig keine Bewegung aus und kann das Ziel entgegennehmen.
2. Die Ausführung des optional angegebenen Referenzzieles ist abgeschlossen.

Bild 5.10 auf Seite 141 zeigt das Resultat einer asynchronen Aufschaltung. Das Bild zeigt ein Werkzeug zur Analyse von Sequenzen, das im Rahmen dieser Arbeit entstanden ist. Insbesondere steht mit Sequenzern auch die Animation zyklischer Bewegungen zur Verfügung, indem nach Start des letzten Zieles die Bearbeitung des Graphen von Beginn an wiederholt wird. Um den Scheduling-Modus von Sequenzern zu kontrollieren, wird bei ihrem Start dazu unterschieden, ob sie den Graphen einmalig oder zyklisch bearbeiten sollen, bzw. es kann angegeben werden, wieviele Zyklen der Sequenzer absolvieren soll. Bild 5.11 auf Seite 141 zeigt ein entsprechendes Resultat im Analysewerkzeug für Sequenzen. Das Werkzeug listet auf der linken Seite die verfügbaren Agenten auf; davon ausgehend öffnet sich nach rechts für jeden Agenten ein Zeitstrahl, auf dem absolvierte Ziele gemäß ihrer zeitlichen Abfolge und Länge eingezeichnet sind. Zusätzliche senkrechte Linien markieren Starts von Sequenzern.

5.2.1.3 Grundlegende Aktionsnetze der anthropomorphen MAS

Die Einführung von Aktionen und Aktionsnetzen orientiert sich insbesondere am geplanten Einsatz der anthropomorphen MAS. Die Tabellen 5.4 auf Seite 143, 5.3 auf Seite 142 und 5.5 auf Seite 143 beschreiben Aktionsnetze zur Bewegung, Objektmanipulation, sowie funktionale Kommandos, die zunächst für den „Virtuellen Menschen" eingeführt werden, um typische manuelle Tätigkeiten abzubilden. Indem bei der Identifikation der Tätigkeiten allerdings

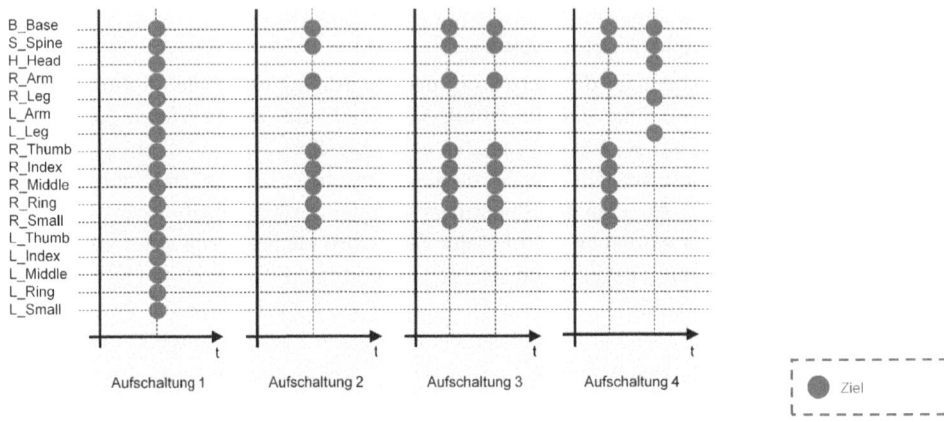

Abb. 5.9 Formen der Aufschaltung von Zielen auf Agenten des MAS. Vollständig, einmalig (1); Wahlweise, einmalig (2); Wahlweise, wiederholt (3); Wahlfrei, mehrfach (4)

Tabelle 5.1 Adressierbare Agenten des „Virtuellen Menschen"

Kürzel	Beschreibung
B_Base	Basis-Koordinaten
S_Spine	Rücken
H_Head	Kopf
H_HeadMR	Kopf, verlängert (COORD1)
R_Arm	rechter Arm
R_ArmMR	rechter Arm, verlängert (COORD1)
R_Leg	rechtes Bein
R_LegF	rechtes Bein, vorwärts (COORD2)
R_LegB	rechtes Bein, rückwärts (COORD2)
L_Arm	linker Arm
L_ArmMR	linker Arm, verlängert (COORD1)
L_Leg	linkes Bein
L_LegF	linkes Bein, vorwärts (COORD2)
L_LegB	linkes Bein, rückwärts (COORD2)
R_Thumb	rechter Daumen
R_Index	rechter Zeigefinger
R_Middle	rechter Mittelfinger
R_Ring	rechter Ringfinger
R_Small	rechter kleiner Finger
L_Thumb	linker Daumen
L_Index	linker Zeigefinger
L_Middle	linker Mittelfinger
L_Ring	linker Ringfinger
L_Small	linker kleiner Finger

versucht wurde, möglichst allgemeingültige Zusammenhänge zu beschreiben, stellen sie zugleich auch einen repräsentativen Grundstock an Tätigkeiten anthropomorpher Robotern dar. Die Aktionsnetze erwarten gegebenenfalls Argumente zu ihrer Parametrierung. Dabei finden die in Tabelle 5.2 auf Seite 142 aufgeführten Parametertypen Anwendung.

5.2 Programmierung der anthropomorphen Multi-Agentensysteme

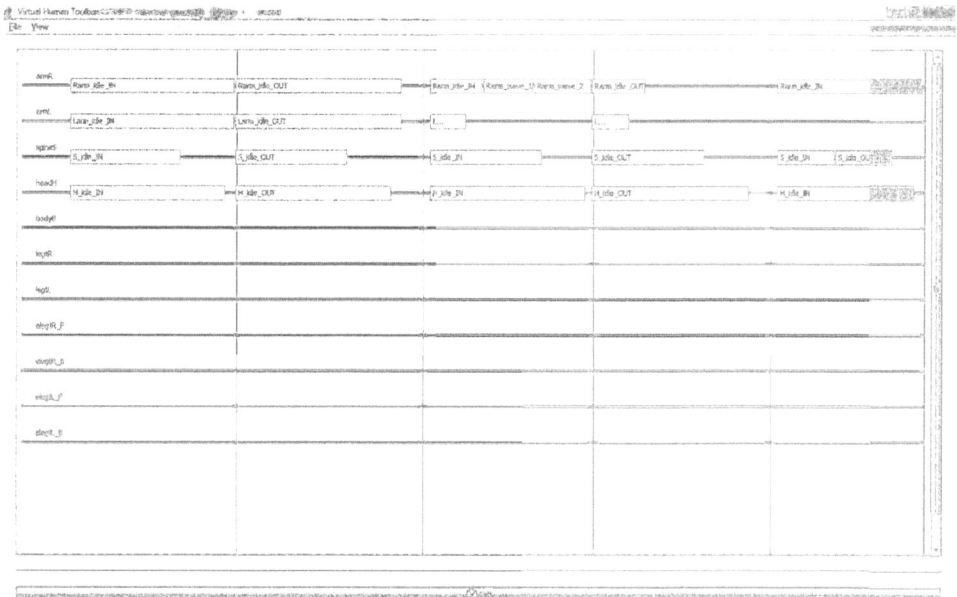

Abb. 5.10 Ansicht des Analysewerkzeugs für Sequenzer

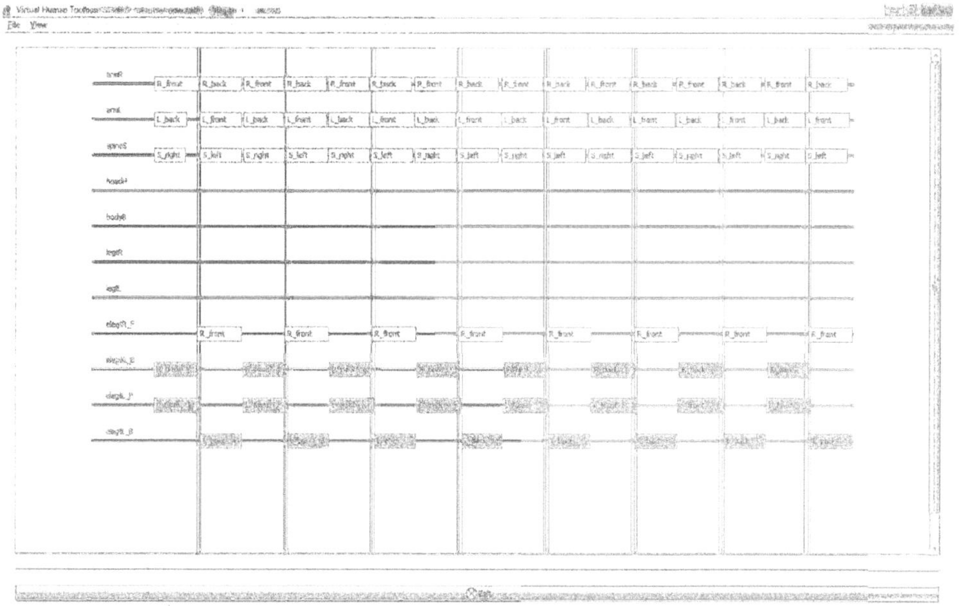

Abb. 5.11 Zyklische Abläufe (hier „Gehen") im Analysewerkzeug

Tabelle 5.2 Parametertypen zur Kommandierung von Aktionsnetzen

Name	Beschreibung	Menge
bool	Bool'scher Wert	{wahr, falsch}
int	Integer	$\mathbb{N}$
int[]	Integer-Vektor mit fester Länge n	$\mathbb{N}^n$
double	Double	$\mathbb{R}$
double[]	Double-Vektor mit fester Länge n	$\mathbb{R}^n$
frame	Homogene Transformationsmatrix	$\mathbb{R}^{4 \times 4}$
string	Zeichenkette mit m Zeichen	m Zeichen $\in$ [a-z,A-Z,0-9]
string[]	Zeichenketten-Vektor mit fester Länge n	$n \times m$ Zeichen $\in$ [a-z,A-Z,0-9]
symbol	Symbolname* (mit m Zeichen)	m Zeichen $\in$ [a-z,A-Z,0-9]
object	Objektname** (mit m Zeichen)	m Zeichen $\in$ [a-z,A-Z,0-9]

*: Symbolnamen stellen einen festen Bezug zwischen einer Zeichenkette und einem Integer her; jedes Auftreten der Zeichenkette wird dabei intern mit dem korrespondierenden Integer ersetzt, so dass insbesondere Vergleiche zwischen Symbolnamen auf Vergleiche von Integern zurückgeführt werden können.

**: Objektnamen stellen einen festen Bezug zwischen einer Zeichenkette und einer Objektinstanz her; jedes Auftreten der Zeichenkette wird dabei intern mit der korrespondierenden Objektinstanz ersetzt, so dass namentlich bekannte Objekte von extern textuell adressiert werden können.

Tabelle 5.3 Aktionsnetze zur Bewegung

walk	Vorwärtsgehen, relativ zu gegenwärtigen Position. *Argumente:* • *object useMAS*: Auswahl des ausführenden MAS • *double distance*: zu gehende Distanz in [m] • *bool refine*: falls gesetzt, wird das MAS abschließend auf die exakte Distanz geschoben
turn	Drehen auf der Stelle, relativ zu gegenwärtigen Orientierung. *Argumente:* • *object useMAS*: Auswahl des ausführenden MAS • *double angle*: zu drehender Winkel in [rad] • *bool refine*: falls gesetzt, wird das MAS abschließend auf den exakten Winkel geschoben
pose	Einnehmen einer Ganzkörperpose, bzw. Ausführung eines einzelnen Sequenzers. *Argumente:* • *object useMAS*: Auswahl des ausführenden MAS • *string poseName*: einzunehmende Pose, bzw. auszuführender Sequenzer per Name
poseHand	Einnehmen einer Handpose mit dem Agententeam einer Hand, bzw. Ausführung eines geeigneten Sequenzers. *Argumente:* • *object useMAS*: Auswahl des ausführenden MAS • *symbol useHand*: rechte oder linke Hand • *string poseName*: einzunehmende Pose, bzw. auszuführender Sequenzer per Name
sit	Hinsetzen oder Aufstehen auf/von Sitzmöbeln. *Argumente:* • *object useMAS*: Auswahl des ausführenden MAS • *symbol direction*: auszuführende Bewegungsrichtung

5.2.2 Ebenen der Programmierung mit Aktionsnetzen

Wie auch bei der Programmierung von Industrierobotern ist die Kommandierung vorhandener Programme ein bedeutender Aspekt der Anwendung anthropomorpher Multi-Agentensysteme. Unter diesen Aspekt der Kommandierung fällt das zeit- oder ereignisgesteuerte Aufrufen von Programmen – hier den Aktionsnetzen –, sowie die allgemeine Einflussnahme auf die Programmausführung, wie das Starten, Pausieren oder Abbrechen von Abläufen. Im Programmierkonzept der anthropomorphen MAS werden dazu Kommandos und Kommandowarteschlangen angeboten, die der Parametrierung und Auswahl von Aktionsnetzen dienen. Zusätzlich kann das Abarbeiten der in diesen Warteschlangen anstehenden Kommandos mittels Meta-Kommandos weiter gesteuert werden. Die Kommandos und Meta-Kommandos können textuell und über TCP/IP eingegeben werden, so dass sie auf der Ebene „Gesamtsystem" der Matrixarchitektur als Programmierschnittstelle der MAS dienen, die auch ver-

5.2 Programmierung der anthropomorphen Multi-Agentensysteme

Tabelle 5.4 Aktionsnetze zur Objektmanipulation

pickObject	Aufnehmen eines Objekts mit einer gewählten Hand und einer gegebenen Kombination von Greifer (Werkzeug) und Greifpunkt am Objekt. *Argumente:* • *object useMAS*: Auswahl des ausführenden MAS • *symbol useHand*: rechte oder linke Hand • *string pickObject*: zu greifendes Objekt per Name • *string useGrippoint*: zu greifender Greifpunkt am Objekt per Name • *string useGripper (optional)*: zu verwendender Greifer per Name
placeObject	Ablegen eines Objekts in einer benannten Hand auf eine gegebene Ablage. *Argumente:* • *object useMAS*: Auswahl des ausführenden MAS • *symbol useHand*: rechte oder linke Hand • *string placeDeposit*: zu verwendende Ablage per Name • *string useDeposit*: Auswahl einer Unterablage per Name
pickTool	Aufnehmen eines Werkzeugs mit einer gewählten Hand und einer gegebenen Kombination von Griff (Hand) und Greifpunkt am Werkzeug. *Argumente:* • *object useMAS*: Auswahl des ausführenden MAS • *symbol useHand*: rechte oder linke Hand • *string pickTool*: zu greifendes Werkzeug per Name • *string useGrippoint*: zu greifender Greifpunkt am Werkzeug per Name • *string useGripper (optional)*: zu verwendender Griff per Name
placeTool	Ablegen eines Werkzeugs in einer benannten Hand auf eine gegebene Ablage. *Argumente:* • *object useMAS*: Auswahl des ausführenden MAS • *symbol useHand*: rechte oder linke Hand • *string placeDeposit*: zu verwendende Ablage per Name • *string useDeposit*: Auswahl einer Unterablage per Name
useTool	Benutzung eines Werkzeugs in einer definierten Weise. *Argumente:* • *object useMAS*: Auswahl des ausführenden MAS • *symbol useHand*: rechte oder linke Hand • *symbol useState*: Auswahl eines Werkzeugzustands, z.B. „geschlossen"

Tabelle 5.5 Aktionsnetze zur funktionalen Kommandierung

walt	Warten bis zum Eintreffen eines beliebigen Meta-Kommandos. Geeignet zum gezielten Verzögern der Ausführung. *Argumente:* • *object useMAS*: Auswahl des ausführenden MAS
waitTime	Warten für eine gegebene Zeit. Geeignet zum gezielten Verzögern der Ausführung. *Argumente:* • *object useMAS*: Auswahl des ausführenden MAS • *double timeToWait*: zu wartende Zeit in [s]
waitEvent	Warten bis zu einem gegebenen Ereignis. Als Ereignisse können hier gewünschte E/A-Pegel (siehe Abschnitt 5.1.3.3 auf Seite 135) und Schwellwerte definiert werden. Geeignet zum gezielten Verzögern der Ausführung. *Argumente:* • *object useMAS*: Auswahl des ausführenden MAS • *object event*: zu erwartende Ereignisdefinition per Name
macro	Abspielen der gelisteten, parametrierten Aktionsnetze bis zum Eintreffen eines beliebigen Meta-Kommandos. Geeignet für Automatikbetrieb. *Argumente:* • *object useMAS*: Auswahl des ausführenden MAS • *string[ ] macros*: auszuführende Aktionsnetze per Name und Parametern
macroTime	Abspielen der gelisteten, parametrierten Aktionsnetze für eine gegebene Zeit. Geeignet für Automatikbetrieb. *Argumente:* • *object useMAS*: Auswahl des ausführenden MAS • *string[ ] macros*: auszuführende Aktionsnetze per Name und Parametern • *double timeToWait*: zu wartende Zeit in [s]
macroEvent	Abspielen der gelisteten, parametrierten Aktionsnetze bis zu einem gegebenen Ereignis. Als Ereignisse können hier gewünschte E/A-Pegel (siehe Abschnitt 5.1.3.3 auf Seite 135) und Schwellwerte definiert werden. Geeignet für Automatikbetrieb. *Argumente:* • *object useMAS*: Auswahl des ausführenden MAS • *string[ ] macros*: auszuführende Aktionsnetze per Name und Parametern • *object event*: zu erwartende Ereignisdefinition per Name

teilt, von externen Rechnern aus, bedient werden kann (siehe Bild 3.3 auf Seite 40). Mittels der Kommandos und Meta-Kommandos wird das Konzept der MAS damit zur automatischen Programmierung durch Handlungplanungssysteme geöffnet, wie es insbesondere im Rahmen des „Intelligent Robot Control System" [IRCS] vorgesehen ist. Im Folgenden wird die Kommandierung vorgestellt, um schließlich für ein Kommandos darzustellen, wie es zur Programmierung der Bewegung eines Agenten durch alle Ebenen der Multi-Agentensysteme geführt wird (siehe Abschnitt 5.2.2.2 auf Seite 146).

5.2.2.1 Kommandierung von Aktionsnetzen mittels Prioritätswarteschlangen

Die Eingabe zur Ausführung anstehender Aktionsnetze erfolgt durch Hinterlegen entsprechender Kommandos in einer *Prioritätswarteschlange mit Vorbedingungen* („Queue"). Diese Datenstruktur ist im Kern ein Speicher für eine Anzahl W von Einträgen $E_w, w \in [1, W]$ mit einem Eingabe- und einem Entnahmekanal. Die Anzahl der einspeicherbaren Einträge W darf hier als praktisch unbegrenzt angenommen werden; real ist W technisch durch die Speichergröße des verarbeitenden Rechners limitiert. Der Kanal für Eingabe und der Kanal für die Entnahme werden asynchron bedient, so dass eingangsseitig jederzeit weitere Einträge $E_1 : [t_1]$, $E_2 : [t_2]$, etc. eingespeichert werden können und die Entnahme unabhängig davon erfolgt. Da es sich um eine Warteschlange handelt, wird die Reihenfolge der Eingabe bei der Entnahme zunächst eingehalten, so dass im einfachen Fall Einträge in der Reihenfolge $E_1 : [t_1]$, $E_2 : [t_2]$, etc. abgearbeitet werden. Ohne Erweiterungen wird diese Datenstruktur daher auch als FIFO-Speicher bezeichnet – „First In, First Out". Davon ausgehend erfolgt ein Ausbau der Speicherform zu Prioritätswarteschlangen mit Vorbedingungen zwei Stufen, zum einen durch die Einführung von Prioritäten, zum anderen durch die Einführung von Vorbedingungen. Neben der Reihenfolge des Einspeicherns $t \in \mathbb{N}$ ist außerdem eine benutzerdefinierte Priorität $p \in \mathbb{N}$ Parameter jedes Eintrages. Im Prozess des Einspeicherns werden Einträge mit höherer Priorität dann gegenüber Einträgen mit geringerer Priorität vorgezogen,

$$\begin{aligned} E_a : [t_a, p_a] \text{ VOR } E_b : [t_b, p_b], \text{ falls } p_b \leq p_a, \text{ aber} \\ E_b : [t_b, p_b] \text{ VOR } E_a : [t_a, p_a], \text{ falls } p_b > p_a. \end{aligned} \quad (5.6)$$

Unabhängig davon, dass die bereits vorhandenen Einträge früher eingespeichert wurden, stehen Einträge mit höherer Priorität damit früher zur Entnahme bereit. Zwischen Einträgen gleicher Priorität herrscht folglich noch immer das FIFO-Prinzp, jedoch können z.B. einzelne Einträge durch Angabe hoher Prioritäten „an den wartenden Einträgen vorbei" direkt zur Ausführung gebracht werden. Zusätzlich ist neben Reihenfolge und Priorität eine Liste von Vorbedingungen $\underline{e}$ optionaler Parameter der Einträge. Als Elemente der Liste $\underline{e}$ können dabei bereits eingespeicherte Einträge angegeben werden, die – unabhängig von der FIFO-Reihenfolge und unabhängig von der Priorität – abgearbeitet sein müssen, bevor der in Frage stehende Eintrag entnommen werden darf,

$$E_b : [t_b, p_b, \underline{e}_b] \text{ VOR } E_a : [t_a, p_a, \underline{e}_a], \text{ falls } E_b \in \underline{e}_a. \quad (5.7)$$

Ist $\underline{e}$ eine leere Liste, entspricht das der Angabe keiner Vorbedingung. Mit Hilfe der Vorbedingungen (und der Prioritäten) sind komplexe, graphenartige Strukturen der Einträge in der Warteschlange erzeugbar, deren Analyse sich allerdings auf die regelgerechte Abarbeitung und einfache Plausibilitätstest bei der Eingabe neuer Einträge beschränkt.

Zur Kommandierung von Aktionsnetzen bedienen sich die anthropomorphen MAS zwei dieser Prioritätswarteschlangen mit Vorbedingungen, wie in Bild 5.12 auf Seite 146 darge-

5.2 Programmierung der anthropomorphen Multi-Agentensysteme

stellt. In einer so genannten *Anfragequeue* werden zur Ausführung anstehende Kommandos an das MAS entgegengenommen. Dazu beschreibt der Anwender einen im Sinne der Warteschlangen geeignet eingestellten Eintrag, der als Träger eines Kommandos dient und nach den eben genannten Regeln beizeiten seitens des MAS aus der Warteschlange entnommen wird. Die Beschreibung des eigentlichen Kommandos erfolgt durch die namentliche Nennung des auszuführenden Aktionsnetzes, sowie die konkrete Bestimmung des möglichen Parameter des derart ausgewählten Aktionsnnetzes:

$$\text{Kommando } K: \text{Name des Aktionsnetzes } N, \text{Parameterliste } \underline{o}. \quad (5.8)$$

Die auszufüllende Parameterliste $\underline{o}$ wird dabei durch das jeweilige Aktionsnetz vorgegeben, siehe Tabelle 5.2 auf Seite 142. In der zweiten Warteschlange, der *Antwortqueue*, wird dem Anwender das Resultat seiner Kommandierung mitgeteilt. In der Reihenfolge, in der die Anfrageeinträge, bzw. die Aktionsnetze letztlich zur Ausführung gebracht wurden, werden hier seitens des MAS Antworten in die Warteschlange eingespeichert, die der Anwender asynchron entnehmen kann. Diese Antworten beschreiben:

- *Ausführungserfolg*, falls das Kommando erfolgreich abgearbeitet wurde und welche Stationen dabei im MAS durchlaufen wurden.
- *Ausführungsfehler*, falls die Ausführung des Kommandos aufgrund des Auftretens von Fehlern abgebrochen wurde, sowie begleitende Fehlermeldungen zur Diagnose.
- *Syntaxfehler*, falls das Kommando unverstanden blieb und übersprungen wurde, etwa aufgrund einer fehlerhaften Parametrierung des Aktionsnetzes oder da das angegebene Aktionsnetz für das MAS nicht definiert ist.
- *Queuefehler*, falls der Trägereintrag aufgrund einer fehlerhaften Parametrierung der Einträge nicht in die Anfragequeue eingestellt werden konnte und übersprungen wurde.

Da die Reihenfolge hier keine Rolle spielt, werden die Antworteinträge alle mit gleicher Priorität und ohne Vorbedingungen eingestellt, so dass die resultierende Funktionsweise der Anfragequeue genau dem FIFO-Speicher entspricht.

Die wesentlichen Vorteile der Einführung von Anfrage- und Antwortqueue bestehen darin, dass zum einen ein einheitlicher Weg zur Parametrierung und zum Aufruf von Aktionsnetzen vorgegeben wird, der mittels Prioritäten und Vorbedingungen über den bloßen Ablauf hinausgehende Gestaltungsmöglichkeiten bietet. Zum anderen wird mit der Beschreibung von Kommandos in der allgmeinen Form nach (5.8) außerdem eine Syntax definiert, die es erlaubt, Einträge und Kommandos örtlich und inhaltlich unabhängig von den darin angesprochenen MAS zu erzeugen. Damit kann die Verortung der Kommandierung insbesondere von verschiedenen externen Quellen in einem Netzwerk aus erfolgen. Diese Idee wird weiter gefördert, indem wahlweise das Einspeichern textueller Beschreibungen von Einträgen und Kommandos in der Anfragequeue über TCP/IP zur Verfügung gestellt wird und auch die Ergebnisberichte in der Antwortqueue wahlweise über TCP/IP abgerufen werden können. Seitens der anthropomorphen Multi-Agentensysteme steht dafür ein Parser bereit, der aus textuellen Beschreibungen der Eintrag- und Kommandoparameter gemäß Tabelle 5.2 auf Seite 142 entsprechende Kommandos und Trägereinträge zur Einspeicherung in der Anfragequeue generieren kann.

Zusätzlich existiert ein weiteres Paar von Prioritätswarteschlangen zur Meta-Kommandierung. *Meta-Kommandierung* bedeutet dabei, dass auf diesem parallelen Kommunikationskanal spezielle Anweisungen eingegeben werden können, die auf die Abarbeitung der regulären Kommandos in der Anfragewarteschlange Einfluss nehmen. Tabelle 5.6 führt die zur Verfügung stehenden Meta-Kommandos auf, wobei die Liste im Sinne eines Frameworks frei erweiterbar ist. Gerade in dem Fall, dass die Kommandierung der anthropomorphen MAS

Tabelle 5.6 Meta-Kommandierung der Prioritätswarteschlangen

cancel	Gegebene Einträge werden aus der Anfragequeue gestrichen. *Argumente:* • *int[ ] itemsToCancel*: zu streichende Einträge anhand ID-Liste
pause	Die Ausführung des gegenwärtig aktiven Eintrages wird pausiert. *Argumente:* -
continue	Die Ausführung des gegenwärtig pausierten Eintrages wird wieder aufgenommen. *Argumente:* -
abort	Die Ausführung des gegenwärtig aktiven Eintrages wird abgebrochen. *Argumente:* -

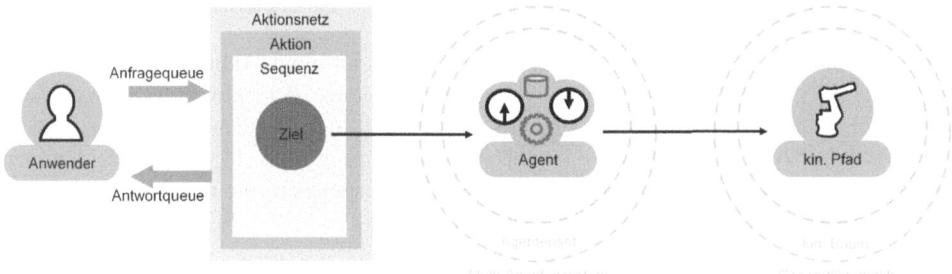

Abb. 5.12 Kontrollebenen der anthropomorphen MAS

von extern aus über TCP/IP erfolgt, erlauben es die Meta-Kommandos, komplexe Abfolgen von Anfrageeinträgen an ein anthropomorphes MAS zu überweisen und deren Abarbeitung dann mit nur noch wenigen Meta-Kommandos aus der Ferne zu editieren und dirigieren und notfalls abzubrechen.

5.2.2.2 Resultierender Lebenszyklus von Kommandos

Abschließend betrachtet ergibt sich der in Bild 5.12 dargestellte Lebenszyklus von Kommandos, bzw. die folgenden Kontrollebenen zwischen Anwender und Kinematik (siehe auch Bereich „Programmierung" der Matrixarchitektur in Bild 3.3 auf Seite 40):

1. *Anwender.* Der Anwender konfiguriert ein Kommando und stellt einen entsprechenden Eintrag in die Anfragequeue.
2. *Anfragequeue.* Ist das MAS bereit und sind alle Vorbedingungen erfüllt, wird der Anfrageeintrag aktiviert.
3. *Aktionsnetz.* Gemäß des im Anfrageeintrag definierten Kommandos wird ein Aktionsnetz parametriert und gestartet.
4. *Aktion.* Gemäß der im Aktionsnetz definierten Logik werden Aktionen parametriert und gestartet.
5. *Sequenz.* Handelt es sich um eine Bewegungsaktion, werden die zur Aktion gehörigen Sequenzen zur Ausführung gebracht.
6. *Ziel.* Gemäß der in der Sequenz definierten Abfolge werden Ziele parametriert und gestartet.
7. *Agent.* Auf der Ebene „Einzelsystem" werden durch Aufrufen des passenden Controllers die Ziele durch die Agenten angefahren.
8. *Agentset.* Auf der Ebene „Koordination/ Kopplung" werden die eigenständigen Bewegungen des Agenten gegebenenfalls durch die übergeordnete Steuerung im Agentenset modifiziert oder koordiniert.

5.2 Programmierung der anthropomorphen Multi-Agentensysteme

9. *Multi-Agentensystem.* Auf der Ebene „Gesamtsystem" resultiert aus den Bewegungen aller Agentensets die Steuerung des MAS.
10. *Kinematischer Pfad.* Auf der Ebene „Einzelsystem" setzen die kinematischen Pfade die Bewegungen der ihnen zugewiesenen Agenten um.
11. *Kinematischer Baum.* Auf der Ebene „Koordination/ Kopplung" resultieren aus den Bewegungen der kinematischen Pfade Bewegungen des kinematischen Baumes.
12. *Gesamtkinematik.* Auf der Ebene „Gesamtsystem" führt als Effekt der Bewegungen aller kinematischen Bäume die Gesamtkinematik das vom Anwender konfigurierte Kommando aus.
13. *Antwortqueue.* Sind alle Ziele, Sequenzen und Aktionen gemäß des Aktionnetzes beendet, wird dem Anwender das Ergebnis der Anfrage in der Antwortqueue mitgeteilt.

Kapitel 6
Steuerung realer Mehrrobotersysteme

Die Beobachtung des Einsatzes von Mehrrobotersystemen in der Produktion lässt den Schluss zu, dass Aufbau und Aufgaben von Mehrrobotersystemen hauptsächlich darauf abzielen, Industrieroboter zu menschenähnlichen Verbünden zu verschalten, um mit diesen Verbünden menschenähnliche Aufgaben – und darunter insbesondere die zweihändige Manipulation – zu adressieren (siehe Abschnitt 2.2.2 auf Seite 16). Das in dieser wissenschaftlichen Untersuchung dargelegte Konzept der anthropomorphen Multi-Agentensysteme ist nicht nur geeignet, anthropomorphe Kinematiken systematisch für die Simulation und Analyse zu erfassen, sondern stellt mit einer Rekombination der vorhandenen Basiselemente der Multi-Agentensysteme (Abschnitt 6.1) zugleich auch einen geeigneten Ansatz zur Simulation und Steuerung realer Mehrrobotersysteme dar. Die Einsatzmöglichkeiten der anthropomorphen MAS in diesem Sinne wurde an einer Anlage mit zwei kooperierenden Industrierobotern demonstriert (Abschnitt 6.2 auf Seite 155).

6.1 Rekombination des Steuerungskonzeptes für reale Mehrrobotersysteme

Die Ansteuerung von Industrierobotern in menschenähnlichen Verbünden stellt verschiedene programmier- und steuerungstechnische Anforderungen, die mittels der anthropomorphen MAS einfach umgesetzt werden können oder nur wenige Erweiterungen erfordern. Zum einen müssen die MAS als Steuerungssystem echtzeitfähig sein, um die ausführenden Robotersteuerungen der Einzelroboter in ihren IPO-Takten mit Bewegungsinkrementen zu versorgen. Zum anderen stellt insbesondere die begleitende 3D-Simulation, -Visualisierung und Analyse eine herausragende Eigenschaft der MAS in diesem Anwendungsfeld dar, die – obwohl sie pauschal eine Rechenlast bedeutet – auch für die Steuerung einer Gruppe realer Roboter ohne Einschränkungen zur Verfügung stehen soll. Im Folgenden wird beschrieben, wie die die anthropomorphen Multi-Agentensysteme diese Anforderungen adressieren.

6.1.1 Anforderungen an Mehrrobotersteuerungen

Bisher wurden die Multi-Agentensysteme zur Steuerung simulierter Kinematiken dargestellt. Zeitverhalten und Technik in der Steuerung sind bei dieser Betrachtungsweise zunächst vernachlässigbar. Die Ankopplung realer Robotersteuerungen an die MAS dagegen erfordert die exakte Definition des Zeitverhaltens, sowie die Abbildung von Zuständen und Übergängen, die z.B. für die reine Simulation und Analyse des „Virtuellen Menschen" nicht benötigt werden, aber für die Ansprache realer Roboter unabdingbar sind.

Damit ist die erste Anforderung an die Ankopplung die *Abbildung der technischen Abläufe* der realen Robotersteuerungen. Das Konzept der anthropomorphen Multi-Agentsysteme beruht insgesamt darauf, dass auf der Ebene „Einzelsystem" der Matrixarchitektur kinematische Pfade eingesetzt werden, deren Bedienung und Steuerung bewusst an Industrierobotern orientiert ist. In diesem Sinne sind die MAS bereits in ihren Basiselementen zur Abbildung der technischen Abläufe konzipiert. Doch auch auf den darüber liegenden Ebenen „Agentenset" und „Gesamtsystem" ist die Anforderung erfüllt, indem die zustandsorientierte Modellierung als methodischer Hintergrund des Konzeptes (siehe Abschnitt 5.1.2 auf Seite 128 die detaillierte Abbildung der technischen Abläufe der realen Robotersteuerungen wird in besonderer Weise unterstützt.

Die zweite wichtige Anforderung ist die Sicherstellung der *Echtzeitfähigkeit*; insbesondere falls fortgeschrittene Steuerungsmodi wie der kooperierende Betrieb ermöglicht werden sollen. Unter Echtzeitfähigkeit wird in diesem Zusammenhang die so genannte „weiche Echtzeit" verstanden, bei der Antworten auf Anfragen im statistischen Mittel in einem gegebenen Zeitfenster erfolgen müssen, um als gültig zu gelten. In Fällen der Zeitüberschreitung wird das Ergebnis dann nicht vollständig ungültig, sondern nur gegebenenfalls qualitativ schlechter. Im Gegensatz dazu gilt bei der „harten Echtzeit", dass Antworten auf Anfragen immer in einem fest definierten Zeitfenster erfolgen müssen. Bei Zeitüberschreitung wird das Ergebnis sonst vollständig ungültig [134]. Für eine einfache Kommandierung von Robotern ist keine besondere Echtzeitfähigkeit einzuhalten, da dazu nur das sporadische Absetzen einzelner Kommandos an die Robotersteuerungen notwendig ist. Allerdings steigen die Ansprüche an die Echtzeitfähigkeit in einer Mehrrobotersteuerung. Im Konzept der Multi-Agentsysteme wird eine Berücksichtigung der Echtzeitfähigkeit direkt durch den Aufbau als Matrixarchitektur unterstützt, indem zum einen anhand der Ebenen eine klare Trennung zwischen den kritischen „Einzelsystemen" und den darauf aufbauenden Ebenen der Steuerung mit einem höheren Abstraktionsniveau vollzogen wird. Zum anderen ist der Bereich „Steuerung" von den unkritischen Funktionalitäten in den Bereichen „Simulation" und „Programmierung" deutlich getrennt (siehe Bild 3.3 auf Seite 40).

Dritte wesentliche Anforderung ist der *kooperierende Betrieb* mehrerer Roboter. In dieser Betriebsform werden die Bewegungen zwei oder mehr Roboter synchronisiert und gekoppelt, so dass sie gemeinsame Aufgaben an Werkstücken wahrnehmen können. Wie in Abschnitt 2.2.2 auf Seite 16 dargestellt, treten insbesondere im kooperierenden Betrieb die anthropomorphen Potenziale von Mehrrobotersystemen zutage. Typische Anwendungen sind dabei der gemeinsame Objekttransport von sperrigen oder schweren Lasten durch mehrere Roboter, sowie die verteilte Manipulation, in der z.B. ein Roboter als universelle Aufnahme das Werkstück in einer Vorzugslage transportiert, während weitere Roboter das Werkstück bearbeiten. Diese und weitere Anwendungen können direkt auf der Ebene „Koordination/ Kopplung" der Matrixarchitektur mittels der Agentensets umgesetzt werden, die im Konzept der MAS ausdrücklich zur Berücksichtigung derartiger heterarchischer Strukturen dienen. Wie beispielsweise anhand der Koordination des Oberkörpers in Abschnitt 4.2 auf Seite 106 gezeigt wurde, werden dazu die beteiligten Agenten in einem Koordinationsset zusammengebracht, um sie mit einer aufgabenspezifischen übergeordneten Steuerung zu koordinieren und koppeln.

6.1.2 Konzept zur Herstellung der Echtzeitfähigkeit

Das Konzept zur Herstellung der geforderten „weichen" Echtzeitfähigkeit besteht grundsätzlich aus der Trennung der Steuerung in Echtzeit- und Bedienkomponenten, die in Tasks mit unterschiedlicher Priorität oder auf unterschiedlichen Rechnern instanziiert werden. Dabei umfassen die Bedienkomponenten [OP] („Operation") die Kommandierung und Programmierung mittels Aktionen und Aktionsnetzen, die Analyse- und Visualisierungswerkzeuge, sowie die Integration und Interaktion mit einer simulierten Umwelt. Als Echtzeitkomponenten [RT] („Real-Time") werden dagegen nur diejenigen Elemente der Mehrrobotersteuerung instanziiert, die zur Bewegungssteuerung notwendig werden, so dass der Rechner RT vollständig auf die Aufgabe der Hardwarekommandierung und -kommunikation ausgerichtet werden kann. Auf diese Weise kann eine echtzeitfähige Ansteuerung und Synchronisation mehrerer Industrieroboter gewährleistet werden, ohne dass die fortgeschrittenen Möglichkeiten der Multi-Agentensysteme aufgeben werden müssen.

Die wesentliche Schnittstelle zwischen den beiden Steuerungsteilen verläuft dabei direkt in den Agenten, die dementsprechend Bedien- und Echtzeitanteile aufweisen. Wie in Abschnitt 5.2.1.2 auf Seite 138 geschildert, werden Bewegungen der Agenten mittels Bewegungsaktionen durchgeführt, in denen Ziele in Gelenk- und kartesischen Koordination zu Bewegungssequenzen angeordnet sind. Die Ziele werden den Agenten zur eigenständigen Ausführung übergeben, wobei diese Einzelbewegungen gegebenenfalls durch die übergeordnete Steuerung eines Agentensets im Sinne einer Koordination oder Kopplung modifiziert werden. In den Bewegungsaktionen liegen daher alle notwendigen Parameter vor, damit Agenten eines Sets ihre Bewegungen eindeutig durchführen können. Die in den Aktionen aufgerufenen Ziele stellen dann die geeigneten Kommunikationseinheiten dar, um vom Bedienteil eines Agenten aus die in seinem Echtzeitteil instanziierten quasikoninuierlichen Controller zur Bewegungssteuerung zu befähigen (siehe Bild 6.1). Von der RT-Seite aus werden die in den Controllern der Agenten berechneten Gelenkstellungen dann im IPO-Takt an die Einzelrobotersteuerungen der realen Roboter zur Ausführung gereicht (siehe Abschnitt 6.1.2.2).

6.1.2.1 Weitere Aspekte der verteilten Steuerung

Die Trennung ist genauso für die schaltenden Controller gültig; so können in Greif- oder E/A-Aktionen auf der OP-Seite insbesondere aufwändige Planungen und Prüfungen von Vorbedingungen durchgeführt werden, um an die RT-Seite schließlich nur die Parametrierung der dort instanziierten Greif- und E/A-Controller des Agenten zu kommunizieren. Die wesentlichen RT-Anteile jedes Agenten bestehen also in seinen Controllern. Falls zusätzlich in jedem Takt eine Koordination der Einzelbewegungen durch die übergeordnete Steuerung eines Agentensets gewünscht ist, ist auch diese übergeordnete Steuerung auf der RT-Seite zu instanziieren, damit die Beobachtung und Modifikation der durch die Controller berechneten Gelenkinkremente stattfinden kann. Die Instanziierung aller weiteren Basiselemente der Multi-Agentensysteme, insbesondere der unter Umständen aufwändigen Aktionsnetze und Aktionen, kann dagegen vollständig auf der OP-Seite verbleiben, wie es in Bild 6.1 dargestellt ist. Durch diese scharfe Trennung der Aufgaben von Bedien- und Echtzeitanteil wird es ermöglicht, die Instanziierung der Basiselemente bei Start der Multi-Agentsysteme je OP- oder RT-Fall über einfache Flags zu steuern. So kann auf beiden Seiten das gleiche Simulationssystem, die gleiche Implementierung der Basiselemente der MAS und das gleiche Simulationsmodell eingesetzt werden, das die MAS letztlich in der Datenbasis des Simulati-

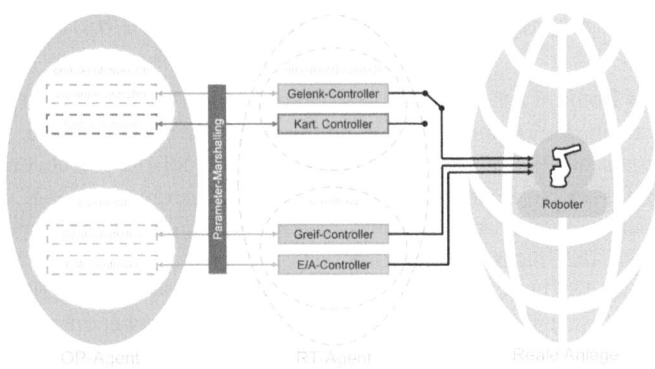

Abb. 6.1 Umsetzung der Trennung von Bedien- [OP] und Echtzeitteil [RT] in den Agenten

onssystems instanziiert. Trotz ihres verteilten Aufbaus wird so die Entwicklung, Verwaltung und Pflege der Mehrrobotersteuerung enorm vereinfacht.

Die Kommandierung der RT-Seite mittels Zielen, sowie Rückmeldungen der Controller, u.a. bezüglich Status und Gelenkstellungen, ist auf Basis eines im Rahmen dieser Arbeit entwickelten Werkzeugs zum Parameter-Marshalling umgesetzt, der Kommunikation serialisierter Parameter zum Aufruf von Funktionen verteilter Systeme [314]. Aufgrund der Wahl der Trennebene zwischen Bedien- und Echtzeitrechner bzw. -tasks, enthalten die dabei kommunizierten Parameter keine zeitkritischen Informationen – diese liegen vollständig auf der RT-Seite vor. Auf der OP-Seite werden die Informationen nur eingesetzt, um die Ausführung zu überwachen und gegebenenfalls zu visualisieren. Im Fall der Trennung der Steuerung in Tasks unterschiedlicher Priorität beruht die Kommunikation auf Semaphoren [313]; falls die Trennung zwischen Rechnern stattfindet, geschieht die Kommunikation über TCP/IP. Werden die Multi-Agentsysteme ohne Trennung instanziiert, besteht kein Unterschied zum verteilten Betrieb und die Parameter verhalten sich wie lokale Variablen. Auf diese Weise unterstützt auch das Werkzeug zum Parameter-Marshalling die Verwendung der gleichen Basiselemente der MAS und die Instanziierung des gleichen Simulationsmodells in der Datenbasis des Simulationssystems auf beiden Seiten der Steuerung.

6.1.2.2 Übertragung der Bewegungsresultate an die realen Einzelroboter

In den bisherigen Anwendungen der anthropomorphen MAS wurden die in den quasikontinuierlichen Controllern berechneten Bewegungen auf simulierte Kinematiken übertragen. Der Einsatz der Multi-Agentsysteme zur Steuerung von Mehrroboteranlagen erfordert es, dass die in den Echtzeitkomponenten berechneten Resultate der Bewegungssteuerung im IPO-Takt (sowie der weiteren Controller, u.a. zum Schalten von E/As) an die realen Roboter zur Ausführung übergeben werden. Die Gegenseite bilden dabei die Robotersteuerungen der Einzelroboter, die es entsprechend anbieten müssen, im IPO-Takt eingereichte Zielgelenkstellungen, Servo- und E/A-Zustände umzusetzen.

Derzeit bieten nur die wenigsten Roboterhersteller einen derartigen Betriebsmodus an, wie z.B. die Firma KUKA GmbH mit dem „Fast Research Interface" [282][32]. Fehlt ein solcher expliziter Modus zur externen Direktsteuerung der Roboter, können in der Regel allerdings Modi zur Überlagerung von Sensorkorrekturen für den Zweck der Direktsteuerung eingesetzt werden. Zudem ist zu erwarten, dass im Zuge der Verbreitung kooperierender Industrieroboter und fortgeschrittener Sensoranwendungen auch weitere Roboterhersteller verstärkt Modi zur externen Direktsteuerung einführen. In der weiter unten beschriebenen Anwendung der

6.1 Rekombination des Steuerungskonzeptes für reale Mehrrobotersysteme

anthropomorphen MAS zur Steuerung einer realen Testanlage mit zwei Robotern kam eine eigene Entwicklung einer PC-basierten Robotersteuerung zum Einsatz, die die externe Direktsteuerung über TCP/IP-Verbindungen und alternativ über serielle RS485-Verbindungen erlaubt.

6.1.2.3 Resultierende Betriebsmodi der Mehrrobotersteuerung

Aus dem Konzept zur Herstellung der Echtzeitfähigkeit für die anthropomorphen Multi-Agentensysteme ergeben sich ohne weiteres Zutun folgende Betriebsmodi der Mehrrobotersteuerung, die die Entwicklung, die Einrichtung und den Betrieb derartiger Anlagen stark vereinfachen:

- *Lokaler Simulationsbetrieb.* In diesem Betriebsbmodus werden alle Komponenten der Steuerung lokal instanziiert und die an die Einzelrobotersteuerungen der realen Roboter gerichteten Kommandos von simulierten Robotern ausgeführt. Der lokale Simulationsbetrieb weist keinen Unterschied zum regulären Einsatz der anthropomorphen Multi-Agentensysteme auf und ist insbesondere als Offline-Programmiersystem zur Einrichtung, Programmierung und Analyse der Mehrroboteranlage geeignet.
- *Verteilter Simulationsbetrieb.* In diesem Betriebsbmodus werden die RT-Komponenten der Steuerung verteilt instanziiert, aber die an die Einzelrobotersteuerungen der realen Roboter gerichteten Kommandos weiterhin von simulierten Robotern ausgeführt. Der verteilte Simulationsbetrieb dient zur Überprüfung der Kommunikation zwischen OP- und RT-Seite der Steuerung, ohne die realen Roboter einzubeziehen und gegebenenfalls zu gefährden.
- *Verteilter Realbetrieb.* In diesem Betriebsbmodus werden die RT-Komponenten der Steuerung verteilt instanziiert, und die resultierenden Bewegungen und weiteren Kommandos an die Einzelrobotersteuerungen der realen Roboter gerichtet und von diesen ausgeführt. Der verteilte Realbetrieb ist der eigentliche Betriebsmodus zur Steuerung von Mehrroboteranlagen.

6.1.3 Konzept zur Integration von Simulation und Steuerung

Die bisherigen Betrachtungen konzentrierten sich darauf, die anthropomorphen Multi-Agentensysteme durch die Trennung von Bedien- und Echtzeitkomponenten zum Steuerungsbetrieb einer realen Mehrroboteranlage zu befähigen. Darüber hinaus ist für Mehrroboteranlagen allerdings auch der Einsatz der weiteren hier entwickelten Simulations-, Analyse- und Visualisierungsmethoden für anthropomorphe MAS sinnvoll und wünschenswert. Grundlage des Konzeptes zur Integration von Simulation und Steuerung ist die Idee, den Zustandsraum des die Anlage abbildenden anthropomorphen MAS zu duplizieren. Auf diese Weise können unabhängig voneinander die Zustände verschiedener Interpretationen des Systems gehalten und verändert werden. Umgesetzt wird das Konzept durch die Einführung weiterer Duplikate des eigentlichen MAS der Anlage auf Basis der Agentensets, wie es die Ebene „Koordination/Kopplung" der Matrixarchitektur vorsieht. Einzige Vorbedingung dafür ist, dass die Aktionsnetze und Aktionen einen Parameter zur Bezeichnung des ausführenden Sets aufweisen, so dass in Agentensets unterschiedliche Aktionen ausgeführt werden können.

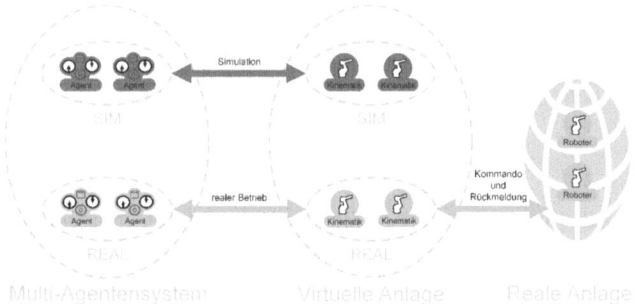

Abb. 6.2 Verwaltung von Simulations- [SIM] und Steuerungszustandsraum [REAL] in getrennten Agentensets

6.1.3.1 Steuerungsbetrieb mit vorgeschalteter Simulation

Die erste Duplikation des Zustandsraumes stellt dem zur Steuerung der realen Roboter verwendeten Agentenset „REAL" ein weiteres Set für Simulationszwecke „SIM" zur Seite. Durch die entsprechende Angabe des Ziel-Sets steht es damit zur Verfügung, wahlweise auf das SIM-Set oder das REAL-Set einzuwirken. In dieser Konstellation ist es insbesondere möglich, eine gegebene Kommandofolge zunächst zur Kontrolle der Ergebnisse an das SIM-Set zu senden; wird die Folge erfolgreich absolviert, kann sie erneut in die Kommandowarteschlange eingespielt werden, dieses Mal jedoch mit dem REAL-Set als Adressaten, so dass ihre Ausführung auf der realen Anlage erfolgt. So wird es hergestellt, Simulationen und Analysen zeitgleich zur Steuerung der Anlage durchzuführen. Diese Anwendung der Integration von Simulation und Steuerung ist in Bild 6.2 skizziert.

6.1.3.2 Zeitgleiche Visualisierung von kommandiertem und realem Zustand

Im idealen Fall sind die Echtzeitkomponenten des REAL-Sets in der Lage, jede der angewiesenen Bewegungen umzusetzen, so dass die Rückmeldung des Zustandes der realen Roboter „REAL" mit dem geplanten Zustand übereinstimmt. Allerdings kann es zu systematischen Abweichungen kommen, falls die Robotermodelle zur Steuerng nicht mit den realen Robotern übereinstimmen oder falls Ereignisse in der realen Anlage nicht in die simulierte Umgebung der MAS übertragen werden (z.B. Notaus-Ereignisse). Weitere, durchaus gewollte Abweichungen werden eingeführt, falls – wie es im Rahmen der Architektur IRCS (siehe Abschnitt 6.2.2 auf Seite 156) vorgesehen ist – eine nachgeschaltete Stufe zur Kollisionsvermeidung eigenständig Veränderungen an den angewiesenen Bewegungen vornimmt. An dieser Stelle ermöglicht eine weitere Duplikation des Zustandsraumes „PLAN" die zeitgleiche Visualisierung von kommandiertem und realem Zustand der Roboter. Dazu wird auf der Bedienseite der Steuerung neben dem REAL-Set zur Abbildung des realen Zustandes der Roboter ein weiteres PLAN-Set instanziiert, dass die Rückmeldung des kommandierten Zustandes abbildet. Damit wird auf der Bedienseite ein detailliertes Monitoring der tatsächlichen Funktionen der Mehrrobotersteuerung ermöglicht (siehe Bild 6.3). Zum einen stellen diese Rückmeldungen dem Bediener ein intuitives Werkzeug zum visuellen Monitoring der Anlage zu Verfügung, zum anderen stellen die Rückmeldungen eine optimale Voraussetzung zur Anwendung von (automatischen) Planungsverfahren dar.

6.2 Anwendung des Steuerungskonzeptes auf reale Mehrrobotersysteme

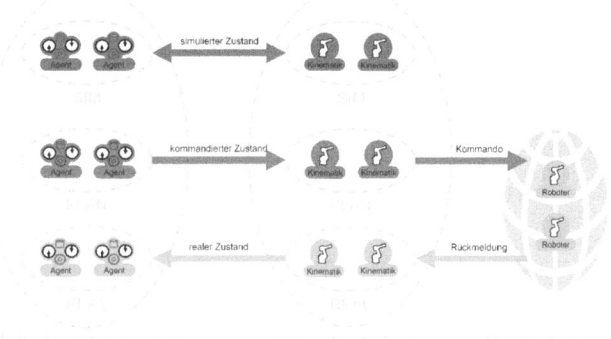

Abb. 6.3 Verwaltung von simulierten [SIM], kommandierten [PLAN] und realen Zuständen [REAL] in getrennten Agentensets

6.2 Anwendung des Steuerungskonzeptes auf reale Mehrrobotersysteme

Die Grundidee der Multi-Agentensysteme, mit den beschriebenen Erweiterungen zur Steuerung realer Mehrroboteranlagen, wurden im Rahmen der vorliegenden Arbeit erstmalig an einem Versuchsstand des früheren Instituts für Roboterforschung der Technischen Universität Dortmund erprobt und in Folge zu dem Konzept der anthropomorphen MAS ausgearbeitet und vertieft. Die mit den Multi-Agentensystem adressierten Aspekte der Mehrroboteranlage passen sich dabei ein in die umfassende Steuerungsarchitektur des „Intelligent Robot Control System".

6.2.1 Beschreibung des Versuchsstandes CIROS

Der Versuchsstand „Control of Intelligent Robots in Space" [CIROS] wurde als Testumgebung zur Erprobung von Methoden der Weltraumrobotik entworfen. Dazu greift der Stand Elemente verschiedener Entwürfe des Moduls COLUMBUS auf, des europäischen Beitrages zur „International Space Station" [ISS], und bietet typische Experimente an Bord dieses Moduls zur Durchführung mittels Industrierobotern an. Zwei Roboter vom Typ MANUTEC R15 des Roboterherstellers VaWe Robotersystem GmbH sind jeweils auf Lineareinheiten mit ca. 7m Verfahrweg montiert, ein Roboter hängend, der andere stehend. Die Lineareinheiten verlaufen entlang eines Racksystems, in dem die Experimente untergebracht sind, die so von den Robotern in voller Länge angefahren werden können. Der Höhenabstand der Lineareinheiten ist derart gewählt, dass jeder Roboter ca. 2/3 der Rackhöhe mit seinem TCP abdecken kann und die Arbeitsbereiche der Roboter zudem im Mittenbereich des Racksystems deutlich überlappen.

Bild 3.14 auf Seite 50 und Bild 6.4 auf Seite 158 zeigen Ansichten des Versuchsstands, die Konstellation der Roboter und die Anordnung der Experimente im Racksystem. Die Elemente im Racksystem umfassen einen Ofen, eine Zentrifuge, sowie diverse offene und verschließbare Probenablagen. Ein „Mockup" eines Kommunikationssatelliten kann in die Anlage eingefahren werden, um automatisierte Inspektions- und Instandsetzungsaufgaben zu erproben. Darüber hinaus stellt ein Greiferwechselsystem mit sechs Aufnahmen ein Sortiment an Greifern bereit; insbesondere pneumatisch aktivierte Backengreifer mit für die verschiedenen Griffe angepassten Backen, sowie einen Laser-Distanzsensor und eine aufnehmbare Zusatzachse. Das GWS ist für beide Roboter erreichbar und beide Roboter sind geeignet ausgestattet, um sich des gesamten Greifersortiments zu bedienen. Der hängende Roboter weist zudem ein Stereokamerasystem auf, während der stehende Roboter zusätzlich über einen Sensorring zur Messung der am Endeffektor auftretenden Kräfte und Momente verfügt.

6.2.2 Beschreibung der Architektur IRCS

Der Versuchsstand CIROS bietet eine anspruchsvolle und vielseitige Hardwareumgebung, um verschiedene fortgeschrittene Verfahren der Robotik zu erproben. Die diversen Arbeiten an der Anlage werden insbesondere durch die Bereitstellung einer gemeinsamen Steuerungsarchitektur, dem „Intelligent Robot Control System" [IRCS] [116] ermöglicht und koordiniert. Aus der Perspektive des Bedieners weist das IRCS verschiedene „Human Machine Interfaces" [HMI] auf, um die gesamte Mehrroboteranlage zu kommandieren und zu überwachen. Bild 3.13 auf Seite 50 stellt die hierarchisch absteigend angeordneten Steuerungsstufen dar, in denen Kommandos des Bedieners umgesetzt werden, indem sie das Mehrroboter-Problem schrittweise in Lösungen zur Steuerung einzelner Roboter auflösen. Die untersten Stufen der Steuerung bilden die Einzelrobotersteuerungen der realen Roboter und zusätzliche, spezielle Steuerungen weiterer Automatisierungseinheiten in der Anlage. Den Steuerungsstufen bis hinunter zur Hardware wird begleitend eine Datenbank beiseite gestellt, in der mit Aktoren vorgenommene Änderungen an der Anlage, mit Sensoren erfasste Informationen über die Zustände der Anlage, sowie ausgewählte Planungsdaten der einzelnen Steuerungsstufen zum wechselseitigen Datenaustausch eingespeichert sind. Praktische Anwendungen der Architektur fanden z.B. anlässlich der deutschen Weltraummission GETEX statt, bei der ein auf einem japanischen Satelliten montierter Roboter auf Basis des IRCS gesteuert wurde [226][181]. Eine aktuelle Weiterentwicklung der Architektur – nun basierend auf den anthropomorphen Multi-Agentensystemen – wird im Projekt SCALAB betrieben (siehe auch Abschnitt 7.3.5 auf Seite 192), das im europäischen Fördernetzwerk „Mikro- und Nano-Technologien" gefördert wird [244]. Bild 3.13 auf Seite 50 zeigt eine Darstellung der Architektur, in der markiert ist, welche Stufen und Kommunikationswege des IRCS mit den MAS adressiert bzw. ersetzt werden können.

Ein typischer Anwendungsvorgang beginnt damit, dass gemäß der Methode der „Projektiven Virtuellen Realität" aus den Aktionen des Anwenders in einem VR-Abbild des Versuchsstandes Kommandos abgeleitet werden [116]. Diese Kommandos haben die Form gewünschter Zielzustände, z.B. erfolgt die Eingabe einer neuen Lage eines Probencontainers durch der Aufnahme seines VR-Abbildes und der anschließenden Ablage am neuen Zielort. Die Kommandos werden der ersten Steuerungsstufe des „Handlungsplanungssystems" übergeben, das für das kommandierte Planungsproblem mit den gegebenen Ressourcen der Roboter, der Greifer und der weiteren Automatisierungseinheiten der Anlage eine aus so genannten Elementaraktionen bestehende Lösung ermittelt. Die gefundene Elementaraktionsfolge adressiert die Aktoren und Sensoren der Anlage, um mit deren Fähigkeiten den vom Anwender gewünschten Zielzustand in die Realität zu „projizieren" [114].

Bezüglich der Roboteraktoren erfolgt eine Übergabe der Elementaraktionen an die Stufe der „Mehrrobotersteuerung", die im Rahmen dieser Arbeit durch die anthropmorphen MAS gestellt wird. In der Mehrrobotersteuerung werden passende Bewegungs-, Greif- und E/A-Befehle ermittelt, um die Roboter gemäß den eingehenden Elementaraktionen zu verfahren, ihre interne und externe Sensorik anzusteuern und abzurufen, sowie mit Greifern und dem GWS zu arbeiten. In der IRCS-Architektur stellt die Mehrrobotersteuerung damit den Übergang von den Elementaraktionen auf die Einzelrobotersteuerungen der realen Roboter dar.

Eine wesentliche Aufgabe der Mehrrobotersteuerung ist es dabei, nicht nur an die einzelnen Roboter gerichtete Elementaraktionen auszuwerten, sondern auch den kooperativen Betrieb mehrerer Roboter herzustellen. Elementaraktionen können dazu an beide Roboter zugleich adressiert sein, wobei die Mehrrobotersteuerung dann eine geeignete, synchronisierte Kommunikation mit den Einzelrobotersteuerungen der realen Roboter unterhält, die insbesondere kooperierende Manipulationen von Objekten im Modus der lagebasierten Kopplung erlaubt.

Optional sieht das IRCS vor, die berechneten Bewegungen der Roboter durch eine weitere Stufe zur „Online-Kollisionsvermeidung" zu prüfen. In dieser Stufe werden die angesetzten Bewegungsbefehle in einem Online-Verfahren dahingehend untersucht, ob bei Ausführung der Befehle gegebenenfalls eine Kollision der Roboter droht. Wird eine solche drohende Kollision erkannt, werden den geplanten Bewegungen zusätzliche, möglichst bahntreue Korrektur-Inkremente aufgeschaltet, was allerdings zur einer Abweichung der geplanten von der letztlich real gefahrenen Bewegung führt. Im Konzept der Multi-Agentensysteme stellt eine derartige Kollisionsvermeidung eine heterarchische Struktur dar, in der die Bewegungen der Roboter zeitweise in Zusammenhängen verkoppelt betrachtet werden, die über die hierarchische Struktur der Mehrroboteranlage hinausgehen. Entsprechend ist es möglich, existierende Algorithmen der Online-Kollisionsvermeidung, z.B. aus [280], als weiteres Agentenset in die Mehrrobotersteuerung durch die anthropomorphen MAS einzubringen.

Jede Kommunikation von Daten wird über die Datenbank des so genannten „Zentralen Weltmodells" („Central World Model") [CWM] abgehandelt, mit dem alle Steuerungsstufen verbunden sind [115]. Auch etwaige sensorische Rückmeldungen aus der Anlage, ob durch die interne Sensorik der Roboter ermittelt oder durch externe Sensoren bereitgestellt, werden den Stufen zur Auswertung in der Datenbank hinterlegt. Das Weltmodell beschreibt damit zu jedem Zeitpunkt ein steuerungstechnisches Abbild der Anlage, das die realen Ist-Zustände, angestrebte Soll-Zustände und Planungszustände der angeschlossenen Steuerungsstufen umfasst. In aktuellen Implementierungen der IRCS wird das CWM durch die Datenbasis des Systems VEROSIM umgesetzt (siehe Abschnitt 2.5.3 auf Seite 33). Da die anthropomorphen Multi-Agentensysteme ebenfalls diese Datenbasis nutzen, wird auch auf der Stufe des CWM ein direkter Einsatz der MAS in der IRCS ermöglicht.

6.2.3 Einsatz des Steuerungskonzeptes im Versuchsstand CIROS

Im Rahmen dieser Arbeit wurden die Basiselemente der anthropomorphen Multi-Agentensysteme wie beschrieben rekombiniert und zur Anwendung gebracht, um den Versuchsstand CIROS im Sinne der IRCS-Architektur zu betreiben. Wie zuvor geschildert, ist die Implementierung der Stufe „Mehrrobotersteuerung" der IRCS auf Basis der anthropomorphen MAS nicht monolithisch umgesetzt, sondern besteht – zur Herstellung der Echtzeitfähigkeit – aus Bedien- und Echtzeit-Subsystemen. Die Kommunikation mit den Einzelrobotersteuerungen der realen Roboter erfolgt dabei wahlweise über TCP/IP oder über serielle RS485-Verbindungen aus den Controllern der Agenten auf der RT-Seite der MAS heraus. Gemäß der IRCS-Architektur nimmt das derart eingesetzte anthropomorphe MAS dabei von der Handlungsplanungsstufe kommende Elementaraktionen entgegen. In der Terminologie der Multi-Agentensysteme entsprechen die Elementaraktionen den in Abschnitt 5.2.2 auf Seite 142 eingeführten Kommandos zur Eingabe in die Prioritätswarteschlangen bzw. den Aktionsnetzen.

Als typische Aufgabe des kooperierenden Betriebs wurde es in einem neuen Aktionsnetz zur Objektmanipulation ermöglicht, die Bewegung eines Objekts zu kommandieren, das von

Abb. 6.4 Koordinierter Betrieb des Mehrrobotersystems zum gemeinsamen Transport eines Probencontainers

beiden CIROS-Robotern zugleich gegriffen ist. Die in dieser Situation entstehende geschlossene kinematische Kette wird aufgelöst, indem aus den Objektbewegungen relative Bewegungen der TCPs der beiden Roboter berechnet werden. Im Modus der lagebasierten Kopplung werden daraus in jedem Takt mittels der Universaltransformation koordinierte Gelenkbewegungen der beteiligten Agenten ermittelt. Diese Gelenkbewegungen werden dann den realen Roboter synchronisiert aufgeschaltet. Bild 6.4 zeigt eine solche Situation. Die lagebasierte Kopplung setzt einerseits voraus, dass die Greifverbindungen zwischen dem Objekt und den Robotern eine gewisse Flexibilität aufweisen, da bei zu großer Steifigkeit bereits kleine Abweichungen in der Synchronisation oder der Bewegungskoordination zu großen Spannungen des Objekts führen können. Anderseits stellt die lagebasierte Kopplung ein geeignetes Beispiel dar, das anspruchsvolle Anforderungen an die Genauigkeit und Synchronität der Bewegungskoordination stellt, und welche die anthropomorphen MAS hier erfüllen.

Desweiteren wurde durch das Basiselement der Agentensets der anthropomorphen Multi-Agentsysteme die mehrfache Agenten-Duplikation zur zeitgleichen Verwaltung von gegebenenfalls unterschiedlichen Zuständen SIM, PLAN und REAL umgesetzt. Damit ist es zum einen möglich, zunächst mittels der Agenten im SIM-Set die Folgen eines Kommandos zu simulieren, bevor das Kommando zur Ausführung durch die realen Roboter freigegeben wird. Zum anderen wird es ermöglicht, zugleich mit den Agenten des PLAN-Sets die geplanten Gelenkstellungen zu visualisieren, als auch mit den Agenten des REAL-Sets die durch die Roboter tatsächlich umgesetzten Gelenkstellungen zu überwachen (siehe Bild 6.5). Im Regelfall verschwinden Abweichungen zwischen diesen beiden Sätzen an Gelenkstellungen; erst bei Aktivierung der Kollisionsvermeidungsstufe des IRCS werden hier Unterschiede sichtbar, die optional als weiteres Agentenset implementiert werden kann. Auch die in Abschnitt 6.1.2.3 auf Seite 153 beschriebenen Betriebsmodi zur lokalen und verteilten Simulation wurden auf Basis der anthropomorphen MAS implementiert und bereichern damit die HMI-Systeme am Versuchsstand CIROS mit weiteren Programmier-, Analyse- und Überwachungswerkzeugen.

6.2 Anwendung des Steuerungskonzeptes auf reale Mehrrobotersysteme 159

Abb. 6.5 Ansicht des realen (l.) und des simulierten (r.) Mehrrobotersystems

Kapitel 7
Analyse und Anwendungen

Einerseits können mittels der anthropomorphen Multi-Agentensysteme ergonomische Analyseverfahren auf Methoden der Robotik zurückgeführt werden, um so Untersuchungen manueller Arbeitsplätze anhand des „Virtuellen Menschen" durchzuführen. Andererseits werden hier erstmalig Methoden der Ergonomie zur Analyse technischer anthropomorpher Kinematiken in Industrie und Forschung betrachtet. Diese beiden Aspekte des Methodentransfer zwischen Robotik und Ergonomie werden hier am Beispiel einiger typischer ergonomischer Analysen des „Virtuellen Menschen" vertieft (Abschnitt 7.1), bzw. durch die Anwendung ergonomischer Verfahren auf anthropomorphe Roboter (Abschnitt 7.2 auf Seite 175). Als weitere Ergebnisse der Arbeit haben Aspekte der anthropomorphen MAS zudem Eingang in verschiedene Projekte in Bereichen der allgemeinen Robotik und Automatisierung gefunden (Abschnitt 7.3 auf Seite 188).

7.1 Ergonomische Analysen des „Virtuellen Menschen"

Die für den „Virtuellen Menschen" implementierten Analyseverfahren umfassen zum einen statische ergonomische Untersuchungen, die sich auf die Analyse von Körperhaltungen und möglichen strukturellen Einschränkungen an Arbeitsplätzen beziehen. Über die statischen Analyseverfahren hinaus, die allein auf Methoden der kinematischen Robotik beruhen, bieten die anthropomorphen MAS zum anderen einen systematischen Übergang auf Fragestellungen der Dynamik in so genannten dynamischen ergonomischen Untersuchungen, die ebenfalls auf entsprechende Methoden der Robotik zurückgeführt werden können.

7.1.1 Statische ergonomische Untersuchungen

In „statischen" Analyseverfahren steht die Bewertung der Körperhaltung eines Menschen am Arbeitsplatz im Vordergrund, wozu im Wesentlichen die geometrischen Zusammenhänge des Körpers und des Arbeitsplatzes herangezogen werden. Stellvertretend für die eigentlich zu untersuchenden, vollständigen Bewegungen am Arbeitsplatz werden die Untersuchungen üblicherweise für ausgewählte, einzelne *Schlüsselposen* durchgeführt. Zum einen umfassen diese Schlüsselposen dabei häufig wiederkehrende Körperhaltungen, die charakteristisch für die Tätigkeit sind, zum anderen werden kritische Posen untersucht, die besondere Belastungen vermuten lassen.

Ein bekanntes Beispiel einer statischen Untersuchung ist die Richtlinie zur Gestaltung von Computer-Arbeitsplätzen [325], die europaweit mit der EG-Richtlinie „Bildschirmarbeit" (90/270/EWG) vorgegeben und in Deutschland mit der „Bildschirmarbeitsverordnung" (BildscharbV) umgesetzt ist. Darin ist als Schlüsselpose eine aufrechte Sitzhaltung gewählt, bei der die Hände auf der Tastatur liegen und der Blick auf den Bildschirm gerichtet ist. Indem ein gegebener Computer-Arbeitsplatz für diese Schlüsselpose auf die Einhaltung verschiedener Abstände und Winkel überprüft wird, entsteht eine differenzierte Bewertung, bzw. können mögliche Verbesserungen erkannt und angemahnt werden.

7.1.1.1 Überblick über ergonomische Richtlinien

Aus Richtlinien der Ergonomie resultierende Untersuchungen folgen generell der Struktur von Normen, zunächst systematisch Begriffe zu bilden und gegebenenfalls für die darin vorkommenden Größen einheitliche Messvorschriften anzugeben. Auf Basis der so definierten Begriffe werden dann komplexere Zusammenhänge darstellbar und prüfbar, die eine Bewertung konkreter Arbeitssituationen erlauben. Die Kriterien der Bewertung stützen sich dabei auf Erkenntnissen, die aus statistischen Betrachtungen gewonnen werden und mit gewissen Einschränkungen anschließend für nahezu alle Menschen zutreffend sind.

Im Bereich der Ergonomie existieren eine Vielzahl von *Normen und Richtlinien*, die Eigenschaften des Menschen allgemein und speziell in Arbeitssituationen detailliert erfassen. Eine grundlegende Norm beschreibt in dieser Weise die Körpermaße des Menschen (DIN 33402) [7]. Darin werden die wichtigsten Maße (z.B. die für bekannten Begriffe „Reichweite" und „Schulterhöhe") definiert und Messanleitungen und -mittel zu ihrer Aufnahme beschrieben. Aus Ergebnissen diesbezüglich durchgeführter Messreihen werden mögliche und durchschnittliche Werte für diese Maße angegeben, und es wird aus den Maßen auf Körperumrisse und Bewegungsräume geschlossen. Eine weitere grundlegende Norm beschreibt die Körperkräfte des Menschen (DIN 33411) [1]. Anhand ihrer Wirkungsrichtungen wird darin systematisch erfasst, welche Kräfte und Momente mit Hilfe des Körpers aufgebracht werden können und es werden typische und maximale Werte aus entsprechenden Messreihen angegeben. Ebenfalls grundlegend sind Normen zur Auslegung von Arbeitsplatzmaßen (DIN 33406 und DIN EN ISO 6385) [2][6] und zur Sicherheit an Maschinenarbeitsplätzen, bzw. zur menschlichen körperlichen Leistungsfähigkeit (EN 1005) [9]. Darin werden einzuhaltende Maße und Kraftgrenzen an Arbeitsplätzen beschrieben, und es werden Bewertungsverfahren derartiger Arbeitssituationen definiert, die sowohl haltungsbezogene Merkmale berücksichtigen, als auch die Zyklizität von Bewegungen. Ebenfalls in ergonomischen Richtlinien werden Arbeitsplätze untersucht, die in gefährlicher Weise von den Körpermaßen und -umrissen abhängen, wie Zugänge und Zugangsöffnungen (EN 547) [8].

Verfahren der Ergonomie müssen das Problem adressieren, dass Körpermaße deutlich variieren können. Allerdings lassen sich in Abhängigkeit von u.a. Alter, Geschlecht und Ethnie Ähnlichkeiten in den Körpermaßen statistisch erfassen und ausdrücken. Durch die Anthropometrie werden auf diese Weise Bezugsgrößen verfügbar, auf deren Basis Bedingungen und mögliche Abweichungen von Richtlinien definiert werden können. Aufgrund der deutlichen Varianz in den Körpermaßen ist die Verwendung des Durchschnitts in der Ergonomie nur eingeschränkt sinnvoll – statt einzelner Werte müssen vielmehr größere Wertebereiche berücksichtigt werden. Die Bezugsgrößen werden dazu in *Perzentilen* angegeben [7]. Perzentile beschreiben, welcher prozentuale Anteil von Messergebnissen einer Stichprobenreihe

7.1 Ergonomische Analysen des „Virtuellen Menschen" 163

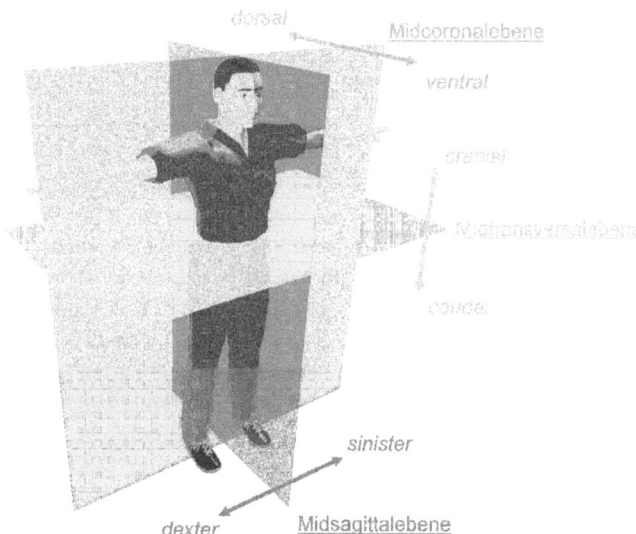

Abb. 7.1 Körperebenen und -richtungen

unter einem gegebenen Wert liegen. So wird ein Wert, der mit 95% Perzentil angegeben ist, nur von 5% der Stichproben einer Messreihe überschritten. In der Anwendung, z.B. in der Kleidungsindustrie bei der Sondierung von Konfektionsgrößen, werden dann üblicherweise die Maße zwischen dem 5% und dem 95% Perzentil umgesetzt, um für relevante Teile der Bevölkerung (90%) zu arbeiten [296].

In den ergonomischen Verfahren wird häufig auf die anatomischen Lage- und Richtungsbezeichnungen Bezug genommen, die ein verbreitetes System von Begriffen bieten, um insbesondere die Bezugspunkte und -ebenen ergonomischer Messungen zu benennen [90][271]. Die wichtigsten *Körperebenen und -richtungen* sind in Bild 7.1 wiedergegeben. Als „coronal" werden Ebenen bezeichnet, die den Körper in einen vorderen und einen hinteren Teil trennen. Die in diesem Sinne mittig liegende Körperebene wird präziser als „midcoronal" bezeichnet. Ausgehend von einer Coronalebene wird die Richtung des Rückens als „dorsal", die Richtung der Körperfront als „ventral" bezeichnet. Sagittalebenen trennen den Körper in einen linken und einen rechten Teil; die Midsagittalebene bezeichnet auch hier genauer die Ebene des mittigen Schnitts. Bezüglich einer sagittalen Ebene wird die Richtung der linken Körperhälfte als „sinister", bzw. die Richtung der rechten Körperhälfte als „dexter" benannt. Senkrecht zu Coronal- und Sagittalebene stehen so genannte Transversalebenen, die den Körper in einen oberen und einen unteren Teil trennen. Die Midtransversalebene verläuft dann ca. in Höhe des Nabels. Die zugehörigen Richtungen weisen „cranial" (kopfwärts) und „caudal" (fußwärts). Allgemein werden Richtungen zur Körpermitte hin als „medial" oder „proximal" angegeben und Richtungen aus dem Körper heraus als „lateral" oder auch „distal".

7.1.1.2 Hilfsfunktionen zum Ausmessen der Körperhaltung

Aufgrund der 3D-Umgebung, in der die anthropomorphen MAS simuliert und gesteuert werden, können grundlegende geometrische Eigenschaften von Arbeitsplätzen direkt aus den Modelldaten ausgelesen werden. So können Lagen, Abmessungen und Abstände für Mobiliar und Arbeitsmaterialien direkt oder nach einfachen Rechnungen bestimmt werden. Anders verhält es sich bei der Vermessung der Körperhaltung, obwohl auch hier Lagen, Abmessungen und Abstände prinzipiell verfügbar sind. Zum einen jedoch ist die Zahl möglicher ergonomischer Messungen aufgrund der Vielgliederigkeit der anthropomorphen Kinematiken deutlich größer. Beispielsweise sind eine Vielzahl von Winkelmessungen zwischen den Gelenken eines Armes oder in Bezug auf die geschilderten Körperebenen denkbar, während dagegen ein Werkzeug nur eine Lage einnimmt und eine gewisse Größe aufweist. Zum anderen sollte eine Abstraktion von der konkreten Kinematik vorgenommen werden, um dem Anspruch gerecht zu werden, über einzelne Modelle des „Virtuellen Menschen" hinaus auch Kinematiken der Robotik untersuchen zu können. Um diese Anforderungen zu erfüllen, wurde im Rahmen dieser Arbeit ein System von Hilfsfunktionen zum Ausmessen von Körperhaltungen allgemeiner Kinematiken konzipiert und implementiert. Im Sinne der Matrixarchitektur sind diese Hilfsfunktionen den „Einzelsystemen" zugeordnet (siehe Bild 3.3 auf Seite 40).

Ein wesentliches Hilfsmittel besteht darin, die kartesischen Koordinatensysteme beliebiger Teilkörper des kinematischen Baumes als *Referenzframe* kennzeichnen zu können. Über den Standardzugriff auf Position und Orientierung hinaus bieten die Referenzframes zusätzlich den Vorteil der systematischen Kennzeichnung relevanter Messpunkte und sie können von den anderen entwickelten Hilfsmitteln direkt in Berechnungen miteinbezogen werden. Mit Angabe eines zweiten Referenzframes ist z.B. die Berechnung des kartesischen Abstandes zwischen den beiden Frames verfolgbar. Hauptsächlich werden die Referenzframes jedoch zur Definition von *Referenzebenen* herangezogen. Referenzebenen sind im objektorientierten Sinne von Referenzframes abgeleitet und weisen damit wie die Frames eine Lage auf. Als Referenzebenen stehen dann die Koordinatenebenen dieser Lage zur Auswahl, z.B. die XY-Ebene, und es wird die Normale der Ebene selektiert, z.B. die positive Z-Richtung. Mit Hilfe derart definierter Referenzebenen ist es dann u.a. einfach möglich, den minimalen Abstand von Referenzframes zu einer Referenzebene kontinuierlich zu verfolgen. Auch andere geometrische Funktionen stehen zur Verfügung, die insbesondere für Berechnungen mit Bezug auf die Körperebenen sinnvoll sind – sind zwei Referenzebenen gegeben, die sich schneiden und so eine Schnittgerade bilden, kann bei Angabe eines Referenzframes der Drehwinkel dieses Frames in Bezug auf die Schnittgerade ermittelt werden. Werden in dieser Funktion beispielsweise die Sagittal- und die Coronalebene eines Körpers als Referenzebenen gewählt, und ist der Ellenbogen eines Armes mit einem Referenzframe gekennzeichnet, kann die Drehung dieses Messpunktes in Bezug auf die senkrechte Achse in der Körpermitte komfortabel definiert und beobachtet werden (siehe Bild 7.2).

Ein Rückgriff auf Kenntnisse des Gelenkraumes einer Kinematik ist in der Regel nicht notwendig, da auf Basis von Referenzebene und -frame wesentliche Berechnungen der Körpergeometrie auf Zusammenhänge im kartesischen Raum zurückgeführt werden. Vielfach erlauben es die beschriebenen Hilfsmittel damit bereits, von einer konkreten Kinematik zu abstrahieren und stattdessen ergonomische Berechnungen anhand Bezügen zu Körperebenen etc. durchzuführen. Allerdings werden einige komplexere Berechnungen der Körpergeometrie mit Zugriffen auf die Gelenkstellung der zugrunde liegenden Kinematik deutlich vereinfacht. Um trotzdem eine weitgehende Loslösung von der speziellen Zusammensetzung einer Kinematik zu gewährleisten, werden hier zusätzlich *Referenzgelenke* eingeführt. Wie die Referenzframes auch, erweitern sie die bereits vorhandenen Standardmethoden des Zugriffs auf Gelenkdaten um eine systematische Kennzeichnung der relevanten Messpunkte und es werden für darauf aufbauende Analyseverfahren nützliche Funktionen definiert. So erlauben Referenzgelenke sowohl das Auslesen des gegenwärtigen Gelenkwertes als Absolutwert, als auch die Umrechnung des Winkels in eine relative Prozentangabe mit Bezug auf die eingestellten Endanschläge. Ist z.B. ein Gelenk zwischen $-30°$ und $+30°$ stellbar, entspricht ein Winkel von $+15°$ einer relativen Stellung des Gelenkes von $+50\%$.

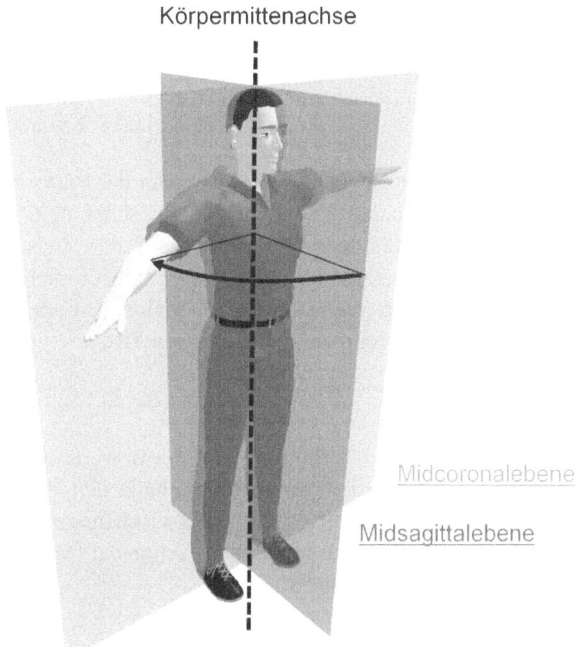

Abb. 7.2 Drehung des Ellenbogens um die Körpermittenachse

7.1.1.3 Bewertung der Körperhaltung mittels RULA

Die Methode „Rapid Upper Limb Assessment" [RULA] bietet eine anerkannte und schnelle Bewertung ergonomischer Bedingungen an manuellen Arbeitsplätzen [201]. Prüfer führen RULA für eine Auswahl typischer oder kritischer Körperhaltungen durch, um die resultierenden Belastungen zu beurteilen, indem sie einzelne relative Winkel und Lagen der Körperhaltung abschätzen. RULA führt dann ein Notensystem ein, das aus den Abschätzungen der Haltung der Gliedmaße erst Einzelnoten ermittelt, die schließlich zu einer Gesamtnote zur Bewertung einer gegebenen Körperhaltung kombiniert werden. Das Notensystem basiert dabei auf Daten, die aus langjährigen Untersuchungen arbeitsbedingter Störungen und Erkrankungen der oberen Gliedmaße zusammengestellt wurden. In Folge des eigentlichen Verfahrens wurden von mehreren Seiten RULA-Arbeitsblätter entwickelt, die die einfache, direkte Bewertung am Arbeitsplatz ermöglichen [230][139]. Die Durchführung von RULA gemäß der Arbeitsblätter ist die algorithmische Grundlage der Berechnung von RULA für anthropomorphe MAS.

Das Analyseverfahren wird zunächst für eine *einzelne Pose* durchgeführt und es resultiert eine Gesamtnote

$$S_{rula} \in \{1,2,3,4,5,6,7\}; \tag{7.1}$$

wobei eine geringere Note eine ergonomisch bessere Haltung bedeutet. In diesem Sinne ist die Senkung der Note ein Bonus, bzw. die Erhöhung der Note ein Malus. Mit den Zahlenwerten sind textuelle Interpretationen assoziiert, die dem Prüfer als Hilfestellung dienen:

1 oder 2 : Akzeptabel

3 oder 4 : Unter Umständen näher prüfen

5 oder 6 : Prüfen und zukünftig ändern

7 : Prüfen und sofort ändern

Im ersten Schritt des Verfahrens bewertet der Prüfer die *Haltung des Oberarmes* („Upper Arm Position") anhand des Winkels α_u zwischen dem Ellenbogen und der Midcoronalebene des Prüflings. Aus dem Winkel wird auf eine Zwischennote S_u geschlossen. Der Prüfer justiert S_u mit zusätzlichen Modifikatoren, falls die Schulter angehoben ist (Malus $\tilde{S}_{u_1}$), falls der Oberarm seitlich angehoben wird (Malus $\tilde{S}_{u_2}$) oder falls der Arm eine Stützung erfährt (Bonus $\tilde{S}_{u_3}$), z.B. durch Auflegen auf einen Tisch:

$$S_u := f\left(\alpha_u, \tilde{S}_{u_1}, \tilde{S}_{u_2}, \tilde{S}_{u_3}\right). \tag{7.2}$$

Im zweiten Schritt des Verfahrens wird die Bewertung der *Haltung des Unterarmes* („Lower Arm Position") behandelt. Der Prüfer schätzt den Winkel α_l zwischen dem Unterarm und dem Oberarm und gewinnt daraus eine Zwischennote S_l. Es werden Modifikatoren angewendet, falls der Arm die Midsagittalebene schneidet (Malus $\tilde{S}_{l_1}$) oder falls der Unterarm seitlich des Körpers arbeitet (Malus $\tilde{S}_{l_2}$):

$$S_l := f\left(\alpha_l, \tilde{S}_{l_1}, \tilde{S}_{l_2}\right). \tag{7.3}$$

Im dritten Schritt findet die Bewertung der *Haltung des Handgelenkes* („Wrist Position") statt, die eine Zwischennote S_w aus dem Beugungs-/Streckungswinkel α_w des Handgelenkes ermittelt. Der Prüfer justiert die Note des Handgelenkes, falls das Handgelenk gegenüber der Armlinie gebogen ist (Malus $\tilde{S}_{w_1}$) oder falls das Handgelenk verdreht ist (Malus $\tilde{S}_{w_2}$):

$$S_w := f\left(\alpha_w, \tilde{S}_{w_1}, \tilde{S}_{w_2}\right). \tag{7.4}$$

Basierend auf einer Tabelle wird aus den einzelnen Zwischennoten S_u, S_l und S_w dann eine *resultierende Teilnote für den Arm* S_A („Arm Posture Score") berechnet. Bezüglich des gesamten Armes kann der Prüfer die Note S_A modifzieren, um eine gegriffene Last zu berücksichtigen (Malus $\tilde{S}_{A_1}$) und Schätzungen der Muskelbelastung einfließen zu lassen (Malus $\tilde{S}_{A_2}$), z.B. im Fall rasch wiederholter Bewegungen:

$$S_A := f\left(S_u, S_l, S_w, \tilde{S}_{A_1}, \tilde{S}_{A_2}\right). \tag{7.5}$$

Es folgt die Bewertung der *Haltung des Nackens* („Neck Position") anhand des Winkels α_n zwischen dem Kopf und der Midcoronalebene des Prüflings. Aus dem Winkel folgt eine Zwischennote S_n, auf die Modifikatoren angewendet werden, falls der Kopf gegen die Midsagittalebene verdreht ist (Malus $\tilde{S}_{n_1}$) oder der Prüfling den Kopf seitlich neigt (Malus $\tilde{S}_{n_2}$):

$$S_n := f\left(\alpha_n, \tilde{S}_{n_1}, \tilde{S}_{n_2}\right). \tag{7.6}$$

Anschließend wird die *Haltung des Oberkörpers* („Trunk Position") evaluiert, um aus dem Winkel α_t, um den der Oberkörper aus der Midcoronalebene gedreht ist, eine Zwischennote S_t zu gewinnen. Der Prüfer justiert die Zwischennote, falls der Oberkörper gegen die Midsagittalebene verdreht ist (Malus $\tilde{S}_{t_1}$), der Prüfling den Oberkörper seitlich neigt (Malus $\tilde{S}_{t_2}$) oder Beine oder Füße gestützt sind (Bonus $\tilde{S}_{t_3}$), z.B. beim Sitzen:

$$S_t := f\left(\alpha_t, \tilde{S}_{t_1}, \tilde{S}_{t_2}, \tilde{S}_{t_3}\right). \tag{7.7}$$

7.1 Ergonomische Analysen des „Virtuellen Menschen"

```
RULA

Right Arm
> Upper Arm (1)
  - position: 12.0151°
  - shoulder is raised: NO
  - arm is abducted: NO
  - arm is supported: NO
> Lower Arm (1)
  - position: 80°
  - working across midline: NO
  - working out to side: NO
> Wrist (1)
  - position: 0°
  - bent from midline: NO
  - twisted around midrange: YES
  - twisted at end of range: NO
> Load (0)
  - load: 0 kg
  - intermittent: YES
  - repeated or shocks: NO
Score / Penalty
Right Arm: 1 / 0
Body: 1 / 0

total score, no penalty:
Acceptable (1)
total score, strict penalty:
Acceptable (1)
total score, smooth penalty:
Acceptable (1)
```

Abb. 7.3 RULA-Note 1 in der entspannten Grundpose des „Virtuellen Menschen"

```
RULA

Right Arm
> Upper Arm (5)
  - position: 102.321°
  - shoulder is raised: YES
  - arm is abducted: YES
  - arm is supported: NO
> Lower Arm (3)
  - position: 0°
  - working across midline: YES
  - working out to side: NO
> Wrist (4)
  - position: -70°
  - bent from midline: YES
  - twisted around midrange: YES
  - twisted at end of range: NO
> Load (0)
  - load: 0 kg
  - intermittent: YES
  - repeated or shocks: NO
Score / Penalty
Right Arm: 9 / 0
Body: 1 / 0

total score, no penalty:
Investigate and change immediately (7)
total score, strict penalty:
Investigate and change immediately (7)
total score, smooth penalty:
Investigate and change immediately (7)
```

Abb. 7.4 RULA-Note 7 in einer Extrempose des „Virtuellen Menschen"

Mit Hilfe einer Tabelle wird aus den Zwischennoten S_n und S_t eine *resultierende Teilnote für den Torso* S_B („Body Posture Score") berechnet. Der Prüfer kann für S_B Modifikatoren benennen, um weitere Lasten oder Kräfte zu berücksichtigen, die auf den Torso wirken (Malus $\tilde{S}_{B_1}$) und um bekannte Muskelbelastung zu markieren (Malus $\tilde{S}_{B_2}$), z.B. im Fall rasch wiederholter Bewegungen:

$$S_B := f\left(S_n, S_t, \tilde{S}_{B_1}, \tilde{S}_{B_2}\right). \tag{7.8}$$

Abschließend werden die resultierenden Teilnoten für Arm und Torso, S_A und S_B als Indices herangezogen, um die RULA-Gesamtnote S_{rula} aus einer Matrix abzulesen,

$$S_{rula} := f(S_A, S_B). \tag{7.9}$$

Im Rahmen dieser Arbeit wurde RULA als typisches Beispiel eines ergonomischen Bewertungsverfahrens ausgewählt und zunächst für den „Virtuellen Menschen" implementiert. Indem der „Virtuelle Mensch" jedoch ein anthropomorphes MAS ist, steht RULA auch generell für anthropomorphe MAS zur Verfügung. In Abschnitt 7.2.2.1 auf Seite 178 werden daher drei spezifische Adaptionen angeboten, um RULA über das originale Verfahren hinausgehend für anthropomorphe MAS anzupassen:

- *Adaption 1*: Zweiarmige Berechnung von RULA
- *Adaption 2*: Quasikontinuierliche Berechnung von RULA
- *Adaption 3*: Bewertung nicht-menschlicher Posen

Besonders die beiden ersten Adaptionen stellen auch für den „Virtuellen Menschen" sinnvolle Anpassungen dar. Während die eigentliche Evaluation nur für einen einzelnen Arm und nur für einzelne Schlüsselposen berechnet wird, erlauben es die Adaptionen zum einen, zugleich beide Arme des „Virtuellen Menschen" zu evaluieren und zum anderen RULA auf Basis von Bewegungsanimationen begleitend zu berechnen [276][275][274][277].

7.1.1.4 Analyse von Sichtbarkeit

Die *Sichtbarkeit* bezieht sich darauf, ob ein normalsichtiger Mensch in für den Platz typischen Körperhaltungen alle relevanten Signale, Werkzeuge und Werkstücke visuell erfassen kann. Aufbau und Funktionsweise der visuellen Wahrnehmung des Menschen bedingen es, dass die Sichtbarkeit von Objekten und Signalen abhängig von ihrer Lage im Blickfeld ist. Das Blickfeld des einzelnen Auges hat die ungefähre Form einer Ellipse; entsprechend weist das binokulare Blickfeld grob die Form zweier überlappender Ellipsen auf. Die Angabe der Größe des Blickfeldes erfolgt üblicherweise in horizontalen und vertikalen Winkelbereichen, die die Ränder der überlappenden Ellipsen beschreiben [3][36]. Der horizontale Winkelbereich bezieht sich dann auf eine transversale Körperebene in Höhe der Augenzentren und liegt maximal bei ca. $\pm 60°$, wobei der innere Winkelbereich $\pm 15°$ als ergonomisch optimal gilt, während die äußeren Bereiche nur noch peripher wahrgenommen werden. Der vertikale Winkelbereich ist in der Midsagittalebene angeben. Der maximale obere Rand des Feldes liegt bei ca. $+55°$, der untere Rand maximal bei ca. $-70°$, bei der Nase, in der Midsagittalebene, jedoch nur bei ca. $-45°$. Auch der optimale vertikale Winkelbereich liegt bei ca. $\pm 15°$. Die angegebenen Winkelbereiche beziehen sich zunächst auf allgemeine visuelle Reize. Bei einer detaillierten Betrachtung allerdings sind die Winkelbereiche nach Farben getrennt zu vermessen, da insbesondere die Wahrnehmung von grün und rot auf deutlich engere Winkelbereiche eingeschränkt ist [344]. Derartige Erkenntnisse spielen bei der Anordnung von Farb- und sonstigen Signalen eine maßgebliche Rolle, so dass die Analyse der Sichtbarkeit vornehmlich bei der ergonomischen Gestaltung von Warten (DIN 33414) [3] bzw. Leitzentralen (DIN EN ISO 11064) [4] durchgeführt wird.

Im Rahmen dieser Arbeit wird die Analyse der Sichtbarkeit an Arbeitsplätzen ermöglicht, indem die in den Normen beschriebenen Blickfelder sowohl für einzelne Schlüsselposen, als auch für Bewegungen angezeigt werden können. Zur Auswahl stehen dabei die einzelne oder kombinierte Anzeige der Blickfelder-Typen „Maximal" und „Optimal" (siehe Bild 7.5), sowie die Farbblickfelder „Grün", „Rot", „Gelb" und „Blau" gemäß dem üblichen Modellschema zur Farbwahrnehmung des Menschen (siehe Bild 7.6) [344]. Einerseits handelt es sich bei der Anzeige um eine externe, dreidimensionale Visualisierung der aktivierten Blickfelder, andererseits wird es ermöglicht, sich in die Perspektive des Menschen zu versetzen, dessen Arbeitsplatz untersucht wird. In dieser Ansicht werden die Umrandungen der aktivierten Blickfelder mittels zweidimensionaler Bildüberlagerungen visualisiert.

7.1 Ergonomische Analysen des „Virtuellen Menschen"

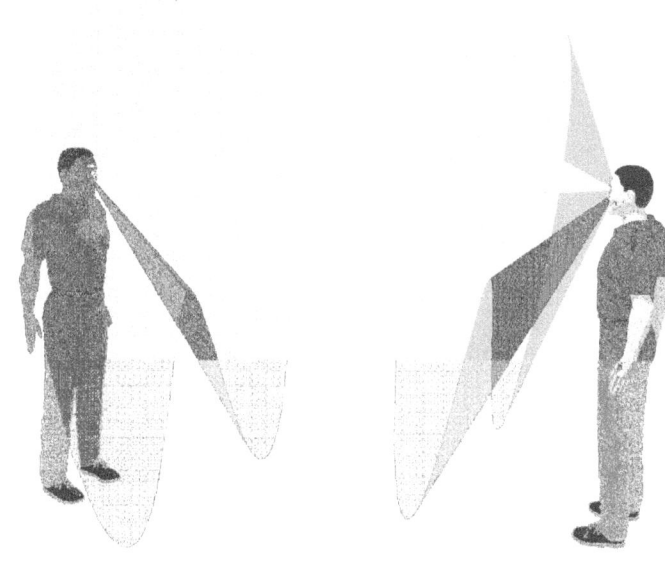

Abb. 7.5 Blickfelder „Maximal" (schwarz/groß) und „Optimal" (weiß/klein)

Abb. 7.6 Blickfelder „Grün", „Rot", „Gelb" und „Blau" (von innen nach außen)

7.1.1.5 Analyse von Erreichbarkeit

Wie die Sichtbarkeit ist auch die *Erreichbarkeit* ein wesentliches Kriterium der Arbeitsplatzanalyse. Bezüglich der Erreichbarkeit wird untersucht, ob die Werkzeuge und Werkstücke eines Arbeitsplatzes bequem und in der Priorität ihrer Nutzungshäufigkeit angeordnet sind. Ähnliche Umrissbeschreibungen wie im Fall der Sichtbarkeit werden u.a. in DIN 33402 [7] gegeben. Da das vorliegende System jedoch auf Grundlagen der Robotik fundiert, können hier über die bloßen midtransversalen, midcoronalen und midsagittalen Umrisslinien hinaus weitreichende, dreidimensionale Analysen der Erreichbarkeit bereitgestellt werden. Insbesondere wird es für jeden Agenten angeboten, den gesamten Konfigurationsraum des von ihnen verwalteten kinematischen Pfades abzutasten und die daraus resultierenden Stellungen im

Abb. 7.7 Analyse der Konfigurationen des rechten Armes

kartesischen Raum anzuzeigen. Wie in Abschnitt 2.2.1.2 auf Seite 9 eingeführt, entspricht im Konfigurationsraum einer Kinematik mit n Gelenken jede n-dimensionale Koordinate einer Gelenkstellung $\underline{q}_n$ [191]. Die Abtastung des Konfigurationsraumes erfolgt rekursiv zwischen den für die gewählte Kinematik angegebenen Gelenklimits $\underline{q}_{min}$ bzw. $\underline{q}_{max}$. Für die Anzahl der Gelenke der Kinematik n und die gewählte Abtasttiefe K werden $(K+1)^n$ Konfigurationen erzeugt, indem der in jeder Dimension $i \in [1,n]$ des Konfigurationsraumes verfügbare Gelenkbereich $\Delta q_i = q_{max_i} - q_{min_i}$ in K gleichgroße Abschnitte $\frac{\Delta q_i}{K}$ unterteilt wird. Rekursiv werden dann alle Permutationen der Gelenklagen $k\frac{\Delta q_i}{K}, k \in [0,K]$ eingestellt und die resultierenden kartesischen Lagen der einzelnen Gelenke und des TCPs ausgelesen. Alle derart gewonnenen Konfigurationen der Kinematik werden jeweils vereinfacht visualisiert, wobei Linien statt vollständiger Gelenkkörper dargestellt werden. Zum einen werden dazu alle in der Abtastung errechneten kartesischen Gelenklagen auf ihre Position reduziert. Zum anderen werden aufeinander folgende kartesische Gelenklagen verworfen, die die gleiche Position aufweisen. Auf diese Weise werden bei der Visualisierung durch Linien nur diejenigen Gelenke berücksichtigt, die in ihren DH-Parametern einen Positionsanteil (d oder a, siehe 4.1.1.6 auf Seite 69) aufweisen (siehe Bild 7.7).

Als weiteres Werkzeug der statischen ergonomischen Analyse im Bereich der Erreichbarkeit können an frei wählbaren Gelenkkörpern jeder Kinematik – typischerweise an den TCPs – so genannte Objektmarkierungen aktiviert werden. Die Position derart markierter Knoten wird dann in jedem Zeittakt aufgenommen und ihr räumlicher/zeitlicher Verlauf als Raumkurve visualisiert (siehe Bild 7.8).

7.1.2 Dynamische ergonomische Untersuchungen

Das vorliegende Konzept der anthropomorphen Multi-Agentensysteme ist zunächst kinematisch orientiert, was sich zur Umsetzung statischer ergonomischer Untersuchungen als ausreichend erweist. Allerdings existieren neben statischen ergonomischen Methoden auch dynamische ergonomische Methoden, in denen die in einer Arbeitsplatzsituation auftretenden Kräfte und Momente betrachtet werden. Insbesondere sind darunter Methoden von Interesse, die Rückschlüsse auf Momentan- und Dauerbelastungen des Körpers zulassen, um daraus Richtlinien und Normen abzuleiten, wie die in Abschnitt 7.1.1.1 auf Seite 162 beschriebenen DIN 33411 [1] oder EN 1005 [9]. Im Sinne der Transferierbarkeit von Methoden zwischen Robotik und Ergonomie werden daher im Folgenden Methoden der Robotik aufgeführt, die

7.1 Ergonomische Analysen des „Virtuellen Menschen"   171

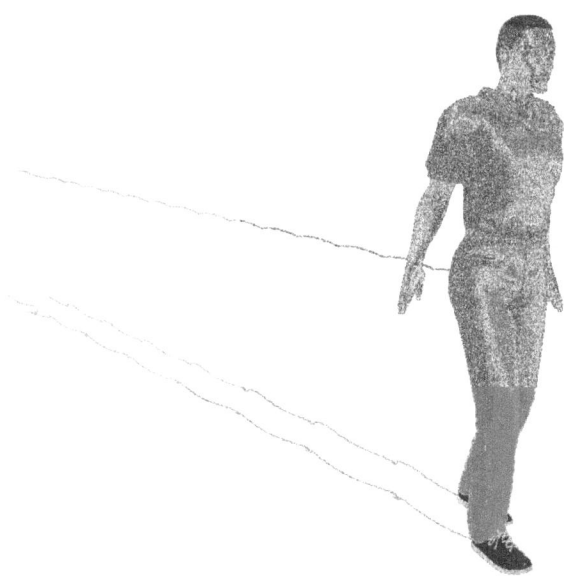

Abb. 7.8 Objektmarkierungen beim Gehen

die kinematische Betrachtung der MAS auf dynamische Betrachtungen ausdehnen und so dynamische ergonomische Untersuchungen vorbereiten.

Wie auch im Fall der statischen ergonomischen Untersuchungen, ist dieser Transfer auf Basis der anthropomorphen MAS innerhalb der Klasse der anthropomorphen Kinematiken übertragbar. Damit stehen die dynamischen Betrachtungen über den „Virtuellen Menschen" hinaus auch für anthropomorphe Mehrrobotersysteme und humanoide Roboter zur Verfügung. Auf diese Weise wird durch die hier eingesetzten Methoden zugleich ein systematischer Anschluss der anthropomorphen Multi-Agentensysteme an weitere dynamische Ansätze der aktuellen Roboterforschung formuliert.

7.1.2.1 Methoden der Robotik zum Übergang auf dynamische Untersuchungen

In Analogie zu den kinematischen Betrachtungen wird auch in der Dynamik zwischen dem *Vorwärtsproblem* („Forward Dynamics") und dem *inversen Problem* („Inverse Dynamics") unterschieden. In beiden Fällen wird davon ausgegangen, dass die Gelenkbewegungen im Sinne von Gelenkstellung und -geschwindigkeit bekannt sind. Das inverse dynamische Problem bedeutet dann, dass zusätzlich die Gelenkbeschleunigungen (und gegebenenfalls zusätzliche externe Kräfte) gegeben sind, und daraus die zur Umsetzung notwendigen Kräfte bzw. Momente berechnet werden, die in den Gelenken aufzubringen sind. Im Gegensatz dazu bedeutet die Vorwärtsrichtung, dass die in den Gelenken aufgebrachten Kräften bzw. Momente (und gegebenenfalls zusätzlichen externe Kräfte) gegeben sind, und die resultierenden Gelenkbeschleunigungen berechnet werden [106].

In der Robotik werden beide Problemstellungen üblicherweise für *Starrkörpersysteme* („Rigid Body Systems") betrachtet, in denen eine Anzahl n starrer Gelenkkörper über nicht elastische Gelenke miteinander verbunden sind. Zusätzlich weisen die Gelenkkörper eine homogene Massenverteilung auf und es werden Reibungseffekte vernachlässigt. Basis von Lösungsansätzen ist zunächst die Bildung eines dynamischen Gesamtmodells des Starrkörpersystems – zumeist in der *kanonischen Form*:

$$\underline{H}(q)\,\underline{\ddot{q}} + \underline{C}(q,\dot{q}) + \underline{g}(q) = \underline{Q} \tag{7.10}$$

Darin beschreibt $\underline{H}_{[n \times n]}(q)$ die Trägheitsmatrix in Koordinaten des Gelenkraumes, der aus $\underline{C}_{[n \times n]}(q,\dot{q})$ resultierende Vektor die auftretenden Coriolis- und Zentrifugalkräfte und Vektor $\underline{g}(q)$ die auftretenden Gravitationskräfte. Dem Ausdruck wird Vektor $\underline{Q}$ der in den Gelenken eingeprägten Kräfte und Momente gegenüber gestellt. Die Aufstellung dieser kanonischen, geschlossenen Form des Starrkörpersystems eines Roboters beruht auf den in der Mechanik bekannten Newton-Euler- oder Lagrange-Verfahren [289][74], bzw. wird algorithmisch mit dem „Composite Rigid Body Algorithm" [CRBA] durchgeführt [330].

Während das Newton-Euler- und das Lagrange-Verfahren für allgemeine mechanische Systeme gelten, in denen mechanische Elemente wie Achsen und Lager beliebig angeordnet sein können, bieten alternative Algorithmen, die die speziellen Eigenschaften robotischer Systeme ausnutzen, vergleichsweise effizientere Verfahren zur dynamischen Modellierung von Kinematiken an. Bei diesen Verfahren handelt es sich um *rekursive Methoden*, die die charakteristische Form kinematischer Bäume ausnutzen, um die gesuchten dynamischen Parameter durch wiederkehrende Schritte auf den Zweigen des Baumes zu akkumulieren. Eine verbreitete rekursive Methode zur Berechnung des inversen dynamischen Problems ist der „Recursive Newton-Euler Algorithm" [RNEA] [195]. Das Grundprinzip des Algorithmus besteht darin, den kinematischen Baum zunächst rekursiv von der Wurzel zu den Blättern zu durchlaufen und dabei die auf jeden Gelenkkörper wirkenden Kräfte und Momente zu ermitteln, wie sie aus der kinematisch vorgegebenen Bewegung resultieren. Ebenfalls rekursiv werden ausgehend von den Blättern in Richtung der Wurzel dann die Elemente des Vektors der Antriebskräfte $\underline{Q}$ zusammengestellt, die diese ermittelten Kräfte und Momente genau aufbringen bzw. kompensieren. Auch für das dynamische Vorwärtsproblem existiert mit dem „Articulated Body Algorithm" [ABA] [103] ein verbreiteter Algorithmus. Das Grundprinzip des ABA besteht darin, den kinematischen Baum als rekursive Schachtelung von Unterbäumen aufzufassen und anhand dieser Schachtelung die in Richtung der Blätter wirkenden Gelenkbeschleunigungen $\ddot{q}$ zu propagieren. Im folgenden Abschnitt 7.1.2.2 wird der ABA-Algorithmus näher betrachtet.

Sowohl die kanonische Form als auch die rekursiven Methoden zur Lösung dynamischer Problemstellungen arbeiten im Wesentlichen in Gelenkkoordinaten bzw. generalisierten Koordinaten. Eine gänzlich andere Herangehensweise an dynamische Problemstellungen der Robotik bieten allgemeine, „Multi Body Systems" genannte Modelle der Starrkörperdynamik, z.B. Lagrange-Muliplikatoren [264][258], in denen Gelenke nur durch Begrenzungen der kartesischen Freiheitsgrade formuliert werden und darüber hinaus keine gesonderte Behandlung erfahren.

7.1.2.2 Ergonomisches Experiment mit dem hybriden ABA-Algorithmus

Für Anwendungen in der Ergonomie ist die Lösung des inversen dynamischen Problems von Interesse, um aus externen Belastungen des Körpers auf die in den Gelenken wirkenden Kräfte und Momente zu schließen. Auf Basis des originalen ABA-Algorithmus beschreibt Featherstone einen hybriden ABA-Algorithmus, der sowohl zur Lösung des Vorwärtsproblems als auch zur Lösung des inversen Problems einsetzbar ist [104][105]. Eine Implementierung dieses hybriden ABA-Algorithmus ist Teil des Simulationssystems VEROSIM. Diese Implementierung ist ein Beispiel eines externen Beitrages zum Framework der anthropomorphen MAS und wird hier genutzt, um den prinzipiellen Übergang auf dynamische ergonomische Untersuchungen zu demonstrieren.

7.1 Ergonomische Analysen des „Virtuellen Menschen"

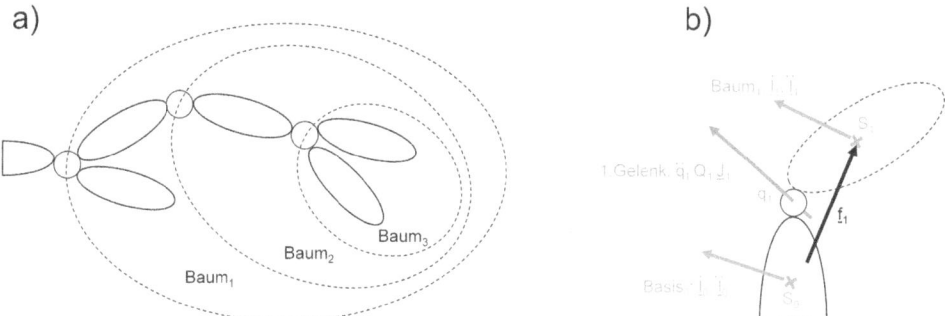

Abb. 7.9 a) Anordnung einer Kinematik als rekursive Schachtelung von Unterbäumen, b) Erster Schritt der Rekursion mit bewegter Basis, Gelenk und Unterbaum; nach [105]

Die Grundidee des ABA-Algorithmus ist es, einen kinematischen Baum als rekursive Schachtelung von Unterbäumen aufzufassen. Auf jeder Ebene der Schachtelung kann die Kinematik auf eine bewegliche Basis und einen Unterbaum zurückgeführt werden, die jeweils durch ein Gelenk verbunden sind. Der Algorithmus durchwandert eine gegebene Kinematik von der Basis zum TCP und propagiert dabei jeweils die Reaktion der bisher betrachteten Gelenke und Unterbäume in die nächste Stufe der Schachtelung. In Bild 7.9 a) ist die rekursive Schachtelung skizziert. Zu Beginn der Rekursion umfasst der erste Unterbaum $Baum_1$ alle der realen Basis nachfolgenden, realen Gelenkkörper. Im zweiten Schritt wird dieser Unterbaum $Baum_1$ nach dem selben Schema in Basis und Unterbaum $Baum_2$ aufgelöst usw.

Im Folgenden wird der hybride ABA-Algorithmus grob skizziert. In Bild 7.9 b) ist ein einfaches Beispiel bzw. der erste Schritt der Rekursion gezeigt. Die Bewegung der Basis $Basis_0$ ist durch ihre Geschwindigkeit $\underline{\dot{l}}_0$ und ihre Beschleunigung $\underline{\ddot{l}}_0$ im Schwerpunkt S_0 festgelegt. Entsprechend ist die Bewegung des Unterbaumes $Baum_1$ durch seine Geschwindigkeit $\underline{\dot{l}}_1$ und seine Beschleunigung $\underline{\ddot{l}}_1$ im Schwerpunkt S_1 beschrieben. Diese Geschwindigkeiten und Beschleunigungen sind dabei jeweils in Plücker-Koordinaten gegeben. Zusätzlich wird von der Basis auf den Unterbaum eine Kraft $\underline{f}_1$ übertragen, die durch

$$\underline{f}_1 = \begin{bmatrix} f_x \\ f_y \\ f_z \\ m_x \\ m_y \\ m_z \end{bmatrix}, \quad (7.11)$$

ebenfalls in Plücker-Koordinaten beschrieben ist. Dabei bezeichnen f_x, f_y und f_z Kräfte und m_x, m_y und m_z Momente, die auf den Schwerpunkt S_1 des Unterbaumes wirken und in seinen Schwerpunktkoordinaten gegeben sind. Der Vorteil der Plücker-Koordinaten besteht an dieser Stelle darin, dass gemäß Abschnitt 4.1.3.1 auf Seite 95 Änderungen des Bezugskoordinatensystems zwischen $Basis_0$ und $Baum_1$ mittels der Transformationen $^0\underline{X}_1$ bzw. $(^0\underline{X}_1)^{-1} = {}^1\underline{X}_0$ für Kräfte und Momente einheitlich berechnet werden können. In Analogie zur kanonischen Form (7.10) kann dann die Beziehung von Kraft $\underline{f}_1$ und Beschleunigung $\underline{\ddot{l}}_1$ des Unterbaumes in Plücker-Koordinaten beschrieben werden als

$$\underline{f}_1 = \underline{H}_1^A \underline{\ddot{l}}_1 + \underline{p}_1^A, \quad (7.12)$$

mit $\underline{H}_1^A$ als *Unterbaumträgheit* („Articulated Body Inertia") des zusammengesetzten Gelenkkörpers *Baum*$_1$ und weiteren Kräften $\underline{p}_1^A$, die den Zentrifugal-, Coriolis- und Gravitationseinflüssen entsprechen. Die Unterbaumträgheit ist ein besonderes Instrument zur Berechnung der Rekursion im ABA-Algorithmus. Im allgemeinen Fall werden in $\underline{H}_i^A$ alle Trägheiten des Unterbaumes *Baum*$_i$ akkumuliert; besteht *Baum*$_i$ aus $\mu(i)$ Unterbäumen, berechnet sich seine Unterbaumträgheit rekursiv anhand

$$\underline{H}_i^A = \underline{H}_i + \sum_j^{\mu(i)} {}^i\underline{X}_j^\star \, \underline{H}_j^A \, {}^j\underline{X}_i \tag{7.13}$$

Darin ist ${}^i\underline{X}_j^\star = ({}^i\underline{X}_j^{-1})^T$ eine Schreibweise für die Transponierte der Inversen von ${}^i\underline{X}_j$ und $\underline{H}_i$ eine kombinierte Darstellung von Masse m_i und Trägheitstensor $\underline{\Theta}_i$, die besonders für den Einsatz mit Plücker-Koordinaten geeignet ist:

$$\underline{H}_i = \begin{bmatrix} m_i & 0 & 0 & 0 & 0 & 0 \\ 0 & m_i & 0 & 0 & 0 & 0 \\ 0 & 0 & m_i & 0 & 0 & 0 \\ 0 & 0 & 0 & \Theta_{i_{11}} & \Theta_{i_{12}} & \Theta_{i_{13}} \\ 0 & 0 & 0 & \Theta_{i_{21}} & \Theta_{i_{22}} & \Theta_{i_{23}} \\ 0 & 0 & 0 & \Theta_{i_{31}} & \Theta_{i_{32}} & \Theta_{i_{33}} \end{bmatrix}. \tag{7.14}$$

Auch die Kräfte $\underline{p}_i^A$ zur Darstellung von Zentrifugal-, Coriolis- und Gravitationseinflüssen werden für den gesamten Unterbaum *Baum*$_i$ akkumuliert; besteht *Baum*$_i$ aus $\mu(i)$ Unterbäumen, berechnen sie sich rekursiv anhand

$$\underline{p}_i^A = \underline{p}_i + \sum_j^{\mu(i)} {}^i\underline{X}_j^\star \, \underline{p}_j^A \tag{7.15}$$

Für den Unterbaum *Baum*$_1$ ist zudem bekannt, dass sich seine Beschleunigung $\ddot{\underline{l}}_1$ aus der Beschleunigung seiner kinematischen Basis $\ddot{\underline{l}}_0$ und der durch die Gelenkbewegung induzierten Beschleunigung zusammensetzt,

$$\ddot{\underline{l}}_1 = {}^1\underline{X}_0 \ddot{\underline{l}}_0 + \underline{J}_1 \ddot{q}_1 + \dot{\underline{J}}_1 \dot{q}_1, \tag{7.16}$$

wobei zum einen die Beschleunigung der Basis in die Schwerpunktkoordinaten des Unterbaumes transformiert werden und zum anderen $\underline{J}_1$ gemäß der Jacobi-Gleichung $\dot{\underline{l}} = \underline{J}\dot{q}$ diejenige Spalte der Jacobi-Matrix bezeichnet, die die Wirkrichtung der Gelenkachse zwischen Basis und Unterbaum darstellt. Desweiteren kann die am Schwerpunkt S_1 des Unterbaumes ansetzende Kraft $\underline{f}_1$ ihre Wirkung nur in Richtungen entfalten, die durch das Gelenk erlaubt werden bzw. besteht mit

$$Q_1 = \underline{J}_1^T \underline{f}_1 \tag{7.17}$$

eine Relation zwischen externer Kraft $\underline{f}_1$ und eingeprägter Gelenkkraft/-moment Q_1.

Für das in Bild 7.9 gezeigte Beispiel b) können die Gleichungen (7.12), (7.16) und (7.17) dann im Sinne des inversen dynamischen Problems nach der eingeprägten Gelenkkraft bzw. dem eingeprägten Gelenkmoment gelöst werden:

$$Q_1 = \underline{J}_1^T \underline{f}_1$$
$$= \underline{J}_1^T \left(\underline{H}_1^A \underline{\ddot{l}}_1 + \underline{p}_1^A \right) \quad (7.18)$$
$$= \underline{J}_1^T \left(\underline{H}_1^A \left({}^1\underline{X}_0 \underline{\ddot{l}}_0 + \underline{J}_1 \ddot{q}_1 + \underline{\dot{J}}_1 \dot{q}_1 \right) + \underline{p}_1^A \right).$$

Beziehungsweise kann (7.18) mittels der rekursiven Definition der Unterbaumträgheit $\underline{H}_i^A$ in (7.13) und den akkumulierten Kräften $\underline{p}_i^A$ gemäß (7.15) verallgemeinert werden:

$$Q_i = \underline{J}_i^T \left(\underline{H}_i^A \left(\sum_{j=0}^{i-1} ({}^i\underline{X}_j \underline{\ddot{l}}_j) + \underline{J}_i \ddot{q}_i + \underline{\dot{J}}_i \dot{q}_i \right) + \underline{p}_i^A \right). \quad (7.19)$$

Da die Ausdrücke für $\underline{H}_i^A$ und $\underline{p}_i^A$ frei von kartesischen Beschleunigungen, Gelenkbeschleunigungen und Gelenkkräften/-momenten sind, wird mit (7.19) das inverse dynamische Problem schrittweise lösbar [105]. Ebenso führt Umstellen von (7.19) nach den Gelenkbeschleunigungen auf den originalen ABA-Algorithmus zur Lösung des dynamischen Vorwärtsproblems. In der hybriden Version des Algorithmus steht es dann pro Gelenk frei, die Vorwärts- oder die inverse Lösung zu berechnen.

Aufgrund dieser Eigenschaften ist der hybride ABA-Algorithmus in besonderer Weise geeignet, um die bisher ausschließlich kinematischen Betrachtungen der anthropomorphen MAS systematisch auf dynamische Betrachtungen auszudehnen. Die Demonstration des Transfers erfolgt hier anhand eines ergonomischen Experiments, in dem ein Arm des „Virtuellen Menschen" zur Anwendung des ABA-Algorithmus aufbereitet wird. Dazu werden die Gelenkkörper des Armes um Massen und Trägheitsmomente ergänzt, wofür von approximierten Massen, einer homogenen Massenverteilung und einer Annäherung der Volumina von Ober- und Unterarm mittels Zylindern ausgegangen wird. Bild 7.10 zeigt links die simulierte Situation, in der der „Virtuelle Mensch" mit dem dynamisch aufbereiteten Arm eine Hantel hebt. Das Gewicht der Hantel wird berücksichtigt, indem dem letzten Gelenkkörper des Armes eine konstante externe Kraft $\underline{f}_{ext}$ in negativer Z-Richtung aufgeschaltet wird. Die Ergebnisse der dynamischen Simulation dieser Tätigkeit sind in Bild 7.10 rechts beispielhaft für Schultergelenk q_3 gezeigt – anhand einer kinematisch kommandierten PTP-Bewegung beschrieben durch $q_3(t)$, $\dot{q}_3(t)$ und $\ddot{q}_3(t)$ bestimmt der hybride ABA-Algorithmus im inversen Lösungsmodus das auftretende Gelenkmoment $Q_3(t)$. Im Kontext des umgebenden Simulationssystems stehen die Ergebnisse als Datei zur Verfügung oder können interaktiv mit Hilfe einer Oszilloskop-Metapher für alle Gelenke eingesehen werden.

7.2 Ergonomische Anwendungen für anthropomorphe Roboter

Indem die anthropomorphen Multi-Agentensysteme technische anthropomorphe Kinematiken und Menschmodelle wie den „Virtuellen Menschen" einheitlich behandeln, sind Methoden innerhalb der gesamten Klasse der anthropomorphen Kinematiken transferierbar. Als Beispiel für einen solchen Methodentransfer von der Ergonomie in die Robotik werden hier auf Basis der anthropomorphen Multi-Agentensysteme eine ergonomisch motivierte Bewegungssteuerung (und -planung) für humanoide Roboter entwickelt, um insbesondere für den Roboter JUSTIN des Deutschen Zentrums für Luft- und Raumfahrt e.V. [DLR] „menschlichere" Bewegungen für Anwendungen in der Servicerobotik zu generieren.

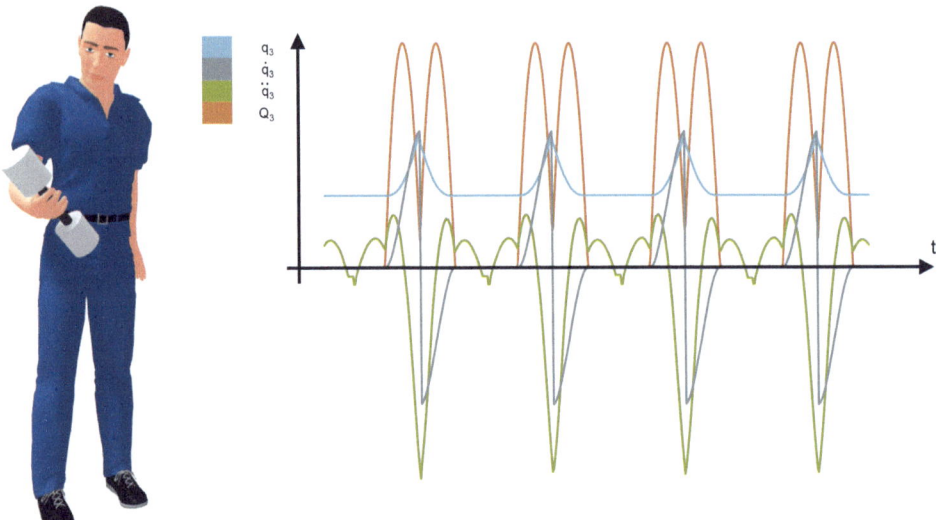

Abb. 7.10 Dynamische ergonomische Untersuchung des Schultergelenkes q_3 in der Situation (l.) zur Bestimmung des Gelenkmomentes $Q_3(t)$ (r.)

7.2.1 Zusammenhang von Ergonomie und anthropomorpher Robotik

Indem anthropomorphe Roboter explizit ganz oder in Teilen wie der menschliche Bewegungsapparat strukturiert sind, ist es das implizite Ziel der anthropomorphen Robotik, auch die Bewegungsmuster des Menschen nachzubilden. Zwangsläufig bekommen Methoden der Ergonomie damit eine Gültigkeit für anthropomorphe Roboter, die desto umfassender wird, je genauer die Nachbildung des Menschen erfolgt. Etwas schwächer gilt dieser Transfer auch für die Industrierobotik, deren ursprüngliches Ziel ebenfalls die Nachbildung der menschlichen Objektmanipulation war, die dann aber aufgrund technischer Begrenzungen und aus Effizienzgründen zahlreiche „nicht-menschliche" Bewegungsapparate hervorbrachte. In aktuellen Entwicklungen der Industrierobotik, menschenähnlich strukturierten Mehrrobotersystemen und 7-achsigen Leichtbaurobotern, wird die anthropomorphe Tendenz allerdings fortgesetzt.

7.2.1.1 Grundsätzlicher Nutzen der Ergonomie für die Robotik

Die Einführung ergonomischer Methoden in die Robotik ist nicht nur in theoretischer Hinsicht interessant, sondern bringt greifbaren Nutzen mit sich. Ergonomische Methoden identifizieren Ursachen von Belastungen in manuellen Tätigkeiten, um sie zu überwachen und gegebenenfalls abzustellen. Mit wachsender Ähnlichkeit der Kinematiken, die die Tätigkeiten durchführen, lassen ergonomische Methoden daher aber auch vergleichbare Rückschlüsse für Roboter zu. Robotische Gelenke können jedoch ungleich belastbarer und sogar „übermenschlich" konstruiert werden, so dass z.B. Untersuchungen ungünstiger Arbeitshaltungen sinnlos erscheinen – doch gleichzeitig werden Roboter auch über die menschlichen Maße hinaus eingesetzt. Ohne Ruhezeiten etc. sind Roboter in der Produktion günstigerweise unterbrechungslos im Einsatz. In einem ähnlichen Maße, wie anthropomorphe Roboter belastbarer sind als Menschen werden sie auch größeren Belastungen ausgesetzt, so dass Untersuchungen der Ar-

7.2 Ergonomische Anwendungen für anthropomorphe Roboter

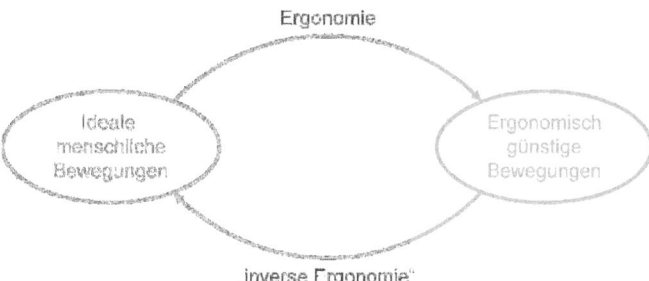

Abb. 7.11 Grundidee der „inversen Ergonomie"

beitshaltung für Roboter – wenngleich in anderen Größenordnungen – grundsätzlich sinnvoll und nützlich sind.

7.2.1.2 „Inverse Ergonomie" zur Erzeugung menschlicher Bewegungen

Neben der grundsätzlichen Sinnhaftigkeit der Anwendung ergonomischer Analysen auf Roboter sind ergonomische Methoden auch in weiterer Hinsicht auf Roboter transferierbar. Werden Roboter im direkten Umfeld des Menschen eingesetzt, z.B. im Bereich der Servicerobotik, müssen die Maschinen besondere Anforderungen erfüllen, die in erster Linie der Sicherheit des Menschen dienen. Diese *harten* Anforderungen werden generell mit zusätzlichem technischen Aufwand erfüllt, zumeist durch Einbringen zusätzlicher Sensorik und entsprechenden Algorithmen. Daneben existieren *weiche* Anforderungen, die vielmehr die Akzeptanz und den Komfort der Mensch-Maschine-Interaktion betreffen. Eine wesentliche Forderung ist hier das erwartungskonforme Verhalten des Roboters, das sich für einen menschlichen Beobachter maßgeblich aus seinen Bewegungen ableitet. In diesem Zusammenhang kann von einer richtiggehenden „Körpersprache" von Robotern gesprochen werden [220][253], die der menschliche Beobachter auswertet, um daraus Beweggründe und Pläne des Roboters zu ersehen. Indem der Mensch dabei unbewusst von den ihm verfügbaren Bewegungsmustern ausgeht, wird auch dieser Effekt desto deutlicher, je mehr das robotische Gegenüber menschenähnlich auftritt [140][42].

Um voll akzeptiert zu werden (und hoffentlich jenseits des „Uncanny Valley", siehe [197]), sollten humanoide Roboter in der Servicerobotik daher möglichst menschliche Bewegungsmuster einhalten. Im Rahmen dieser Arbeit sind eine Bewegungssteuerung (und -planung) zur Erzeugung derartiger „menschlicherer" Bewegungen entstanden, die auf der Umkehrung ergonomischer Haltungsanalysen beruht. Die Grundidee dieser „inversen Ergonomie" ist in Bild 7.11 dargestellt. In Verfahren wie dem „Rapid Upper Limb Assessment" ist es das Ziel der Ergonomie, möglichst bequeme, belastungsfreie Bereiche für Bewegungen des Menschen zu kennzeichnen und die Einhaltung dieser Bereiche an Arbeitsplätzen zu gewährleisten. Im Kern folgt damit für idealer menschliche Haltungen bzw. Bewegungen ergonomische Richtigkeit. Die „inverse Ergonomie" besteht dann aus der Umkehrung dieses Zusammenhangs und der Schlussfolgerung, dass ergonomisch günstigere Bewegungen entsprechend „menschlicher" sind.

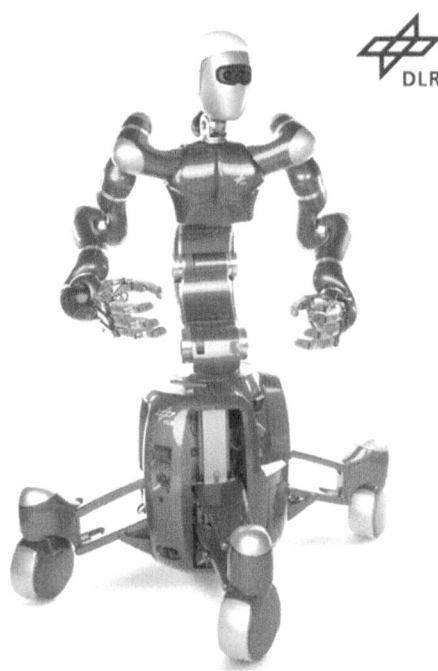

Abb. 7.12 Ansicht des Roboters JUSTIN des Instituts für Robotik und Mechatronik des Deutschen Zentrums für Luft- und Raumfahrt e.V. [87]

7.2.2 Ergonomisch motivierte Bewegungssteuerung von JUSTIN

In der im Folgenden ausgearbeiteten Bewegungssteuerung (und -planung) werden die Trajektorien eines humanoiden Roboters derart modifiziert bzw. generiert, dass die Bewegung ergonomisch möglichst günstig verläuft. Auf Basis der Schlussfolgerung der „inversen Ergonomie" folgen daraus „menschlichere" Bewegungen, als der Roboter ohne diese Modifikation ausführen würde. Die Bewegungsplanung und -steuerung adressiert damit das Problem der Servicerobotik, dass möglichst erwartungskonforme, menschliche Bewegungsmuster eingehalten werden sollen. Als Zielkinematik der Bewegungssteuerung und -planung dient hier die in Abschnitt 2.2.1.5 auf Seite 15 beschriebene anthropomorphe Plattform JUSTIN des Instituts für Robotik und Mechatronik des DLR. Wesentliches Merkmal dieser Plattform sind die beiden menschenähnlichen Arme, die aus jeweils einem 7-achsigen Leichtbauroboter LBR der KUKA Roboter GmbH bestehen (siehe Bild 7.12). Vorbedingung der Umsetzung der Anwendung ist die Modellierung und Steuerung von JUSTIN durch anthropomorphe Multi-Agentensysteme, die erst die notwendige ergonomische Evaluation der Roboterbewegung ermöglichen.

7.2.2.1 Adaption von RULA für anthropomorphe MAS

In seiner ursprünglichen Form wurde RULA zur Evaluation der Haltung der oberen Gliedmaße des Menschen entwickelt. Hier wird das Verfahren als abstrakter Algorithmus aufbereitet, der allgemein die Bewertung der Haltung anthropomorpher Kinematiken erlaubt. Auf Basis des Konzeptes der anthropomorphen Multi-Agentensysteme können das einerseits Kinematiken sein, die dem menschlichen Körper sehr ähnlich sind, wie der „Virtuelle Mensch"; andererseits aber auch offenere Formen, wie humanoide Roboter und andere robotische Systeme, die Aspekte der menschlichen Kinematik nachbilden. Um diese Verallgemeinerung zu ermöglichen, wird das ursprüngliche Verfahren erweitert.

Adaption 1: Zweiarmige Berechnung von RULA

RULA evaluiert nur einen Arm pro Durchgang und wird nicht für beide Arme zugleich durchgeführt. Anhand des Regelwerkes ist es möglich, sowohl für den linken, als auch für den rechten Arm entsprechende Teilnoten $S_{A left}$ und $S_{A right}$ zu ermitteln, die nach (7.5) vollkommen analog aus den jeweils zugehörigen Zwischennoten resultieren. Trotzdem sieht das ursprüngliche Verfahren nur vor, die Gesamtnote S_{rula} mit (7.9) unter Einbezug eines einzelnen Armes zu bestimmen. Um an dieser Stelle Abhilfe zu schaffen, wird eine alternative Teilnote S'_A für beide Arme eingeführt, die sich aus den Teilnoten des linken und des rechten Armes zusammensetzt,

$$S'_A := f(S_{A left}, S_{A right}) = \left\lceil \frac{S_{A left} + S_{A right}}{2} \right\rceil, \quad (7.20)$$

und dann als adäquate Eingangsgröße zur Bestimmung einer zweiarmigen RULA-Gesamtnote eingesetzt werden kann:

$$S_{rula2} := f(S'_A, S_B). \quad (7.21)$$

Die ursprüngliche Gesamtnote S_{rula} wird aus 5 Winkeln und 16 Modifikatoren gewonnen. Die zweiarmige Gesamtnote S_{rula2} ist abhängig von 8 Winkeln und 25 Modifikatoren.

Adaption 2: Quasikontinuierliche Berechnung von RULA

RULA evaluiert nur einzelne Schlüsselposen und wird nicht kontinuierlich berechnet. Das Konzept der anthropomorphen MAS erlaubt hingegen die begleitende Berechnung von RULA auf Basis von Bewegungsanimationen. Die Winkel und Modifikatoren – und folglich auch S_{rula2} – sind dann Funktionen der Zeit,

$$S_{rula2}(t) := f\left(S'_A(t), S_B(t)\right) = f\left(\alpha_{[1..8]}(t), \tilde{S}_{[1..25]}(t)\right). \quad (7.22)$$

Der Algorithmus zur Bestimmung der zweiarmigen RULA-Gesamtnote S_{rula2} stellt sich wie folgt dar:

1. Linker Arm:
    a. Bestimmung der Winkel α_u, α_l und α_w
    b. Bestimmung der Modifikatoren $\tilde{S}_{u_{1,2,3}}$, $\tilde{S}_{l_{1,2}}$, $\tilde{S}_{w_{1,2}}$ und $\tilde{S}_{A_{1,2}}$
    c. Ablesen der Teilnote des linken Armes $S_{A left}$

2. Rechter Arm:
    a. Bestimmung der Winkel α_u, α_l and α_w
    b. Bestimmung der Modifikatoren $\tilde{S}_{u_{1,2,3}}$, $\tilde{S}_{l_{1,2}}$, $\tilde{S}_{w_{1,2}}$ and $\tilde{S}_{A_{1,2}}$
    c. Ablesen der Teilnote des rechten Armes $S_{A right}$

3. Berechnung der Teilnote für beide Arme S'_A
4. Nacken und Oberkörper:

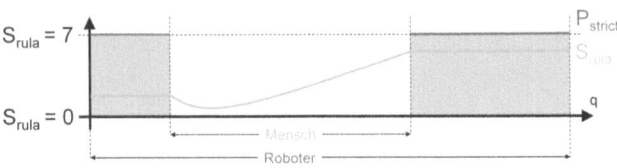
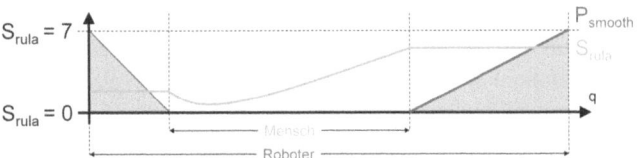

Abb. 7.13 Malus-Funktionen für nicht-menschliche Gelenkwerte

a. Bestimmung der Winkel α_n and α_t
b. Bestimmung der Modifikatoren $\tilde{S}_{n_{1,2}}$, $\tilde{S}_{t_{1,2,3}}$ and $\tilde{S}_{B_{1,2}}$
c. Ablesen der Teilnote des Torsos S_B

5. Ablesen der zweiarmigen RULA-Gesamtnote S_{rula2}.

Indem dieser Algorithmus für jeden (diskreten) Zeitschritt der Bewegungsanimation eines MAS durchgeführt wird, resultiert eine quasikontinuierliche Berechnung von RULA.

Adaption 3: Bewertung nicht-menschlicher Posen

In RULA werden naturgemäß nur menschliche Körperhaltungen berücksichtigt, während humanoide Roboter nicht zwangsläufig auf menschliche Gelenklimits beschränkt sein müssen und in diesem Sinne nicht-menschliche Posen einnehmen können. Gelenklimits humanoider Roboter können großzügig bemessen sein, so dass sie weit jenseits der menschlichen Möglichkeiten beweglich sind, oder sie verfügen gegebenenfalls sogar über frei drehende Gelenke, die praktisch keine Limits aufweisen. Um RULA für derart offene Definitionen anthropomorpher Kinematiken ebenfalls verfügbar zu machen, wird in einer dritten Erweiterung ein Nachbearbeitungsschritt eingeführt, in dem Kinematiken, die jenseits der Reichweite menschlicher Gelenke operieren, eine Erhöhung ihrer RULA-Gesamtnote erfahren. Zur Umsetzung dieser Nachbearbeitung werden für humanoide Roboter zusätzliche Gelenklimits definiert, die innerhalb ihrer tatsächlichen Gelenklimits diejenigen Bereiche kennzeichnen, die auch dem Menschen zur Verfügung stehen. Dieser zusätzliche, virtuelle Satz an Gelenklimits dient ausschließlich der Sanktionierung nicht-menschlicher Bewegungen und beeinflusst die reguläre Funktionalität des Roboters darüber hinaus in keiner Weise. Bei der Sanktionierung werden zwei Malus-Funktionen unterstützt. Falls die Gelenkwerte eines Roboters die Grenze menschenähnlicher Werte verlassen, ergibt eine *strikte Malus-Funktion* P_{strict} direkt eine RULA-Note von 7, während eine *proportionale Malus-Funktion* P_{smooth} mit zunehmendem Abstand von der Grenze linear ansteigt. P_{smooth} startet dabei an der Grenze mit einer RULA-Note von 0 (kein Malus) bis zu einem maximalen Malus von 7, der am eigentlichen Gelenklimit des Roboters erreicht wird (siehe 7.13).

Die Mali werden separat für jede Armkinematik und den Torso berechnet. Der Ansatz der Gesamtnote mit Sanktionierung nicht-menschlicher Bewegungen stellt dann eine Erweiterung von (7.21) dar:

7.2 Ergonomische Anwendungen für anthropomorphe Roboter

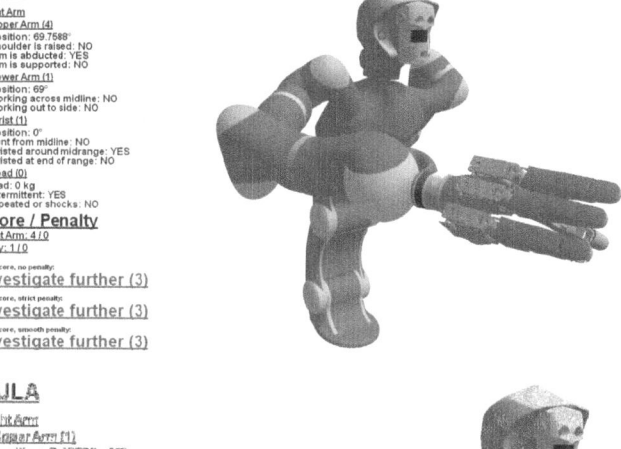

Abb. 7.14 JUSTIN in einer menschenähnlichen Pose: $S_{rula2}(t) = 3$, $S_{rula2}^{strict}(t) = 3$ und $S_{rula2}^{smooth}(t) = 3$ stimmen überein

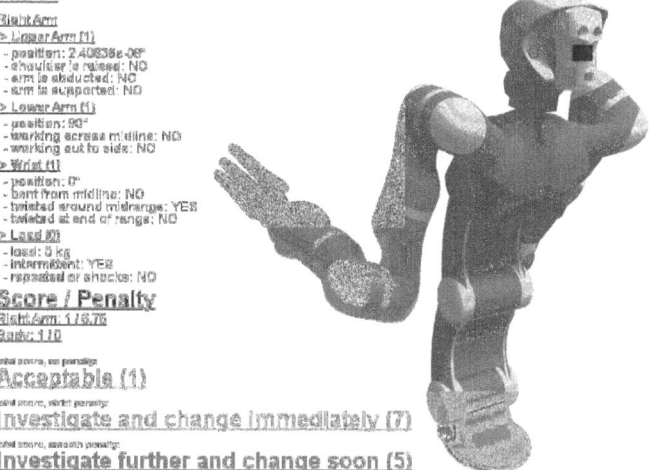

Abb. 7.15 JUSTIN in einer nicht-menschlichen Pose: $S_{rula2}(t) = 1$, $S_{rula2}^{strict}(t) = 7$ und $S_{rula2}^{smooth}(t) = 5$ weichen deutlich voneinander ab

$$S_{rula2}^{strict} = f\left(\max\{S'_A, P'_{A_{strict}}\}, \max\{S_B, P_{B_{strict}}\}\right) \quad (7.23)$$

$$S_{rula2}^{smooth} = f\left(\max\{S'_A, P'_{A_{smooth}}\}, \max\{S_B, P_{B_{smooth}}\}\right), \quad (7.24)$$

wobei P_B der Malus bezüglich des Torsos ist und P'_A nach (7.20) als Malus bezüglich des zweiarmigen Systems ausgewertet wird, anhand

$$P'_A = \left\lceil \frac{P_{A^{left}} + P_{A^{right}}}{2} \right\rceil. \quad (7.25)$$

Selbstverständlich handelt es sich bei der Sanktionierung um eine künstliche Erweiterung des eigentlichen RULA-Verfahrens, die für die Analyse menschlicher Arbeiter keinerlei Bedeutung hat; insbesondere bei der Analyse des „Virtuellen Menschen" fallen die drei Gesamtnoten $S_{rula2}(t)$, $S_{rula2}^{strict}(t)$ und $S_{rula2}^{smooth}(t)$ zusammen.

7.2.2.2 RULA als Kriterium einer Bewegungsplanung für JUSTIN

In einer Vorstufe der Bewegungssteuerung wurden die Adaptionen des RULA-Verfahrens in einer Kooperation mit dem DLR validiert. Dabei wurde die hier entwickelte ergonomische

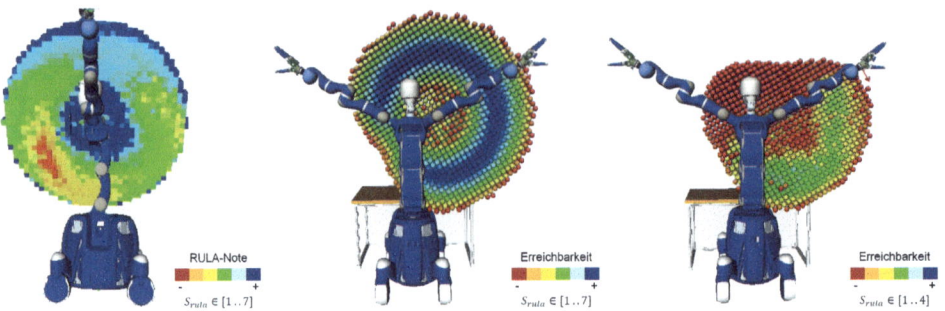

Abb. 7.16 Kartographierung des Arbeitsraumes bezüglich der durchschnittlichen RULA-Note $S_{rula} \in [1..7]$ (l.), bezüglich der unbeschränkten Erreichbarkeit für RULA-Noten $S_{rula} \in [1..7]$ (m.) bzw. der beschränkten Erreichbarkeit für RULA-Noten $S_{rula} \in [1..4]$ (r.)

Evaluation anthropomorpher Roboter als Eingabe eines neuen Ansatzes einer Bewegungsplanung des DLR für JUSTIN eingesetzt. Dieser Ansatz des DLR beruht darauf, den Arbeitsraum von JUSTIN zu kartographieren. Indem JUSTIN symmetrisch aufgebaut ist, wird das Kartenmaterial zunächst nur für den rechten Arm generiert und ist dann ebenso für den linken Arm gültig; außerdem ignoriert der Ansatz des DLR Bewegungen des Rumpfes. Zur Kartenbildung wird der kartesische Arbeitsraum in einer wählbaren Dichte äquidistant abgetastet, so dass ein gleichmäßiges Gitter kartesischer Messlagen (Messpositionen und -orientierungen) entsteht.

Für jede dieser kartesischen Messlagen werden die verfügbaren Gelenkkonfigurationen des Armes von JUSTIN ermittelt, und für diese wiederum das eigentliche Kartenmaterial ausgewertet, wobei es sich z.B. um das Kriterium der Erreichbarkeit (Anzahl der verfügbaren Gelenkkonfigurationen in einer Messlage, siehe Bild 7.16 (m.)) handelt, aber auch jedes andere örtliche Kriterium im Gelenk- oder kartesischen Raum ausgewertet werden kann. Auf diese Weise wird eine Punktwolke an Daten gewonnen, die jeweils einen Kriteriumswert für jede verfügbare Gelenkkonfiguration an jeder abgetasteten kartesischen Messlage enthält. Indem in mehreren Karten verschiedene Kriterien für den Arbeitsraum des Roboters vermessen werden, steht eine breite Datenbasis für eine Bewegungsplanung bereit, die dann in den Karten geeignete Pfade zu gewünschten Ziellagen des Armes suchen kann. Dabei kann der Ansatz die in Abschnitt 2.2.1.2 auf Seite 9 beschriebenen „Rapidly-Exloring Random Tree"-Strategien [RRT] zur Bewegungsplanung verknüpfen und erweitern, wobei das Kartenmaterial jetzt verschiedene Kriterien enthält und dabei jederzeit global vorliegt [352].

Als ein geeignetes Kriterium zur Bewegungsplanung erweist sich dabei die RULA-Note, wobei zur Kartengenerierung JUSTIN als anthropomorphes MAS modelliert und gesteuert wird. Auf Basis der eingeführten RULA-Adaptionen wurden dazu im Rahmen dieser Arbeit für vom DLR vorgegebene Gelenkkonfigurationen die zugehörigen RULA-Noten ermittelt, die dann für die Bewegungsplanung eine eigene Kartenebene bilden (siehe Bild 7.16 (l.)). Das RULA-Kriterium wurde dann in verschiedenen Szenarien im Sinne der „inversen Ergonomie" eingesetzt. In den Szenarien wurde zum einen der Einfluss ergonomisch günstiger Gelenkkonfigurationen in der Startlage untersucht, zum anderen wurde erprobt, welchen Einfluss das RULA-Kriterium auf die Bahnplanung eines RRT-Bahnplaners hat [353].

7.2 Ergonomische Anwendungen für anthropomorphe Roboter

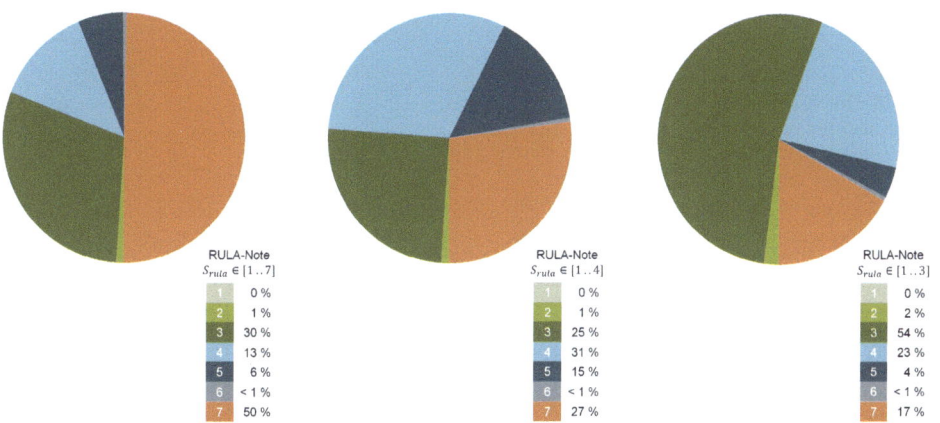

Abb. 7.17 Verteilung der RULA-Noten in der Ziellage ausgehend von unbeschränkten Startkonfigurationen $S_{rula} \in [1..7]$ (l.), beschränkten Startkonfigurationen $S_{rula} \in [1..4]$ (m.) und stärker beschränkten Startkonfigurationen $S_{rula} \in [1..3]$ (r.)

Einfluss ergonomisch günstiger Gelenkkonfigurationen in der Startlage

Die Ergebnisse zeigen, dass bereits die Wahl einer ergonomisch günstigen Gelenkkonfiguration in der Startlage einer Bahn insgesamt zu einem ergonomisch günstigeren Verlauf führt, als es ohne die Vorselektion der Startkonfigurationen der Fall wäre. Dieser Zusammenhang wird anhand der in Bild 7.17 dargestellten durchschnittlichen Verteilungen der RULA-Noten in der Ziellage deutlich, die für randomisierte Bahnen zwischen beliebigen Start- und Ziellagen erhoben wurden. Links ist die Verteilung der RULA-Noten in der Ziellage gezeigt, falls Bahnen ausgehend von ergonomisch beliebigen Startkonfigurationen $S_{rula} \in [1..7]$ gestartet werden. In der Mitte ist sichtbar, dass eine signifikante Verbesserung der in der Ziellage erreichbaren RULA-Noten resultiert, falls Bahnen ausgehend von einer ergonomisch günstigen Startkonfiguration $S_{rula} \in [1..4]$ geplant werden. Rechts ist gezeigt, dass sogar eine weitere Steigerung der RULA-Noten in der Ziellage möglich ist, falls nur Startkonfigurationen im stärker beschränkten Bereich $S_{rula} \in [1..3]$ zugelassen sind. Prinzipiell führen stärkere Beschränkungen der erlaubten RULA-Noten in der Startkonfiguration also auf umso bessere RULA-Noten in der Ziellage – allerdings ist diese Steigerungsfähigkeit begrenzt, da bereits der verfügbare Arbeitsraum mit RULA-Noten $S_{rula} \in [1..3]$ nur noch vergleichsweise klein ist und stärkere Beschränkungen keinen sinnvollen Arbeitsraum mehr ergeben würden (siehe Bild 7.16 (r.)).

Einfluss des RULA-Kriteriums auf die Bahnplanung eines RRT-Bahnplaners

Über den Einfluss der Vorwahl einer RULA-günstigen Startkonfiguration hinaus wurde das RULA-Kriterium außerdem als Grundlage einer Bahnplanung mittels des RRT–Planungsansatzes „RRT-Connect" [174] erprobt. Die Implementierung des Ansatzes entstammt dabei dem Kontext des in Abschnitt 2.5.1 auf Seite 30 beschriebenen „Robot Operating System" [ROS] [262]. Gemäß dem Grundprinzip des RRT-Verfahrens dient die RULA-Karte als Potenzialfeld, in dem der RRT-Planer eine Bahn zwischen Start- und Ziellage sucht, wobei an den randomisierten Zwischenpunkten der Bahnplanung möglichst günstige RULA-Noten gewählt werden. Bild 7.18 stellt die Ergebnisse dieses Szenarios gegenüber, indem die durch-

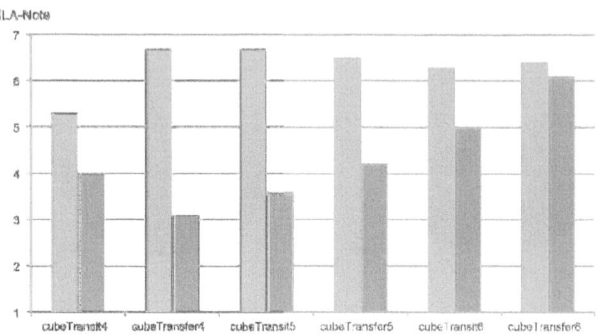

Abb. 7.18 Durchschnittliche RULA-Noten für verschiedene, vielfach durchgeführte Teilbahnen einer Objektmanipulation mittels ergonomisch beliebiger RRT-Planung $S_{rula} \in [1..7]$ (helle Säulen) und mittels ergonomisch günstiger RRT-Planung $S_{rula} \in [1..4]$ (dunkle Säulen)

schnittlich in den randomisierten Zwischenpunkten erzielten RULA-Noten entlang der Bahnen aufgeführt werden. Für verschiedene Teilbahnen einer vielfach durchgeführten Objektmanipulation zeigen die jeweils linken Säulen (blau) die durchschnittlichen RULA-Noten für eine RRT-Planung für ergonomisch beliebige RULA-Noten $S_{rula} \in [1..7]$. Die jeweils rechten Säulen (rot) zeigen dagegen die durchschnittlichen RULA-Noten für eine RRT-Planung für ergonomisch günstige RULA-Noten $S_{rula} \in [1..4]$. Die mit dem RULA-Kriterium generierten Bahnen fallen also grundsätzlich ergonomisch günstiger aus, so dass RULA in Verbindung mit RRT im Sinne der „inversen Ergonomie" als Planungsverfahren für „menschlichere" Bewegungen eingesetzt werden kann. Als – bisher nicht vollständig geklärter – Nebeneffekt verkürzen sich mit RULA außerdem die Rechenzeiten für die RRT-Bahnplanung. Scheinbar operiert das RRT-Verfahren durch Aufschalten des ergonomischen RULA-Kriteriums in „günstigen" Bereichen des Lösungsraumes, was als Folge des fundamentalen Zusammenhangs von Ergonomie und anthropomorpher Robotik interpretiert werden kann.

7.2.2.3 Ergonomisch motivierte Bewegungssteuerung von JUSTIN

Die Experimente zur Bewegungsplanung sind als Vorstufe der hier entwickelten Bewegungssteuerung zu sehen, die maßgeblich die Formulierung und Validierung der notwendigen Adaptionen des RULA-Verfahrens bewirkten. Allerdings dient der Ansatz zur Bewegungsplanung des DLR aufgrund kartographierter Arbeitsräume vornehmlich dem Erkenntnisgewinn über die Struktur der Arbeitsräume von JUSTIN und ist weniger anwendungsorientiert; insbesondere setzt der Ansatz die Erhebung des umfangreichen Kartenmaterials voraus und ist damit nicht ohne großen Aufwand auf andere Kinematiken übertragbar. Die im Folgenden beschriebene Bewegungssteuerung dagegen ist auf Basis der anthropomorphen MAS systematisch auf andere anthropomorphe Roboter übertragbar und steht auf der Ebene der Steuerung ständig begleitend zur Verfügung.

Aus der Perspektive der Robotik kann das RULA-Verfahren als Funktion aufgefasst werden, die den *ergonomischen Stress* einer anthropomorphen Kinematik ermittelt. Die grundlegende Idee der ergonomisch motivierten Strategie ist es daher, in jedem Zeitschritt die RULA-Noten in die Bewegungssteuerung zurückzuführen, um direkt dort den ergonomischen Stress zu reduzieren und auf diese Weise „menschlichere" Bewegungen zu erzeugen. Der ergonomische Stress ist minimal, wenn sich die Kinematik in der entspannten Grundpose befindet (siehe Bild 7.3 auf Seite 167). Daher wird ein anthropomorphes MAS, das die Strategie der Stressreduktion ausübt, ohne weitere, aufgeschaltete Bewegungsziele schließlich eine ähnliche Grundpose einnehmen. Zwei Faktoren führen zu maximalem ergonomischen Stress. Der erste Faktor ist in RULA selbst begründet – Armstellungen nahe den Endanschlägen, Hand-

7.2 Ergonomische Anwendungen für anthropomorphe Roboter

positionen am Rande der Armreichweite und ungewöhnliche Verdrehungen der Handgelenke führen schnell zu sehr schlechten RULA-Noten. Der zweite Fakor wurde in Abschnitt 7.2.2.1 auf Seite 178 mit der Adaption des RULA-Verfahrens für nicht-menschliche Posen eingeführt. Ein Roboter beispielsweise, dessen Ellenbogengelenk mehrere Umdrehungen vollführen kann, erzeugt in Gelenkwinkelbereichen, die auch dem Menschen möglich sind, reguläre RULA-Noten, für nicht-menschliche Gelenkstellungen treten jedoch gravierende Mali auf. In Hinblick auf den ergonomischen Stress haben die eingeführten Mali daher die Bedeutung künstlicher Stressfaktoren, die eine Kinematik rasch aus nicht-menschlichen in menschliche Gelenkwinkelbereiche treiben, in denen dann eine differenzierte Bewertung des Stresses anhand des regulären RULA-Verfahrens einsetzt.

Die Bewegungssteuerung in den kartesischen Controllern der CTRL-Agenten des anthropomorphen MAS wird grundsätzlich anhand der in Abschnitt 4.1.3.8 auf Seite 103 beschriebenen Universaltransformation (4.108) durchgeführt:

$$\underline{\dot{q}} = \underbrace{\left(\underline{J}^+\right)\underline{\dot{l}}}_{\underline{\dot{q}}_{\mathscr{R}}} + \underbrace{\left(\underline{I} - \underline{J}^+\underline{J}\right)\underline{\dot{v}}}_{\underline{\dot{q}}_{\mathscr{N}}}, \qquad (7.26)$$

worin der Term $\underline{\dot{q}}_{\mathscr{R}}$ gewünschte kartesische Bewegungen vorgibt, während über den Term $\underline{\dot{q}}_{\mathscr{N}}$ Bewegungen im Nullraum kommandiert werden können. Dabei bildet die Projektionsmatrix $\underline{P} = \underline{I} - \underline{J}^+\underline{J}$ beliebige Vektoren $\underline{\dot{v}}$ in den Nullraum der Jacobi-Matrix ab. Zur Umsetzung der Strategie der ergonomischen Stressreduktion kann (4.108) wie folgt in den CTRL-Agenten der Arme implementiert werden,

$$\underline{\dot{q}}_{arm} = \underbrace{\left(\underline{J}^+\right)\underline{\dot{l}}_{arm}}_{\underline{\dot{q}}_{\mathscr{R}}^{arm}} + \underbrace{\left(\underline{I} - \underline{J}^+\underline{J}\right)\underline{\dot{v}}_{rula}}_{\underline{\dot{q}}_{\mathscr{N}}^{arm}}. \qquad (7.27)$$

Auf den Arm werden also zum einen Gelenkgeschwindigkeiten $\underline{\dot{q}}_{\mathscr{R}}^{arm}$ aufgeschaltet, um die kommandierte kartesische Bewegung $\underline{\dot{l}}_{arm}$ durchzuführen. Ist der Arm redundant (wie der menschliche Arm mit 7 DOF), kann die Kinematik zum anderen Nullraumbewegungen $\underline{\dot{q}}_{\mathscr{N}}^{arm}$ umsetzen, die die eigentliche kartesische Bewegung nicht beeinflussen. Der Schlüssel zur Stressreduktion ist es daher, geeignete Vektoren $\underline{\dot{v}}_{rula}$ zu finden, bzw. adäquate Nullraum-Geschwindigkeiten, die den Arnm in die Richtung reduzierten ergonomischen Stresses dirigieren. Gemäß (7.22) wird die quasikontinuierliche, zweihändige RULA-Note $S_{rula2}(t)$ aus zwei Teilnoten berechnet, die jeweils von Winkeln und Modifikatoren abhängen. Während die Winkel mit der Gelenkstellung der Arme veränderlich sind, werden die Modifikatoren zumeist durch rein kartesische Aspekte der kommandierten Bewegung bedingt, z.B. falls eine Hand die Midsagittalebene kreuzt. Daher wird die Reduzierung des ergonomischen Stresses auf eine modifizierte Gesamtnote $S_{rula2}^{\mathscr{N}}(t)$ bezogen, in der Winkel $\alpha_{[1..8]}$ von den Gelenkwinkeln der Arme abhängen und die Modifikatoren $\tilde{S}_{[1..25]}$ nicht beeinflusst werden können,

$$S_{rula2}^{\mathscr{N}}(t) := f\left(\alpha_{[1..8]}(\underline{q}(t)), \tilde{S}_{[1..25]}(t)\right). \qquad (7.28)$$

Um in (7.28) die RULA-Note zu reduzieren, sind also Invertierungen der $\alpha_i(\underline{q}(t)), i \in [1..8]$ erforderlich, die darauf schließen lassen, in welche Richtungen die Gelenkwinkel der Arme verändert werden müssen, damit ergonomisch günstigere Winkel resultieren. Geeignete Invertierungen lassen sich aus den Arbeitsblättern ableiten. Jede dieser Invertierungen liefert einen Abstandsvektor $\Delta\underline{q}_i$ im Gelenkraum, der von der gegenwärtigen Armstellung $\underline{q}(t)$ in Richtung einer Stellung mit ergonomisch günstigerem Winkel α_i zeigt,

Abb. 7.19 Ergonomische Stressreduktion (rot) im Vergleich mit unmodifizierten Posen

$$\Delta \underline{q}_i(\alpha_i(\underline{q}(t))), i \in [1..8]. \tag{7.29}$$

So wird z.B. α_u evaluiert als Winkel zwischen dem Ellenbogen und der Midcoronalebene des Körpers und ist dabei entsprechend abhängig von den Gelenkwinkeln der Schulter (siehe Abschnitt 7.1.1.3 auf Seite 165). Für eine gegebene Armstellung produziert die zugehörige Invertierung einen Abstandsvektor im Gelenkraum, der von der gegenwärtigen Schulterstellung in Richtung einer ergonomisch stressfreien Schulterstellung zeigt. Da die Funktionen $\alpha_i(\underline{q}(t))$ jeweils immer nur von einigen wenigen Gelenkwinkeln und niemals vollständig von den selben Gelenkwinkeln abhängig sind, ist es mögich, aus den Resultaten der Invertierungen $\Delta \underline{q}_i$ einen gewichteten Gesamtvektor $\Delta \underline{Q}$ zusammenzustellen. Da dieser Gesamtvektor den Charakter eines Abstandsvektors im Gelenkraum hat, bietet sich $\Delta \underline{Q}$ an, in (7.27) direkt zur Steuerung der ergonomischen Stressreduktion eingesetzt zu werden, z.B. für einen Arm,

$$\underline{\dot{v}}_{rula} := \frac{\Delta \underline{Q}}{\Delta t}. \tag{7.30}$$

In Abhängigkeit vom Rang des Nullraumes in einem gegebenen Zeitschritt Δt der Bewegungssteuerung wird dann die Redundanz des Armes genutzt, um die Kinematik in Gelenkstellungen reduzierten ergonomischen Stresses zu führen (siehe Bild 7.19).

Dieser Modus der Bewegungserzeugung wurde ebenfalls anhand des Beispieles JUSTIN verifiziert [278]. Wie für die Untersuchung der Bewegungsplanung wird JUSTIN als anthropomorphes MAS modelliert und gesteuert, so dass die begleitende Evaluierung des RULA-Verfahrens zur Verfügung steht. Ebenfalls wie im Fall der Bewegungsplanung wird das Verfahren zunächst für den rechten Arm umgesetzt, um die Effekte der Stressreduktion unabhängig von Einflüssen des linken Armes oder des Rumpfes zu prüfen. Aufgrund des symmetrischen Aufbaus von JUSTIN und der mit (7.21) definierten Adaption sind die Resultate allerdings prinzipiell auf den zweiarmigen Betrieb erweiterbar. Die Verifikation wurde für zwei Sets kartesischer, linear anzufahrender Ziele für den Arm durchgeführt. Dabei startet jede Bewegung in der entspannten Grundpose und für jeden Zeitschritt ($40[ms]$) der kommandierten Bewegungen werden die RULA-Noten der unmodifzierten und der ergonomischen Stress reduzierenden Lösung nach (7.30) berechnet und gegenübergestellt. Das erste Set „Arbeitsraum" besteht aus 100 über den gesamten Arbeitsraum des rechtes Armes zufällig verteilten kartesischen Zielen. Die Ziellagen im Set weisen unbeschränkte RULA-Noten $S_{rula} \in [1..4]$ auf. Bild 7.20 zeigt die in $N = 595224$ Zeitschritten erhobene Verteilung der RULA-Noten entlang der unmodifizierten (l.) und modifizierten (r.) Bahnen. Es zeigt sich, dass zum einen die Bewegungsstrategie im gesamten Arbeitsraum wirksam ist und dabei zum anderen insbesondere Posen des Bereiches [4..7] in ergonomisch günstigere RULA-Noten verschoben werden. Das zweite Set „Tisch" besteht aus 100 kartesischen Zielen einer mehrschrittigen Objektmanipulation, die auf einem Tisch vor dem rechten Arm durchgeführt wird. Die Ziel-

7.2 Ergonomische Anwendungen für anthropomorphe Roboter 187

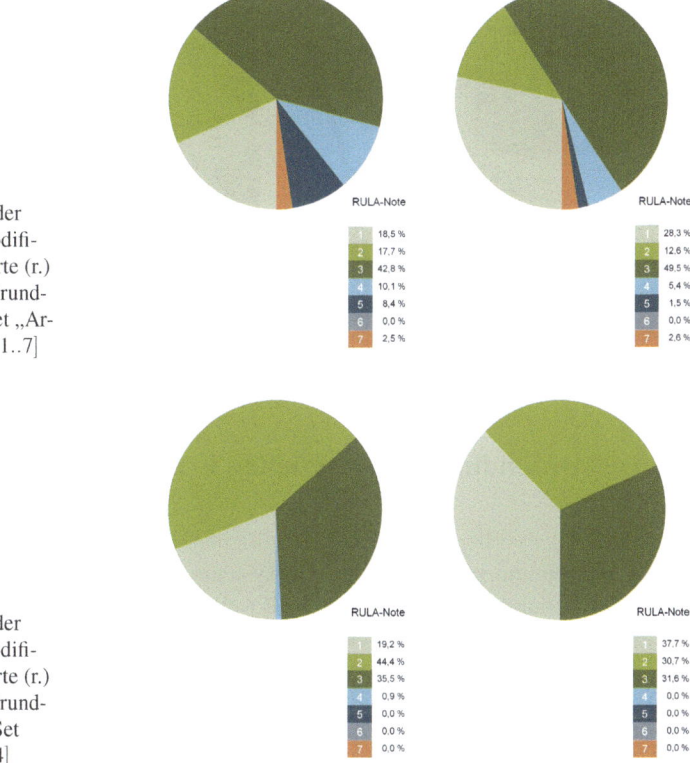

Abb. 7.20 Verteilung der RULA-Noten für unmodifizierte (l.) und modifzierte (r.) Bewegungen von der Grundpose zu Ziellagen im Set „Arbeitsraum" mit $S_{rula} \in [1..7]$

Abb. 7.21 Verteilung der RULA-Noten für unmodifizierte (l.) und modifzierte (r.) Bewegungen von der Grundpose zu Ziellagen im Set „Tisch" mit $S_{rula} \in [1..4]$

lagen im Set weisen daher beschränkte RULA-Noten $S_{rula} \in [1..4]$ auf. In Bild 7.21 ist die $N = 556922$ Zeitschritten erhobene Verteilung der RULA-Noten entlang der unmodifizierten (l.) und modifizierten (r.) Bahnen dargestellt. Obwohl die RULA-Noten auch ohne Modifikation bereits günstig sind, demonstrieren die Verteilungen, dass sich in diesem – für manuelle Tätigkeiten typischen – Arbeitsbereich eine weitere, deutliche Steigerung der RULA-Noten mittels der Bewegungsstrategie erzielen lässt. Unter anderem bringt die Reduktion ergonomischen Stresses im Nullraum ungefähr doppelt so viele Zeittakte mit der RULA-Bestnote 1 hervor.

Im Sinne der „inversen Ergonomie" entsprechen ergonomisch günstigere Bewegungen zugleich auch „menschlicheren" Bewegungen, wie es sich auch anschaulich in der Form der erzielten Bahnen bestätigt (siehe Bild 7.19). Indem die ergonomisch motivierte Bewegungssteuerung in der Lage ist, auf Basis von Nullraumbewegungen den ergonomischen Stress wirksam zu reduzieren, erzeugt sie damit „menschlichere" Bewegungen für anthropomorphe MAS – und somit auch für humanoide Roboter wie JUSTIN. Im Unterschied zu anderen möglichen Heuristiken zur Erzeugung vergleichbarer Bewegungsmuster bietet das RULA-Verfahren eine fundierte und vor allem transparente Definition an, die nur mit wenigen, nachvollziehbaren Adaptionen auf Roboter übertragbar ist.

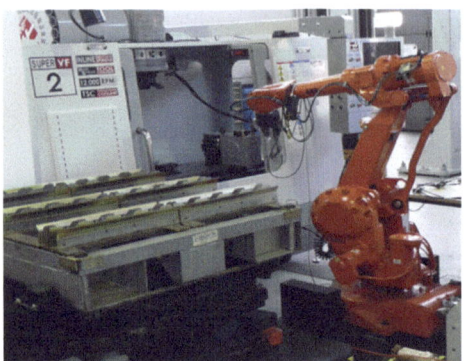 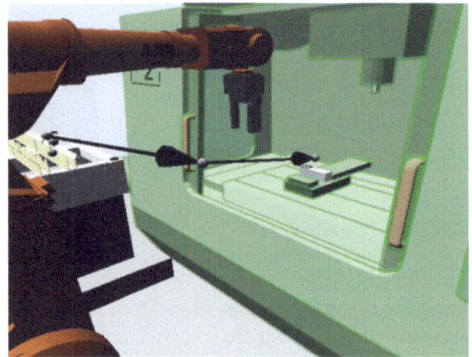

Abb. 7.22 Reale (l.) und simulierte (r.) Arbeitszelle zur Programmierung „by Demonstration"

7.3 Weitere Anwendungen der erzielten Ergebnisse

Über das Kernziel der vorliegenden wissenschaftlichen Untersuchung hinaus werden einzelne Aspekte der anthropomorphen Multi-Agentensysteme erfolgreich in weiteren Projekten der Industrie und Forschung eingesetzt bzw. gezielt weiterentwickelt. Basis dieser breiteren Nutzung der anthropomorphen MAS ist das umgebende Simulations- und Visualisierungssystem. Indem die Matrixarchitektur der anthropomorphen MAS im Kontext von VEROSIM implementiert ist, stehen die Bereiche „Simulation/ Realität", „Steuerung" und „Programmierung" für alle Einsatzgebiete des Systems zur Verfügung. Insbesondere kommen häufig auch die Möglichkeiten des Kinematik-Frameworks der Ebene „Einzelsystem" der Matrixarchitektur zum Einsatz (siehe Bild 3.3 auf Seite 40). Doch ebenso werden Anwendungen redundanter Kinematiken, „Virtueller Menschen" und der Multi-Agentensysteme implementiert.

7.3.1 PRODEMO – *Roboterprogrammierung „by Demonstration"*

In der Projektreihe PRODEMO werden Methoden zur direktion Interaktion mit Industrierobotern „by Demonstration" konzipiert und erprobt, d.h. indem der Anwender die zu automatisierenden Aufgaben dem Roboter vormacht. Hauptsächlich stehen dabei modellbasierte Methoden im Vordergrund, die auch ungeübten Anwendern in klein- und mittelständischen Unternehmen [KMU] den Einsatz von Robotern ermöglichen und die Inbetriebnahme entsprechend einfach und sicher gestalten. Das Szenario geht davon aus, dass bei einem KMU eine Roboterarbeitszelle eingerichtet werden soll, in der ein Industrieroboter Aufnahmen, Ablagen und gegebenenfalls Werkzeugmaschinen bedient. Voraussetzung der einfachen und sicheren Bedienung ist der Aufbau eines 3D-Modells der Arbeitszelle, um Kollisionerkennung und simulationsgestützte, grafische Programmierwerkzeuge anzubieten (siehe Bild 7.22). Die Modellierung, Steuerung und Simulation der Roboter basiert dabei vollständig auf der hier ausgearbeiteten Implementierung der anthropomorphen Multi-Agentensysteme [259][43][44].

7.3 Weitere Anwendungen der erzielten Ergebnisse

Abb. 7.23 „Addin" zur Roboterprogrammierung in INVENTOR (l.) und VEROSIM (r.)

7.3.2 INVENTOR – *„Addin" zur Roboterprogrammierung*

Das Produkt INVENTOR der Firma Autodesk Inc. ist ein umfangeiches Softwaresystem zur 3D-Konstruktion, das zum Entwurf und zur Planung von Maschinen und machinell gefertigten Produkten eingesetzt wird [22]. Neben Modellierungsverfahren für Festkörpergeometrien („Constructive Solid Geometry") bietet INVENTOR „Addins" genannte Module zur simulatorischen Untersuchung der konstruierten Objekte an. Für Stabilitätsuntersuchungen beispielsweise wird in diesen Modulen die Berechnung von finiten Elementen und Starrkörpersystemen angeboten. Auf Basis der hier ausgearbeiteten Matrixarchitektur zur Modellierung, Steuerung und Simulation (siehe in Bild 3.3 auf Seite 40) wird außerdem ein neues „Addin" zur Offline-Programmierung von Industrierobotern entwickelt, in dem zusätzlich weiterführende Programmierverfahren zum Einsatz kommen [260][257]. Das „Addin" ist dabei als Ko-Simulation angeschlossen, d.h. dass die Roboterarbeitszellen in INVENTOR modelliert, bedient und visualisiert werden, die Parametrierung, Simulation und Animation der Kinematiken jedoch in einer verbundenen Instanz von VEROSIM geschieht.

7.3.3 FASTMAP – *Vorbereitungen zur Planetenexploration*

Zielsetzung des Projektes FASTMAP ist es, Methoden zur schnellen 3D-Kartengenerierung für planetare Lande- und Explorationsoperationen zu entwickeln. Die Erhebung des maßgeblichen Kartenmaterials findet dabei während des Abstiegs eines Explorationsmoduls von einer Umlaufbahn auf eine extraterrestrische Planetenoberfläche statt. Die daraus zusammengestellten 3D-Karten dienen nach der Landung zur Lokalisation und Navigation des Explorationsmoduls, indem Merkmale der multisensoriell erfassten Umgebung in den Karten wiedererkannt werden. Die Kartengenerierung konzentriert sich daher auf Geländemerkmale, wie Berge, Krater und Felsen, die sowohl aus der Anflugperspektive, als auch aus der Bodenperspektive eindeutig identifizierbar sind. Die Entwicklung der Methoden wird an einem physikalischen Modell des Szenarios durchgeführt, das aus zwei 7-achsigen Leichtbaurobotern LBR des Roboterherstellers KUKA Roboter GmbH besteht, die zusätzlich auf Linearachsen montiert sind und sich in Richtung eines Modellbaus einer Planetenoberfläche bewegen (siehe Bild 7.24). In ihren Bewegungen simulieren die Roboter die Anflugperspektive des Explorationsmoduls, wobei der eine Roboter die Lichtquelle stellt und der andere Roboter die Sensorik zur Kartenerhebung führt. Bei diesen Bewegungen bilden beide Roboter jeweils

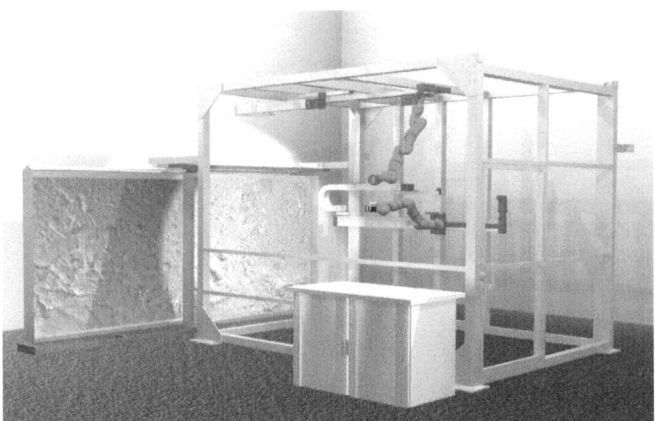

Abb. 7.24 Planungsansicht des Versuchstandes für planetare Anflüge

Abb. 7.25 Ansicht der Projektionswand der DASA in Dortmund

8-achsige Kinematiken, so dass an diesem Versuchsstand insbesondere die Steuerung redundanter Kinematiken zum Einsatz gebracht wird.

7.3.4 DASA – *Exponat der „Arbeitswelt Ausstellung"*

Die Bundesanstalt für Arbeitsschutz und Arbeitsmedizin ist Veranstalterin der „DASA Arbeitswelt Ausstellung" (ehemals „Deutsche Arbeitsschutzausstellung") in Dortmund [54]. Dieses Museumsangebot hat zum Ziel, die Geschichte und Zukunft der Arbeit und des Arbeitsschutzes darzustellen. Besonderer Anspruch der DASA ist es, über die Dokumentation und Sammlung von Objekten hinaus die Ausstellung mit interaktiven Exponanten „erlebbar" zu machen. Ein solches interaktives Exponat bildet eine 5-segmentige, stereoskopische Projektionswand des Anbieters RIF e.V. (siehe Bild 7.25), an der verschiedene virtuelle Welten begehbar sind, darunter ein Simulationsmodell der „International Space Station" [ISS] und ein Szenario einer „Virtuellen Produktion".

Bei dem Modell der ISS handelt es sich um eine detailgetreue Abbildung der Raumstation zur Erläuterng ihres Aufbaus und ihrer Funktionen (siehe Bild 7.26 (l.)). Besonderer Schwerpunkt dieser virtuellen Welt ist die Darstellung der verschiedenen Kinematiken, die auf der ISS installiert sind, wie das „Japanese Experiment Module Remote Manipulator Sys-

7.3 Weitere Anwendungen der erzielten Ergebnisse

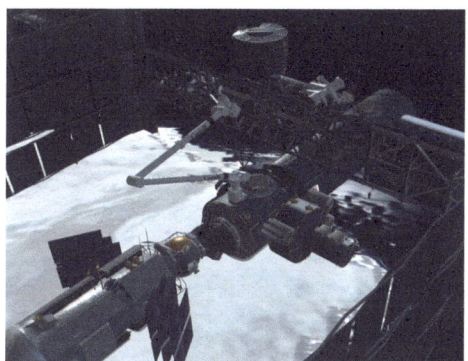 

Abb. 7.26 Ansicht des Exponates „ISS" (l.) und Einsatz des „Virtuellen Menschen" als Astronaut (r.)

Abb. 7.27 Ansicht des Exponates „Virtuelle Produktion"

tem (JEMRMS)", das „Canadian Mobile Servicing System (MSS)" und der Experimentierroboter „Robotic Component Verification on the ISS (ROKVISS)" des DLR. Alle Kinematiken an Bord der „Virtuellen ISS" werden dabei mit den im Rahmen dieser Arbeit entstandenen Methoden modelliert und gesteuert [260][257]. Darüber hinaus wird in dem Modell der ISS ein „Virtueller Mensch" eingesetzt, um die Größenverhältnisse und Tätigkeiten der Besatzungsmitglieder zu demonstrieren (siehe Bild 7.26 (r.)).

Eine weitere virtuelle Welt zeigt ein Szenario einer Fabrikhalle mit dort arbeitenden Industrierobotern und „Virtuellen Menschen" (siehe Bild 7.27). Schwerpunkt des Modells ist es, die Methode der „Virtuellen Produktion" für die Planung und Realisierung moderner Produktionsumgebungen vorzuführen. Ausgehend von einer leeren Halle können dazu die notwendigen Schritte bis zur lauffähigen Produktionsstrecke besichtigt werden, in der abschließend auch zwei – auf anthropomorphe MAS basierende – „Virtuelle Menschen" tätig sind, Während der eine „Virtuelle Mensch" an einem manuellen Arbeitsplatz eine einfache Handhabung demonstriert, wartet der andere „Virtuelle Mensch" auf eine Interaktion mit den Besuchern – reicht man ihm per Joystick einen Werkstückträger, nimmt ihn der Arbeiter entgegen und lastet ihn an einer passenden Stelle wieder in den Materialfluss ein (siehe Bild 7.28 und Bild 7.29).

Abb. 7.28 Einsatz „Virtueller Menschen" zu Werkstückprüfung (l.) und Werkstücktransport (r.) im Exponat „Virtuelle Produktion"

Abb. 7.29 Interaktion des „Virtuellen Menschen" mit Besuchern der DASA – Anreichen eines Werkstückträgers (l.) und Reaktion des virtuellen Arbeiters (r.)

7.3.5 SCALAB – *Skalierbare Automation durch MAS*

Im Projekt SCALAB werden industrietaugliche Automatisierungslösungen zur Montage mikrooptischer Komponenten entwickelt, die ebenso allgemein im Bereich der Mikro- und Nanotechnologien einsetzbar sind. Dabei fokussiert SCALAB besonders auf die Skalierbarkeit. So ermöglichen die Lösungen im Rahmen der Skalierbarkeit zum einen, Mikromontageprozesse auf so genannten „Desktop-Robotern" vorzubereiten und zu erproben und die Prozesse dann auf Produktionsstraßen zu überführen (siehe Bild 7.30). Zum anderen bleiben die Prozesse auch auf der Produktionsstraße flexibel und skalierbar, um nahtlos an den aktuellen Produktionsbedarf und die aktuelle Verfügbarkeit von Automatisierungskomponenten anpassbar zu sein. Diese Skalierbarkeit in SCALAB wird durch die in Kapitel 6 auf Seite 149 beschriebenen Methoden zur Steuerung realer Mehrrobotersysteme ermöglicht; inbesondere durch die Trennung der Steuerung in Echtzeit- und Bedienteil und des Parameter-Marshalling zur Kommunikation zwischen diesen beiden Steuerungsteilen. Die anthropomorphen Multi-Agentensysteme weisen dabei die notwendigen Abstraktionslevel und Eingriffmöglichkeiten auf, um die Verwaltung und Ansteuerung wechselnder Aktoren und Sensoren zu beherrschen [261][279]. Zusätzlich sehen die MAS Lösungen zum koordinierten Betrieb vor, auf die im Projekt zurückgegriffen wird, um spezielle Greifroboter für die Mikromontage zu steuern, die auf die „Desktop-Roboter" aufgeflanscht sind.

7.3 Weitere Anwendungen der erzielten Ergebnisse

Abb. 7.30 Reale (l.) und virtuelle (r.) Anlage gesteuert durch MAS

Kapitel 8
Zusammenfassung

Die Ergebnisse der vorliegenden Dissertation erlauben die systematische und vereinheitlichte Simulation, Steuerung und Analyse vielfältiger komplexer Kinematiken in aktuellen Anwendungen der Forschung und Industrie. Die notwendige Generalisierung der Kinematiken wird auf Basis von Multi-Agentensystemen hergestellt, die dazu in ihren Strukturen die hierarchischen und heterarchischen Aspekte komplexer Kinematiken nachbilden. Die Kinematiken, die prinzipiell mit den Multi-Agentensystemen adressiert werden können, reichen dann von seriellen redundanten Kinematiken, über mehrarmige Mehrrobotersysteme und humanoide Roboter, bis zu vielbeinigen, insektenartigen Kinematiken (siehe Bild 1.1 auf Seite 2). Im Rahmen der Dissertation findet eine Konzentration auf anthropomorphe Kinematiken statt, die ganz oder in Teilen dem Bewegungsapparat des Menschen nachempfunden sind. Dazu werden die Basiselemente der Multi-Agentensysteme geeignet rekombiniert, so dass sich so genannte *anthropomorphe Multi-Agentensysteme* ergeben (siehe Bild 8.1).

Da die Simulation, Steuerung und Analyse anthropomorpher Kinematiken eng mit dem Verständnis des menschlichen Bewegungsapparates verknüpft ist, wird insbesondere der Simulation des „Virtuellen Menschen" eine zentrale Bedeutung beigemessen. Anhand des „Virtuellen Menschen" werden daher zwei wesentliche Entwicklungsrichtungen dieser Arbeit verfolgt, die die Tragweite und Leistungsfähigkeit des Konzeptes der anthropomorphen Multi-Agentensysteme demonstrieren.

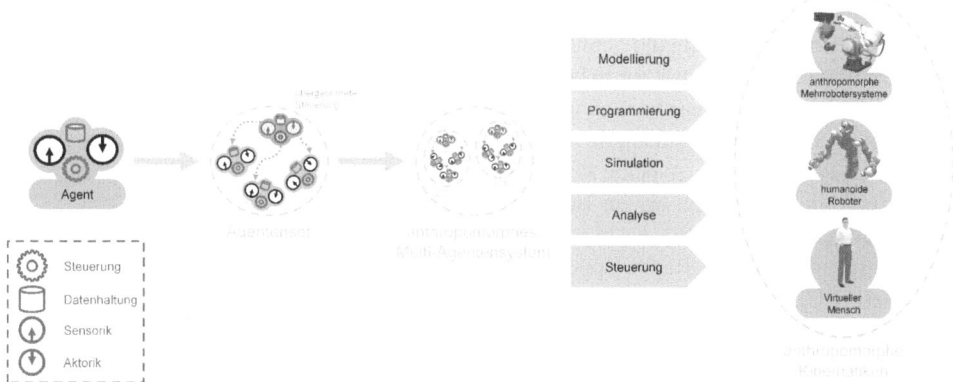

Abb. 8.1 Vereinheitlichter Umgang mit der Klasse der anthropomorphen Kinematiken durch das Konzept der anthropomorphen Multi-Agentensysteme

Die erste Entwicklungsrichtung zeigt am Beispiel des „Virtuellen Menschen", wie die Basiselemente der Multi-Agentensysteme in den anthropomorphen Multi-Agentensystemen rekombiniert werden, um verschiedene strukturelle Aspekte des menschlichen Bewegungsapparates zu adressieren. Zur hierarchischen Strukturierung wird der „Virtuelle Mensch" als kinematischer Baum modelliert, in dem den Extremitäten entsprechende kinematische Pfade jeweils durch einen Agenten gesteuert werden, die in einem ersten Agentenset organisiert sind. Dabei werden unter Agenten hier Softwareinstanzen zur Steuerung kinematischer Ketten verstanden, die gegebene Kommandos unter Berücksichtigung des Zustandes ihrer Umwelt eigenständig ausführen. Als Beispiele der heterarchischen Strukturierung werden in optionalen, zusätzlichen Agentensets übergeordnete Steuerungen eingeführt, die die menschenähnliche Koordination von Rumpf- und Armbewegungen und die kinematische Koordination und Kopplung der Beine beim Gehen umsetzen. Die Gesamtheit aller in Agentensets organisierten Agenten stellt dann das Multi-Agentensystem dar.

Darauf aufbauend demonstriert die zweite Entwicklungsrichtung am Beispiel „Ergonomie", wie aufgrund der Generalisierung durch die Multi-Agentensysteme ein Transfer von Methoden zwischen unterschiedlichen Kinematiken ermöglicht wird. Mit dem „Virtuellen Menschen" werden dazu zunächst manuelle Tätigkeiten des Menschen simuliert und nach ergonomischen Kriterien analysiert. Auf der gemeinsamen Basis der Multi-Agentensysteme stehen diese ergonomischen Methoden des „Virtuellen Menschen" dann auch für andere anthropomorphe Kinematiken zur Verfügung. Als ein wichtiges Ergebnis dieser Arbeit wird durch den Methodentransfer insbesondere der Entwurf einer ergonomisch motivierten Bewegungssteuerung (und -planung) ermöglicht, die für humanoide Roboter zu verbesserten menschenähnlichen Bewegungen führt. Dieses Ergebnis ist für den Einsatz humanoider Roboter in Anwendungen der Servicerobotik von Interesse, in denen Menschen im direkten Umgang mit Robotern hohe Ansprüche an vorhersagbare bzw. nachvollziehbare Bewegungsmuster stellen.

Das wesentliche Ergebnis dieser Dissertation ist das Konzept der anthropomorphen Multi-Agentensysteme, sowie die Generalisierung der Simulation, Steuerung und Analyse vielfältiger komplexer Kinematiken, die auf Basis des Konzeptes hergestellt wird. Darüber hinaus erzielt der Einsatz anthropomorpher Multi-Agentensysteme in verschiedenen Gebieten jedoch weitere konkrete Ergebnisse, die im Folgenden eingeordnet und vorgestellt werden:

Anthropomorphe Multi-Agentensysteme für humanoide Roboter

Humanoide Roboter stellen eine Schlüsselentwicklung in der Forschung dar, da sie aufgrund ihrer menschenähnlichen Struktur in besonderer Weise für den Einsatz in der direkten, alltäglichen Umgebung des Menschen geeignet sind. Um sich der Komplexität der menschlichen Umgebung schrittweise anzunähern, werden in „Humanoids" wie auf kaum einer anderen robotischen Plattform alle Aspekte der Robotik zusammengeführt, von der Mechanik, über die Sensorik und Steuerung, bis zur Benutzerinteraktion.

Als konkrete Ausarbeitung des beschriebenen Methodentransfers wird hier der Einsatz der ergonomischen Methode „Rapid Upper Limb Assessment" [RULA] für humanoide Roboter präsentiert. RULA stellt eine Benotung von Körperhaltungen an manuellen Arbeitsplätzen dar, anhand derer die „ergonomische Richtigkeit" einer Körperhaltung eingeschätzt werden kann. Diese Methode wird hier zunächst mittels des „Virtuellen Menschen" in der Domäne der Ergonomie implementiert und dann durch geeignete Erweiterungen allgemein für anthropomorphe Multi-Agentensysteme bereitgestellt. Die daraus resultierende Möglichkeit des Methodentransfers wird dann genutzt, um für humanoide Roboter ein ergonomisch motiviertes Verfahren zur Bewegungssteuerung zu entwickeln. Diese Untersuchung führt dazu die neuartige Idee der „inversen Ergonomie" ein, die davon ausgeht, dass die Reduktion ergonomischer Belastungen bei Roboterbewegungen zu „ergonomisch günstigen" und folglich zu menschenähnlicheren Bewegungen führt. Die Ergebnisse der ergonomisch motivierten Bewegungssteuerung bestätigen diese Annahme, so dass hier als eindruckvolles Beispiel der Generalisierung eine neuartige Methode zur Generierung menschenähnlicher Bewegungen angeboten werden kann, die besonders zum Einsatz in der Servicerobotik geeignet ist.

Anthropomorphe Multi-Agentensysteme für industrielle Mehrrobotersysteme

Mehrrobotersysteme stellen eine Schlüsselentwicklung in der industriellen Robotik dar, in denen Industrieroboter in Kooperationen verbunden werden, um z.B. zweiarmige Manipulationen umzusetzen. Trotz des erhöhten Steuerungsaufwandes verspricht diese Art anthropomorpher Kinematiken im industriellen Einsatz platzsparender und resourceneffizienter arbeiten zu können, und zunehmend komplexere Aufgaben zu automatisieren. Allerdings bieten aktuelle Lösungen der Roboterhersteller zunächst nur die technische Basis der Verschaltung, sowie rudimentäre Programmierhilfen an.

Zu dem Thema der Mehrrobotersysteme steuert die vorliegende Dissertation bei, auch diese industrielle Problemstellung als weitere Art anthropomorpher Kinematiken aufzufassen und damit dem Methodentransfer, z.B. aus der humanoiden Robotik, zu öffnen. Desweiteren wird anhand der Steuerung eines realen Mehrrobotersystems demonstriert, dass die anthropomorphen Multi-Agentensysteme auch konkret als Steuerungsarchitektur zur Anwendung gebracht werden können. Als ausschlaggebendes Element des Realbetriebs von Mehrrobotersystemen wird die Echtzeitfähigkeit identifiziert, die die wesentliche Voraussetzung für synchronisierte, kooperierende Bewegungen der einzelnen Industrieroboter ist. Zur Herstellung der Echtzeitfähigkeit für anthropomorphe Mehrrobotersysteme wird hier die Auftrennung der Steuerung in einen Bedien- und einen Echtzeitrechner bzw. -task entwickelt. Diese Trennung sieht vor, dass die Agenten ihre zeitkritischen Funktionalitäten in einen Echtzeitteil ausgliedern, von dem aus eine rechtzeitige Hardwarekommandierung und -kommunikation gewährleistet werden kann. Die unkritischen Funktionalitäten der Agenten, die ihre Programmierung, Simulation und Analyse betreffen, werden dagegen in einem Bedienteil der Steuerung instanziiert. Mit dieser Idee der Trennung und weiteren innovativen Ergänzungen stellen die anthropomorphen Multi-Agentensysteme damit im Vergleich mit aktuellen Lösungen der Roboterhersteller einen neuartigen konzeptionellen Rahmen und neuartigen konkreten Zugang zu Mehrrobotersystemen im industriellen Einsatz dar.

Anthropomorphe Multi-Agentensysteme für „Virtuelle Menschen"

Eine weiteres Einsatzgebiet anthropomorpher Kinematiken sind „Virtuelle Menschen", mit denen manuelle Tätigkeiten des Menschen simuliert und analysiert werden. Da auch in hochautomatisierten Umgebungen wesentliche Arbeitsschritte an manuellen Arbeitsplätzen geschehen, stellen „Virtuelle Menschen" einen wichtigen Aspekt umfassender und aussagekräftiger Simulationen im Rahmen der „Virtuellen Produktion" dar. Aufgrund ihres Hintergrundes in der Ergonomie erfordert ihr Einsatz und ihre Handhabung jedoch in der Regel tiefergehende Kenntnisse jenseits der Automatisierungstechnik.

Die vorliegende Dissertation leistet es im Bereich der „Virtuellen Produktion", auch die Simulation manueller Tätigkeiten mittels „Virtueller Menschen" auf die Basis der anthropomorphen Multi-Agentensysteme zu beziehen. Der hier zusammengestellte „Virtuelle Mensch" macht ebenfalls vom Methodentransfer Gebrauch, indem seine Programmierung, Simulation und Analyse durch bekannte Methoden der Robotik hergestellt wird. So erfolgt die Simulation des „Virtuellen Menschen" durch Bewegungssteuerungen, wie sie ohne Unterschied auch für die technischen anthropomorphen Kinematiken in dieser Arbeit eingesetzt werden. Zusätzlich werden zwei Beispiele für Steuerungen zur Bewegungskoordination entwickelt, die charakteristische Aspekte der Bewegung des Menschen nachbilden und dabei ebenfalls auf Algorithmen der Robotik zurückgreifen. Damit wird eine neue, prinzipielle Lösung aufgezeigt, wie sich komplexe Bewegungen an manuellen Arbeitsplätzen auch ohne den Einsatz von Vollkörper-Bewegungsaufzeichnungen („Motion Capturing") erzeugen lassen. Zusätzlich kann ein innovativer Zugang zur Simulation manueller Tätigkeiten angeboten werden, der sich nahtlos in die automatisierungstechnischen Konzepte und Bedienmuster der „Virtuellen Produktion" eingliedern lässt. In der Domäne der Ergonomie wird die oben genannte RULA-Methode für den „Virtuellen Menschen" implementiert, wobei durch die anthropomorphen Multi-Agentensysteme Erweiterungen ermöglicht werden, die die Aussagekraft des ursprünglichen Verfahrens signifikant erhöhen.

Ausblick

Die mit den Multi-Agentensystemen erzielte Generalisierung der Simulation, Steuerung und Analyse vielfältiger komplexer Kinematiken bietet viel Raum für zukünftige, weitere Anwendungen. Im Bereich der anthropomorphen Kinematiken sind darunter zusätzliche Übertragungen ergonomischer Methoden auf humanoide Roboter denkbar, wie es mit der RULA-basierten Bewegungssteuerung verdeutlicht wurde, um gegebenenfalls weitere Einblicke in die Erzeugung menschenähnlicher Bewegungen für humanoide Roboter zu gewinnen. Aber auch gänzlich neue Arten des Methodentransfers werden mit den Multi-Agentensystemen vorbereitet, ohne im Rahmen dieser Dissertation explizit ausgearbeitet zu werden. Im Bereich der industriellen Mehrrobotersysteme können das z.B. vergleichende Analysen zum Einsatz von Menschen oder Mehrrobotersystemen an manuellen Arbeitsplätzen sein, sowie die direkte Übersetzung von Bewegungen zwischen Mensch und Mehrrobotersystem. Im Bereich des „Virtuellen Menschen" ist insbesondere die Neuordnung der dynamischen Ergonomie auf Basis entsprechender Algorithmen der Robotik von Interesse, die hier nur prinzipiell gezeigt wird.

Durch die Form der Matrixarchitektur (siehe Bild 3.3 auf Seite 40) wird die Umsetzung der anthropomorphen Multi-Agentensysteme als Framework ermöglicht, d.h. das andere Autoren ausdrücklich Erweiterungen an der Architektur vornehmen können, um neue Methoden zu ergänzen und zu erproben. Zusätzlich ist das Framework in das Simulations- und Visualisierungssystem VEROSIM eingebettet. In diesem Kontext hat sich das Framework bereits als Standardlösung zur Modellierung und Steuerung serieller und anthropomorpher Kinematiken etabliert, wie die aufgeführten weiteren Anwendungen demonstrieren. Diese Beispiele zeigen außerdem, dass auch die Grundidee der Multi-Agentensysteme zur Steuerung komplexer und zusammengesetzter Kinematiken in Bereiche der industriellen Robotik ausstrahlt.

8 Zusammenfassung

Abb. 8.2 Der „Virtuelle Mensch" in der „Virtuellen Produktion"

Literaturverzeichnis

[1] Norm DIN 33411-1 September 1982. *Körperkräfte des Menschen*
[2] Norm DIN 33406-1 Juli 1988. *Arbeitsplatzmaße im Produktionsbereich*
[3] Norm DIN 33414-4 Oktober 1990. *Ergonomische Gestaltung von Warten*
[4] Norm DIN EN ISO 11064-2 August 2001. *Ergonomische Gestaltung von Leitzentralen*
[5] Norm ISO 10303-42 April 2003. *Geometric and Topological Representation*
[6] Norm DIN EN ISO 6385 Mai 2004. *Grundsätze der Ergonomie für die Gestaltung von Arbeitssystemen*
[7] Norm DIN 33402-1 März 2008. *Körpermaße des Menschen*
[8] Norm EN 547-1 Januar 2009. *Sicherheit von Maschinen - Körpermaße des Menschen*
[9] Norm EN 1005-1 April 2009. *Sicherheit von Maschinen - Menschliche körperliche Leistung*
[10] ABADI, M. ; CARDELLI, L.: *A Theory of Objects*. Korrigierte Auflage. Berlin Heidelberg New York : Springer-Verlag, 1998. – ISBN 0387947752
[11] ABB ASEA BROWN BOVERI LTD.: IRC5 Industrierobotersteuerung. 2007 (Februar 2007). – Firmenschrift
[12] ABB ASEA BROWN BOVERI LTD.: RobotStudio 5. 2007 (Juni 2007). – Firmenschrift
[13] ABEL, D.: *Petri-Netze für Ingenieure. Modellbildung und Analyse diskret gesteuerter Systeme*. 1. Auflage. Berlin Heidelberg New York : Springer-Verlag, 1990. – ISBN 3540518142
[14] ALBU-SCHAEFFER, A. ; EIBERGER, O. ; GREBENSTEIN, M. ; HADDADIN, S. ; OTT, C. ; WIMBOECK, T. ; WOLF, S. ; HIRZINGER, G.: Soft Robotics. In: *IEEE Robotics & Automation Magazine* (2008), Nr. 15(3), S. 20–30
[15] ALTMAN, S. L.: *Rotations, Quaternions and Double Groups*. 1986 Edition. Mineola, NY, US : Dover Publications, 2005. – ISBN 0486445186
[16] ANYBODY TECHNOLOGY A/S: AnyBody - Powerful Body Simulation. 2011 (http://www.anybodytech.com/fileadmin/user_upload/anybody_lowres__2_.pdf). – Firmenschrift
[17] ANYBODY TECHNOLOGY A/S: AnyBody Tutorials. 2011 (http://www.anybodytech.com/fileadmin/AnyBody/Docs/Tutorials). – Firmenschrift
[18] ANYBODY TECHNOLOGY A/S: Homepage „The AnyBody Modeling System". http://www.anybodytech.com, März 2013
[19] ARAI, T. ; PAGELLO, E. ; PARKER, L. E.: Editorial: Advances in Multi-Robot Systems. In: *IEEE Transactions on Robotics and Automation* (2002), Nr. 18(5), S. 655–661
[20] ASFOUR, T. ; REGENSTEIN, K. ; AZAD, P. ; SCHRÖDER, J. ; BIERBAUM, A. ; VAHRENKAMP, N. ; DILLMANN, R.: ARMAR-III: An Integrated Humanoid Platform for Sensory-Motor Control. In: *Proceedings of the IEEE-RAS International Conference on Humanoid Robots (Humanoids 2006)*, S. 169–175
[21] AUTODESK INC.: Homepage „Autodesk 3ds Max Products". http://http://usa.autodesk.com/3ds-max, März 2013
[22] AUTODESK INC.: Homepage „Autodesk Inventor Products". http://usa.autodesk.com/autodesk-inventor, März 2013
[23] B. P. GERKEY ET AL.: Homepage „The Player Project". http://playerstage.sourceforge.net, März 2013
[24] BADLER, N.: Virtual Humans for Animation, Ergonomics, and Simulation. In: *Proceedings of the Nonrigid and Articulated Motion Workshop (1997)*, S. 28–36

[25] BALCH, T. ; ARKIN, R. C.: Communication in Reactive Multiagent Robotic Systems. In: *Autonomous Robots* (1994), Nr. 1(1), S. 27–52
[26] BANKS, J. ; CARSON, J. S. ; NELSON, B.: *Discrete-Event Simulation*. 3. Auflage. Upper Saddle River, NJ, US : Prentice Hall, 2000. – ISBN 0130887021
[27] BARRAQUAND, J. ; LATOMBE, J.: A Monte-Carlo Algorithm for Path Planning with Many Degrees of Freedom. In: *Proceedings of the IEEE International Conference on Robotics and Automation (ICRA 1990)*, Bd. 3, S. 1712–1717
[28] BARRAQUAND, J. ; LATOMBE, J.: Robot Motion Planning: A Distributed Representation Approach. In: *International Journal of Robotics Research* (1991), Nr. 10(6), S. 628–649
[29] BEKEY, G. A.: *Autonomous Robots. From Biological Inspiration to Implementation and Control*. Cambridge, MA, US : MIT Press, 2005. – ISBN 0262025787
[30] BENITEZ, A. ; HUITZIL, I.: Interactive Platform for Kinematic Control on Virtual Humans. In: *Proceedings of the International Conference on Electronics, Communications and Computer (CONIELECOMP 2010)*, S. 281–285
[31] BERGENER, T. ; BRUCKHOFF, C. ; DAHM, P. ; JANSSEN, H. ; JOUBLIN, F. ; MENZNER, R. ; STEINHAGE, A. ; VON SEELEN, W.: Complex Behavior by Means of Dynamical Systems for an Anthropomorphic Robot. In: *Neural Networks* (1999), Nr. 12(7–8), S. 1087–1099
[32] BISCHOFF, R. ; KURTH, J. ; SCHREIBER, G. ; KOEPPE, R. ; ALBU-SCHÄFFER, A. ; BEYER, A. ; EIBERGER, O. ; HADDADIN, S. ; STEMMER, A. ; GRUNWALD, G. ; HIRZINGER, G.: The KUKA-DLR Lightweight Robot Arm - A New Reference Platform for Robotics Research and Manufacturing. In: *Proceedings for the Joint Conference of the International Symposium on Robotics and the German Conference on Robotics (ISR/ROBOTIK 2010)*. Berlin Offenbach : VDE Verlag GmbH Berlin (VDI-Berichte). – ISBN 3800732739
[33] BLOOM, C. ; MURATORI, C.: *Errors and Omissions in Marc Alexa's „Linear Combination of Transformations"*. http://www.cbloom.com/3d/techdocs/lcot_errors.pdf, Mai 2004
[34] BO, C. ; LI, D. ; LING, L.: Research on Product Design Driven by Reach Area. In: *Proceedings of the International Symposium on Computational Intelligence and Design (ISCID 2010)*, Bd. 1, S. 1349–1352
[35] BOEL, R. (Hrsg.) ; STREMERSCH, G. (Hrsg.): *Discrete Event Systems: Analysis and Control*. 1. Auflage. Berlin Heidelberg New York : Springer-Verlag, 2000 (Kluwer International Series in Engineering and Computer Science 569). – ISBN 0792378970
[36] BOKRANZ, R. ; LANDAU, K.: *Einführung in die Arbeitswissenschaft - Analyse und Gestaltung von Arbeitssystemen*. 1. Auflage. Stuttgart : UTB, 1991. – ISBN 3825216195
[37] BOOR, C.: On Calculating with B-Splines. In: *Journal of Approximation Theory* (1972), Nr. 6, S. 50–62
[38] BORST, C. ; OTT, C. ; WIMBÖCK, T. ; BRUNNER, B. ; ZACHARIAS, F. ; BÄUML, B. ; HILLENBRAND, U. ; HADDADIN, S. ; ALBU-SCHÄFFER, A. ; HIRZINGER, G.: A Humanoid Upper Body System for Two-Handed Manipulation. In: *Proceedings of the IEEE International Conference on Robotics and Automation (ICRA 2007)*, S. 2766–2767
[39] BOSTON DYNAMICS: BigDog, the Rough-Terrain Quaduped Robot. 2008 (http://www.bostondynamics.com/img/BigDog_IFAC_Apr-8-2008.pdf). – Firmenschrift
[40] BRACHT, U. ; GECKLER, D. ; WENZEL, S.: *Digitale Fabrik: Methoden und Praxisbeispiele*. 1. Auflage. Berlin Heidelberg : Springer-Verlag, 2011. – ISBN 3540890386
[41] BRAITENBERG, V.: *Vehicles: Experiments in Synthetic Psychology*. Cambridge, MA, US : MIT Press, 1984. – ISBN 0262022087
[42] BREAZAL, C.: Designing Sociable Machines: Lessons Learned. In: DAUTENHAHN, K. (Hrsg.) ; BOND, A. H. (Hrsg.) ; CANAMERO, L. (Hrsg.) ; EDMONDS, B. (Hrsg.): *Socially Intelligent Agents*. Berlin Heidelberg New York : Springer-Verlag, 2002. – ISBN 1402070578, S. 149–156
[43] BRECHER, C. ; GÖBEL, M. ; POHLMANN, G. ; ROSSMANN, J. ; RUF, H. ; SCHLETTE, C.: Modellbasierte Programmierung 'by Demonstration'. In: *atp - Automatisierungstechnische Praxis* (2009), Nr. 7, S. 62–68
[44] BRECHER, C. ; ROSSMANN, J. ; SCHLETTE, C. ; HERFS, W. ; RUF, H. ; GÖBEL, M.: Intuitive Roboterprogrammierung in der automatisierten Montage: Ein hybrides Verfahren zur Programmierung durch direkte Interaktion. In: *wt Werkstattstechnik online* (2010), Nr. 100(9), S. 681–686
[45] BREDIN, C.: Teamwork. In: *ABB Technik* (2005), Nr. 1, S. 26–29
[46] BRONSTEIN, I. N. ; SEMANDJAJEW, K. A. ; MUSIOL, G. ; MÜHLIG, H.: *Taschenbuch der Mathematik*. 5. Auflage. Frankfurt : Harri Deutsch, 2000. – ISBN 3817120052
[47] BROOKS, R. A.: A Robust Layered Control System for a Mobile Robot. In: *IEEE Journal of Robotics and Automation* (1986), Nr. 2(1), S. 14–23

Literaturverzeichnis

[48] BROOKS, R. A.: Intelligence Without Reason. In: MYLOPOULUS, J. (Hrsg.) ; REITER, R. (Hrsg.): *Proceedings of the International Joint Conference on Artificial Intelligence.* San Francisco, CA, US : Morgan Kaufman Publishers, 1991, S. 569–595

[49] BROOKS, R. A.: Intelligence without Representation. In: *Artificial Intelligence* (1991), Nr. 47, S. 139–159

[50] BROOKS, R. A.: New Approaches to Robotics. In: *Science* (1991), Nr. 253(5024), S. 1227–1232

[51] BROOKS, R. A. ; BREAZEAL, C. ; MARJANOVIC, M. ; SCASSELLATI, B. ; WILLIAMSON, M. W.: The Cog Project: Building a Humanoid Robot. In: NEHANIV, C. (Hrsg.): *Computation for Metaphors, Analogy and Agents (Springer Lecture Notes in Artificial Intelligence).* Berlin Heidelberg New York : Springer-Verlag, 1998, S. 52–87

[52] BROOKS, R. A. ; LOZANO-PEREZ, T.: A Subdivision Algorithm in Configuration Space for Findpath with Rotation. In: *Proceedings of the International Joint Conference on Artificial Intelligence (IJCAI 1983),* S. 799–806

[53] BUBB, H. ; ENGSTLER, F. ; FRITZSCHE, F. ; MERGL, C. ; SABBAH, O. ; SCHAEFER, P. ; ZACHER, I.: The development of RAMSIS in Past and Future as an Example for the Cooperation between Industry and University. In: *International Journal of Human Factors Modelling and Simulation* (2006), Nr. 1(1), S. 140–157

[54] BUNDESANSTALT FÜR ARBEITSSCHUTZ UND ARBEITSMEDIZIN (BAUA): *Homepage „DASA Arbeitswelt Ausstellung".* http://www.dasa-dortmund.de, März 2013

[55] BURG, K. ; HAF, H. ; WILLE, F.: *Höhere Mathematik für Ingenieure.* Bd. 1: Analysis. 3. Auflage. Stuttgart : Teubner, 1992. – ISBN 3519229552

[56] BUSCHMANN, F. ; MEUNIER, R. ; ROHNERT, H. ; SOMMERLAD, P.: *A System of Patterns: Pattern-Oriented Software Architecture 1.* 1. Auflage. Chichester, UK : Wiley & Sons, 1996. – ISBN 471958697

[57] BUSCHMANN, T. ; FAVOT, V. ; LOHMEIER, S. ; SCHWIENBACHER, M. ; ULBRICH, H.: Experiments in Fast Biped Walking. In: *Proceedings of the IEEE International Conference on Mechatronics (ICM 2011),* S. 863–868

[58] BUTTERFASS, J. ; FISCHER, M. ; GREBENSTEIN, M. ; HAIDACHER, S. ; HIRZINGER, G.: Design and Experiences with DLR Hand II. In: *Proceedings of the World Automation Congress (WAC 2004),* Bd. 15, S. 105–110

[59] CANNY, J. F.: *The Complexity of Robot Motion Planning.* Cambridge, MA, US : MIT Press, 1988. – ISBN 0262031361

[60] CAO, Y. U. ; FUKUNAGA, A. S. ; KAHNG, A. B.: Cooperative Mobile Robotics: Antecedents and Directions. In: *Autonomous Robots* (1997), Nr. 4(1), S. 7–27

[61] CAPUTO, F. ; GIRONIMO, G. D. ; MARZANO, A.: A Structured Approach to Simulate Manufacturing Systems in Virtual Environment. In: *Proceedings of the XVIII Congreso Internacional de Ingeniería Gráfica (Ingegraf 2006),* S. 1866–1870

[62] CHADWICK, J. ; HAUMANN, D. ; PARENT, R.: Layered Construction for Deformable Animated Characters. In: *Proceedings of the ACM International Conference on Computer Graphics and Interactive Techniques (SIGGRAPH 1989),* Bd. 23(3), S. 243–252

[63] CHAFFIN, D. B.: Improving Digital Human Modelling for Proactive Ergonomics in Design. In: *Ergonomics* (2005), Nr. 48(5), S. 478–491

[64] CHATILA, R. ; LAUMOND, J.: Position Referencing and Consistent World Modeling for Mobile Robots. In: *Proceedings of the IEEE International Conference on Robotics and Automation (ICRA 1985),* Bd. 2, S. 138–145

[65] CHEN, C.: *Information Visualization: Beyond the Horizon.* 2. Auflage. Berlin Heidelberg New York : Springer-Verlag, 2004. – ISBN 1852337893

[66] CHIAVERINI, S. ; EGELAND, O. ; KANESTROM, R. K.: Achieving User-Defined Accuracy with Damped Least-Squares Inverse Kinematics. In: *Proceedings of the International Conference on Advanced Robotics (ICAR 1991),* Bd. 1, S. 672–677

[67] CHIDDARWAR, S. S. ; BABU, N. R.: Multi-Agent System for Off-Line Coordinated Motion Planning of Multiple Industrial Robots. In: *International Journal of Advanced Robotic Systems* (2011), Nr. 8(1), S. 102–112

[68] CONSOLI, A. ; TWEEDALE, J. ; JAIN, L.: An Overview of Agent Coordination and Cooperation. In: GABRYS, B. (Hrsg.) ; HOWLETT, R. J. (Hrsg.) ; JAIN, L. C. (Hrsg.): *Proceedings of the International Conference on Knowledge-Based Intelligent Information and Engineering Systems (Springer Lecture Notes in Artificial Intelligence).* Berlin Heidelberg New York : Springer-Verlag, 2006, S. 497–503

[69] CONWAY, J. H. ; SMITH, D. A.: *On Quaternions and Octonions: Their Geometry, Arithmetic, and Symmetry.* 1. Auflage. Natick, MA, US : A. K. Peters, 2003. – ISBN 1568811349

[70] CORKILL, D. D.: Blackboard Systems. In: *AI Expert* (1991), Nr. 6(9), S. 40–47

[71] COUSINS, S.: Exponential Growth of ROS. In: *IEEE Robotics & Automation Magazine* (2011), Nr. 18(1), S. 19–20
[72] COUZIN, I. D. ; KRAUSE, J. ; FRANKS, N. R. ; LEVIN, S. A.: Effective Leadership and Decisionmaking in Animal Groups on the Move. In: *Nature* (2005), Nr. 433(7025), S. 513–516
[73] COX, M. G.: The Numerical Evaluation of B-Splines. In: *Journal of the Institute of Mathematics and its Applications* (1972), Nr. 10, S. 134–149
[74] CRAIG, J. J.: *Introduction to Robotics*. 3. Auflage. Upper Saddle River, NJ, US : Prentice Hall, 2004. – ISBN 0201543613
[75] CYBERBOTICS LTD.: *Homepage „Webots"*. http://www.cyberbotics.com, März 2013
[76] DAANEN, H. M.: *Digital Human Models*. http://www.dh.aist.go.jp/dh-conso/ws/01/images/HeinDaanen.pdf, Juni 2004
[77] DAM, E. B. ; KOCH, M. ; LILLHOLM, M.: Quaternions, Interpolation and Animation / Department of Computer Science, University of Copenhagen, Denmark. 1998 (DIKU-TR-98/5). – Forschungsbericht
[78] DAMON, A. ; STOUDT, H. W. ; MCFARLAND, R. A.: *The Human Body in Equiment Design*. Cambridge, MA, US : Harvard University Press, 1966. – ISBN 0674414500
[79] DASSAULT SYSTÈMES: DELMIA V6 Ergonomics Analysis. 2011 (http://www.3ds.com/products/delmia/resource-center/datasheets). – Firmenschrift
[80] DASSAULT SYSTÈMES: DELMIA V6 Ergonomics Task Definition. 2011 (http://www.3ds.com/products/delmia/resource-center/datasheets). – Firmenschrift
[81] DASSAULT SYSTÈMES: Digital Manufacturing Configuration Portfolio. 2011 (http://www.3ds.com/products/delmia/resource-center/brochures). – Firmenschrift
[82] DASSAULT SYSTÈMES: Robotics Programmer Solution. 2011 (http://www.3ds.com/products/delmia/resource-center/brochures). – Firmenschrift
[83] DASSAULT SYSTÈMES: Virtual Ergonomics Solution. 2011 (http://www.3ds.com/fileadmin/PRODUCTS/DELMIA/OFFERS/Virtual-Ergonomics-Solutions). – Firmenschrift
[84] DENAVIT, J. ; HARTENBERG, R. S.: A Kinematic Notation for Lower-Pair Mechanisms Based on Matrices. In: *ASME Journal of Applied Mechanics* (1955), Nr. 22, S. 215–221
[85] DETTERMERING, H. ; NASS, A. ; REITER, R.: Methoden und Werkzeuge der Digitalen Fabrik für den Mittelstand. In: *Zeitschrift für wirtschaftlichen Fabrikbetrieb (ZWF)* (2010), Nr. 105(10), S. 489–493
[86] DEUTSCHE MTM-VEREINIGUNG E.V.: *Homepage „Methods-Time-Measurement"*. https://www.dmtm.com, März 2013
[87] DEUTSCHES ZENTRUM FÜR LUFT- UND RAUMFAHRT E. V.: *Bilder von Justin im Bereich „Downloadable Images"*. http://www.dlr.de/rm/en/Portaldata/52/Resources/images/bildgalerie/justin_02.jpg, März 2013
[88] DIFTLER, M. A. ; AMBROSE, R. O. ; GOZA, S. M. ; TYREE, K. S. ; HUBER, E. L.: Robonaut Mobile Autonomy: Initial Experiments. In: *Proceedings of the IEEE International Conference on Robotics and Automation (ICRA 2005)*, S. 1425–1430
[89] DORIGO, M.: Swarm-Bot: An Experiment in Swarm Robotics / Institut de Recherches Interdisciplinaires et de Développements en Intelligence Artificielle, Université Libre de Bruxelles, Belgium. 2005 (TR/IRIDIA/2005-19). – Forschungsbericht
[90] DORNBLÜTH, O.: *Pschyrembel Klinisches Wörterbuch*. 262. Auflage. Berlin New York : Walter de Gruyter, 2010. – ISBN 3110211528
[91] DORTMUNDER INITIATIVE ZUR RECHNERINTEGRIERTEN FERTIGUNG (RIF) E.V.: *Homepage „CIROS Studio"*. http://www.ciros-engineering.com/produkte/virtuelles_engineering/ciros_studio, März 2013
[92] DUDEK, G. ; JENKIN, M. M. ; MILIOS, E. ; WILKES, D.: A Taxonomy for Multi-Agent Robotics. In: *Autonomous Robots* (1996), Nr. 3, S. 375–397
[93] DUDENHOEFFER, D. D. ; JONES, M. P.: A Formation Behaviour for Large-Scale Micro-Robot Force Deployment. In: *Proceedings of the Winter Simulation Conference (WSC 2000)*, Bd. 1, S. 972–982
[94] EASY-ROB: *Homepage „EASY-ROB 3D Robot Simulation Tool"*. http://www.easy-rob.de, März 2013
[95] EBERLY, D. H.: *3D Game Engine Design. A Practical Approach to Real-Time Computer Graphics*. 2. Auflage. Oxford, UK : Elsevier Ltd., 2006 (Morgan Kaufmann Series in Interactive 3D Technology). – ISBN 0122290631
[96] EIGNER, M. ; STELZER, R.: *Product Lifecycle Management*. 2. Auflage. Berlin Heidelberg : Springer-Verlag, 2009. – ISBN 3540443738
[97] ENGELMORE, R. S. (Hrsg.) ; MORGAN, A. J. (Hrsg.): *Blackboard Systems*. Wokingham, UK : Addison-Wesley, 1988. – ISBN 0201174316

[98] ENGLSBERGER, J. ; OTT, C. ; ROA, M. A. ; ALBU-SCHÄFFER, A. ; HIRZINGER, G.: Bipedal Walking Control Based on Capture Point Dynamics. In: *Proceedings of the IEEE/RSJ International Conference on Intelligent Robots and Systems (IROS 2011)*, S. 4420–4427

[99] FANUC ROBOTICS LTD.: RJ-3iC Introduction for Multiarm - Robot Link. 2006 (August 2006). – Firmenschrift

[100] FARIN, G.: *NURBS: From Projective Geometry to Practical Use*. 2. Auflage. Natick, MA, US : A. K. Peters, 1999. – ISBN 1568810849

[101] FAVERJON, B.: Obstacle Avoidance Using an Octree in the Configuration Space of a Manipulator. In: *Proceedings of the IEEE International Conference on Robotics and Automation (ICRA 1984)*, Bd. 1, S. 504–512

[102] FAVERJON, B. ; TOURNASSOUD, P.: A Local Based Approach for Path Planning of Manipulators with a High Number of Degrees of Freedom. In: *Proceedings of the IEEE International Conference on Robotics and Automation (ICRA 1987)*, Bd. 4, S. 1152–1159

[103] FEATHERSTONE, R.: The Calculation of Robot Dynamics using Articulated-Body Inertias. In: *International Journal of Robotics Research* (1983), Nr. 2(1), S. 13–30

[104] FEATHERSTONE, R.: *Robot Dynamics Algorithms*. 1. Auflage. Berlin Heidelberg New York : Springer-Verlag, 1987 (Kluwer International Series in Engineering and Computer Science). – ISBN 0898382300

[105] FEATHERSTONE, R.: *Rigid Body Dynamics Algorithms*. 1. Auflage. Berlin Heidelberg New York : Springer-Verlag, 2007. – ISBN 0387743146

[106] FEATHERSTONE, R. ; ORIN, D. E.: Robot Dynamics: Equation and Algorithms. In: *Proceedings of the IEEE International Conference on Robotics and Automation (ICRA 2000)*, Bd. 1, S. 826–834

[107] FINKEMEYER, B.: *Robotersteuerungsarchitektur auf der Basis von Aktionsprimitiven*. Braunschweig, Technische Universität Braunschweig, Diss., 2004

[108] FIREMAN, J. ; LESINSKI, N.: Virtual Ergonomics: Taking Human Factors into Account for Improved Product and Process / Dassault Systèmes Delmia Corp. 2009 (http://www.3ds.com/products/delmia/resource-center/articles-whitepapers). – Firmenschrift

[109] FISHMAN, G. F.: *Discrete-Event Simulation: Modeling, Programming and Analysis*. 1. Auflage. Berlin Heidelberg New York : Springer-Verlag, 2001 (Springer Series in Operations Research). – ISBN 0387951601

[110] FLOATER, M. S.: Evaluation and Properties of the Derivative of a NURBS Curve. In: LYCHE, T. (Hrsg.) ; SCHUMAKER, L. L. (Hrsg.): *Mathematical Methods in CAGD and Image Processing*. Boston, MA, US : Academic Press, 1992, S. 261–274

[111] FLORIAN, R. V.: Autonomous Artificial Intelligent Agents / Center for Cognitive and Neural Studies (Coneural), Romania. 2003 (Coneural-03-01). – Forschungsbericht

[112] FOITZIK, B.: Sieben auf einen Streich. In: *KEM Informationsvorsprung für Konstrukteure* (2000), Nr. 14

[113] FRANKLIN, S. ; GRAESSER, A.: Is It an Agent, or Just a Program?: A Taxonomy for Autonomous Agents. In: MÜLLER, J. P. (Hrsg.) ; WOOLDRIDGE, M. (Hrsg.) ; JENNINGS, N. R. (Hrsg.): *Proceedings of the Workshop on Intelligent Agents III, Agent Theories, Architectures, and Language (Springer Lecture Notes in Computer Science)*. Berlin Heidelberg New York : Springer-Verlag, 1996, S. 21–35

[114] FREUND, E. ; HOFFMANN, K. ; ROSSMANN, J.: Application of Automatic Action Planning for Several Work Cells to the German ETS-VII Space Robotics Experiments. In: *Proceedings of the IEEE International Conference on Robotics and Automation (ICRA 2000)*, Bd. 2, S. 1239–1244

[115] FREUND, E. ; MÜLLER, M. ; ROSSMANN, J.: Data Storage and Flow Control in Automation Systems by Means of an Active Database. In: *Proceedings of the International Conference on Computational Intelligence for Modelling, Control and Automation (CIMCA 1999)*, Bd. 56, S. 253–240

[116] FREUND, E. ; ROSSMANN, J.: Projective Virtual Reality: Bridging the Gap between Virtual Reality and Robotics. In: *IEEE Transactions on Robotics and Automation* (1999), Nr. 15(3), S. 411–422

[117] FREUND, E. ; ROSSMANN, J. ; SCHLETTE, C.: Controlling Anthropomorphic Kinematics as Multi-Agent Systems. In: *Proceedings of the IEEE/RSJ International Conference on Intelligent Robots and Systems (IROS 2003)*, Bd. 3, S. 3662–3667

[118] FUKUDA, T. ; KUBOTA, N.: An Intelligent Robotic System Based on a Fuzzy Approach. In: *Proceedings of the IEEE* (1999), Nr. 87(9), S. 1448–1470

[119] FUSCH, T.: *Betriebsbegleitende Prozessplanung in der Montage mit Hilfe der Virtuellen Produktion am Beispiel der Automobilindustrie*. München, Technische Universität München, Diss., 2004

[120] GABBAR, H. A. ; NISHIYAMA, K. ; IKEDA, S. ; OOTO, T. ; SUZUKI, K.: Virtual Plant Design for Future Production Management. In: *Proceedings of the SICE-ICASE International Joint Conference (SICE-ICASE 2006)*, S. 1866–1870

[121] GALLAGHER, J. ; BEER, R. ; ESPENSCHIEL, M. ; QUINN, R.: Application of Evolved Locomotion Controllers to a Hexapod Robot. In: *Robotics and Autonomous Systems* (1996), Nr. 19(1), S. 95–103

[122] GAMMA, E. ; HELM, R. ; JOHNSON, R. ; VLISSIDES, J.: *Design Patterns. Elements of Reusable Object-Oriented Software*. 1. Auflage. Amsterdam, Netherlands : Addison-Wesley, 1995. – ISBN 0201633612

[123] GARG, D. P. ; POPPE, C. D.: Coordinated Robots in a Flexible Work Cell. In: *Proceedings of the IEEE/ASME International Conference on Advanced Intelligent Mechatronics (AIM 2001)*, Bd. 1, S. 648–653

[124] GENNARO, M. D. ; IANNELLI, L. ; VASCA, F.: Formation Control and Collision Avoidance in Mobile Agent Systems. In: *Proceedings of the IEEE International Symposium on Intelligent Control (ISIC 2005)*, S. 796–801

[125] GHALLAB, M. ; NAU, D. ; TRAVERSO, P.: *Automated Planning: Theory and Practice*. San Francisco, CA, US : Morgan Kaufmann Publishers, 2004 (Morgan Kaufmann Series in Artificial Intelligence). – ISBN 1558608567

[126] GIESEN, K. ; DEUTSCHER, R. ; MILIGHETTI, G. ; FREY, C. W. ; KUNTZE, H.: Structure Variable Multi-Sensoric Supervisory Control of Human Interactive Robots. In: *Proceedings of the IEEE International Conference on Control Applications (CCA 2004)*, Bd. 2, S. 939–943

[127] GILL, S. A. ; RUDDLE, R. A.: Using Virtual Humans To Solve Real Ergonomic Design Problems. In: *Proceedings of the International Conference on Simulation (1998)*, S. 223–229

[128] GOLDSTEIN, H. ; POOLE, C. P. ; SAFKO, J. L.: *Klassische Mechanik*. 3. Auflage. Weinheim : Wiley-VCH Verlag, 2006. – ISBN 3527405895

[129] GOUAILLIER, D. ; BLAZEVIC, P.: A Mechatronic Platform, The Aldebaran Robotics Humanoid Robot. In: *Proceedings of the IEEE Conference on Industrial Electronics (IECON 2006)*, S. 4049–4053

[130] GOUAILLIER, D. ; HUGEL, V. ; BLAZEVIC, P. ; KILNER, C. ; MONCEAUX, J. ; LAFOURCADE, P. ; MARNIER, B. ; SERRE, J. ; MAISONNIER, B.: Mechatronic Design of NAO Humanoid. In: *Proceedings of the IEEE International Conference on Robotics and Automation (ICRA 2009)*, S. 769–774

[131] GUTTMAN, R. H. ; MAES, P.: Cooperative vs. Competitive Multi-Agent Negotiations in Retail Electronic Commerce. In: *Proceedings of the Second International Workshop on Cooperative Information Agents (CIA 1998)*, Bd. 1, S. 3–8

[132] GUYOT, L. ; HEINIGER, N. ; MICHEL, O. ; ROHRER, F.: Teaching Robotics With an Open Curriculum Based on the E-Puck Robot, Simulations and Competitions. In: STELZER, R. (Hrsg.) ; JAFARMADAR, K. (Hrsg.): *Proceedings of the 2nd International Conference on Robotics in Education (RiE 2011)*. Wien, Österreich : Austrian Society for Innovative Computer Sciences (INNOC), 2011. – ISBN 3200022737, S. 51–58

[133] H. ALDRIDGE, R. A. ; ASKEW, R. S. ; BURRIDGE, R. R. ; BLUETHMANN, W. ; DIFTLER, M. A. ; LOVCHIK, C. ; MAGRUDER, D. ; REHNMARK, F.: Robonaut: NASA's Space Humanoid. In: *IEEE Intelligent Systems* (2000), Nr. 15(4), S. 57–63

[134] HABIGER, E.: *openautomation Fachlexikon*. 2011/2012. Berlin Offenbach : VDE Verlag GmbH Berlin, 2011. – ISBN 3800733712

[135] HAHN, D.: *Integrative Mehrroboterbewegungssteuerung für redundante Kinematiken*. Dortmund, Technische Universität Dortmund, Diss., 1999

[136] HARADA, K. ; MORISAWA, M. ; MIURA, K. ; NAKAOKA, S. ; FUJIWARA, K. ; KANEKO, F. ; KAJITA, S.: Kinodynamic Gait Planning for Full-Body Humanoid Robots. In: *Proceedings of the IEEE/RSJ International Conference on Intelligent Robots and Systems (IROS 2008)*, S. 1544–1550

[137] HARMON, S.: Steps Toward Autonomous Manufacturing. In: *Proceedings of the IEEE International Conference on Robotics and Automation (ICRA 1987)*, Bd. 4, S. 1896–1902

[138] HASEGAWA, T. ; SUEHIRO, T. ; TAKASE, K.: A Model-Based Manipulation System with Skill-Based Execution. In: *IEEE Transactions on Robotics and Automation* (1992), Nr. 8(5), S. 535–544

[139] HEDGE, A.: *RULA Employee Assessment Worksheet*. http://ergo.human.cornell.edu/Pub/AHquest/CURULA.pdf, November 2000

[140] HEGEL, F. ; LOHSE, M. ; SWADZBA, A. ; WACHSMUTH, S. ; ROHLFING, K. ; WREDE, B.: Classes of Applications for Social Robots: A User Study. In: *Proceedings of the IEEE International Symposium on Robot and Human Interactive Communication (RO-MAN 2007)*, S. 938–943

[141] HERLIHY, M. ; SHAVIT, N.: *The Art of Multiprocessor Programming*. 1. Auflage. San Francisco, CA, US : Morgan Kaufmann Publishers, 2008. – ISBN 0123705916

[142] HIRAI, K.: Current and Future Perspective of Honda Humanoid Robot. In: *Proceedings of the IEEE/RSJ International Conference on Intelligent Robots and Systems (IROS 1997)*, Bd. 2, S. 500–508

[143] HIRAI, K. ; HIROSE, M. ; HAIKAWA, Y. ; TAKENAKA, T.: The Development of Honda Humanoid Robot. In: *Proceedings of the IEEE International Conference on Robotics and Automation (ICRA 1998)*, Bd. 2, S. 1321–1326

[144] HIRUKAWA, H. ; HATTORI, S. ; KAJITA, S. ; HARADA, K. ; KANEKO, K. ; KANEHIRO, F. ; MORISAWA, M. ; NAKAOKA, S.: A Pattern Generator of Humanoid Robots Walking on a Rough Terrain. In:

Proceedings of the IEEE International Conference on Robotics and Automation (ICRA 2007), S. 2181–2187

[145] HIRZLE, A. ; ZÜRN, M. ; GARCIA, A. A.: *Kooperierende Roboter reduzieren Flächenbedarf und Kosten in der Industrie.* http://www.maschinenmarkt.vogel.de/themenkanaele/automatisierung/robotik/articles/71183, Juli 2007

[146] HOLLAND, O. ; MELHUISH, C.: Stigmergy, Self-Organisation, and Sorting in Collective Robotics. In: *Artificial Life* (1999), Nr. 5(2), S. 173–202

[147] HOLLOWAY, L. E. ; KROGH, B. H. ; GIUA, A.: A Survey of Petri Nets Methods for Controlled Discrete Event Systems. In: *Discrete Event Dynamic Systems* (1997), Nr. 7(2), S. 151–190

[148] HONDA MOTOR CO., INC.: ASIMO Technical Information. 2007 (http://asimo.honda.com/downloads/pdf/asimo-technical-information.pdf). – Firmenschrift

[149] HONDA RESEARCH INSTITUTE EUROPE GMBH: *Homepage „Honda Research Institute Europe (HRI-EU)".* http://www.honda-ri.de, März 2013

[150] HORSCH, T.: *Kooperierende Roboter bilden die Basis für die Teamarbeit.* http://www.maschinenmarkt.vogel.de/themenkanaele/automatisierung/robotik/articles/94352, Juli 2006

[151] HORSCH, T. ; ANTON, S.: Automatische Programmierung kooperierender Robotersysteme / Institut für Automatisierung, Hochschule Mittweida (FH), Germany. 2006 (Workshop Robotik). – Forschungsbericht

[152] HUHNS, M. ; STEPHENS, L.: Multiagent Systems and Societies of Agents. In: WEISS, G. (Hrsg.): *Multiagent Systems: A Modern Approach to Distributed Artificial Intelligence.* Cambridge, MA, US : MIT Press, 1999, S. 79–120

[153] HUMAN SOLUTIONS GMBH: *Homepage „Human Solutions".* http://www.human-solutions.com, März 2013

[154] HUSTY, M. ; KARGER, A. ; SACHS, H. ; STEINHILPER, W.: *Kinematik und Robotik.* 1. Auflage. Berlin Heidelberg New York : Springer-Verlag, 1997. – ISBN 354063181X

[155] ISHIDA, T. ; KUROKI, Y. ; YAMAGUCHI, J.: Motion Creating System for a Small Biped Entertainment Robot. In: *Proceedings of the IEEE/RSJ International Conference on Intelligent Robots and Systems (IROS 2003)*, Bd. 2, S. 1129–1134

[156] KAJITA, S. ; KANEHIRO, F. ; KANEKO, K. ; FUJIWARA, K. ; HARADA, K. ; YOKOI, K. ; HIRUKAWA, H ˙ Biped Walking Pattern Generation by using Preview Control of Zero-Moment Point. In: *Proceedings of the IEEE International Conference on Robotics and Automation (ICRA 2003)*, Bd. 2, S. 1620–1629

[157] KAJITA, S. ; NAGASAKI, T. ; KANEKO, K. ; HIRUKAWA, H.: ZMP-Based Biped Running Control. In: *IEEE Robotics & Automation Magazine* (2007), Nr. 14(2), S. 63–72

[158] KAMIMURA, A. ; MURATA, S. ; YOSHIDA, E. ; KUROKAWA, H. ; TOMITA, K. ; KOKAJI, S.: Self-Reconfigurable Modular Robot - experiments on reconfiguration and locomotion. In: *Proceedings of the IEEE/RSJ International Conference on Intelligent Robots and Systems (IROS 2001)*, Bd. 1, S. 606–612

[159] KANEKO, K. ; KANEHIRO, F. ; KAJITA, S. ; YOKOYAMA, K. ; AKACHI, K. ; KAWASAKI, T. ; OTA, S. ; ISOZUMI, T.: Design of Prototype Humanoid Robotics Platform for HRP. In: *Proceedings of the IEEE/RSJ International Conference on Intelligent Robots and Systems (IROS 2002)*, Bd. 3, S. 2431–2436

[160] KARHU, O. ; KANSI, P. ; KURINKA, I.: Correcting Working Postures in Industry : A Practical Method for Analysis. In: *Applied Ergonomics* (1977), Nr. 8(4), S. 199–201

[161] KARLRUHE INSTITUTE OF TECHNOLOGY (KIT): *Homepage „Sonderforschungsbereich 588 Humanoide Roboter".* http://www.sfb588.uni-karlsruhe.de, März 2013

[162] KAVRAKI, L. E. ; SVETSKA, P. ; LATOMBE, J. ; OVERMARS, M. H.: Probabilistic Roadmaps for Path Planning in High-Dimensional Configuration Spaces. In: *IEEE Transactions on Robotics and Automation* (1996), Nr. 19(4), S. 566–580

[163] KHALIL, W. ; KLEINFINGER, J. F.: A New Geometric Notation for Open and Closed-Loop Robots. In: *Proceedings of the IEEE International Conference on Robotics and Automation (ICRA 1986)*, Bd. 3, S. 1174–1179

[164] KHATIB, O.: Real-Time Obstacle Avoidance for Manipulators and Mobile Robots. In: *International Journal of Robotics Research* (1986), Nr. 5(1), S. 90–98

[165] KHATIB, O.: A Unified Approach for Motion and Force Control of Robot Manipulators: The Operational Space Formulation. In: *IEEE Journal of Robotics and Automation* (1987), Nr. 3(1), S. 43–53

[166] KHATIB, O. ; DEMIRCAN, E. ; SAPIO, V. D. ; SENTIS, L. ; BESIER, T. ; DELP, S.: Robotics-Based Synthesis of Human Motion. In: *Journal of Physiology - Paris* (2009), Nr. 103, S. 211–219

[167] KÜHN, W.: *Digitale Fabrik: Fabriksimulation für Produktionsplaner.* 1. Auflage. München Wien : Carl Hanser Verlag, 2006. – ISBN 3446406190

[168] KIM, J. ; PARK, I. ; LEE, J. ; KIM, M. ; CHO, B. ; OH, J.: System Design and Dynamic Walking of Humanoid Robot KHR-2. In: *Proceedings of the IEEE International Conference on Robotics and Automation (ICRA 2005)*, S. 781–787

[169] KLEIN, C. A. ; BLAHO, B. E.: Dexterity Measures for the Design and Control of Kinematically Redundant Manipulators. In: *International Journal of Robotics Research* (1987), Nr. 6(2), S. 72–83

[170] KLEMA, V. C. ; LAUB, A. J.: The Singular Value Decomposition: Its Computation and Some Applications. In: *IEEE Transactions on Automatic Control* (1980), Nr. AC-25(2), S. 164–176

[171] KÄMPFER, S.: Roboter arbeiten zu wenig. In: *Industrieanzeiger* (2008), Nr. 23, S. 40

[172] KUAN, D. T. ; ZAMISKA, J. C. ; BROOKS, R. A.: Natural Decomposition of Free Space for Path Planning. In: *Proceedings of the IEEE International Conference on Robotics and Automation (ICRA 1985)*, Bd. 2, S. 168–173

[173] KUFFNER, J. J. ; KAGAMI, S. ; NISHIWAKI, K. ; INABA, M. ; INOUE, H.: Dynamically-Stable Motion Planning for Humanoid Robots. In: *Autonomous Robots* (2002), Nr. 12(1), S. 105–108

[174] KUFFNER, J. J. ; LAVALLE, S.: RRT-Connect: An Efficient Approach to Single-Query Path Planning. In: *Proceedings of the International Conference on Advanced Robotics (ICAR 2000)*, Bd. 2, S. 995–1001

[175] KUKA ROBOTER GMBH: Software KR C2. 2005 (KUKA.CR Motion Cooperation 2.0 10.05.00 de). – Firmenschrift

[176] KUKA ROBOTER GMBH: *Produktions-Roboter werden zu vielseitigen Teamplayern.* http://www.kuka.com/germany/de/pressevents/productnews/NN_060118_Presse_Workshop.htm, Januar 2006

[177] KUKA ROBOTER GMBH: RoboTeam Produktbeschreibung. 2006 (SWO_RoboTeam.pdf). – Firmenschrift

[178] KUKA ROBOTER GMBH: *Homepage „KUKA Leichtbauroboter (LBR)".* http://www.kuka-robotics.com/germany/de/products/addons/lwr, März 2013

[179] KUROKI, Y. ; BLANK, B. ; MIKAMI, T. ; MAYEUX, P. ; MIYAMOTO, A. ; PLAYTER, R. ; NAGASAKA, K. ; RAIBERT, M. ; NAGANO, M. ; YAMAGUCHI, J.: Motion Creating System for a Small Biped Entertainment Robot. In: *Proceedings of the IEEE/RSJ International Conference on Intelligent Robots and Systems (IROS 2003)*, Bd. 2, S. 1394–1399

[180] LAMIRAUX, F. ; LAUMOND, J.: On the Expected Complexity of Random Path Planning. In: *Proceedings of the IEEE International Conference on Robotics and Automation (ICRA 1996)*, Bd. 4, S. 3014–3019

[181] LANDZETTEL, K. ; BRUNNER, B. ; DEUTRICH, K. ; HIRZINGER, G. ; SCHREIBER, G. ; STEINMETZ, B. M.: DLR's Experiments on the ETS-VII Space Robot Mission. In: *Proceedings of the International Conference on Advanced Robotics (ICAR 1999)*

[182] LANGLOIS, B. ; BARRAQUAND, J. ; LATOMBE, J.: Numerical Potential Fields Techniques for Robot Motion Planning. In: *IEEE Transactions on Systems, Man and Cybernetics* (1992), Nr. 22(2), S. 224–241

[183] LAVALLE, S. M.: Rapidly-Exploring Random Trees: A New Tool for Path Planning / Computer Science Department, Iowa State University, IA, US. 1998 (TR 98-11). – Forschungsbericht

[184] LAVALLE, S. M. ; KUFFNER, J. J.: Randomized Kinodynamic Planning. In: *Proceedings of the IEEE International Conference on Robotics and Automation (ICRA 1999)*, Bd. 1, S. 471–479

[185] LEE, J. ; LEE, T.: Automata-Based Supervisory Control Logic Design for a Multi-Robot Assembly Cell. In: *International Journal of Computer Integrated Manufacturing* (2002), Nr. 15(4), S. 319–334

[186] LEWIS, J. P. ; CORDNER, M. ; FONG, N.: Pose Space Deformation: A Unified Approach to Shape Interpolation and Skeleton-Driven Deformation. In: *Proceedings of the ACM International Conference on Computer Graphics and Interactive Techniques (SIGGRAPH 2000)*, S. 165–172

[187] LEWIS, M. A. ; FAGG, A. H. ; SOLIDUM, A.: Genetic Programming Approach to the Construction of a Neural Network for Control of a Walking Robot. In: *Proceedings of the IEEE International Conference on Robotics and Automation (ICRA 1992)*, Bd. 3, S. 2618–2623

[188] LI, J. ; YA, Y.: Animation System of Virtual Human using Motion Capture Devices. In: *Proceedings of the IEEE International Conference on Computer Science and Automation Engineering (CSAE 2011)*, Bd. 3, S. 544–547

[189] LIEGEOIS, A.: Automatic Supervisory Control of the Configuration and Behavior of Multibody Mechanism. In: *IEEE Transactions on Systems, Man and Cybernetics* (1977), Nr. SMC-7(12), S. 868–871

[190] LONG, J. ; DESCOTES-GENON, B. ; LADET, P.: Distributed Intelligent Control and Scheduling of Flexible Manufacturing Systems. In: *Proceedings of the 8th International Conference on CAD/CAM, Robotics and Factories of the Future (CARS & FOF 1992)*, S. 1760–1767

[191] LOZANO-PEREZ, T.: Spatial Planning: A Configuration Space Approach. In: *IEEE Transactions on Computers* (1983), Nr. 32(2), S. 108–120
[192] LOZANO-PEREZ, T.: A Simple Motion-Planning Algorithm for General Robot Manipulators. In: *IEEE Journal of Robotics and Automation* (1987), Nr. 3(3), S. 224–238
[193] LÜTH, T.: *Technische Multi-Agenten-Systeme. Verteilte autonome Roboter- und Fertigungssysteme*. München : Hanser Fachbuchverlag, 1998. – ISBN 3446194681
[194] LÜTKEBOHLE, I. ; HEGEL, F. ; SCHULZ, S. ; HACKEL, M. ; WREDE, B. ; WACHSMUTH, S. ; SAGERER, G.: The Bielefeld Anthropomorphic Head „Flobi". In: *Proceedings of the IEEE International Conference on Robotics and Automation (ICRA 2010)*, S. 3384–3391
[195] LUH, J. S. ; WALKER, M. W. ; PAUL, R. C.: On-Line Computational Scheme for Mechanical Manipulators. In: *ASME Journal of Dynamic Systems, Measurement, and Control* (1980), Nr. 102(2), S. 69–76
[196] LYNXMOTION INC.: Homepage „Lynxmotion - CH3-R". http://www.lynxmotion.com/c-101-ch3-r.aspx, März 2013
[197] MACDORMAN, K. F. ; ISHIGURO, H.: The Uncanny Advantage of Using Androids in Cognitive and Social Science Research. In: *Interaction Studies* (2006), Nr. 7(3), S. 297–337
[198] MACIEJEWSKI, A. A. ; KLEIN, C. A.: The Singular Value Decomposition and Applications to Robotics. In: *International Journal of Robotics Research* (1989), Nr. 8(6), S. 63–79
[199] MAHDJOUB, M. ; GOMES, S. ; SAGOT, J. ; BLUNTZER, J.: Virtual Reality for a Human-Centered Design Methodology. In: *Proceedings of the EUROSIM Congress on Modelling and Simulation (EUROSIM 2007)*. – ISBN 3901608322
[200] MANSARD, N. ; STASSE, O. ; CHAUMETTE, F. ; YOKOI, K.: Visually-Guided Grasping while Walking on a Humanoid Robot. In: *Proceedings of the IEEE International Conference on Robotics and Automation (ICRA 2007)*, S. 3041–3047
[201] MCATAMNEY, L. ; CORLETT, E. N.: RULA: A Survey Method for the Investigation of Work-Related Upper Limb Disorders. In: *Applied Ergonomics* (1993), Nr. 24(2), S. 91–99
[202] MENEGATTI, E. ; CICIRELLI, G. ; SIMIONATO, C. ; D'ORAZIO, T. ; ISHIGURO, H.: Explicit Knowledge Distribution in an Omnidirectional Distributed Vision System. In: *Proceedings of the IEEE/RSJ International Conference on Intelligent Robots and Systems (IROS 2004)*, Bd. 3, S. 2743–2749
[203] MENEGATTI, E. ; D'ANGELO, A. ; PAGELLO, E.: Cooperation Issues and Distributed Sensing for Multirobot Systems. In: *Proceedings of the IEEE* (2006), Nr. 94(7), S. 1370–1383
[204] MEYERS, S.: *Effective C++: 55 Specific Ways to Improve Your Programs and Designs*. 3. Auflage. Upper Saddle River, NJ, US : Addison-Wesley, 2005. – ISBN 0321334876
[205] MÜHLSTEDT, J. ; KAUSSLER, H. ; SPANNER-ULME, B.: Programme in Menschengestalt: Digitale Menschmodelle für CAx- und PLM-Systeme. In: *Zeitschrift für Arbeitswissenschaft* (2008), Nr. 2, S. 79–86
[206] MICHEL, O.: Webots: Professional Mobile Robot Simulation. In: *International Journal of Advanced Robotic Systems* (2004), Nr. 1(1), S. 39–42
[207] MICROSOFT CORP.: RDS Reference Platform Design. 2011 (September 2011). – Firmenschrift
[208] MICROSOFT CORP.: Homepage „Microsoft Robotics Developer Studio". http://www.microsoft.com/robotics, März 2013
[209] MILIGHETTI, G. ; KUNTZE, H.: On the Discrete-Continuous Control of Basic Skills for Humanoid Robots. In: *Proceedings of the IEEE/RSJ International Conference on Intelligent Robots and Systems (IROS 2006)*, Bd. 2, S. 3474–3479
[210] MIURA, M. ; MORISAWA, M. ; KANEHIRO, F. ; KAJITA, S. ; KANEKO, K. ; YOKOI, K.: Humanlike Walking with Toe Supporting for Humanoids. In: *Proceedings of the IEEE/RSJ International Conference on Intelligent Robots and Systems (IROS 2011)*, S. 4428–4435
[211] MOODY, J. O. ; ANTSAKLIS, P. J.: *Supervisory Control of Discrete Event Systems Using Petri Nets*. 1. Auflage. Berlin Heidelberg New York : Springer-Verlag, 1998 (Kluwer International Series on Discrete Event Dynamic Systems 8). – ISBN 0792381998
[212] MORITA, T. ; IWATA, H. ; SUGANO, S.: Development of Human Symbiotic Robot: WENDY. In: *Proceedings of the IEEE International Conference on Robotics and Automation (ICRA 1999)*, Bd. 4, S. 3183–3188
[213] MOSEMANN, H.: *Beiträge zur Planung, Dekomposition und Ausführung von automatisch generierten Roboteraufgaben*. Braunschweig, Technische Universität Braunschweig, Diss., 2000
[214] MOTOMAN INC.: Motoman Robot History. 2006 (http://www.motoman.se/PDF/Produkthistoria.pdf). – Firmenschrift
[215] MOTOMAN INC.: Challenging the Human Performance MOTOMAN-DA20. 2007 (CHEP C940440 07A). – Firmenschrift
[216] MOTOMAN ROBOTEC GMBH: Motoman News. 2004 (Ausgabe 2/2004). – Firmenschrift

[217] MOTOMAN ROBOTEC GMBH: Hochleistungssteuerung für Industrieroboter MOTOMAN-NX100. 2005 (NX100 B-01-2005). – Firmenschrift
[218] MOTOMAN ROBOTEC GMBH: MotoSim EG Offlineprogrammierung und Simulation. 2007 (MotoSimEG B-04-2007). – Firmenschrift
[219] MURPHY, R. R.: *An Introduction to AI Robotics*. Cambridge, MA, US : MIT Press, 2000. – ISBN 0262133830
[220] MUTLU, B. ; YAMAOKA, F. ; KANDA, T. ; ISHIGURO, H. ; HAGITA, N.: Nonverbal Leakage in Robots: Communication of Intentions through Seemingly Unintentional Behavior. In: *Proceedings of the ACM/IEEE International Conference on Human-Robot Interaction (HRI 2009)*, S. 69–76
[221] NILSSON, N. J. (Hrsg.). SRI INTERNATIONAL, MENLO PARK, CA, US: Shakey the Robot / SRI International, Menlo Park, CA, US. 1984 (Technical Note no. 323). – Forschungsbericht
[222] NAGASAKA, K.: *The Whole-Body Motion Generation for a Humanoid Robot Based on the Dynamics Filter (in Japanisch)*. Tokyo, Japan, University of Tokyo, Diss., 2000
[223] NAGASAKA, K. ; KUROKI, Y. ; SUZUKI, S. ; ITOH, Y. ; YAMAGUCHI, J.: Integrated Motion Control for Walking, Jumping and Running on a Small Bipedal Entertainment Robot. In: *Proceedings of the IEEE International Conference on Robotics and Automation (ICRA 2004)*, Bd. 4, S. 3189–3194
[224] NEO, E. S. ; YOKOI, K. ; KAJITA, S. ; TANIE, K.: Whole-Body Motion Generation Integrating Operator's Intention and Robot's Autonomy in Controlling Humanoid Robots. In: *IEEE Transactions on Robotics* (2007), Nr. 23(4), S. 763–775
[225] OBJECT MANAGEMENT GROUP INC.: Homepage „The Object Management Group (OMG)". http://www.omg.org, März 2013
[226] ODA, M. ; KIBE, K. ; YAMAGATA, F.: ETS-VII Space Robot In-Orbit Experiment Satellite. In: *Proceedings of the IEEE International Conference on Robotics and Automation (ICRA 1996)*, Bd. 1, S. 739–744
[227] O'DUNLAING, C. ; YAP, C. K.: A „Retraction" Method for Planning the Motion of a Disc. In: *Journal of Algorithms* (1985), Nr. 6(1), S. 104–111
[228] OGURA, Y. ; AIKAWA, H. ; SHIMOMURA, K. ; MORISHIMA, A. ; HUN-OK, L. ; TAKANISHI, A.: Development of a New Humanoid Robot WABIAN-2. In: *Proceedings of the IEEE International Conference on Robotics and Automation (ICRA 2006)*, S. 76–81
[229] ORIN, D. E.: Supervisory Control of a Multilegged Robot. In: *International Journal of Robotics Research* (1982), Nr. 1(1), S. 79–90
[230] OSMOND GROUP LIMITED: *Rapid Upper Limb Assessment Worksheet*. http://www.rula.co.uk/RULASheet.pdf, Januar 2011
[231] OVERMARS, M. H.: A Random Approach to Motion Planning / Department of Computer Science, Utrecht University, Netherlands. 1992 (RUU-CS-92-32). – Forschungsbericht
[232] PARK, J. ; YOUM, Y.: General ZMP Preview Control for Bipedal Walking. In: *Proceedings of the IEEE International Conference on Robotics and Automation (ICRA 2007)*, S. 2682–2687
[233] PARK, J. H. ; KIM, K. D.: Biped Robot Walking Using Gravity-Compensated Inverted Pendulum Mode and Computed Torque Control. In: *Proceedings of the IEEE International Conference on Robotics and Automation (ICRA 1998)*, Bd. 4, S. 3528–3533
[234] PATON, N. W. ; DIAZ, O.: Active Database Systems. In: *ACM Computing Surveys* (1999), Nr. 31(1), S. 63–103
[235] PAYTON, D. ; DALLY, M. ; ESTKOWSKI, R. ; HOWARD, M. ; LEE, C.: Pheromone Robotics. In: *Autonomous Robots* (2001), Nr. 11(3), S. 319–324
[236] PENSKY, D.: *Parallele und verteilte Simulation industrieller Produktionsprozesse*. Dortmund, Technische Universität Dortmund, Diss., 2004
[237] PERRIN, B. ; CHEVALLEREAU, C. ; VERDIER, C.: Calculation of the Direct Dynamic Model of Walking Robots: Comparison Between Two Methods. In: *Proceedings of the IEEE International Conference on Robotics and Automation (ICRA 1997)*, Bd. 2, S. 1088–1093
[238] PESARA, J.: *Hochdynamische Sensorregelung bei Industrierobotern*. Dortmund, Technische Universität Dortmund, Diss., 1997
[239] PETRI, C. A.: Kommunikation mit Automaten. In: *Schriften des IIM Nr. 2*, 1962 (Schriften des Instituts für Instrumentelle Mathematik der Universität Bonn)
[240] PFEIFER, R. ; BONGARD, J.: *How the Body Shapes the Way We Think: A New View of Intelligence*. 1. Auflage. Cambridge, MA, US : MIT Press, 2007. – ISBN 0262162393
[241] PFEIFER, R. ; SCHEIER, C.: *Understanding Intelligence*. 2. Auflage. Cambridge, MA, US : MIT Press, 2001. – ISBN 026266125X
[242] PRESS, W. H. ; TEUKOLSKY, S. A. ; VETTERLING, W. T. ; FLANNERY, B. P.: *Numerical Recipes: The Art of Scientific Computing*. 3. Auflage. New York, NY, US : Cambridge University Press, 2007. – ISBN 0521880688

[243] PROCHAZKOVA, J. ; PROCHAZKA, D.: Implementation of NURBS Curve Derivatives in Engineering Practice. In: *Proceeding of the International Conferences in Central Europe on Computer Graphics, Visualization and Computer Vision (WSCG 2007)*, Bd. „Posters". – ISBN 8086943992, S. 5–8

[244] PTKA PROJEKTTRÄGER KARLSRUHE: *ERA.NET-MNT-SCALAB*. http://www.produktionsforschung.de/verbundprojekte/vp/index.htm?TF_ID=104&VP_ID=2917, Februar 2010

[245] QUIGLEY, M. ; CONLEY, K. ; GERKEY, B. P. ; FAUST, J. ; FOOTE, T. ; LEIBS, J. ; WHEELER, R. ; NG, A. Y.: ROS: An Open-Source Robot Operating System. In: *Proceedings of the Open Source Software Workshop at the IEEE International Conference on Robotics and Automation (ICRA 2009)*. – DVD

[246] QUN, Y. ; LIANG, S. ; XIAO, W.: Research and Practice on Computer Aided Ergonomic Design System. In: *Proceedings of the IEEE International Conference on Computer-Aided Industrial Design & Conceptual Design (CAID 2009)*, S. 1349–1352

[247] RAMADGE, P. G. ; WONHAM, W. M.: Supervisory Control of a Class of Discrete Event Systems. In: *SIAM Journal on Control and Optimization* (1987), Nr. 25(1), S. 206–230

[248] RAMADGE, P. G. ; WONHAM, W. M.: The Control of Discrete Event Systems. In: *Proceedings of the IEEE* (1989), Nr. 77(1), S. 81–98

[249] RAMAMOORTHY, S. ; KUIPERS, B.: Qualitative Hybrid Control of Dynamic Bipedal Walking. In: SUKHATME, G. S. (Hrsg.) ; SCHAAL, S. (Hrsg.) ; BURGARD, W. (Hrsg.) ; FOX, D. (Hrsg.): *Robotics: Science and Systems II*. Cambridge, MA, US : MIT Press, 2007, S. 89–96

[250] REIL, T. ; HUSBANDS, P.: Evolution of Central Pattern Generators for Bipedal Walking in a Real-Time Physics Environment. In: *IEEE Transactions on Evolutionary Computation* (2002), Nr. 6(2), S. 159–168

[251] REMLINGER, W. ; BUBB, H.: RAMSIS kognitiv - das Menschmodell lernt sehen. In: *Jahresdokumentation 2008 - Bericht zum 54. Kongress der Gesellschaft für Arbeitswissenschaft*. Dortmund : GfA-Press, 2008, S. 51–56

[252] REYNOLDS, C. W.: Flocks, Herds, and Schools: A Distributed Behavioral Model. In: *Proceedings of the ACM International Conference on Computer Graphics and Interactive Techniques (SIGGRAPH 1987)*, Bd. 21(4), S. 25–34

[253] RICHARDSON, R. ; DEVEREUX, D. ; BURT, J. ; NUTTER, P.: Humanoid Upper Torso Complexity for Displaying Gestures. In: *Journal of Humanoids* (2008), Nr. 1(1), S. 25–32

[254] RITTER, J. (Hrsg.) ; GRÜNDER, K. (Hrsg.) ; GABRIEL, G. (Hrsg.): *Historisches Wörterbuch der Philosophie*. Bd. 1: A-C. Basel, Switzerland : Schwabe, 1971. – ISBN 3796506925

[255] RIZZI, A. A.: Hybrid Control as a Method for Robot Motion Programming. In: *Proceedings of the IEEE International Conference on Robotics and Automation (ICRA 1998)*, Bd. 1, S. 832–837

[256] RODRIGUEZ, G. ; KREUTZ, K. ; JAIN, A.: A Spatial Operator Algebra for Manipulator Modeling and Control. In: *Proceedings of the IEEE International Conference on Robotics and Automation (ICRA 1989)*, Bd. 3, S. 1374–1379

[257] ROSSMANN, J. ; EILERS, K. ; SCHLETTE, C. ; SCHLUSE, M.: A Uniform Framework to Program, Animate and Control Objects, Kinematics and Articulated Mechanisms in a Comprehensive Simulation System. In: *Proceedings for the Joint Conference of the International Symposium on Robotics and the German Conference on Robotics (ISR/ROBOTIK 2010)*. Berlin Offenbach : VDE Verlag GmbH Berlin (VDI-Berichte). – ISBN 9783800732739, S. 1061–1067

[258] ROSSMANN, J. ; JUNG, T. ; RAST, M.: Entwicklung Virtueller Testbeds mit Dynamik- und Bodenmechaniksimulation für Aufgaben in Forschung und Entwicklung. In: GAUSEMEIER, J. (Hrsg.) ; GRAFE, M. (Hrsg.): *Augmented & Virtual Reality in der Produktentstehung (ARVR 2010)* (Schriftenreihe des Heinz Nixdorf Instituts 274). – ISBN 3939350934, S. 173–187

[259] ROSSMANN, J. ; SCHLETTE, C. ; RUF, H.: A Tool Kit of New Model-based Methods for Programming Industrial Robots. In: KARIM, M. A. (Hrsg.) ; LEE, K. (Hrsg.) ; LING, H. (Hrsg.) ; MAROUDAS, D. (Hrsg.) ; SOBH, T. M. (Hrsg.): *Proceedings of the IASTED International Conference on Robotics and Applications (RA 2010)*. – ISBN 9780889868502, S. 379–385

[260] ROSSMANN, J. ; SCHLETTE, C. ; SCHLUSE, M. ; EILERS, K.: Simulation, Programming and Control of Kinematics and Other Articulated Mechanisms based on a Uniform Framework. In: BOJKOVIC, Z. (Hrsg.) ; KACPRZYK, J. (Hrsg.) ; MASTORAKIS, N. (Hrsg.): *Recent Researches in Communications, Automation, Signal Processing, Nanotechnology, Astronomy & Nuclear Physics: 10th WSEAS International Conference on System Processing, Robotics and Automation (ISPRA 2011)*. – ISBN 9789604742769, S. 424–429

[261] ROSSMANN, J. ; SCHLUSE, M. ; SCHLETTE, C. ; HOPPEN, M.: A Modular System Architecture for the Distributed Simulation and Control of Assembly Lines based on Active Databases. In: FUJITA, H. (Hrsg.) ; SASAKI, J. (Hrsg.) ; GUIZZI, G. (Hrsg.): *Selected Topics in System Science and Simulation in*

Engineering: 9th WSEAS International Conference on System Science and Simulation in Engineering (ICOSSSE 2010). – ISBN 9789604742301, S. 244–252

[262] ROS.ORG: *Homepage „ROS".* http://www.ros.org, März 2013

[263] ROSSMANN, H.: *Echtzeitfähige, kollisionsvermeidende Bahnplanung für Mehrrobotersysteme.* Dortmund, Technische Universität Dortmund, Diss., 1993

[264] ROSSMANN, J. ; JUNG, T. ; RAST, M.: Developing Virtual Testbeds for Mobile Robotic Applications in the Woods and on the Moon. In: *Proceedings of the IEEE/RSJ International Conference on Intelligent Robots and Systems (IROS 2010)*, S. 4952–4957. – DVD

[265] ROSSMANN, J. ; SCHLUSE, M. ; RAST, M.: Das „Virtual Mobile Robotics Testbed". In: *Automatisierungstechnik.* – eingereicht 2012

[266] RUSSEL, S. (Hrsg.) ; NORVIG, P. (Hrsg.): *Artificial Intelligence: A Modern Approach.* 2. Auflage. Upper Saddle River, NJ, US : Prentice Hall, 2002. – ISBN 0137903952

[267] SAFFIOTTI, A.: The Uses of Fuzzy Logic in Autonomous Robot Navigation. In: *Soft Computing* (1997), Nr. 1(4), S. 180–197

[268] SAKAGAMI, Y. ; WATANABE, R. ; AOYAMA, C. ; MATSUNAGA, S. ; HIGAKI, N. ; FUJIMURA, K.: The Intelligent ASIMO - Systems Overview and Integration. In: *Proceedings of the IEEE/RSJ International Conference on Intelligent Robots and Systems (IROS 2002)*, Bd. 3, S. 2478–2438

[269] SALEMI, B. ; MOLL, M. ; SHEN, W.: SUPERBOT: A Deployable, Multi-Functional, and Modular Self-Reconfigurable Robotic System. In: *Proceedings of the IEEE/RSJ International Conference on Intelligent Robots and Systems (IROS 2006)*, S. 3636–3641

[270] SCASSELLATI, B.: Theory of Mind for a Humanoid Robot. In: *Proceedings of the IEEE-RAS International Conference on Humanoid Robots (Humanoids 2000)*

[271] SCHEEPERS, C. ; STEDING-ALBRECHT, U. ; JEHN, P.: *Ergotherapie - Vom Behandeln zum Handeln: Lehrbuch für Ausbildung und Praxis.* 4. Auflage. Stuttgart : Thieme, 2011. – ISBN 3131143444

[272] SCHLEGL, T. ; BUSS, M. ; SCHMIDT, G.: Hybrid Control of Multi-Fingered Dextrous Robotic Hands. In: *Modelling, Analysis, and Design of Hybrid Systems.* Berlin Heidelberg New York : Springer-Verlag, 2002, S. 437–465

[273] SCHLETTE, C.: *Konzeption und Implementierung einer multiagentenfähigen Robotersteuerung mittels neuer Methoden der Supervisory Control.* Dortmund, Technische Universität Dortmund, Dipl.-Arb., Juli 2002

[274] SCHLETTE, C. ; ROSSMANN, J.: Robotics enable the Simulation and Animation of the Virtual Human. In: *Proceedings of the International Conference on Advanced Robotics (ICAR 2009).* – ISBN 9781424448555. – DVD

[275] SCHLETTE, C. ; ROSSMANN, J.: The Simulation and Animation of Virtual Humans to Better Understand Ergonomic Conditions at Manual Workplaces. In: *Proceedings of the World Multi-Conference on Systemics, Cybernetics and Informatics (WMSCI 2009)* Bd. 3. – ISBN 9781934272619, S. 278–283

[276] SCHLETTE, C. ; ROSSMANN, J.: Simulation und Animation humanoider Kinematiken in der Virtuellen Produktion - nicht nur für ergonomische Betrachtungen. In: GAUSEMEIER, J. (Hrsg.) ; GRAFE, M. (Hrsg.): *Augmented & Virtual Reality in der Produktentstehung (ARVR 2007)* (Schriftenreihe des Heinz Nixdorf Instituts 209). – ISBN 9783939350281, S. 349–365

[277] SCHLETTE, C. ; ROSSMANN, J.: The Simulation and Animation of Virtual Humans to Better Understand Ergonomic Conditions at Manual Workplaces. In: *Journal on Systemics, Cybernetics and Informatics* (2010), Nr. 8(4), S. 53–58

[278] SCHLETTE, C. ; ROSSMANN, J.: Motion Control Strategies for Humanoids Based on Ergonomics. In: JESCHKE, S. (Hrsg.) ; LIU, H. (Hrsg.) ; SCHILBERG, D. (Hrsg.): *ICIRA 2011, Part II, LNAI 7102.* Berlin Heidelberg New York : Springer-Verlag, 2011. – ISBN 9783642254888, S. 229–240

[279] SCHLETTE, C. ; ROSSMANN, J. ; SCHLUSE, M. ; HOPPEN, M.: A Model-based Control System Architecture for the Web-Distributed Simulation and Operation of Assembly Lines. In: ANGELI, C. (Hrsg.): *Proceedings of the 19th IASTED International Conference Applied Simulation and Modelling (ASM 2011).* – ISBN 9780889868847, S. 347–354

[280] SCHLUSE, M.: *Zustandsorientierte Modellierung in Virtueller Realität und Kollisionsvermeidung.* Dortmund, Technische Universität Dortmund, Diss., 2002

[281] SCHÖNER, G. ; DOSE, M. ; ENGELS, C.: Dynamics of Behavior: Theory and Applications for Autonomous Robot Architectures. In: *Robotics and Autonomous Systems* (1997), Nr. 16(2–4), S. 213–245

[282] SCHREIBER, G. ; STEMMER, A. ; BISCHOFF, R.: The Fast Research Interface for the KUKA Lightweight Robot. In: *Proceeding of the IEEE International Conference on Robotics and Automation (IRCA 2010)*, Bd. „Workshop", S. 15–21

[283] SCHWARTZ, J. T. ; SHARIR, M.: On the Piano Movers' Problem: III. Coordinating the Motion of Several Independent Bodies: The Special Case of Circular Bodies Moving Amidst Polygonal Barriers. In: *International Journal of Robotics Research* (1983), Nr. 2, S. 46–75

[284] SEIDL, A.: *Man Model RAMSIS - Analysis, Synthesis and Simulation of Three-Dimensional Postures of Humans*. München, Technische Universität München, Diss., 1993
[285] SENTIS, L. ; KHATIB, O.: A Whole-Body Control Framework for Humanoids Operating in Human Environments. In: *Proceedings of the IEEE International Conference on Robotics and Automation (ICRA 2006)*, S. 2641–2648
[286] SHOEMAKE, K.: Animating Rotation with Quaternion Curves. In: *Proceedings of the ACM International Conference on Computer Graphics and Interactive Techniques (SIGGRAPH 1985)*, Bd. 19(3), S. 245–254
[287] SHOEMAKE, K.: Fiber Bundle Twist Reduction. In: HECKBERT, P. S. (Hrsg.): *Graphic Gems IV*. San Diego, CA, US : Academic Press, 1994. – ISBN 0123361559, S. 230–236
[288] SHOEMAKE, K.: *Quaternions*. ftp://ftp.cis.upenn.edu/pub/graphics/shoemake/quatut.ps.z, Mai 1994
[289] SICILIANO, B. (Hrsg.) ; KHATIB, O. (Hrsg.): *Springer Handbook of Robotics*. 1. Auflage. Berlin Heidelberg New York : Springer-Verlag, 2008. – ISBN 3540239574
[290] SIEMENS PLM SOFTWARE INC.: Jack. 2011 (http://www.plm.automation.siemens.com/de_ch/products/tecnomatix/assembly_planning/jack). – Firmenschrift
[291] SIEMENS PLM SOFTWARE INC.: Jack Task Analysis Toolkit. 2011 (http://www.plm.automation.siemens.com/de_ch/products/tecnomatix/assembly_planning/jack). – Firmenschrift
[292] SIEMENS PLM SOFTWARE INC.: Motion Capture Toolkit for Tecnomatix Human Applications. 2011 (http://www.plm.automation.siemens.com/de_ch/products/tecnomatix/assembly_planning/jack). – Firmenschrift
[293] SIEMENS PLM SOFTWARE INC.: Process Simulate Human. 2011 (http://www.plm.automation.siemens.com/de_ch/products/tecnomatix/assembly_planning/jack). – Firmenschrift
[294] SIEMENS PLM SOFTWARE INC.: Robotic and Automation Planning. 2011 (http://www.plm.automation.siemens.com/de_de/products/tecnomatix/robotics_automation). – Firmenschrift
[295] SIEMENS PLM SOFTWARE INC.: Tecnomatix. 2011 (http://www.plm.automation.siemens.com/de_de/products/tecnomatix/tecnomatix10). – Firmenschrift
[296] SIZEGERMANY: Neue Konfektionsgrößen. In: *ftf - forward textile technologies* (2009), Nr. Juni, S. 78–79
[297] SNOOK, S. H. ; CIRIELLO, V. M.: The Design of Manual Handling Tasks : Revised Tables of Maximum Acceptable Weights and Forces. In: *Ergonomics* (1991), Nr. 34(9), S. 1197–1213
[298] SOBH, T. M. ; BENHABIB, B.: Discrete Event and Hybrid Systems in Robotics and Automation. In: *IEEE Robotics & Automation Magazine* (1997), Nr. 4(2), S. 16–19
[299] SOLAR, J. R. (Hrsg.) ; CHOWN, E. (Hrsg.) ; PLÖGER, P. G. (Hrsg.): *RoboCup 2010: Robot Soccer World Cup XIV*. 1. Auflage. Berlin Heidelberg New York : Springer-Verlag, 2011 (Springer Lecture Notes in Computer Science 6556). – ISBN 3642202162
[300] SPONG, M. W. ; HUTCHINSON, S. ; VIDYASAGAR, M.: *Robot Modeling and Control*. 1. Auflage. Hoboken, NJ, US : Wiley & Sons, 2005. – ISBN 0471649902
[301] STEELS, L. (Hrsg.) ; BROOKS, R. A. (Hrsg.): *The Artificial Life Route to Artificial Intelligence: Building Embodied, Situated Agents*. 1. Auflage. Mahwah, NJ, US : Lawrence Erlbaum Associates, 1995. – ISBN 080581518X
[302] STEINHAGE, A.: The Dynamic Approach to Anthropomorphic Robotics. In: *Proceedings of the Fourth Portuguese Conference on Automatic Control (Controlo 2000)*. – ISBN 9729860300
[303] STIVER, J. A. ; ANTSAKLIS, P. J.: Extracting Discrete Event Systems Models from Hybrid Control Systems. In: *Proceedings of the IEEE International Symposium on Intelligent Control (ISIC 1993)*, S. 289–301
[304] STONE, P. ; VELOSO, M.: Multiagent Systems: A Survey From a Machine-Learning Perspective. In: *Autonomous Robots* (2000), Nr. 8(3), S. 345–383
[305] STROUD, I.: *Boundary Representation Modelling Techniques*. Berlin Heidelberg London : Springer-Verlag, 2006. – ISBN 1846283124
[306] STROUSTRUP, B.: *The C++ Programming Language*. Special Edition. Amsterdam, Netherlands : Addison-Wesley, 2000. – ISBN 0201700735
[307] SUGIHARA, T. ; NAKAMURA, Y. ; INOUE, H.: Real-Time Humanoid Motion Generation through ZMP Manipulation Based on Inverted Pendulum Control. In: *Proceedings of the IEEE International Conference on Robotics and Automation (ICRA 2002)*, Bd. 4, S. 1404–1409
[308] SUN, Y. L. ; ER, M. J.: Hybrid Fuzzy Control of Robotics Systems. In: *IEEE Transactions on Fuzzy Systems* (2004), Nr. 12(6), S. 755–765

[309] SUPPA, M. ; KIELHÖFER, S. ; LANGWALD, J. ; HACKER, F. ; STROBL, K. H. ; HIRZINGER, G.: The 3D-Modeller: A Multi-Purpose Vision Platform. In: *Proceedings of the IEEE International Conference on Robotics and Automation (ICRA 2007)*, S. 781–787

[310] TAJIMA, R. ; K. SUGA, D. H.: Fast Running Experiments Involving a Humanoid Robot. In: *Proceedings of the IEEE International Conference on Robotics and Automation (ICRA 2009)*, S. 1571–1576

[311] TAKUBO, T. ; IMADA, Y. ; OHARA, K. ; MAE, Y. ; ARAI, T.: Rough Terrain Walking for Bipedal Robot by Using ZMP Criteria Map. In: *Proceedings of the IEEE International Conference on Robotics and Automation (ICRA 2009)*, S. 778–793

[312] TALAVAGE, J. ; HANNAM, R. G.: *Flexible Manufacturing Systems in Practice: Applications, Design, and Simulation*. 1. Auflage. Boca Raton, FL, US : CRC Press, 1987 (Manufacturing Engineering and Materials Processing 26). – ISBN 0824777182

[313] TANENBAUM, A. S.: *Moderne Betriebssysteme*. 3. Auflage. München : Pearson Studium, 2009. – ISBN 3827373425

[314] TANENBAUM, A. S. ; VAN STEN, M.: *Verteilte Systeme: Prinzipien und Paradigmen*. 2. Auflage. München : Pearson Studium, 2007. – ISBN 3827372933

[315] THOMAS, U.: *Automatisierte Programmierung von Robotern für Montageaufgaben*. Braunschweig, Technische Universität Braunschweig, Diss., 2008

[316] UGURLU, B. ; KAWAMURA, A.: Real-Time Running and Jumping Pattern Generation for Bipedal Robots Based on ZMP and Euler's Equations. In: *Proceedings of the IEEE/RSJ International Conference on Intelligent Robots and Systems (IROS 2009)*, S. 1100–1105

[317] UNIVERSITÄT BIELEFELD: Homepage „Research Institute for Cognition and Robotics (CoR-Lab)". http://www.cor-lab.de, März 2013

[318] VALK, R. ; GIRAULT, C.: *Petri Nets for Systems Engineering: A Guide to Modeling, Verification and Applications*. 1. Auflage. Berlin Heidelberg New York : Springer-Verlag, 2001. – ISBN 3540412174

[319] VANDEVOORDE, D. ; JOSUTTIS, N.: *C++ Templates: The Complete Guide*. 1. Auflage. Boston, MA, US : Addison-Wesley, 2002. – ISBN 0201734842

[320] VAUGHAN, R. T.: Massively Multi-Robot Simulations in Stage. In: *Swarm Intelligence* (2008), Nr. 2(2–4), S. 189–208

[321] VBRA, P. ; MARIK, V. ; PREUCIL, L. ; KULICH, M. ; SISLAK, D.: Collision Avoidance Algorithms: Multi-Agent Approach. In: CARBONELL, J. G. (Hrsg.) ; SIEKMANN, J. (Hrsg.): *Holonic and Multi-Agent Systems for Manufacturing (Springer Lecture Notes in Computer Science)*. Berlin Heidelberg New York : Springer-Verlag, 2007, S. 348–360

[322] VDI-GESELLSCHAFT PRODUKTION UND LOGISTIK (Hrsg.): *VDI 4499-1: Digitale Fabrik - Grundlagen*. Berlin : Beuth-Verlag, 2008 (VDI-Richtlinie)

[323] VDI-GESELLSCHAFT PRODUKTION UND LOGISTIK (Hrsg.): *VDI 4499-2: Digitale Fabrik - Digitaler Fabrikbetrieb*. Berlin : Beuth-Verlag, 2011 (VDI-Richtlinie)

[324] VDI-GESELLSCHAFT PRODUKTIONSTECHNIK (Hrsg.): *VDI 2860: Montage- und Handhabungstechnik; Handhabungsfunktionen, Handhabungseinrichtungen; Begriffe, Definitionen, Symbole*. Berlin : Beuth-Verlag, 1990 (VDI-Richtlinie)

[325] VERWALTUNGS-BERUFSGENOSSENSCHAFT (VBG): Bildschirm- und Büroarbeitsplätze. 2009 (BGI 650). – Richtlinie

[326] VOGEL, O. ; ARNOLD, I. ; CHUGHTAI, A. ; IHLER, E. ; KEHRER, T. ; MEHLIG, U. ; ZDUN, U.: *Software-Architektur: Grundlagen - Konzepte - Praxis*. 2. Auflage. Heidelberg : Spektrum Akademischer Verlag, 2009. – ISBN 3827419336

[327] VUKOBRATOVIC, M.: Humanoid Robotics -Past, Present State, Future-. In: *Proceedings of the Fourth Serbian-Hungarian Joint Symposium on Intelligent Systems (SISY 2006)*, S. 13–31

[328] VUKOBRATOVIC, M. ; BOROVAC, B.: Zero-Moment Point - Thirty Five Years of its Life. In: *International Journal of Humanoid Robots* (2004), Nr. 1(1), S. 157–173

[329] VUKOBRATOVIC, M. ; BOROVAC, B. ; SURLA, D. ; STOKIE, D.: *Biped Locomotion: Dynamics, Stability, Control, and Applications*. 1. Auflage. Berlin Heidelberg New York : Springer-Verlag, 1990. – ISBN 3540174567

[330] WALKER, M. W. ; ORIN, D. E.: Efficient Dynamic Computer Simulation of Robotic Mechanisms. In: *ASME Journal of Dynamic Systems, Measurement, and Control* (1982), Nr. 104(3), S. 205–212

[331] WALZ, G.: Optimierung des Anlageninvests unumgänglich. In: *NC Transfer* (2006), Nr. 33, S. 3

[332] WARE, C.: *Information Visualization. Perception for Design*. 2. Auflage. San Francisco, CA, US : Morgan Kaufmann Publishers, 2004 (Morgan Kaufmann Series in Interactive Technologies). – ISBN 1558608192

[333] WATERS, T. R. ; PUTZ-ANDERSON, V. ; GARG, A. ; FINE, L. J.: Revised NIOSH Equation for the Design and Evaluation of Manual Lifting Tasks. In: *Ergonomics* (1993), Nr. 36(7), S. 749–776

[334] WEISS, G. (Hrsg.): *Multiagent Systems: A Modern Approach to Distributed Artificial Intelligence.* Cambridge, MA, US : MIT Press, 1999. – ISBN 0262232030
[335] WIDMANN, W.: Kooperierende Roboter flexibilisieren die Automatisierung. In: *Produktion* (2005), Nr. 27
[336] WIDMANN, W.: Vernetzungs-Konzepte öffnen den Weg zum intelligenten Roboter. In: *Produktion* (2005), Nr. 28/29
[337] WIDMANN, W.: Car Group treibt Automation voran. In: *Produktion* (2006), Nr. 12, S. 2
[338] WILLIAMS, R.: *The Animator Survival Kit.* 1. Auflage. London New York : Faber and Faber, 2001. – ISBN 0571202284
[339] WILSON, P. H.: The MIT Robot. In: MELTZER, B. (Hrsg.) ; MITCHIE, D. (Hrsg.): *Machine Intelligence 7.* Edinburgh, UK : Edinburgh University Press, 1971, S. 431–463
[340] WINKLER, A.: *Ein Beitrag zur kraftbasierten Mensch-Maschine-Interaktion.* Chemnitz, Technische Universität Chemnitz, Diss., 2006
[341] WÜNSCH, G.: *Methoden für die virtuelle Inbetriebnahme automatisierter Produktionssysteme.* München, Technische Universität München, Diss., 2008
[342] WONHAM, W. M.: A Control-Theory for Discrete-Event Systems. In: DENHAM, M. J. (Hrsg.) ; LAUB, A. J. (Hrsg.): *Advanced Computing Concepts and Techniques in Control Engineering (NATO ASI Series).* Berlin Heidelberg New York : Springer-Verlag, 1988, S. 129–169
[343] WOOLDRIDGE, M. ; JENNINGS, N. R.: Intelligent Agents: Theory and Practice. In: *Knowledge Engineering Review* (1995), Nr. 10(2), S. 115–152
[344] WYSZECKI, G. ; STILES, W. S.: *Color Science: Concepts and Methods, Quantitative Data and Formulae.* 2. Auflage. Chichester, UK : Wiley & Sons, 2008. – ISBN 0471399186
[345] YAMAGUCHI, J. ; INOUE, S. ; NISHINO, D. ; TAKANISHI, A.: Development of a Bipedal Humanoid Robot Having Antagonistic Driven Joints and Three DOF Trunk. In: *Proceedings of the IEEE/RSJ International Conference on Intelligent Robots and Systems (IROS 1998),* Bd. 1, S. 96–101
[346] YAMAGUCHI, J. ; SOGA, E. ; INOUE, S. ; TAKANISHI, A.: Development of a Bipedal Humanoid Robot - Control Method of Whole Body Cooperative Dynamic Biped Walking. In: *Proceedings of the IEEE International Conference on Robotics and Automation (ICRA 1999),* Bd. 1, S. 368–374
[347] YAMAGUCHI, J. ; TAKANISHI, A. ; KATO, I.: Development of a Biped Walking Robot Compensation for Three-Axis Moment by Trunk Motion. In: *Proceedings of the IEEE/RSJ International Conference on Intelligent Robots and Systems (IROS 1993),* Bd. 1, S. 561–566
[348] YASAKAWA AMERICA INC.: SDA10D. 2011 (DS-403-D). – Firmenschrift
[349] YIM, M. ; DUFF, D. G. ; ROUFAS, K. D.: Polybot: A Modular Reconfigurable Robot. In: *Proceedings of the IEEE International Conference on Robotics and Automation (ICRA 2000),* Bd. 1, S. 514–520
[350] YOSHIDA, E.: Humanoid Motion Planning using Multi-Level DOF Exploitation Based on Randomized Method. In: *Proceedings of the IEEE/RSJ International Conference on Intelligent Robots and Systems (IROS 2005),* S. 3378–3383
[351] YOSHIKAWA, T.: Manipulability and Redundancy Control of Robotic Mechanisms. In: *Proceedings of the IEEE International Conference on Robotics and Automation (ICRA 1985),* Bd. 2, S. 1004–1009
[352] ZACHARIAS, F. ; BORST, C. ; HIRZINGER, G.: Online Generation of Reachable Grasps for Dexterous Manipulation Using a Representation of the Reachable Workspace. In: *Proceedings of the International Conference on Advanced Robotics (ICAR 2009).* – ISBN 1424448555. – DVD
[353] ZACHARIAS, F. ; SCHLETTE, C. ; SCHMIDT, F. ; BORST, C. ; ROSSMANN, J. ; HIRZINGER, G.: Making Planned Paths Look More Human-Like in Humanoid Robot Manipulation Planning. In: *Proceedings of the IEEE International Conference on Robotics and Automation (ICRA 2011).* – ISBN 9781612843803, S. 1192–1198
[354] ZEIGLER, B. P. ; KIM, T. G. ; PRAEHOFER, H.: *Theory of Modeling and Simulation: Integrating Discrete-Event Systems and Continuous Complex Dynamic Systems.* 1. Auflage. London, UK : Academic Press, 2000. – ISBN 0127784551
[355] ZHU, X. ; JIA, X.: Interactive Platform for Kinematic Control on Virtual Humans (in Chinesisch). In: *Proceedings of the International Conference on Artificial Intelligence, Management Science and Electronic Commerce (AIMSEC 2011),* S. 3999–4002

The manufacturer's authorised representative in the EU is Springer Nature Customer Service Centre GmbH, Europaplatz 3, 69115 Heidelberg, Germany. If you have any concerns regarding our products, please contact ProductSafety@springernature.com

Printed and bound by CPI Group (UK) Ltd, Croydon, CR0 4YY
23/03/2026
02076676-0008